Eugeniusz Nowak

Wissenschaftler in turbulenten Zeiten

Erinnerungen an Ornithologen, Naturschützer und andere Naturkundler

Stock & Stein
2005

Impressum

1. Auflage 2005

Typografie/Satz:	vanDerner. medien, Torsten Nitsche, Güstrow
Druck:	cw Obotritendruck GmbH, Schwerin
Buchbindearbeiten:	Lüderitz & Bauer classic GmbH, Berlin

printed in Germany — gedruckt auf Gardapat 13

ISBN 3-937447-16-4

… verbergt nichts, denn die Zeit,
die alles sieht und alles hört,
wird es aufdecken.

Sophokles (5. Jh. v. Chr.) „Hipponoos“

INHALT

Dank an Spender

Die Herausgabe dieses Buches zu einem verträglichen Preis wäre ohne einen erheblichen Druckkostenzuschuss nicht möglich gewesen. Es gelang, folgende Verbände, Institutionen und Personen für die finanzielle Förderung des Projekts zu gewinnen (Reihenfolge alphabetisch):

Ala, Schweizerische Gesellschaft für Vogelkunde und Vogelschutz, Sempach, Schweiz
Prof. Peter Berthold, Billafingen
Prof. Hans Engländer, Köln
Stephan Ernst (Buchhandlung), Klingenthal
Erwin-Stresemann-Gesellschaft für paläarktische Vogelfauna, Berlin
Dr. Josef C. Feldner, Villach, Österreich
Dr. Witali Grischtschenko, Kanew, Ukraine
Dr. Jürgen Haffer, Essen
Prof. Bernd Haubitz, Hannover
Peter Hauff, Neu Wandrum
Dr. Luc Hoffmann, La Tour du Valat, Le Sambuc - Camargue, Frankreich
Dr. Jochen Hölzinger, Remseck
RNDr. Karel Hudec, Brno, Tschechische Republik
Joachim Neumann (Buchversand), Neubrandenburg
Prof. Roland Prinzinger, Kleinkarben
Russische Vogelschutz-Union, Moskau
Rolf Schlenker, Möggingen
Prof. Klaus Schmidt-Koenig, Tübingen
Dr. Karl Schulze-Hagen, Mönchengladbach
Schweizerische Vogelwarte Sempach, Schweiz
Sektion Ornithologie der Polnischen Zoologischen Gesellschaft, Olsztyn, Polen
Stiftung Hilfsfond für die Schweizerische Vogelwarte, Sempach, Schweiz
Prof. Ludwik Tomiałojć, Wrocław, Polen
Familien-Vontobel-Stiftung, Zürich, Schweiz

Der Autor und der Verlag danken allen oben Genannten herzlich für ihre Großzügigkeit.

Einleitung

Das Buch enthält 50 Biografien, vornehmlich von Wissenschaftlern (Biologen, Zoologen, Ökologen, insbesondere Ornithologen und Naturschützer), die im 20., teilweise auch im 19. Jahrhundert wirkten. Fast alle diese Personen lebten unter den nationalsozialistischen oder kommunistischen Verhältnissen und waren in ihrer Arbeit mit gesellschaftlich-politisch bedingten Hindernissen konfrontiert bzw. mussten tragische Schicksale erleiden: politisch bedingte Einschränkungen, Verfolgungen, Kündigungen, öffentliche Demütigungen, Bespitzelungen durch Sicherheitsorgane, Verhaftungen, Einsitzen in kommunistischen Straf- bzw. in nationalsozialistischen Konzentrationslagern, Selbstmorde, ein vollstrecktes Todesurteil; in einigen wenigen Fällen ist auch von Personen die Rede, die aus den herrschenden Verhältnissen Nutzen für sich zogen.

Über einen Teil der in diesem Buch vorgestellten Personen wurde meinerseits in diversen, z.T. fremdsprachigen wissenschaftlichen Zeitschriften, unter dem Gesamttitel „Erinnerungen an Ornithologen, die ich kannte“ publiziert (s. Literaturverzeichnis); einige Biografien sind neu, sie werden hier erstmalig abgedruckt. Die bereits veröffentlichten Texte hatten in vielen Fällen die Zusendung neuer, z.T. wichtiger Ergänzungen oder Korrekturen zur Folge, die in die hier abgedruckten Fassungen aufgenommen wurden. Mehrere der früher publizierten Biografien sind ausführlicher und faktenreicher, enthalten also ergänzende Informationen; dort sind auch weitere Literaturzitate zu finden.

Den Impuls zur Entstehung dieses Buches gab die Jahresversammlung der Deutschen Ornithologen-Gesellschaft in Meerane/Sachsen im September 1993, wo kurz nach der Vereinigung Deutschlands wieder sehr viele Fachkollegen aus West und Ost gemeinsam tagen konnten. Ein Jahr zuvor verstarb 81-jährig ein Ehrenmitglied der Gesellschaft, Professor Ernst Schäfer, und im wissenschaftlichen Vereinsorgan, dem „Journal für Ornithologie“, war eine ausführliche, sachliche Würdigung dieses, insbesondere in der Periode des Dritten Reiches, berühmten Mannes erschienen. Während einer Diskussionssitzung meldete sich aus dem Saale eine Stimme, die einige kritische Anmerkungen des Nachrufes beanstandete. Nach der Antwort des Autors des Textes erlosch die Diskussion; die Versammelten wandten sich anderen Themen zu. Die Stimme „aus dem Saale“ hat mich etwas bestürzt: Ich dachte, dass gerade die geschichtsträchtige Zeit des ausgehenden Kalten Krieges die Diskussion anregen und vertiefen würde. Der rasche Themenwechsel zeigte jedoch, dass man dazu nicht bereit oder nicht imstande war, dass das mangelnde Wissen über die Verstrickungen von Wissenschaft und Politik Grund für diese Zurückhaltung war.

Ich kannte persönlich viele ältere, inzwischen zumeist verstorbene Naturkundler aus West und Ost, die ebenfalls in den turbulenten Zeiten des 20. Jahrhunderts wirkten und mir bei diversen Gelegenheiten über ihre Arbeit, oder über die Tätigkeit ihrer Kollegen unter den damaligen Bedingungen unzensiert erzählten. Es schien mir angebracht, Berichte über ihre Schicksale zu erstellen und zu versuchen, damit die offensichtlichen Wissenslücken vieler jüngerer Forscher zu schließen. Die ersten Ergebnisse, vorgetragen auf diversen Fachtagungen, stießen auf großes Interesse und Zustimmung der allermeisten Zuhörer; auf die veröffentlichten Vortragstexte reagierten zahlreiche Leser mit Zuschriften, die Lob und Dank enthielten (s. Neumann & Thiede 2003). Dies bekräftigte meine Absicht, eine zusammenfassende Darstellung meiner Recherchen in Buchform herauszugeben.

Die Realisierung dieses Vorhabens war keine leichte Aufgabe, da alle mir bekannten und z.T. in meinem persönlichen Archiv dokumentierten Informationen verifiziert, ergänzt und ausführlich dokumentiert werden mussten. Viele von anderen Autoren publizierte Nachrufe oder Biografien des für das Buchvorhaben ausgewählten Personenkreises haben sich als unvollständig, geschönt oder an einigen Stellen gefälscht erwiesen. Ausführliche Recherchen in zahlreichen Archiven mussten durchgeführt, die noch lebenden Zeitzeugen gefunden und befragt sowie die oft schwer zugänglichen, in diversen Sprachen verfassten Publikationen ausgewertet werden; eine reizvolle Aufgabe stellte die Suche nach Abbildungen der geschilderten Personen dar, mit denen die Texte ergänzt und bereichert werden konnten. Diese mühevolle Arbeit hat sich jedoch gelohnt: Es gelang einen einmaligen Wissensfundus über Arbeits- und Lebensschicksale zahlreicher älterer Fachkollegen zusammenzutragen. Ich muss zugeben, dass das Endresultat meiner siebenjährigen Recherchen mich selbst überraschte: Viele in diesem Buch vorgelegte Biografien sind nicht nur inhaltsreicher, sondern auch erschreckender, als mir das bis dahin bewusst war …

Die Nationalitäten der im Buche vorgestellten Personen umfassen 15 Deutsche, 14 Russen, acht Polen, zwei Franzosen, zwei Koreaner und je einen

Österreicher, Engländer, Dänen, Tschechen, Ukrainer, Bulgaren, Chinesen, Inder und US-Amerikaner. Der Buchtext ist in sieben Kapitel gegliedert, fünf davon beinhalten jeweils Biografien von Personen, deren Schicksale Zusammenhänge oder Ähnlichkeiten aufweisen; das erste und das letzte Kapitel, beide ausführlicher gestaltet, berichten jeweils von einer Person.

Der Bericht über Prof. Stresemann (Kapitel 1) ist nicht nur wegen der herausragenden wissenschaftlichen Bedeutung seiner Person ausführlicher als die anderen. Gerade durch ihn ist es mir möglich geworden, sehr viele Wissenschaftler aus West und Ost kennen zu lernen und dadurch die Voraussetzung zur Erstellung dieses Buches zu erlangen. Stresemann war in der Zeit der deutschen Zweistaatlichkeit am Zoologischen Museum der Humboldt-Universität im Ostteil Berlins (also in der Hauptstadt der DDR) tätig, wohnte jedoch in Berlin-West; die berufliche Anstellung in der DDR und der Besitz des westdeutschen Passes erlaubten ihm, fachliche Kontakte, über den Eisernen und den Bambusvorhang hinweg, mit wissenschaftlichen Einrichtungen und Personen sehr vieler Länder der Welt zu unterhalten. Der damals besondere Alliierten-Status Berlins erlaubte auch Wissenschaftlern diverser Staaten, seine Forschungsstätte in Berlin-Ost visumfrei aufzusuchen. Bis zum Mauerbau 1961 war Stresemanns Abteilung im Berliner Zoologischen Museum eine einmalige Kontaktadresse und ein Treffpunkt für Wissenschaftler aus Ost und West, ein Dreh- und Angelpunkt der wissenschaftlichen Vogelkunde. Mir bot sich in den 1950er Jahren die Möglichkeit, unter Stresemanns Betreuung an der Humboldt-Universität zu studieren: Ein Glücksfall, der mir Kontakte und Bekanntschaften mit den vielen Wissenschaftlern ermöglichte, die zu Stresemann kamen, um hier zu arbeiten oder ihn um Rat zu fragen (die Periode meiner späteren beruflichen wissenschaftlen Arbeit verbrachte ich zur Hälfte in Polen und zur Hälfte in Deutschland, was die Vielfalt meiner Kontakte noch erweiterte).

Das letzte Kapitel des Buches besteht lediglich aus einer Autobiografie von Prof. Schäfer, die mit dem „umstrittenen" Nachruf (s.o.) sowie zwei weiteren Texten konfrontiert wird; es skizziert des Leben Schäfers zwar nur fragmentarisch, dennoch ermöglicht es einen tief greifenden Einblick in das Wesen und Wirken des Forschers.

An dieser Stelle will ich noch eine Frage aufgreifen, die sich mancher Leser während der Lektüre dieses Buches stellen wird: Sind die biografischen

Berichte wirklich objektiv? Es war mein größtes Bemühen, sie objektiv zu gestalten; alle zusammengetragenen Informationen, insbesondere Aussagen von Zeitzeugen, habe ich kritisch ausgewertet, oft mit anderen Aussagen oder Dokumenten konfrontiert. Ich bin mir jedoch bewusst, dass es, abhängig von den Ansichten (oder dem Standpunkt) eines Bearbeiters, diverse „objektive" Darstellungen geben kann. Deshalb stellen die von mir verfassten Biografien in erster Linie eine Sammlung von belegbaren Sachinformationen dar, unter weitgehender Vermeidung einer persönlichen Bewertung.

Der Inhalt des Buches berichtet von der Vergangenheit, seine wichtigste Aufgabe ist aber, den Blick für die Zukunft zu schärfen und zu weiten. Das Ende des Kalten Krieges und der unruhige Beginn des neuen Jahrtausends bestärken mich in der Überzeugung, dass man sich auch mit der Geschichte der Naturkunde bzw. Naturforscher kritisch befassen muss. Dabei möchte ich betonen, dass ich keine der verstorbenen Personen, über die hier auch Bitteres oder Unangenehmes berichtet wird, richten oder verurteilen will; alles ist ja geschichtliche Vergangenheit. Ich halte es jedoch für notwendig zu schildern, welche Schäden die Politik der Forschung zuzufügen vermag und vor allem welche schweren oder tragischen Schicksale die Wissenschaftler selbst aus politischen Gründen erdulden mussten. Viele jüngere Forscher können sich dies heute nicht mehr vorstellen; die politischen Verhältnisse können sich jedoch jederzeit und vielerorts ändern. Ich hoffe deshalb auch, dass die Lektüre dieses Buches zum Nachdenken anregt und zu der Erkenntnis führt, wie klein der Schritt von Verstrickung zu Schuld oder zum Sturz in persönliches Unglück sein kann.

Jeder sollte sich die Frage stellen: „Was hätte ich getan, wenn ich damals oder dort gelebt hätte?"

Eugeniusz Nowak

Bonn-Mehlem, im April 2004

1. Professor Erwin Stresemann (1889 - 1972) – prominenter Biologe des 20. Jahrhunderts und „Papst der Ornithologen"

Stresemann hat mit seinem Lebenswerk die Vogelkunde in den Rang einer biologischen Wissenschaft erhoben und hinterließ deutliche Spuren in der Entwicklung der Biologie. Auch der Beiname, der ihm bereits zu Lebzeiten verliehen wurde, bekräftigt dies. In den weiteren Biografien dieses Buches wird noch oft über sein Wirken die Rede sein, was seinen weltweiten wissenschaftlichen Einfluss bezeugt.

* * *

Historisch interessierten Vogelkundlern ist es nicht gelungen herauszufinden, wer wann Stresemann, der ja einer evangelischen Familie entstammte, den „päpstlichen" Beinamen verliehen hatte; wegen seiner fachlichen und amtlichen Stellung in der Ornithologie hat er jedoch diese Würdigung schon frühzeitig verdient:

- Von 1921 bis 1961 leitete er mit größtem Erfolg die Geschicke der Ornithologischen Abteilung des Zoologischen Museums der Universität zu Berlin; danach war er dort, als Pensionär, bis zum Lebensende aktiv tätig.
- Von 1922 bis 1967 bekleidete er führende Stellungen in der wichtigsten wissenschaftlichen ornithologischen Gesellschaft Deutschlands: bis zum Ende des Zweiten Weltkriegs als Generalsekretär, danach, seit 1949, als 1. Vorsitzender bzw. Präsident (und von 1967 bis zum Lebensende als Ehrenpräsident).
- Von 1922 bis 1961 war er engagierter Herausgeber des „Journals für Ornithologie", der ältesten und einer der führenden wissenschaftlichen Fachzeitschriften des vogelkundlichen Bereiches in der Welt.
- In den Jahren 1927-1934 publizierte er das Werk „Aves" (Teilband des monumentalen Handbuches der Zoologie), das die Vogelkunde zum gleichberechtigten Bestandteil der biologischen Wissenschaften erhob.
- 1930, mit nur 40 Jahren, wurde er zum Präsidenten des für 1934 in Oxford geplanten 8. Internationalen Ornithologen-Kongresses gewählt

und leitete diese Versammlung der Vogelkundler aus der ganzen Welt mit großem Erfolg.

- Er war nicht nur ein vielseitiger, gründlicher und sehr produktiver Forscher (etwa 700 Publikationen stammen aus seiner Feder), sondern hat auch zahlreichen jungen, begabten Wissenschaftlern zu ihren Karrieren verholfen.
- Unter seiner Leitung haben 30 Adepten der Vogelkunde ihre Dissertationen erarbeitet, mehrere von ihnen (u.a. Wilhelm Meise, Helmut Sick, Ernst Schüz) haben bedeutend zu der Erweiterung des vogelkundlichen Wissensstandes und der biologischen Wissenschaften (Ernst Mayr, Bernhard Rensch) beigetragen.
- Er war Ehrenmitglied in 15 und korrespondierendes Mitglied in 12 ornithologischen, z.T. naturkundlichen Vereinigungen auf vier Kontinenten sowie Mitglied zweier deutscher Wissenschafts-Akademien und einer amerikanischen.
- Zu seinen Ehren wurden mehr als 70 neu entdeckte Tierformen (zumeist Vögel) mit wissenschaftlichen Bezeichnungen, die seinen Namen enthalten, beschrieben.

Nicht verwunderlich, dass eine „päpstliche Assoziation" bereits Mitte der 20er Jahre des vergangenen Jahrhunderts einem jungen Amateurornithologen, Heinz Tischer aus Magdeburg, eingefallen war, der diesen Gedanken jedoch erst in seinen Lebenserinnerungen zum Besten gab (Tischer 1994: 80-81): „Wenn einer vom Papst in Privataudienz empfangen worden wäre, hätte er sich nicht geehrter gefühlt als ich, der ich Deutschlands ornithologisches Heiligtum betreten durfte: Prof. Dr. Erwin Stresemanns Studienzimmer. [...] Zum ersten Mal traf ich einen eleganten Professor. Einen ohne Vollbart, ohne Spitzbauch, ohne Macke. Daß er keinen Vogel mit deutschem Namen anredete, sondern nur die wissenschaftlichen Bezeichnungen gebrauchte und die auch noch verkürzt, lag an seiner Internationalität. Er war ein so weltbürgerlicher Typ, daß ich nur verwirrt staunen konnte, wenn er beiläufig von Lord Rothschilds Sammlungen im Landstädchen Tring bei London erzählte." Zum Abschluss des Besuches wurde Tischer zum gemeinsamen Mittagessen eingeladen.

Ich hatte das Glück, in den Jahren 1956-1958, als polnischer Austauschstudent, unter Stresemanns Leitung meine Magisterarbeit (über die

Ausbreitung der Türkentaube, *Streptopelia decaocto* in Asien und Europa) bearbeiten zu dürfen (s. Nowak 2003b: 12-13) und konnte etwa 30 Jahre nach Tischer Ähnliches feststellen: Nach meiner Ankunft in Berlin ging ich mit gewissen Ängsten zu Stresemann, da ich in Warschau gewarnt worden war, dass er ein strenger, kaum zugänglicher, abweisend blickender und ein Monokel tragender Preuße sei; nichts von dem sah ich vor mir, als ich sein „Studienzimmer" betrat: Ein hoch gewachsener, schlanker Professor, in gut sitzendem, der damaligen Mode entsprechendem Anzug, mit einer normalen Krawatte, ohne Monokel oder Bart drückte mir lächelnd die Hand und bat freundlich Platz zu nehmen. Das große Arbeitszimmer sah, schon wegen der vielen Bücher in den Regalen, tatsächlich wie ein Tempel der Wissenschaft aus. Bereits in dem ersten Gespräch erkannte auch ich in ihm einen Mann ohne Macken, einen Professor im besten Sinn. Nach einem kurzen Smalltalk über meine Reise und mein Dasein in Berlin ging er zur Sache: Die mir bevorstehenden Aufgaben wurden klar umschrieben, so, dass ich auch bei meinem damals unzureichenden Deutsch die Struktur meiner Arbeit klar vor Augen hatte. In seinen Aussagen war er beinahe bestimmend; fachliches und persönliches Selbstbewusstsein

Abb. 1. Prof. Erwin Stresemann in seinem Arbeitszimmer im Zoologischen Museum der Humboldt-Universität zu Berlin (Mitte der 1950er Jahre).

waren deutlich spürbar. Sichtbar war eine gewisse elitäre Haltung, nicht aber Strenge, die ganze Unterredung zeichnete ein freundlicher Ton aus. Zwischendurch fragte Stresemann, ob ich auch alles verstanden hätte, was er sagte; ich bejahte die Frage, jedoch mit der Bitte „langsam und laut zu sprechen“ (unter „laut“ verstand ich damals fälschlicherweise „deutlich“). Mit sehr laut gesprochenen Sätzen führte der Professor das Gespräch weiter, bis er mich an meinen künftigen Arbeitsplatz brachte. Jetzt wurde ich seinem Assistenten, Gottfried Mauersberger übergeben, der mir u.a. die Bibliothek und die Vogelsammlung zeigte (hier besichtigten wir Bälge der Türkentaube, die ich bis dahin im Freien noch nicht gesehen hatte ...). Etwas verwundert über den lauten Ton des Professors schaute ich danach im Wörterbuch nach, was „laut“ und was „deutlich“ bedeutet; als ich Stresemann über den linguistischen Irrtum informierte, lachte er herzlich. Jetzt wurde mir klar, dass er sogar Sinn für Humor hatte! Auch ich wurde zum Essen eingeladen, jedoch erst ein paar Wochen später; ich war ja kein Tagesbesucher.

Das sind meine persönlichen Eindrücke über den damals bereits 66-jährigen Professor. Ich will hier jedoch, wie in den meisten weiteren Biografien dieses Buches, über sein gesamtes Leben erzählen. Weniger Beachtung wird dabei dem wissenschaftlichen Erfolg Stresemanns zuteil, darüber hat sehr ausführlich Jürgen Haffer publiziert (Haffer et al. 2000: 159-446); einer der Schwerpunkte meines Berichts soll dagegen dem Einfluss gesellschaftlich-politischer Verhältnisse auf die Arbeit und das Leben des Forschers gewidmet sein. Er war ja einer von denen, die die ganze Vielfalt der historischen Abschnitte der deutschen Geschichte im 20. Jahrhundert erlebt hatten oder über sich ergehen lassen mussten: Das Kaiserreich, die Weimarer Republik, das Dritte Reich, die Besatzungszeit der Alliierten Mächte sowie die Bundesrepublik Deutschland, die Deutsche Demokratische Republik und das staatspolitische Kuriosum „Westberlin“.

Eine weitere Fragestellung dürfte jedoch im Falle Stresemann für viele auch von Interesse sein: Wie wird man, vor allem so frühzeitig wie es bei ihm der Fall war, zu einem anerkannten, weit über die Grenzen des eigenen Landes bekannten und letztendlich berühmten Wissenschaftler?

Beides soll also in der nachfolgenden Skizze erörtert werden (mehr ist bei Haffer 1997, Haffer et al. 2000 und Nowak 2003b zu finden; von dort stammen auch die meisten Zitate ohne Quellenangabe).

Stresemann entstammte einer wohlhabenden, gebildeten Dresdner Familie, sein Vater besaß in der Elbmetropole eine gut gehende Apotheke. Bereits in seiner Jugend wurden seine naturkundlichen, bald ornithologischen Neigungen von der Familie unterstützt und gefördert. Er selbst hat zielstrebig, fachliche Beratung suchend, mit Entschlossenheit und Fleiß seine vogelkundlichen Interessen vertieft und ausgeweitet, bis sie Merkmale wissenschaftlicher Betätigung aufwiesen. Er las viel. Die Kinder der Familie Stresemann (Erwin hatte drei Schwestern) wurden von einer englischen Erzieherin betreut, sie lernten von Kindheit an die englische Sprache.

Schon als Gymnasiast (Abb. 2) ging der junge Stresemann auf Bildungsreisen (in die Gegend um Dresden, die Alpen, das Riesengebirge, auf die Inseln Helgoland und Bornholm), auf denen Auge und Ohr stets auch für die Vogelwelt der Umgebung wach waren. Er scheute es nicht, weite und strapaziöse Reisen zu wagen, um Anderes und Neues zu Gesicht zu bekommen: Zusammen mit seinem Schulfreund fuhr er 1907 zu dessen in Moskau lebenden Mutter, um auf Exkursionen in die umliegenden Dörfer zu gehen; von dort brachte er interessante Greifvogelbälge mit, die er den Teilnehmern der Jahresversammlung der Deutschen Ornithologischen Gesellschaft (DOG) 1907 in Berlin präsentierte und die heute noch in

Abb. 2. Abiturklasse des Witzhum'schen Gymnasiums in Dresden, mit Lehrern; der Pfeil zeigt auf Stresemann (1907 bzw. Anfang 1908).

der Ornithologischen Sammlung des Berliner Zoologischen Museums aufbewahrt werden.

Im Jahre 1908 begann Stresemann (gewiss unter dem Einfluss seines Vaters) in Jena Medizin zu studieren; hier versäumte er aber nicht, auch die Vorlesungen von Prof. Ernst Haeckel, dem berühmten Zoologen und Philosophen, aufzusuchen, was den Ansatz zu einer breiten Sicht auf biologische Fragestellungen begründete. Im Jahre 1909 wechselte er jedoch zu der medizinischen Fakultät in München. Die bayerische Metropole war damals ein wichtiges Zentrum vogelkundlicher Forschung; nicht verwunderlich also, dass Stresemann bald Kontakt zu dem Betreuer der Ornithologischen Sammlung des Bayerischen Staatsmuseums, Carl E. Hellmayr, fand und sich so der wissenschaftlichen Vogelkunde verschrieb, dass das Medizinstudium etwas vernachlässigt werden musste. Unter Hellmayrs Einfluss begann sich Stresemann in der vogelkundlichen Systematik zu profilieren. Schon damals hatte er jedoch auch das Gespür für Forschungsmethoden, die Neues versprachen: Obwohl Johannes Thienemann, der Begründer der Vogelwarte Rossitten, für sein „Experiment zur Vogelberingung" unter schwere Kritik geraten war (u.a. seitens Hermann Löns'), wurde Stresemann einer seiner Beringer. Die erwachte Wissenschaftsneugier ließ das Verlangen in ihm wachsen, auf eine echte, exotische, wissenschaftliche Expedition gehen zu dürfen. Konkreten Anlass dazu bildete Stresemanns Beschäftigung mit der ornithologischen Systematik (das Interesse an dieser Forschungsrichtung bekräftigte er während seiner Teilnahme am 5. Internationalen Ornithologen-Kongress in Berlin Anfang 1910). Zur Fortsetzung dieser Arbeit waren neue Balgsammlungen aus noch kaum erforschten Regionen der Erde notwendig, in denen mit Vorkommen neuer endemischer Arten oder noch unbekannter Unterarten zu rechnen war.

Schon bald bot sich eine Gelegenheit dazu: Stresemann nahm Verbindung zu Dr. Karl Deninger von der Universität Freiburg i. Br. auf, der bereits zum zweiten Mal eine Expedition zu den Süd-Molukken organisierte, und erlangte seine Zustimmung zur Teilnahme. Die Forschungsreise sollte bis zu zwei Jahren dauern und war nicht ungefährlich, da auf einigen der Inseln noch Kopfjäger grassierten und auf Europäer tropische Krankheiten lauerten; der neue Kandidat ließ sich dadurch nicht abschrecken: „ein noch 'freier' junger Mensch schien mir befugt, sein Leben zu wagen", notierte er später.

Drei Forscher aus Deutschland bildeten den wissenschaftlichen Kern der Expedition: Der Geologe Dr. Deninger (als Leiter), der die Bereiche Geologie und Anthropologie als seine Aufgabe übernahm, der Physiker Dr. Odo D. Tauern, ebenfalls aus Freiburg, zuständig für die Bereiche Physik, Geografie und Ethnografie, sowie der Student Stresemann, zuständig für Zoologie und Botanik.

Der Letztere bereitete sich in Eile, aber sehr gründlich auf seine Aufgaben vor: Er reiste nach Leiden, London und Tring, um dort in wissenschaftlichen Sammlungen Material aus Südostasien zu sichten und nach relevanten Publikationen zu suchen. Insbesondere im Rothschild-Museum in Tring fand er großzügige fachliche Unterstützung in der Person Dr. Ernst Harterts und des Besitzers des Museums, Lord Walter von Rothschild. Den größten Teil der hohen Expeditionskosten trugen die Teilnehmer selbst, die Ausbeute sollte jedoch später an wissenschaftliche Institutionen und Museen verkauft werden (zoologisches Material größtenteils nach England). Man hatte sich entschlossen, sogar ein eigenes, seetüchtiges Motorsegelboot, die „Freiburg", in Holland bauen zu lassen, um in jeder Jahreszeit Inseln erreichen zu können, die abseits von regulären Schiffsrouten lagen.

Anfänglich war geplant, das Expeditionsziel mit der transsibirischen Eisenbahn anzusteuern, günstiger erwies sich jedoch eine Schiffspassage von Italien aus. Nach einer 22-tägigen Reise auf dem Dampfer „Prinz Eitel Friedrich" erreichten die drei Wissenschaftler und der größte Teil der Ausrüstung am 15. September 1910 Singapur; der in Holland bestellte Motorsegler konnte nicht termingerecht fertiggstellt werden, er wurde erst zwei Monate später nachgeliefert. Die Zeit nutzten die drei, um mit dem Zug nach Kuala Lumpur zu fahren und von dort aus Expeditionsausflüge auf dem Festland der Malaiischen Halbinsel vorzunehmen, die sehr erfolgreich waren. Zurück in Singapur bestiegen sie mit Stolz die „Freiburg", aber nach wenigen Monaten stets sinkender Begeisterung hatte sich das Boot als ungeeignet, ja lebensgefährlich erwiesen und musste verkauft werden. Ungeachtet dieser Enttäuschung gelang es den drei Wissenschaftlern, unterstützt von zahlreichen einheimischen Helfern und Trägern, die Inseln Bali, Ambon, Seram und Buru zu erkunden und enorm umfangreiches wissenschaftliches Material zusammenzutragen. Insbesondere Stresemann hatte sich als exzellenter Expeditionsarbeiter entpuppt: Außer tausender zoologischer und botanischer Objekte, darunter mehr als 1200 Vogelbälge, sammelte er auch umfangreiches ethnografisches Material, widmete sich der Erforschung der Sprache der Insulaner und brachte hunderte von hochwertigen Fotografien mit.

Es gab natürlich auch Probleme. Trotz der durch Deninger vorgenommenen soziopsychologischen Überprüfung seiner beiden Begleiter, erwies sich einer von ihnen als menschlich ungeeigneter Expeditionsteilnehmer: Dr. Tauerns Verhalten lieferte so viel Grund zu Irritationen, dass man die Zusammenarbeit mit ihm beinahe abbrechen musste. Auch hatte sich die Warnung vor tödlichen Gefahren als richtig erwiesen, zweimal war Stresemann dem Tode nahe: Nachts, bei starkem Wind, fegte ihn der Klüverbaum des Segels von Bord, er blieb aber mit einem Bein an der Reling hängen und rettete sich selbst (keiner war an Deck); später erlitt er auf der Insel Seram eine Blutvergiftung, lag tagelang ohne ärztliche Hilfe in einem entlegenen Biwak, überwand jedoch die schwere Krankheit.

Diese und viele weitere Schwierigkeiten hatten aber keinen Einfluss auf den persönlichen und wissenschaftlichen Erfolg Stresemanns: Bereits nach einem halben Jahr „im Felde" schrieb er an seine Eltern (21.3.1911): „Ich habe Leute und Land sehr lieb gewonnen, fühle mich schon ganz heimisch

Abb. 3.
Stresemann als Student in Jena (1909).

unter den Insulanern." Und nach Beendigung der Expedition Anfang April 1912 berichtete er brieflich an Hartert in Tring (11.4.1912): „Die Expedition ist sehr befriedigend verlaufen, und zudem komme ich gesunder heim, als ich hinfuhr." Später hat er seine Erlebnisse teilweise beschrieben (s. Haffer 1997: 858-906).

Nach der Rückkehr, im Sommer 1912, hat sich Stresemann zwar an der medizinischen Fakultät in Freiburg immatrikuliert, seine ornithologische Expeditionsausbeute war aber so vielversprechend, dass er sofort mit der wissenschaftlichen Bearbeitung das umfangreichen Materials begann. Für diesen Zweck weilte er wieder bei Hartert in Tring. Bis 1914 sind auf etwa 340 Druckseiten zehn seiner Publikationen erschienen, die u.a. ein paar neue, bis dahin der Wissenschaft noch unbekannte Vogelarten (darunter den Bali-Star, *Leucopsar rothschildi*, der auch eine neue Gattung darstellt), viele neue Unterarten und eine Unzahl weiterer ornithogeografischer, biologischer und ökologischer Feststellungen enthalten. Damit hatte der junge Wissenschaftler einen soliden Grundstein für seine Zukunft gelegt.

Die Nachricht, dass es in Freiburg bzw. München einen fleißigen, bereits profilierten jungen Ornithologen gebe, hatte sich herumgesprochen und bewirkte etwas Ungewöhnliches: Prof. Willi Kükenthal aus Breslau, Initiator und Herausgeber eines großen Handbuchs der Zoologie, schlug Stresemann vor, den Band „Aves" (Vögel) für das Werk zu bearbeiten. Der ehrenvolle Vorschlag kam gewiss zu unpassender Zeit, der 24-jährige Student wollte doch zunächst sein Universitätsstudium abschließen. Dennoch stimmte er zu.

Etwas überraschend wurde jedoch diese so erfolgreiche Lebensetappe Stresemanns von politischen Ereignissen überschattet, ja unterbrochen: Im Sommer 1914 brach der Krieg aus! Man hätte denken können, dass ein so „reinrassiger" Wissenschaftler ein solches Ereignis mit Argwohn und Ablehnung quittieren würde; es war aber nicht so: Stresemann begrüßte, wie die meisten deutschen Intellektuellen, die Ereignisse mit Enthusiasmus („Es geht los! Der Kaiser hat die allgemeine Mobilmachung befohlen, und bei uns Jungen herrscht unbeschreiblicher Jubel."). Bereits im September zog er in den Krieg! Die durch den deutsch-nationalistischen Geist gespeiste patriotische Stimmung, die damals im Kaiserreich herrschte, entzieht sich den heutigen Vorstellungen ...

Bis zum Kriegsende blieb Stresemann in der Armee. Die meiste Zeit diente er an der Westfront, im September 1917 wurde er an die Südfront, nach Italien versetzt. Längere Zeit diente er in der Feldartillerie als „Luftschiffer" (von einem Fesselballon aus korrigierte er die Zielgenauigkeit der Kanonengeschosse). Diese Gelegenheit nutzte er auch für Vogelbeobachtungen und zur Messung der Flughöhe von Vögeln mittels militärischer Entfernungsmesser. Auch bei vielen anderen Gelegenheiten fand er Zeit für Vogelbeobachtungen, er ging sogar auf die Vogeljagd und fertigte Bälge. Kurze Urlaubsaufenthalte in der Heimat nutzte er für wissenschaftliche Arbeit und Besuche bei Familie und Freunden. Auch die Feldpost bot die Gelegenheit zu ausgedehnter Korrespondenz, nicht nur mit Privatadressaten; Korrekturbögen seiner Publikationen wurden ihm an die Front zugesandt.

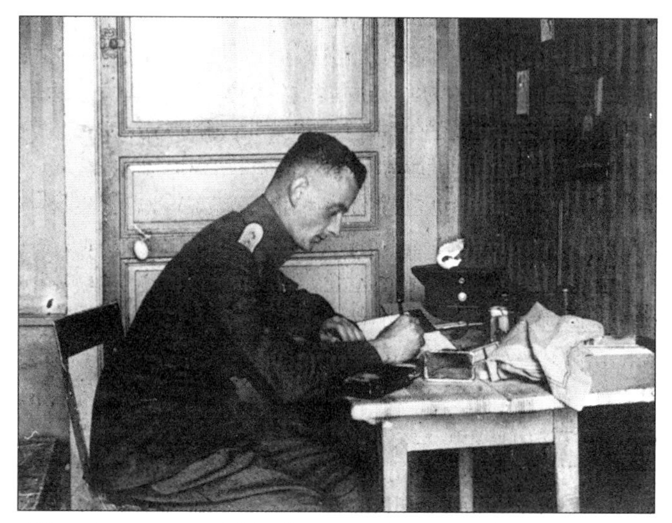

Abb. 4. Stresemann als Soldat, bei der Tagebuchaufzeichnung (wahrscheinlich 1917).

Er führte ein Tagebuch (Abb. 4), das vogelkundliche Beobachtungsprotokolle enthält, aber auch mancherlei schreckliche Kriegserlebnisse, die er seinen Feldpostbriefen nicht anvertraute; seine Korrespondenz und das Tagebuch belegen auch, dass er an mörderischen Kampfhandlungen, u.a. bei Verdun, teilnahm. Viele seiner Kameraden sind gefallen, sein Enthusiasmus für den Krieg erlosch mit der Zeit zunehmend, in einigen Briefen spiegelt sich seine Sehnsucht nach friedlicher Arbeit, stellenweise auch seine Verzweiflung über den Krieg wider.

Während der Kriegszeit, im Juni 1916, heiratete Stresemann Elisabeth Deninger, die Schwester seines Expeditionsleiters auf den Molukken, die in München Medizin studierte. Nach der Versetzung an die italienische Front (dort war er „Lichtbildoffizier“, d.h. Stabsfotograf) passierte ihm ein Unglück, er erlitt eine schwere Beinverletzung. Wahrscheinlich ist dies jedoch als Glücksfall zu werten, denn er überlebte den Krieg; seinen Schwager, Karl Deninger, ereilte dagegen 1917 in Italien der „Heldentod“.

Viele Jahre später erzählte Stresemann manchmal über seine Erlebnisse während des Ersten Weltkriegs, ich glaube in seinen Berichten stets einen verurteilenden Ton gespürt zu haben. Seine Söhne meinen jedoch (in Interviews vor ein paar Jahren), dass er den Ausgang des Krieges nicht nur als eine Katastrophe für Deutschland, sondern auch als seine persönliche Niederlage empfand, die tief in ihm nagte.

Nach der deutschen Kapitulation kehrte Leutnant Stresemann nach München zu seiner Frau und zu der bereits einjährigen Tochter zurück. Zwei Wochen nach der Proklamation der Deutschen Republik (später Weimarer Republik genannt), genau zu seinem 29. Geburtstag, kam sein zweites Kind, Sohn Werner, zur Welt. Diese Freude konnte jedoch seine persönliche Nachkriegssituation kaum erhellen: Politische Wirren erfassten das Land, das Geld war immer weniger wert, die Versorgungsschwierigkeiten verschärften sich von Woche zur Woche; Reisen ins Ausland waren nicht mehr möglich (das Museum in Tring war also nicht mehr erreichbar), auch Briefe an Wissenschaftler hinter der Grenze wurden wegen der anhaltenden Feindschaft zu Deutschland nicht beantwortet. Schlimmer noch: Die Britische Ornithologen-Union schloss alle ihre deutschen Mitglieder aus dem Verband aus! Da stellte sich die Frage, ob der junge Wissenschaftler nach mehr als vierjähriger Kriegsteilnahme überhaupt noch den Anschluss an die Wissenschaft und eine Chance für die Fortsetzung seiner Forschungen finden würde.

Das noch vor einigen Jahren so international angelegte Wirkungsprogramm reduzierte Stresemann jetzt auf das Machbare: Er immatrikulierte sich an der Münchner Universität (Biologie, Fachbereich Zoologie mit Nebenfächern Geografie und Anthropologie, nicht mehr Medizin), um das Studium so schnell wie möglich zu beenden. Der treue Hellmayr aus der Bayerischen Zoologischen Staatssammlung, bereits vertrauter Freund des Studenten Stresemann, besorgte eine karg bezahlte, jedoch interessante wissenschaftliche Beschäftigung: Auswertung einer großen vogelkundlichen Sammlung aus dem Balkan.

Mit gewohnter Energie ging Stresemann an die Arbeit: Ein Jahr später, auch dank der Unterstützung seiner Frau, waren die Balkan-Bälge durchforscht (1920 erschien ein dicker Band mit dem Titel „Avifauna Macedonica“). Auch das Studium der beiden Studenten-Eheleute machte Fortschritte. Inzwischen meldete sich aber erneut Prof. Kükenthal, der nach dem Kriege Direktor des Zoologischen Museums der Universität in Berlin wurde, mit der Erinnerung an den Vogelband für sein „Handbuch der Zoologie“. Stresemann bestätigte seine Zusage und fing an, ein Probekapitel zu schreiben. Es scheint, dass diese Fülle von Aufgaben die beiden Eheleute nicht entmutigt, sondern beflügelt hatte: Im März 1920 legte Stresemann bei Prof. Richard von Hertwig seine Doktorprüfung ab, im Mai 1920 sandte er ein Kapitel der „Aves“ an Kükenthal, 1921 beendete Frau Stresemann ihr Medizinstudium.

Von Kükenthal kam ein ungewöhnliches Lob: Er akzeptierte Stresemanns Text ohne Änderungsvorschläge! Es war aber ein schwacher Trost, denn der junge Doktor brauchte jetzt eine feste Arbeitsstelle; dabei kam für ihn lediglich eine Betätigung infrage: wissenschaftliche Forschungs-

Abb. 5.
Dr. Ernst Hartert aus Tring, Stresemanns Lehrer und väterlicher Freund (1926).

arbeit im vogelkundlichen Bereich, am liebsten an einem renommierten Naturkundlichen Museum einer Universität. Ein illusorischer Wunsch im Nachkriegsdeutschland, da alle solche Stellen besetzt waren. Aus dieser Verzweiflung heraus plante Stresemann, auf die ihm so lieb gewordenen Molukken auszuwandern, um dort privat eine Forschungsstation zu betreiben. Frau Stresemann war bereit mitzugehen, bei der Arbeit zu helfen und als Ärztin tätig zu werden. Er konsultierte den Plan brieflich mit Hartert in Tring. Der längst zum väterlichen Freund gewordene, erfahrene Wissenschaftler, reagierte aber mit Skepsis. Auch die Inflation arbeitete dagegen, Stresemanns Geldreserven schrumpften (an Hartert schrieb er verzweifelt am 4.5.1920: „Ich bin dabei, die [...] Kostenrechnung zu machen – ein düsteres Kapitel. Manchmal bin ich dem Trübsinn nahe.").

In dieser hoffnungslosen Situation, Ende März 1921, traf bei Stresemann ein Telegramm aus Berlin ein: Kükenthal teilte ihm mit, dass er eine Anstellung in der Ornithologischen Abteilung des Zoologischen Museums der Friedrich-Wilhelm-Universität in Berlin als Nachfolger Anton Reichenows erhalten könne! Eine überraschende Wende also, ein verdienter Lohn für alle bisherige Arbeit.

Bereits am 15. April 1921 trat Stresemann die Stelle an. Natürlich entsprachen die Zustände in der Ornithologischen Abteilung seinen Vorstellungen nicht, mit gewohntem Elan ging er daran, das Berliner Museum planmäßig zu dem von Tischer erwähnten „Deutschlands ornithologischen Heiligtum" auszubauen. Die verstaubte Balgsammlung wurde neu geordnet, die großen Lücken der Bibliothek ergänzt, nach Kontakten zu Fachgenossen bzw. künftigen Schülern wurde gesucht; er übernahm die Herausgeberschaft der Zeitschrift „Ornithologische Monatsberichte" und füllte sie mit guten Inhalten, ein Jahr später übernahm Stresemann auch die Herausgabe des seit 1853 bestehenden „Journals für Ornithologie", dem er eine neue Qualität verlieh. Die Masse der Deutschen Ornithologen entdeckte in ihm die Führungspersönlichkeit und wählte ihn bald zum Generalsekretär der Deutschen Ornithologischen Gesellschaft. Das alles war aber für den „weltbürgerlichen Typ" (wie Tischer schrieb) zu wenig: Die Barriere zu dem noch immer feindlich gesinnten Ausland sollte durchbrochen werden; nur Stresemanns wissenschaftlicher Autorität ist es wohl zu verdanken, dass dies frühzeitig gelang: Briefliche Kontakte zu den wichtigsten Forschern und Institutionen des Auslandes funktionierten wieder. Die ersten Ausländer besuchten persönlich das Berliner Museum: James P. Chapin aus New York und Richard Meinertzhagen aus London. Bald lockerten sich auch die Reisebeschränkungen für die Deutschen, Stresemann fuhr im September 1923 zu Fachkollegen in Schweden und Dänemark (sein Kommentar: „Ornithologen sind an sich bessere Menschen“) und im November 1924 nach London und endlich wieder zu Hartert nach Tring.

Auch im privaten Bereich lief alles gut: Frau Stresemann zog mit den beiden Kindern nach Berlin und fing an, beruflich zu arbeiten. Die materielle Situation besserte sich, nachdem die Inflation durch die Einführung der Rentenmark 1924 eingedämmt wurde. Das dritte Kind, das 1924 zur Welt kam, wurde zu Ehren Harterts auf den Namen Ernst getauft.

Mit den politischen Zuständen in der Weimarer Republik war Stresemann gewiss nicht gänzlich zufrieden; die deutsch-nationale Erziehung des Elternhauses, der Schule, der Studentenschaft (obwohl er wahrscheinlich kein Mitglied einer der damals vielen Verbindungen war) beherrschten noch seine Ansichten. Er huldigte dem „eisernen Kanzler“ Bismarck, den er für einen klugen Staatslenker und Diplomaten hielt. In der Zeit der Republik wurde er jedoch liberaler. Die radikalen Parolen diverser politischer Gruppierungen, die in Deutschland laut wurden, insbesondere die Hetze gegen das „feindliche“ Ausland und das „Judentum“, teilte er nicht; zusammen mit Hartert warb er für die Einberufung des fälligen 6. Internationalen Ornithologen-Kongresses (dieser sollte 1915 ausgerechnet in Sarajewo stattfinden, was der Kriegsausbruch verhindert hatte). Es ging darum, die feindliche Stimmung, zumindest unter den Ornithologen, zu mildern oder zu beseitigen. Mit Verspätung, erst im Mai 1926, gelang es diese große Veranstaltung der führenden Vogelkundler nach Kopenhagen, in das neutrale Dänemark, einzuberufen. Dr. Hartert war Präsident. Der Kongress wurde nicht nur zu einem fachlichen Erfolg, er wurde auch als „Versöhnungskongress“ gelobt.

Zurück im Lande, wurde Stresemann mit einer aufregenden Episode konfrontiert (die ich historisch nenne): Zwei radikale, völkische Zeitschriften (darunter „Reichswart“), veröffentlichten im September 1926 Leitartikel, in denen sie den damaligen Reichsaußenminister, Dr. Gustav Stresemann, beschimpften, Freund des „internationalen Judentums“ zu sein. Die Artikel trugen den Titel „Papilio Stresemanni Roth.“ und zitierten die „Internationale Entomologische Zeitschrift“, die diesen neu entdeckten, raren Schmetterling zum Verkauf anbot. Die Abkürzung „Roth.“ deutete der Autor des Leitartikels richtig als „Rothschild“ (jüdischer Name), der durch die Vergabe der Bezeichnung „Stresemanni“ an die neu entdeckte Tierart angeblich dem Reichsaußenminister für seine liberal-versöhnliche Außenpolitik dankte und ihn ehren wollte. Auch Erwin Stresemann (der mit Gustav S. nicht verwandt war) las diesen Artikel und publizierte in zwei Tageszeitungen Anfang Oktober 1926 eine sarkastische Erwiderung, in der u.a. steht: „… ein kleiner Irrtum ist dem ‘Reichswart’ unterlaufen und den möchte ich hier richtigstellen. Papilio Stresemanni wurde von Baron Walter Rotschild nicht dem Außenminister Dr. Stresemann gewidmet, sondern dem bisher an der hohen Politik gänzlich unbeteiligten Unterzeichneten, der ihn im Jahre 1911 […] im Hochgebirge der Insel Seran entdeckt hatte und seine Schmetterlingsausbeute dem Zoologen Dr. phil. Baron Walter von Rothschild als einem der besten Kenner indoaustralischer Lepidopteren zur Bearbeitung übergab.“ Erst durch diese Publikation wurde der „falsche Angriff“ auch dem Außenminister verständlich. Er lud den Zoologen Stresemann zu einem Gespräch ein, über das dieser auch während meines Aufenthaltes in Berlin plauderte; ich hatte dabei den Eindruck, dass er den Politiker der Weimarer Republik (der Ende 1926 mit dem Friedensnobelpreis ausgezeichnet wurde) schätzte. Diese historische Episode belegt auch, dass (der Zoologe) Stresemann schon damals der antisemitischen Strömung ablehnend gegenüberstand.

Um diese Zeit arbeiteten unter Stresemanns Leitung bereits einige Doktoranden im Museum. Die Betreuung des wissenschaftlichen Nachwuchses hatte zwei Ziele: Der Kustos der Ornithologischen Abteilung wollte seine Denk- und Forschungsrichtung an die etwas jüngere Generation weitergeben und (durch die Vergabe entsprechender Themen für deren Dissertationen) defizitäre Erkenntnisse für das nun mit viel Einsatz bearbeitete Werk „Aves“ gewinnen.

Mitte der 1920er Jahre beschloss Stresemann, noch ein weiteres Arbeitsfeld den Aufgaben seiner Abteilung zuzufügen: Entsendung von zoologischen Expeditionen in ferne Länder, um neues Balgmaterial für systematische und andere Untersuchungen an Vögeln zu gewinnen. In diesem Bereich verfügte er ja über exzellente Erfahrungen (Molukken-Expedition), diesmal fehlte jedoch das dafür notwendige Geld. Da half wieder seine Internationalität: Kontakte zu dem Naturhistorischen Museum in New York, das ebenfalls nach neuem zoologischen Material trachtete und … Geld besaß.

Dr. Leonard C. Sanford, der das Vermögen des New Yorker Museums verwaltete, schloss bald einen Pakt mit Berlin: Stresemann würde die Explorer auswählen, fachlich vorbereiten und in die Expeditionsgebiete entsenden, die meisten Kosten würden die Amerikaner bezahlen und die Ausbeute würde unter den beiden Museen aufgeteilt. Der Plan wurde umgesetzt und funktionierte bis in die 1930er Jahre: Ernst Mayr ging 1928 nach Neuguinea, Gerd Heinrich 1930 nach Celebes, Georg Stein 1931 in den Westen Neuguineas, nach Samba und Timor, dem folgten später noch einige weitere junge Forscher. Dies erzeugte einen gewaltigen Publikationsschub in Stresemanns Arbeit, der bemüht war, das neu gewonnene Material so schnell wie möglich zu untersuchen und die Ergebnisse zu veröffentlichen.

1927 erschien im Druck die erste Lieferung des Bandes „Aves“. Die Fachwelt hat die Publikation mit sehr positivem Echo belohnt, was den Autor zu verstärkten Anstrengungen an der Fortsetzung des Manuskripts bewegte. Jetzt konnte er auch auf die Ergebnisse der Arbeit seiner Doktoranden zurückgreifen. Die Vielfalt der Aufgaben zwang ihn um diese Zeit, bis zum späten Abend im Museum zu bleiben, um an dem Werk zu arbeiten; auch die Feiertage zu Hause nutzte er, um weiterzukommen. Übermüdung oder Arbeitsunlust konnten ihn vom Schreibtisch nicht abbringen: „Eine höllische Arbeit, aber eine sehr anregende“, notierte er.

Anfang Juni 1930, während des 7. Internationalen Ornithologen-Kongresses in Amsterdam, wurde Stresemann, auf Vorschlag Lord W. von Rothschilds, zum Präsidenten des nachfolgenden Kongresses, der in vier Jahren in Oxford stattfinden sollte, gewählt.

Noch war das „Aves“-Manuskript nicht beendet, aber schon schaute Stresemann nach neuen Horizonten für seine Tätigkeit. Ernst Mayr, seinem früheren Doktoranden, der nun in New York tätig war und vom Schüler zum Freund wurde, schrieb der Meister (30.9.1932): „Die Zukunft gehört zweifellos dem anatomisch-physiologischen Studium. Die Zeit der Balgsystematik ist bald abgelaufen. [Bis dahin hatte Stresemann etwa 20 neue Arten und mehr als 300 Unterarten von Vögeln beschrieben.] Wir müssen, statt Epigonenarbeit zu leisten, auf neuen Bahnen vorausgehen“.

Die Periode der Weimarer Republik war die beste in Stresemanns Tätigkeit: Bis 1933 sind etwa 300 seiner Publikationen und 10 von ihm betreute Dissertationen veröffentlicht worden. 1930 wurde er zum Professor ernannt. Neue Doktoranden und Mitarbeiter strömten zu ihm. Fachleute aus dem

In- und Ausland, darunter auch illustre Gäste, besuchten zahlreich das Museum, um hier zu forschen oder Rat zu holen. Wie kaum ein anderer weitete Stresemann das von ihm vertretene Fach auf weitere Forschungsbereiche aus: Funktionelle Anatomie, Histologie, Physiologie, Embryologie, Evolution (Mutationsstudien), Verhalten, Ökologie, biologisch-theoretische Themen, auch Arbeiten aus dem Bereich der Geschichte der Ornithologie. Alle biologischen Forschungsrichtungen waren nun in die Ornithologie integriert worden.

Somit wurde die Vogelkunde, die sich früher vorwiegend mit Faunistik, Systematik und Morphologie befasst hatte und z.T. als „Liebhaber-Wissenschaft" abgestempelt worden war, zu einer modernen, gleichberechtigten Disziplin der biologischen Wissenschaften (Haffer 2001).

Die Erfolge auf der wissenschaftlichen Ebene trübte jedoch die politische Lage im Lande: Das demokratische Wesen der Republik geriet zunehmend unter Druck extremer linker und rechter Strömungen. Zu Beginn der 1930er Jahre nahmen nationalsozialistische Exzesse zu, die von Adolf Hitler gegründete Partei drängte an die Macht. Stresemann sah schon damals klar voraus, dass diese politische Richtung dem Lande nichts Gutes bringen würde. An Freund Mayr in Amerika schrieb er (14.3.1932): „Hitlerexperimente hätten uns binnen kurzem völlig ruiniert..." So war er froh, als im April 1932 Paul von Hindenburg zum Präsidenten der Republik gewählt wurde.

Nicht nur Stresemann überraschten die politischen Ereignisse zu Beginn des Jahres 1933, als man Hitler doch zum Kanzler machte und dieser das Dritte Reich verkündete. Noch immer wollte er dies nicht wahrhaben, an die Beständigkeit der neuen Politik glaubte er nicht, als er Ende Mai 1933 an Mayr schrieb: „... alles [wird] bald wieder in ruhige Bahnen einpendeln." Rasch wurde jedoch deutlich, dass sich in Deutschland eine Diktatur etablieren würde. Anzeichen der neuen Entwicklung wurden auch in seiner Ornithologischen Abteilung sichtbar, als einige der Doktoranden in Uniformen (SA, SS, NSKK u.a.) erschienen. Zunächst blieb hier jedoch die Stimmung liberal, straflos erzählte man sogar politische Witze über die neuen Herrscher. Bald sollte sich das aber ändern: Stresemann wurde aufgefordert, zu einer Versammlung von Schriftstellern und Redakteuren (da Herausgeber des „Journals") zu erscheinen, wo der Propagandaminister Joseph Goebbels den Versammelten neue Richtlinien für jegliche publizistische Tätigkeit erläuterte und auf die Machtmittel seiner Partei hinwies, mit denen er Versuche des Widerstandes unterbinden würde. Eine weitere Episode zeigte Stresemann exemplarisch, welche Mittel dies sein könnten: Im Frühjahr 1934, während einer vogelkundlichen Exkursion mit seinen Doktoranden nordwestlich von Berlin, wo er schon früher mit seinen Schülern gewandert war, entdeckte die Gruppe ein von der SA eingerichtetes „Schutzhaftlager" mit Häftlingen. Stresemann sprach naiv den bewaffneten Posten an („ob man sich diesen Laden hier angucken kann") und wurde „zur Besichtigung" hineingeführt. Offensichtlich wurde er dort lange verhört, da er erst am übernächsten Tag im Museum erschien ...

Erschreckt hat ihn die antijüdische Hetze, die in Berlin deutlich zu spüren war. Paradoxerweise gab es aber an der Universität Wissenschaftler jüdischer Abstammung, die den Ernst der Lage noch nicht erkannt hatten: Stresemann war befreundet mit Prof. Ernst Marcus, einem Wirbellosen-Fachmann aus dem benachbarten Zoologischen Institut, der erfreut war, als man ihm verbot, Vorlesungen vor Studenten zu halten und glaubte, nun mehr Zeit für seine Forschungsarbeiten zu haben (er war Träger des Eisernen Kreuzes erster Klasse aus dem Ersten Weltkrieg). Hoffnungsvoll grüßte er Stresemanns Doktoranden mit „Heilt Hitler!" (Prof. Marcus wurde erst 1936 entlassen und emigrierte „freiwillig" nach Brasilien).

Mit erstaunlicher Weisheit beschrieb Stresemann die Lage in Deutschland und seine klare persönliche Einstellung zum Nationalsozialismus in einem aus Italien an Mayr in New York abgesandten Brief (12. April 1934): „... der Staat dient nicht mehr dem Wohl des Einzelnen, sondern das Individuum ist nur noch für die Sicherung des Staatsgefüges da und hat das zu tun, was die Führung für richtig hält. Für Menschen, die wie ich von je der Entwicklung persönlicher Eigenart nachgestrebt haben und in einer Unterdrückung der gebildeten Stände den Untergang höherer Kultur erblicken, bedeutet der Umschwung eine Katastrophe; und wie ich urteilt die überwiegende Mehrzahl der Wissenschaftler, Künstler, Industriellen usw. Getragen wird die Bewegung vor allem von den mittleren Beamten, die jetzt an die Macht kommen, und von der Masse, die simplen, radikalen Gedankengängen von je begierig nachging. Die Sozialisten sind der Erfüllung ihrer Maximen nie so nahe gewesen wie jetzt; die Nivellierung macht gewaltige Fortschritte. Es hat ja eigentlich gar keinen Zweck, sich innerlich gegen diese Entwicklung aufzulehnen, die nicht mehr aufzuhalten ist und an keinem vorübergeht, aber ich kann es doch nicht sein lassen, trauernd an den Trümmern einer für unsere Bildungsschicht unvergleichlich erfreulicheren Vergangenheit zu stehen. [...] Durch die Überspitzung des Antisemitismus haben wir die öffentliche Meinung der ganzen Welt gegen uns aufgebracht; die Passivität des Aussenhandels nimmt daher von Monat zu Monat zu, während gleichzeitig die m.E. ganz unfruchtbaren Rüstungsausgaben gewaltig steigen. [...] Mag sein, dass wir dadurch bündnisfähiger werden – aber die Vorstellung, dass ein Krieg überhaupt wieder einmal in Frage kommen könnte, ist für jeden, der 1914-18 erlebt hat, grauenhaft. Du kannst Dir kaum eine Vorstellung davon machen, wie in unseren Kreisen 'gemeckert' wird – wobei man höchst vorsichtig verfahren muss, denn die geheime Überwachung (vor allem durch untere Beamte) ist so gut organisiert wie im heutigen Sowjetstaat." Über sich selbst schrieb Stresemann: „wer weiss, was die Zukunft denen bringt, die als 'Reaktionär' und 'Liberal' verdächtigt sind, und das bin ich zweifellos." So wird er auch „die bange Frage nicht los: wohin steuern wir eigentlich?"

Aber im Sommer 1934 erlebte Stresemann die Glanztage seines Lebens: Als Präsident stand er im Juli dem 8. Internationalen Ornithologen-Kongress in Oxford vor, wo sich die internationale Elite der Ornithologen, auch eine

Abb. 6. Exkursion anlässlich des 14. Internationalen Ornithologen-Kongresses in Oxford: Prof. Stresemann (links) im Gespräch mit Frau Tehmina Ali, Dr. Bernhard Rensch und seiner Frau Ilse; dazwischen steht Stresemanns Tochter Rose-Marie (Juli 1934).

Gruppe von Fachleuten aus Deutschland, zusammenfand (seine Tochter Rose-Marie begleitete ihn). Kurz zuvor lag zum Verkauf vollständig und gebunden das Werk „Aves“ vor (900 Druckseiten), das guten Absatz und vielfaches Lob erfuhr. Dank enger Zusammenarbeit mit F.C.R. Jourdain, dem englischen Sekretär des Kongresses, war die Versammlung hervorragend organisiert. Stresemann hielt auf Deutsch einen einstündigen Eröffnungsvortrag über die Geschichte der internationalen ornithologischen Kongresse seit 1884, in dem er die Entwicklung der wissenschaftlichen Vogelkunde bis zum neuesten Stand skizzierte; in perfektem Englisch leitete er die fachlichen Diskussionen, an denen er sich auch reichlich beteiligte. Von Beginn der Tagung an gewann er die Sympathie der Versammelten dank seines überragenden Wissens, seines Intellekts und Charmes. Den Erfolg skizzierte bildhaft Nöhring (1973: 463-464): „Dieser Kongreß [...] rückte Stresemann in den Mittelpunkt der wissenschaftlichen Aufmerksamkeit eines weiten internationalen Kreises und zeigte auch den Fernerstehenden seine besonderen gesellschaftlichen Talente. Selbst für das England der damaligen Jahre ungewöhnlich gut angezogen, das Einglas im rechten Auge, geistvoll und vergnügt, witzig und ironisch, ein glänzender Tänzer, umstrahlt von der gern erwiderten Aufmerksamkeit schöner Frauen, war er ein außergewöhnlicher und in dieser Vollkommenheit schwerlich wieder erreichbarer Präsident eines Internationalen Ornithologen-Kongresses.“ Bis nach Oxford drang jedoch das Echo aus der Heimat durch: Zum Abschluss des Kongresses trübten die Zeitungen die Stimmung mit den Nachrichten über die Morde der SS an der SA-Führung in Deutschland.

Zurück in Berlin legte Stresemann den Schwerpunkt seiner Arbeit wieder auf die Auswertung des Expeditionsmaterials, das nun reichlich in das Museum floss (um die 50 Publikationen sind bis zum Kriegsausbruch erschienen). Im Namen der DOG beauftragte er Günther Niethammer mit der Bearbeitung das „Handbuches der Deutschen Vogelkunde“. Er beteiligte sich an der Ausarbeitung der Vorschlagstexte für das neue deutsche Naturschutzgesetz und die Artenschutzverordnung (diese waren neuartig für die damalige Zeit und stärkten den Naturschutz; die ideologischen Phrasen stammten allerdings nicht von den Fachberatern). Ende 1935 reiste Stresemann zu einem fünfmonatigen Aufenthalt in die USA. Die lange, fruchtbare Zusammenarbeit mit den Amerikanern veranlasste die Gastgeber dazu, ihm eine Arbeitsstelle in den USA anzubieten; kurz zuvor zerfiel Stresemanns

Abb. 7. Prof. Stresemann (rechts) während einer Exkursion der Teilnehmer der Münchner DOG-Jahresversammlung nach Wendelstein; links – Dr. Werner Jacobs, Organisator der Tagung (7.7.1935).

Ehe, so hofften sie ihn anwerben zu können. Möglicherweise ahnten die Amerikaner bereits damals, dass die politische Entwicklung in Europa auf eine Katastrophe zusteuerte und wollten ihn davor bewahren. Das Angebot war sehr verlockend, aber Stresemann lehnte ab, Amerika war ihm zu fremd (dort „könnte ich zwar arbeiten, nicht aber leben" schrieb er). Zurück in Deutschland, im November 1936, ernannte Hermann Göring Stresemann zum offiziellen Fachberater des Reichsjagdamtes und verlieh ihm den Titel eines „Reichsjagdrates"; damals liefen in Berlin Vorbereitungen zu der großen internationalen Jagdausstellung, man verband damit die Hoffnung auf internationale Verständigung und eine Belebung der naturkundlichen Zusammenarbeit mit den europäischen Staaten. Begeistert war Stresemann von dem 1937 erschienenen ersten Band des „Handbuches der Deutschen Vogelkunde" und förderte das Projekt mit aller Kraft. Im September und Oktober 1937 weilte er wieder in den USA, wo die Befürchtungen um Europas Schicksal bereits öfter zutage traten (kurz nach der Rückkehr schrieb Stresemann aus Berlin seinem Kollegen James P. Chapin in New York: „Sie und ich haben einen Krieg kennengelernt, und einer ist mehr als genug für ein ganzes Leben."). Jetzt hatte er Bedenken, ob er mit der Ablehnung des amerikanischen Arbeitsangebots richtig gehandelt hatte, es war aber zu spät. Während des Aufenthaltes in den USA traf Stresemann seinen Doktoranden

Ernst Schäfer (s. Kapitel 7), den zweimaligen Teilnehmer amerikanischer Tibet-Expeditionen, der bei ihm in Berlin mit einer Dissertation über die ornithologischen Ergebnisse dieser Reisen promovierte. Schäfer plante eine erneute Expedition nach Tibet, man verabredete, dass die Ausbeute diesmal dem Berliner Museum zukommen sollte.

Die politischen Prognosen der Amerikaner sollten sich schon ein halbes Jahr später bewahrheiten: Im März 1938 erfolgte der Anschluss Österreichs und im September die Sudetenkrise. Stresemanns Einstellung zu diesen Ereignissen war etwas überraschend: Zwar war er erklärter Gegner der Nazi-Ideologie, aber sein oft geäußerter, verständlicher Patriotismus gewann jetzt nationalistische Züge, da er den „Anschluss" mit Enthusiasmus begrüßte und die durch England damals friedlich beigelegte Sudetenkrise für eine endgültige Friedenslösung für Europa hielt.

Anfang August 1939 kehrte Dr. Schäfer von seiner dritten Tibet-Reise zurück und übergab dem Berliner Museum seine reiche ornithologische Ausbeute. Seit 1933 war er Mitglied der SS, seit 1937 der NSDAP, im September 1937 wurde er in den Persönlichen Stab Heinrich Himmlers aufgenommen; so trug sein Tibet-Unternehmen „nebenbei" auch einen politischen Charakter. Stresemann unterstützte schon immer begabte Wissenschaftler, ohne Rücksicht auf deren politische Ansichten (sogar in den Kriegsjahren und danach), auch jetzt war er voller Begeisterung und Dankbarkeit für den Erforscher des „Dachs der Welt".

Um diese Zeit roch es in Berlin nach einem Krieg. An Mayr schrieb Stresemann (26.8.1939): „Die Lage sieht mulmig aus, und um mit Wilhelm Busch zu reden 'Gar mancher schleicht betrübt umher'." Ihn bekümmerte die Befürchtung, dass auch er, „wenn der clash kommen sollte", zum Militär einberufen würde „und dann wird der Laden hier [das Museum] wohl bis auf weiteres zugemacht werden." Für diesen Fall teilte er Mayr so etwas wie sein Testament mit: „[Sollte] in der Zwischenzeit der grimme Orkus [mich] verschlungen haben, [...] sei Du bitte bereit, die Zügel hier zu ergreifen, sobald man Dich drüben wieder hat laufen lassen. Ich kann mir keinen besseren, ja überhaupt keinen anderen Nachfolger wünschen."

Nicht ganz eine Woche verging, als am 1. September 1939 deutsche Truppen Polen überfielen! Der schnelle Sieg beruhigte jedoch bald Stresemanns Seele. Der Freundschaftspakt mit der Sowjetunion erlaubte ihm jetzt Kontakte zu russischen Ornithologen (zu Dementjew und Gladkow in Moskau, der Letztere publizierte im „Journal“); diese Zusammenarbeit war ihm wichtig, da er ein neues Projekt plante, einen „Atlas paläarktischer Vögel“. Auch anderweitig nutzte er den nun guten Draht nach Moskau: Auf Bitten des polnischen Grafen Dzieduszycki setzte er sich mit Erfolg für die Erhaltung des Naturkundlichen Museums in Lwów/Lemberg, also in dem zunächst von den Sowjets besetzten Teil Polens ein. Solche guten Taten begleitete jedoch eine (zumindest für mich) gänzlich unverständliche Haltung Stresemanns zu den sich ausweitenden Eroberungen der deutschen Armeen. In einem Brief von Anfang Sommer 1940 schrieb er zu dem Sieg über Frankreich: „Es ist ein beispielloser Triumph unseres Soldatentums und unserer überlegenen Führung…“ (das hatte der Philosph Ernst Jünger bereits nach dem Ersten Weltkrieg mit den Worten „[der] Geist [dieses Krieges] ist in seine Frontknechte gezogen und läßt sie nie aus seinem Dienst“, prophetisch vorausgesagt).

Im Februar 1941 wurde Stresemann, obwohl 51-jährig, in die Armee einberufen. Auch einige der Mitarbeiter und Doktoranden erhielten Stellungsbefehle bzw. meldeten sich freiwillig zum Militär. Die wissenschaftliche Arbeit im Museum kam beinahe zum Erliegen. Als Reserveleutnant wurde er der Luftwaffe zugewiesen und diente als Wehrbetreuungsoffizier und Stabsschreiber in der Heimat, in Griechenland, in Italien und in Frankreich. Dort kam er in engeren Kontakt mit hohen Offizieren, was ihm u.a. ermöglichte, sich für den Schutz des durch deutsche Bomben beschädigten Tierparks seines französischen Freundes Delacour einzusetzen. Die extrem nationalistische Haltung blieb jedoch: Als die deutschen Verbände tief in der Sowjetunion operierten, schrieb er in einem Brief (15.11.1941): „Und dann schau ich wieder gebannt auf das kleine Fleckchen Deutschland, das diese Riesenwelt in Bewegung gesetzt hat und umzugestalten sich anschickt, und spüre mein Teil der Verantwortung am Gelingen dieser gigantischen Zielsetzung.“ Aber sein Verhalten stand wieder im deutlichen Gegensatz zu seinen Ansichten: Als Dr. Gladkow, der als Rotarmist in deutsche Gefangenschaft geriet, sich an Stresemann um Hilfe wandte, tat er alles, um seine Situation zu mildern. Auch Bitten anderer „Gegner“ erfüllte er großzügig: Zwei englischen Kriegsgefangenen im Lager Eichstädt/Franken, Leutnant J. Buxton und G. Waterston, sandte er ornithologische Publikationen und sogar Vogelringe für brutbiologische Untersuchungen der im Lager brütenden Schwalben …

Während seines Militärdienstes im Zweiten Weltkrieg kam Stresemann niemals in Berührung mit Kampfhandlungen; im Gegenteil, er durfte die wohl ruhige Atmosphäre der Stäbe genießen (Luftwaffengeneral Ulrich Kessler schrieb an ihn nach dem Kriege aus Uruguay: „Gerne denke ich an die 'Plaudereien am französischen Kamin' mit Ihnen … […] Und erinnern Sie sich unserer ornithologischen Spaziergänge im Park von Banderion und die Unzahl von verschiedenen Enten?"). Dies nutzte er für vogelkundliche Zwecke indem er erreichte, dass während des tobenden Krieges (sic!) ein naturkundlicher Film auf Kreta gedreht wurde (H. Siewert und H. Sielmann) oder Dr. Makatsch im Auftrage der Wehrmacht die Vögel Mazedoniens untersuchen konnte.

Ein echtes Paradoxon: Ein Wissenschaftler von Weltruf, mit zahlreichen, darunter auch privat-herzlichen internationalen Verbindungen, einst mit einer edlen, wertkonservativen Haltung, ein Gegner des Nazi-Regimes, unterlag den anfänglichen Kriegserfolgen der deutschen Armeen und verlor den Blick für die Realität, nämlich die verbrecherischen ideologischen Ziele dieses Krieges. Die abschreckenden Erlebnisse des Ersten Weltkriegs waren bei ihm offensichtlich in den Hintergrund geraten. Seine Einstellung zu den deutschen Expansionskriegen bleibt ein dunkler Fleck. Die Moral daraus: Nationalistische Propaganda oder prägende Reste einer solchen Erziehung (egal unter welchem politischen System), können sich verheerend auch auf hochintelligente Menschen auswirken. Jeder sollte (auch heute) darüber nachdenken, um sich davor zu schützen …

Kurze Urlaubsaufenthalte in der Heimat erlaubten Stresemann, das Notwendigste an seinem Arbeitsplatz zu erledigen. Während eines Urlaubs im September 1941 heiratete er erneut. Seine zweite Frau, Vesta Hauchecorne, geb. Grote, die einige Semester Zoologie studiert hatte, wurde später zur engagierten Begleiterin seiner Forschungsarbeit.

Ende 1942 entließ man Stresemann als Hauptmann aus der Armee, er zog in das Haus seiner Frau an der Kamillenstraße in Berlin Lichterfelde-West und versuchte wieder, soweit es unter den Umständen des tobenden Krieges möglich war, am Museum zu arbeiten. Erfreulich war die Lage nicht, denn an den fernen Fronten des Krieges begann sich das deutsche Kriegsglück zu wandeln und die alliierten Bomber erschienen immer öfter über Berlin. Es gelang ihm jedoch noch im Juni 1943 eine DOG-Jahresversammlung zu organisieren (fast 140 Teilnehmer!), wo er vorschlug, den hervorragen-

Abb. 8. Prof. Stresemann (rechts) mit Dr. Oskar Heinroth im Garten des „Kamillenhäuschens" in Berlin (1943).

den dänischen Ornithologen Finn Salomonsen zum korrespondierenden Mitglied der Gesellschaft zu ernennen (es war wieder eine eigenartige Tat, da Salomonsen jüdischer Abstammung war).

Allmählich wurde Stresemann mit den Schrecken des Krieges und auch mit der NS-Wirklichkeit konfrontiert. Seine Begeisterung für die deutschen Siege war längst dahin, auch manche Ansichten änderten sich bei ihm. Sogar in dem relativ ruhigen Museum gab es nun Gründe dafür: In der Nacht vom 22. auf 23. November 1943 zerstörten Bomben einen Teil des Museums und einige Zeit danach hatte dies unerwartete Folgen: Prof. Walther Arndt, ein von Stresemann hoch geschätzter Museumskollege, wurde von der Gestapo wegen defätistischer Äußerungen verhaftet (er hatte gesagt, es sei nun „zu Ende mit dem Dritten Reich [und es] handelt sich nur noch um die Bestrafung der Schuldigen."). Auch musste er um das eigene Schicksal bangen, da er erfuhr, dass ein früherer Doktorand (SA- und NSDAP-Mitglied) die Ernennung Salomonsens zum korrespondierenden Mitglied der DOG bemängelte, da dieser ihm gegenüber „selbst betont hat, Jude zu sein." Jetzt fürchtete Stresemann um seine Stellung und das Schicksal seiner Abteilung (glücklicherweise blieb es ruhig). Zum Albtraum wurde aber die Nachricht, dass das Volksgericht Prof. Arndt zum Tode verurteilt hatte und dass er am 26. Juni 1944 enthauptet wurde! (Die Familie musste die Rechnung für die Vollstreckung des Urteils bezahlen).

In der Nacht zum 29. Januar 1945 wurde Stresemann zum Volkssturm einberufen und kaserniert. Frau Vesta mit ihrer Tochter Amélie verließ heimlich Berlin und floh nach Westen, bis in die Gegend von Bremen. Der Volkssturm sollte die sowjetischen Panzer am Teltowkanal aufhalten ... Am 3. Februar fielen auf das Museum erneut Bomben, der rechte Flügel des Gebäudes wurde getroffen. Mitte März schrieb Stresemann an Freund Heyder in Sachsen: „In Bälde werden wir ja wohl eingeschlossen sein, wenn nicht ein Wunder geschieht – eines von den vielen, auf die wir bisher vergeblich gewartet haben!" Ende März erhielt er von seinem Volkssturmkommandanten einen kurzen Urlaub und begab sich freiwillig in eine echte Gefahr: Er fuhr in ein Dorf an der Oder, das bereits unter Beschuss sowjetischer Granaten lag, rettete die dort ausgelagerte Bibliothek des Museums und transportierte sie fast vollständig nach Berlin (Stresemann 1991)! Jetzt versteckte er sich zu Hause, wo er die schweren Kämpfe um die Stadt überlebte. Sein Haus wurde kaum beschädigt, als Berlin Anfang Mai 1945 erobert wurde.

In der Trümmerlandschaft der weitgehend zerstörten Stadt wimmelte es von tausenden Besatzungssoldaten. Fahnen der Sieger wehten an vielen Stellen, von weitem sichtbar die sowjetischen am Brandenburger Tor und die polnischen auf der Siegessäule. Am Tage der Kapitulation brach Jubel aus, jedoch nur bei den uniformierten Eroberern. Die Sieger marodierten, insbesondere in den Villenvierteln Berlins. Auch das Haus Stresemanns wurde von bewaffneten Rotarmisten aufgesucht, dem „Gastgeber" gelang es jedoch, durch diplomatischen Umgang mit den „Gästen", schadlos davonzukommen. Erst nach ein paar Wochen verbesserte sich die Sicherheitslage, als das Oberkommando in Moskau den Befehl zur Disziplinierung der Truppe gab; nicht überall drang jedoch diese Anordnung „bis nach unten" durch. Für Westberliner verbesserte sich die Lage aber deutlich, nachdem die Stadt, ähnlich wie ganz Deutschland, in vier Besatzungszonen aufgeteilt wurde: Amerikaner, Briten und Franzosen zogen nach Westberlin ein.

Stresemann wohnte nun im amerikanischen Sektor der Stadt, das Zoologische Museum, dem seine Gedanken und Sorgen galten, lag im sowjetischen Sektor. Er begab sich zu Fuß dorthin (drei Stunden dauerte der Marsch). Vieles war verwüstet, er ordnete alles, was in den Räumen der Ornithologischen Abteilung vorhanden war und richtete sein Arbeitszimmer im Keller ein. Die wichtigsten ornithologischen Schätze (Bälge, Bücher u.a.m.) waren vor gut vier Jahren im Panzertresor einer Bank am Wilhelmplatz eingelagert worden, jetzt stellte sich die Frage, ob sie die Plünderungsperiode, die der Eroberung der Stadt folgte, überstanden hatten. In dem fast verwaisten Bankgebäude fand Stresemann einen Kassierer, der ihn strahlend begrüßte mit der Mitteilung, dass der Museumstresor der einzige sei, der von den Rotarmisten nicht ausgeräumt wurde (er lag etwas versteckt hinter einer Wendeltreppe). Allmählich konnte alles an seinen alten Platz im Museum an der Invalidenstraße geschafft werden. Im Oktober 1945 war das Studienzimmer des Abteilungschefs wieder „einsatzbereit".

Stresemanns Arbeitswut entfaltete sich immer, wenn ihn die vertrauten und für die Arbeit notwendigen Attribute umgaben; das war jetzt der Fall. Wieder ging er planmäßig vor: Mittels persönlicher Kontakte und Korrespondenz bemühte er sich, die alten wissenschaftlichen Partner in Deutschland und in dem ihm damals (brieflich) erreichbaren Ausland zu finden sowie die etwa 20000 Vogelpräpatate aus dem durch Bomben beschädigten Teil des Museums zu retten. Bald meldeten sich fast alle Mitglieder der DOG, die den Krieg überlebt hatten, aber auch einige Wissenschaftler aus dem Ausland; zu den Letzteren gehörten, bereits Ende 1945, Ernst Mayr und James P. Chapin aus den USA (an Mayr schrieb Stresemann am 15.12.1945 zu der NS-Vergangenheit: „Es ist eine Schande, dass wir es nicht aus eigener Kraft geschafft haben, diese Schufte loszuwerden, sondern erst durch andere befreit [im englischen Original – liberated!] werden mußten."). Ausländische Publikationen der Kriegsjahre (damals unerreichbar) brachte die Post immer wieder. Stresemann war erfreut über die gewaltigen Fortschritte seiner Wissenschaft in den vergangen fünf Jahren im Ausland, doch betrübt über den Stillstand in der Heimat. Fasziniert las er Mayrs Buch „Systematics and Origin of Species" (erschienen 1942 in New York), klagte jedoch, dass dies ein Thema war, das er selbst bearbeiten wollte. Kurze Zusammenfassungen der Inhalte ausländischer Publikationen sandte er (als eine Art Rundbriefe) an seine wichtigsten Briefpartner in Deutschland. Für wissenschaftliche Arbeit blieb nur wenig Zeit; er sichtete jedoch die Balgsammlung, um seine frühere Arbeit über Mutationen fortzusetzen, auch stöberte er im Archiv des Museums, wo er wertvolles Material für historische Studien entdeckte.

Alles das überdeckte jedoch der Kampf um die tägliche Existenz: Lebensmittel wurden knapp, in Stresemanns Haus fehlten Fensterscheiben, Heizmaterial war kaum zu besorgen; und das Wichtigste: Seine Frau Vesta weilte noch immer im Westen, hinter der schwer überwindbaren Grenze der sowjetischen Besatzungszone. Es begann eine Zeit mit Höhen und Tiefen, sowohl im privaten als auch im beruflichen Leben. So war Stresemann erfreut, als im August 1945 in seinem Haus zwei amerikanische Militärärzte einquartiert wurden (sie besorgten Fensterglas, Heizmaterial, luden ihn zum Essen ein und waren nette Gesprächspartner). Im April 1946 bekam Stresemann im Museum Besuch seines alten englischen Freundes Richard Meinertzhagen, eines Ornithologen und höheren britischen Offiziers in einer Person! Dieser schaffte es, eine optimistische Perspektive für die weitere Entwicklung in Deutschland zu zeichnen, die den Gastgeber ansteckte. Diese Aufbruchstimmung beschrieb er in einem Brief an einen Freund so (27.7.1946): „... jede Fahrt in der überfüllten S- oder Trambahn stimmt mich traurig oder missmutig, aber bei der Tätigkeit in meiner Vogelabteilung komme ich dann doch bald ins Gleichgewicht [...]. In meinem kleinen Kreise finde ich immer wieder Anlass genug, mich zu freuen, [...] sei es an der steten Entwicklung meiner lieben Vogelabteilung, die sich von der Kriegsnot mit weitem Vorsprung vor unseren anderen Abteilungen erholt hat [...] u. dass ganz allmählich alles schon wieder an den Platz drängen wird, der ihm den innewohnenden Kräften und Anlagen gemäss, im grossen Weltgefüge zukommt, das ist mein unerschütterlicher Glaube." Leider endete schon im August die gute Zeit mit den Militärärzten, da das ganze Haus an der Kamillenstraße von Amerikanern beschlagnahmt und Stresemann ausquartiert wurde ... Nach Wochen, die er in „Gastbetten" von Bekannten verbrachte, gelang es ihm eine Zweizimmerwohnung in Berlin-Eichkamp zu mieten. Jetzt halfen alte Freunde aus Amerika und England mit Lebensmittelpaketen (Ernst Mayr organisierte eine breit angelegte Lebensmittel-Hilfsaktion für deutsche Ornithologen!). Wie schon immer, korrespondierte Stresemann viel; an die Adresse des Museums trafen Briefe aus der sowjetischen Besatzungszone ein, an seine Westberliner Privatadresse die aus den westlichen Zonen und dem westlichen Ausland. Die fachliche Korrespondenz überwog, es fehlte jedoch nicht am Echo der Kriegsjahre: Leutnant Buxton aus England bedankte sich für die fachliche Unterstützung während seiner Gefangenschaft in Deutschland; Salomonsen aus Dänemark berichtete über seine erschreckenden Erlebnisse während der deutschen Okkupation, bot jedoch Stresemann die Wiederaufnahme „normaler Beziehungen“ an. Die Ostberliner Universität funktionierte wieder, Stresemann bekam einen Lehrauftrag und las Vorlesungen zur Tiergeografie und Ornithologie. Im Herbst 1946 gelang es seiner Frau, illegal über die Zonengrenze nach Berlin zu kommen („es ist ihr geglückt, mich von schweren Depressionen zu befreien“). Jetzt gingen sie beide „schwarz“ in den Westen, wobei Frau Vesta ihre Tochter Amélie und einige Habseligkeiten abholen wollte, er sich jedoch der Wissenschaft widmete: Ende 1946 besuchte Stresemann viele Wissenschaftler in mehreren Städten der westlichen Zonen und fand in Stuttgart einen Verleger für die erste vogelkundliche Fachzeitschrift der Nachkriegszeit, die „Ornithologischen Berichte“ (mit Gustav Kramer als Mitherausgeber).

Mit dem amerikanischen Verständnis der Demokratie im okkupierten Deutschland war Stresemann aufgrund seiner Erfahrung nicht zufrieden (dies hatte jedoch z.T. persönliche Gründe, u.a. die Ausquartierung aus seinem Hause). Klar erkannte er jedoch das ungerechte Wesen des im Osten Deutschlands von den Sowjets errichteten politischen Systems; an Freund Mayr schrieb er (7.5.1946): „... eine kleine Minorität herrscht über die hilfslose Majorität. Unsere Leute flehen: ‘Lieber Gott, schenke uns das fünfte Reich, denn das vierte ist dem dritten gleich’.“

Anfang 1947 zog Frau Vesta mit ihrer Tochter in die kleine Berliner Wohnung, endlich war die Familie wieder vereint. Die Frauen waren über die Wohnung und die Lebensverhältnisse in Berlin betrübt, aber das Leben musste weitergehen; bei den amerikanischen Paketlieferanten bestellte Frau Vesta u.a. Schnürsenkel, Stecknadeln und Taschentücher. Man gewöhnte sich allmählich an das Neue ...

Eine stark international besetzte Jahresversammlung der Britischen Ornithologen-Union in Edinburgh sollte im Sommer 1947 die wissenschaftliche Kooperation der Ornithologen diverser Nationen beleben. Anstatt einer Einladung traf jedoch in Berlin eine überraschende Nachricht ein: Deutsche Wissenschaftler wurden davon ausgeschlossen; für Stresemann, seit 1929 Ehrenmitglied der BO-U, war das unbegreiflich und bitter.

Die Politik des bereits spürbaren Kalten Krieges bescherte jedoch bald noch Schlimmeres: Im Juni 1948 begann, u.a. wegen der Währungsreform im Westen Deutschlands, die Blockade Westberlins (sie dauerte bis Mai

1949), was einen gravierenden Rückschlag in den Lebensverhältnissen aller Bewohner der Westsektoren der Stadt zur Folge hatte. Stresemann erhielt zwar einen Passierschein und durfte täglich zur Arbeit nach Ostberlin gehen, die neue Situation erzeugte jedoch Zukunftsängste. In dieser Zeit begann seine Arbeit an dem Buch über die Geschichte der Ornithologie (das Archiv und die Bibliothek des Museums verfügten über ausreichendes Material).

Im Laufe des Jahres 1949 wurden zwei deutsche Staaten proklamiert. Stresemann wohnte nun in der an die Bundesrepublik angelehnten Exklave „Westberlin", arbeitete jedoch in Berlin-Ost, in der Hauptstadt der DDR. Eine problematische Sonderstellung, die ihm jedoch erlaubte das zu tun, was er von den ersten Nachkriegsmonaten an ganz bewusst getan hatte, und zwar als Bindeglied seines Fachbereiches zwischen Ost und West zu wirken, um das Trennende zu mildern.

Im Dezember 1949 wurde die Deutsche Ornithologen-Gesellschaft (DO-G) erneut gegründet, Stresemann wählte man zum 1. Vorsitzenden; zwar wurde sie im Westen gerichtlich registriert, verstand sich jedoch als gesamtdeutsch. Bald durften die Deutschen auch ins Ausland reisen, Stresemann weilte 1949 in England, im Sommer 1950 nahm er am 10. Internationalen Ornithologen-Kongress in Uppsala teil; zumindest zwischen den Wissenschaftlern seines Fachbereiches normalisierte sich das gute

Abb. 9.
Stresemann auf Reisen, hier in Freiburg (1952).

Miteinander (viel schneller also als nach dem Ersten Weltkrieg). Allerdings zeichneten sich schon jetzt Separationserscheinungen für die in der DDR lebenden Vogelkundler ab: Viele wurden zwar Mitglieder der DO-G, die meisten wirkten jedoch in Arbeitsgruppen unter der Schirmherrschaft des ideologisch geprägten Kulturbundes zur demokratischen Erneuerung Deutschlands; zunehmend galten für sie auch Auslandsreisebeschränkungen (nicht nur aus politischen Gründen, ihnen fehlte das Westgeld; auch Privatreisen in die „Bruderländer" waren noch nicht möglich).

Stresemanns Ornithologische Abteilung des Ostberliner Museums gewann aber jetzt an Bedeutung als Begegnungsstätte für Ost und West: Der besondere Status Berlins erlaubte auch Westwissenschaftlern, ohne Visum nach Ostberlin einzureisen; paradoxerweise brauchten Ostwissenschaftler ein Visum, aber als dienstreisende Forscher schafften auch sie es, das aus der Vorkriegszeit berühmte Mekka der Vogelkunde und den „Papst der Ornithologen" aufzusuchen. Stresemann leitete nicht nur die DO-G, als Professor der Humboldt-Universität fuhr er auch zu vogelkundlichen Tagungen des Kulturbundes in der DDR. Seit 1951 brachte er das „Journal für Ornithologie" wieder heraus, die Zeitschrift publizierte Arbeiten aus West und Ost (in diesem Jahr erschien auch sein ausgezeichnetes Werk – „Die Entwicklung der Ornithologie von Aristoteles bis zur Gegenwart"). Ende Mai bis Anfang Juni 1954 nahm Stresemann am 11. Internationalen Ornithologen-Kongress in Basel teil, wo er u.a. sowjetische Wissenschaftler traf (ein Gespräch mit ihnen lieferte einen der Impulse zur Wiederaufnahme der wissenschaftlichen Arbeit auf der Kurischen Nehrung, in der ehemaligen Vogelwarte Rossitten). Er lud Prof. Dementjew aus Moskau zu einem Besuch in Berlin ein und dieser kam tatsächlich im November 1954 in die DDR. So wurde seine Abteilung Mitte der 1950er Jahre zu einem Weltzentrum der Ornithologie. In einem Brief schrieb er (7.1.1955): „... meine [Ornithologische] Abteilung [ist] das Rendez-Vous des ganzen Erdkreises, man kommt hierher aus Moskau und aus Washington, aus Bombay und aus Chile ..." (später habe ich dort auch Wissenschaftler aus China, Indonesien, Südafrika und anderen Staaten angetroffen). Das Museum in Ostberlin funkionierte so, als ob es den Eisernen bzw. den Bambusvorhang nicht gäbe. Stresemann wurde 1955 zum Mitglied der Deutschen Akademie der Wissenschaften zu Berlin gewählt (Wirkungsbereich in der DDR), was ihm ermöglichte, ein neues (bereits vor dem Kriege geplantes) Großprojekt in

Angriff zu nehmen: „Atlas der Verbreitung paläarktischer Vögel". Seit dieser Zeit koordinierte er die Herausgabe der 3-bändigen „Exkursionsfauna von Deutschland", an der auch Autoren aus Westdeutschland beteiligt waren. Wie vor dem Kriege scharten sich um ihn wieder Doktoranden, nicht nur aus Ostberlin und der DDR, auch zwei Westberliner waren dabei! Stresemann besuchte wissenschaftliche Konferenzen in der UdSSR, ČSSR, in Westeuropa und den USA. Ende der 1950er Jahre begann er sich wieder für ein neues, umfangreiches Thema zu interessieren, die Mauser der Vögel. Auch nutzte er seine Möglichkeiten, um ornithologische Expeditionsteilnehmer aus Deutschland nach China und in die Mongolei zu unterstützen und zu beraten …

Es näherte sich aber Stresemanns Pensionsalter; obwohl es in der DDR üblich war, Spitzenwissenschaftlern weit über diese Altersgrenze hinaus aktive Arbeit zu gewähren, befürchtete er, da Westberliner, von den Universitätsbehörden in den Ruhestand versetzt zu werden. Dank seines diplomatischen Geschicks gelang es ihm, sein Arbeitsverhältnis am Museum um ein paar Jahre zu verlängern. Als Mitglied der Akademie der Wissenschaften beantragte er Ende 1957 die Gründung einer Zoologischen Forschungsstelle an dem von Prof. Dathe aufgebauten Tierpark Berlin, wo er auf die Möglichkeit der Betreuung junger Zoologen auch nach der unausweichlichen Pensionierung an der Universität hoffte; auf sein Drängen wurde diese Akademie-Einrichtung bereits im Herbst 1958 ins Leben gerufen, Stesemann wurde mit der wissenschaftlichen Betreuung der Mitarbeiter beauftragt.

Diese Alterspläne durchkreuzten leider der Bau der Berliner Mauer Mitte August 1961 und ein persönlicher Konflikt mit Dathe: Die nach dem Mauerbau angespannte politische Lage nutzten die Universitätsbehörden, um Stresemann Ende August zu emeritieren, sein Akademie-Assistent, Gottfried Mauersberger, wurde zum Nachfolger am Museum ernannt. Die Akademie wollte ihn jedoch weiterhin als wissenschaftlichen Betreuer der Forschungsstelle, in der Funktion des Vorsitzenden des Kuratoriums halten; man besorgte für ihn einen Passierschein (als Emeritus behielt er auch seinen Arbeitsplatz am Museum). Die zunehmenden Querelen mit Dathe zwangen ihn jedoch zur Niederlegung auch dieser Funktion. Damals schrieb er mir verbittert nach Warschau (6.10.1961): „Wie anders hatte ich mir doch die letzten Lebensjahre vorgestellt […]."

Physisch war Stresemann etwas gealtert, jedoch geistig frisch und trotz allem entschlossen, weiter zu forschen. Die Mitgliedschaft in der Deutschen Akademie bot eine Möglichkeit dazu: Er und seine Frau Vesta erhielten Passierscheine und durften das Museum hinter der Mauer aufsuchen. Nicht nur das: Die Leitung des Hauses sorgte dafür, dass er sein Arbeitszimmer und das seiner Sekretärin, die wissenschaftliche Sammlung, die Bibliothek und das Archiv unbeschränkt weiter benutzen durfte. Jetzt ließ er fast alle alten Pläne fallen und konzentrierte sich auf die Klärung der Mauservorgänge bei Vögeln. Studienaufenthalte in ausländischen Museen, insbesondere in New York, boten dazu Gelegenheit und Material. Frau Vesta fertigte die Protokolle an, er fasste die Ergebnisse zusammen. Gemeinsam publizierten sie 1966 das 450 Seiten starke Buch „Die Mauser der Vögel" („wohl die letzte große Publikation, die aufgrund von Museumsmaterial erarbeitet wurde", sagte er zu mir). Auch danach publizierte Stresemann Ergänzungen zu dem Werk, griff aber auch zu historischen Themen. Als Ehrenpräsident der DO-G (1967 gab er das Amt des Präsidenten ab) besuchte er noch immer Jahresversammlungen „seiner" Gesellschaft. Während

Abb. 10.
Stresemann und seine Frau Vesta mit ihrem Schnauzer „Putzi" in Berlin (1960).

der Teilnahme an Internationalen Ornithologen-Kongressen umringten ihn jüngere Wissenschaftler, die den berühmten Gelehrten aus Berlin mit Fragen und Mitteilungen überhäuften.

Für geschätzte Wissenschaftler und Personen seines näheren Umfelds war Stresemann lebenslang ein hilfsbereiter Mensch und freundlicher Berater. Mit vielen verband ihn eine freundschaftliche Beziehung, egal, ob sie älter oder jünger als er waren, ohne Rücksicht auf ihren Bildungsweg, ihren Titel, ihre Abstammung, ihre Nationalität, ihre Ansichten oder ihren Berufsstand. Zu einigen von ihnen entstand eine innige Beziehung fürs Leben, eine Stütze seiner privaten und beruflichen Tätigkeit, wie sie viele Menschen täglich brauchen. Zu den Letzteren gehörte u.a. Ernst Mayr, einer seiner ersten Doktoranden in Berlin, der später in die USA umsiedelte und zu einem berühmten Evolutionsbiologen und Wissenschaftsphilosphen wurde.

Kaum einer glaubte, dass sich das Ende von Stresemanns so wechselhafter Karriere näherte, als er sich wegen einer Herzschwäche Anfang Herbst 1972 in eine Berliner Klinik begab. Sein Zustand hatte sich gebessert, er hoffte seinen 83. Geburtstag zu Hause feiern zu können, als ein Infarkt ihm das Leben raubte. Seine Urne wurde auf dem Waldfriedhof in Berlin-Dahlem, im gemeinsamen Grab mit Ernst Hartert beigesetzt.

Bereits kurz nach dem Mauerbau blickte Stresemann kritisch und enttäuscht auf sein Arbeitsleben zurück, indem er schrieb: „durch Ausharren auf meinem Posten bei der [Ost-]Berliner Universität [wollte ich] dazu beitragen, daß der Begriff eines Gesamtdeutschland nicht untergeht und daß die politischen Reibungen sich nicht auf die Sphäre der Wissenschaft auswirken können. Dieser Einsatz war, wie sich mehr und mehr zeigt, vergebens.“ Erst nach der Vereinigung seines Landes wurde jedoch fast jedem bewusst, dass es anders war: Es gibt nicht viele deutsche Gelehrte, die unter dem damaligen politischen Druck der beiden deutschen Staaten daran festhielten, „mit denen da drüben“ so entschlossen und effektiv zu kooperieren wie er. Stresemann beharrte darauf, vielen Widrigkeiten zum Trotz! Das Gleiche gilt für sein internationales wissenschaftliches Engagement über alle historischen Perioden und zwei Weltkriege hinweg. Professor Ernst Mayr bescheinigte ihm: „Die wissenschaftliche Ornithologie ist sozusagen sein Kind, ein *monumentum aere perenius*“ [= Werk dauerhafter als Erz, nach Horaz].

* * *

2. Ostpreußen, Sibirien, Auschwitz – Schicksale der schlimmsten Jahre

Die Entstehung zweier großer Diktaturen des 20. Jahrhunderts in Europa, der kommunistischen in Russland und der nationalsozialistischen in Deutschland, schuf nicht nur Hindernisse für zahlreiche Wissenschaftler, für viele bedeutete dies eine Tragödie; der Zweite Weltkrieg hat diese Situation noch verschärft. Auch unter den Verhältnissen des darauf folgenden Kalten Krieges wurde es, wenn auch in veränderter Form, nicht viel besser. Es gab jedoch unter den Wissenschaftlern dieser Zeit nicht nur Betroffene oder Opfer, es gab auch Nutznießer dieser Umstände; in einigen Fällen ist es schwer zu beurteilen, ob sie wirklich Nutznießer oder letzten Endes ebenfalls Opfer waren ...

Die nachfolgenden biografischen Skizzen liefern hierzu historische Fallbeispiele.

* * *

Mehrere Jahre meines Lebens verbrachte ich in Masuren (Nordostpolen, ehemals südlicher Teil Ostpreußens), wo ich eine kleine Forschungsstation leitete. Zu meinen Aufgaben gehörte u.a. vogelkundliche Forschungsarbeit, die mich in Kontakt mit einem schon damals längst verstorbenen Mann brachte, der aber dank wissenschaftlicher Publikationen, die er hinterließ, zu meinem wichtigen Berater und Helfer wurde: **Dr. h.c. Friedrich Tischler (1881 - 1945)**. Auch aus einem weiteren Grund ist meine Beziehung zu Tischler eine sehr persönliche: Ich war der erste Fachgenosse, der seine Grabstätte gefunden und besucht hat. Durch seine naturkundliche, insbesondere aber ornithologische Lebensleistung ist er bereits zu Lebzeiten berühmt geworden (v. Sanden-Guja 1953, Gebhardt 1964: 362-363, Nowak 1987, Tischler 1992, Hinkelmann 2000).

Der Ornithologe Tischler entstammte einer seit einigen Jahrhunderten in Ostpreußen ansässigen Familie, die im Gegensatz zu dem überwiegend konservativ-nationalen Umfeld stark liberal gesinnt war; mehrere bekannte Wissenschaftler sind aus ihr hervorgegangen. Friedrich studierte Jura in Königsberg, München und Leipzig, fast sein gesamtes Berufsleben verbrachte er aber als Amtsgerichtsrat in Heilsberg (jetzt Lidzbark Warmiński). Seine

Abb. 11.
Dr. h.c. Friedrich Tischler an der Veranda des Gutshauses in Losgehnen (hier um 1938).

engere Heimat war das etwa 20 Kilometer entfernte Familiengut Losgehnen, seit 1821 in Familienbesitz, das er für die Erbengemeinschaft verwaltete; hier war er geboren, hier lernte er von Kindheit an die einheimische Flora und Fauna kennen. Noch bevor er anfing, Jura zu studieren, brachte ihm der Hauslehrer Carl Borowski in etwa das Wissen von Biologie-Studenten in den ersten Semestern bei. Die Vogelkunde bildete den Kern seines Interesses, seit 1908 gehörte Tischler der Deutschen Ornithologischen Gesellschaft an; es war kein Hobby mehr, seine Tätigkeit entsprach bereits allen Kriterien solider, wissenschaftlicher Arbeit. Jedes Wochenende verbrachte er in Losgehnen, wo er eine Bibliothek, ein wissenschaftliches Archiv und eine umfangreiche ornithologische Sammlung aufgebaut hatte; auch ein Herbarium und eine Insektensammlung gehörten dazu. Fast alle seine Urlaubstage widmete er Besuchen im Zoologischen Institut der Albertina (Königsberger Universität) und längeren Studienaufenthalten bei Prof. Johannes Thienemann, dem Begründer und Leiter der Vogelwarte Rossitten auf der Kurischen Nehrung. Bereits 1914 erschien sein hervorragendes Buch „Die Vögel der Provinz Ostpreussen". Im Vorwort schrieb er bescheiden, dass sein Werk „vielleicht doch eine geeignete Grundlage für die weitere Erforschung auf dem Gebiet unserer Vogelwelt" darstellen könne und bat interessierte Personen um Zusammenarbeit. Schon bald sollte sich herausstellen, dass Tischler seine berufliche Tätigkeit nur als Mittel zum Zweck betrachtete, um Geld für seine Hauptbeschäftigung, die Erforschung der Vogelfauna der fernen deutschen Provinz, zu verdienen. Einen beruflichen Aufstieg lehnte er ab, da dies mit Ortswechsel verbunden gewesen wäre. Aus seiner liberalen Gesinnung und Abneigung gegenüber der Nazi-Ideologie machte er kein Hehl, was ihn noch stärker an die engere Heimat und die vogelkundliche Arbeit fesselte. 1941 erschien sein zweibändiges Werk „Die Vögel Ostpreußens und seiner Nachbargebiete" (1304 Druckseiten). In der langen Liste von Personen aus ganz Deutschland, die mit dem Autor zusammengearbeitet haben, wird auch Włodzimierz Puchalski, ein bekannter polnischer Tierfotograf aus Warschau genannt. Prof. Erwin Stresemann schrieb über Tischlers Veröffentlichung: „Das Buch ist das reifste Werk, das auf dem Boden deutscher Faunistik bisher entstanden ist – ein wirklich unentbehrliches Nachschlagewerk für den Ornithologen diesseits und jenseits unserer Landesgrenzen, mag er als Vogelzugforscher oder Zoogeograph Rat suchen." Im gleichen Jahr wählte ihn die Deutsche Ornithologische Gesellschaft zum Ehrenmitglied. Der Autor blieb aber bescheiden und anspruchslos, nicht nur in den täglichen Dingen des Lebens; er mied Kongresse, öffentliche Auftritte und Ehrungen. Systematische und effektive wissenschaftliche Arbeit war das, was ihm Freude machte. Das „wissenschaftliche Gewicht" des Privatforschers wurde aber erkannt und gewürdigt: 1941 wählte ihn die Kaiser-Wilhelm-Gesellschaft (Vorgängerin der Max-Planck-Gesellschaft), zum wissenschaftlichen Mitglied, und die Albertina verlieh ihm die Ehrendoktorwürde.

Der Erfolg des 1941 veröffentlichten Werkes spiegelte sich in einer Aktivierung der vogelkundlichen Beobachungstätigkeit in Ostpreußen wieder; viele Menschen fanden darin eine „unpolitische Nische", in die sie sich vor den Nachrichten des tobenden Krieges zurückziehen konnten. Auch Tischler: Er sammelte das reich fließende Material für einen 3. Band seines Buches (neue Erkenntnisse, Ergänzungen). Im Mai 1942, als der Krieg gegen die Sowjetunion voll im Gange war, begab er sich für eine Woche in den Urwald von Białowieża (besetztes Polen), um die dortige Vogelfauna zu untersuchen und sie mit der Artenvielfalt der Rominter Heide zu vergleichen. In dieser Zeit stand der Urwald bereits unter der Kuratel des Reichsjägermeisters Hermann Göring, ganze Dörfer wurden ausgesiedelt, echte und unechte

Widerständler wurden ermordet (Gautschi 1999: 211-221, 305-308). Die deutsche Verwaltung sorgte aber dafür, dass Tischler das verbrecherische Wesen der Okkupanten nicht erfahren hat: Man brachte ihn im Generalsappartement des ehemaligen Zaren-Palastes unter, schirmte ihn von der Wirklichkeit ab, er durfte nur Vögel sehen. Offensichtlich hatte man ihm jedoch etwas von der erfolgreichen „Bandenbekämpfung" erzählt, denn seine Verwandten in Kiel wurden brieflich informiert, dass der Aufenthalt in Białowieża einen Hauch von „Karl May-Romantik" habe, die „von der Forstverwaltung mit Humor ertragen" werde ... (Korrespondenz aus dem Archiv Prof. W. Tischler). 1944 wurden aber die fertigen Druckstöcke seiner großen Białowieża-Veröffentlichung durch Bombenangriffe auf Königsberg vernichtet. Erst jetzt hat Tischler den Ernst der Lage erkannt: Einen Teil seines wissenschaftlichen Materials brachte er zu Prof. Ernst Schüz, dem damaligen Leiter der Vogelwarte Rossitten, zur sicheren Aufbewahrung (tatsächlich konnten Teile der wissenschaftlichen Bestände der Vogelwarte noch vor dem Kriegsende nach Westen evakuiert werden, nicht aber die aus Losgehnen; siehe u.a. Nowak 1985).

Das Wichtigste, was ich hier über Friedrich Tischler berichten möchte, betrifft aber die letzten Wochen seines Lebens, als sich die Ostfront Anfang 1945 seiner Heimat näherte. Er war Optimist: Noch am 15. Januar schrieb er aus Losgehnen an seinen Neffen Wolfgang Tischler (später Ökologie-Professor in Kiel): „Uns geht es hier gut und wir sehen der neuen Offensive ruhig entgegen"; dies war aber lediglich das Ergebnis der Täuschungspropaganda des damaligen ostpreußischen Gauleiters Erich Koch, der zu Beginn des Jahres der Bevölkerung der Provinz mit Stolz versicherte, dass die Russen niemals in das Innere Ostpreußens eindringen würden, da inzwischen 22 875 km Schützen- und Panzergräben ausgehoben worden seien! Ende Januar stand jedoch die Rote Armee auch in Losgehnen. Tischlers Freund Walter von Sanden aus dem etwa 50 km östlich gelegenen Gut Guja ergriff in dieser Zeit die Flucht nach Westen auf dem Fahrrad (v. Sanden-Guja 1985) und wollte ihn besuchen, um ihm den Ernst der Lage klarzumachen; die Frontverschiebung zwang ihn jedoch, eine andere Richtung einzuschlagen. Später erzählte sein Nachbargutsbesitzer, er habe Losgehnen mit seinem Treckwagen erreicht, Tischler habe jedoch die Einladung zur Mitfahrt abgelehnt. Er stand gelassen vor der Veranda des Gutshauses mit seinem Fernglas und beobachtete Vögel. Das muss etwa die Zeit gewesen sein, in der er die am 23. Januar datierte Postkarte schrieb und den Verwandten in Kiel mitteilte, dass er und seine Frau in Losgehnen bleiben und sich das Leben nehmen würden, bevor die Sowjets anrücken würden; er (Jurist) bat, die Karte zu verwahren, da sie für die spätere amtliche Todeserklärung wichtig sein werde. Erst lange Zeit später konnten die Ereignisse der nachfolgenden Tage rekonstruiert werden: Ein Vertrauensarzt aus Bartenstein besorgte das Gift, Karl Hartwig, Kutscher des Gutes, wurde angewiesen, ein Grab auszuheben. Wahrscheinlich geschah es am Montagabend, dem 29. Januar: Tischler nahm das Gift im offenen Grabe, seine Frau Rose, geb. Kowalski, am Rande der aus Backstein erbauten Familiengruft sitzend. (NB: Erich Koch starb erst 1986, 90-jährig, in einem polnischen Gefängnis in Barczewo/Wartenburg in Masuren). Über die Umstände dieses Todes informierte der Kutscher Herrn Prof. Tischler in Kiel auf einer Postkarte aus der sowjetischen Gefangenschaft erst im Jahre 1947 und berichtete ihm darüber ausführlich nach seiner Rückkehr nach Deutschland.

Ich besuchte Losgehnen (inzwischen heißt es Lusiny) im Sommer 1962 und fand dort eine deutschstämmige Frau, die den Einmarsch der sowjetischen Truppen im Dorfe überlebt hatte. Ich hoffte, von ihr zu erfahren, dass dieser Tod nicht nötig gewesen sei, da in dieser Gegend auch vernünftige, deutschsprachige sowjetische Offiziere (Kopelew, Solschenizyn) im

Abb. 12. Bernd Holfter aus Sachsen erneuert die Inschrift auf dem Gedenkstein für die Eheleute Tischler in Lusiny/Losgehnen (Oktober 2004).

Einsatz gewesen waren. Ihr Bericht hat mich aber nicht nur enttäuscht, er hat mich erschüttert: Die Soldaten erschossen sofort nach dem Einmarsch alle noch im Dorfe verbliebenen Männer (also alte und sehr junge)! Die Leichen lagen tagelang im Schnee verstreut herum. Als ich mit dem Kopf schüttelte und meinte, dass das doch nicht wahr sein könne, sagte sie leise: „Es war Krieg".

Nicht weit von Tischlers Familiengruft entfernt war noch 1962 ein kleiner, mit Gras bewachsener Grabhügel erkennbar. Heute ist auch dieser nicht mehr vorhanden. Wald überwuchert die Grabstätte. Im Jahre 1999 wurde jedoch am Rande der nach Lusiny/Losgehnen führenden Feldstraße, auf Initiative polnischer und deutscher Ornithologen, ein Gedenkstein mit einer zweisprachigen Inschrift aufgestellt (Abb. 12; Nowak 2001b).

* * *

Für viele naturkundlich interessierte Menschen wurde die infolge des Zweiten Weltkrieges untergegangene Vogelwarte Rossitten zu einer Legende; für mich hat diese Legende einen Doppelnamen: „Rossitten/Rybatschij". Das Dorf auf der Kurischen Nehrung, in dem die Deutsche Ornithologische Gesellschaft 1901 die erste Forschungsstelle der Welt zur Untersuchung der Wanderungen der Vögel gegründet hat, heißt nach dem Kriege Rybatschij und seit 1956 wird dort der Vogelzug wieder erforscht. Der Wiederbegründer dieser Forschungsstätte, die heute Biologische Station des Zoologischen Institutes der Russischen Akademie der Wissenschaften zu St. Petersburg heißt, war **Prof. Lew Osipowitsch Belopolskij (1907 - 1990)**. Er hat damit die markanteste Brücke zwischen der deutschen und der russischen Ornithologie geschlagen. Auf der Frontwand des Gebäudes wurde mit großen schwarzen Lettern die ehemals deutsche und die neue russische Bezeichnung der Station kalligraphisch aufgemalt; als aber die schlechte sowjetische Farbe abblätterte, wurden am Eingang des Hauses zwei unverwüstliche Marmortafeln befestigt: Die alte deutsche und eine neue in kyrillischer Schrift (Nowak 1991, Pajewski 1992).

Prof. Belopolskij lernte ich im August 1959 in Moskau während der 2. All-Unions Ornithologen-Konferenz kennen. Er besuchte mich in meinem Zimmer in der Lomonossow-Universität, wir tranken armenischen Gognak und schlossen Brüderschaft; danach erzählte er mir seine Lebensgeschichte

Abb. 13.
Prof. Lew O. Belopolskij an der Vogelfangstation „12. Kilometer" bei Rybatschij auf der Kurischen Nehrung (1971).

und die Geschichte der Belebung der vogelkundlichen Forschung auf der Kurischen Nehrung.

Lew Osipowitsch gehörte der letzten Wissenschaftlergeneration an, die noch an großen geografischen Entdeckungsreisen teilgenommen hat: 1932 war er Mitglied einer Expedition auf dem Eisbrecher „Sibiriakow", die zum ersten Mal die „nördliche Seeroute" von Archangelsk bis Wladiwostok in 62 Tagen, also in einer Navigationsperiode bewältigte; 1933-1934 nahm er teil an der berühmt gewordenen Expedition des Schiffes „Tscheluskin", die von Murmansk aus die gleiche Strecke passieren sollte. Wie bekannt, gelang dies nicht, in der Bering-Enge blieb das Schiff im Eis stecken, driftete bis in die Tschuktschen-See, wo es am 13. Februar 1934 von Eismassen zerquetscht wurde und sank. Die 103 Besatzungs- und Expeditionsmitglieder lebten fast zwei Monate lang im Zeltlager auf dem Eis, bis der letzte Verunglückte am 13. April 1934 von sowjetischen Flugzeugen an Land gebracht wurde. Täglich berichtete damals die Weltpresse ausführlich über die Katastrophe und die dramatische Rettungsaktion (das Ereignis wurde zur größten Werbekampagne für die Sowjetunion, wohl noch erfolgreicher als die Olympiade 1936 für das Dritte Reich). Belopolskij erhielt für seine Verdienste die höchsten sowjetischen Orden, die auch Privilegien garantierten (z.B. Zusatzpension und Schutz vor jeglicher Verhaftung). Im Zweiten Weltkrieg wurde der Wissenschaftler Schiffskapitän, jedoch mit enger Verbindung zu seiner ornithologischen Tätigkeit: Er kommandierte eine Militärexpedition von drei Schiffen auf Nowaja Semlja, die Vogeleier der Lummen für Lazarette der sowjetischen Nordflotte sammelte! Nach dem Kriege setzte er hier seine wissenschaftliche Arbeit fort, 1957 erschien sein Buch über die „Ökologie der in Kolonien brütenden Vögel der Barentssee" (englische Ausgabe 1961).

In jener Augustnacht in Moskau erzählte er mir auch über tragische Ereignisse der Nachkriegszeit: Anfang der 1950er Jahre wurde sein Bruder verhaftet und nach einem Prozess wegen angeblicher Spionage für England erschossen (über sein Schicksal erfuhr die Familie erst Ende der 50er Jahre aus einem amtlichen Rehabilitierungsschreiben). Nach dem Prozess wurden auch die Eltern verhaftet und zu je 10 Jahren Arbeitslager verurteilt, danach, im März 1952, auch Lew Osipowitsch. Er erhielt „nur" 5 Jahre (die durch den Orden erworbene Immunität wurde „amtlich ausgesetzt": Zuerst wurde er höflich gebeten, den Empfang einer schriftlichen Aberkennung der Auszeichnung zu unterschreiben und diese auszuhändigen, danach wurde ihm in schroffem Ton der Haftbefehl vorgelegt). Erst nach Stalins Tod wurde Belopolskij vorzeitig aus dem Lager befreit und rehabilitiert. Er war Zeuge der Massenentlassungen politischer Häftlinge aus den sibirischen Lagern, lobte Nikita S. Chruschtschow und meinte, dass dieser bereits zu Lebzeiten ein Denkmal verdient habe; nach einer Pause fügte er hinzu: „Und wenn es wirklich wahr ist, dass er Frieden anstrebt, müsste das Denkmal vergoldet werden!" Nach der Rehabilitierung hat sein letzter Arbeitgeber (das Zoologische Institut der Akademie der Wissenschaften in Leningrad) Belopolskij wieder aufgenommen. Er wurde herzlich von Prof. Ewgenij N. Pawlowskij, dem mächtigen Direktor des Institutes, mit der Frage empfangen, was er nun tun möchte. Gleichzeitig versicherte dieser: „Alles, was Du willst und was machbar ist, steht Dir offen." Lew Osipowitsch brauchte jetzt Einsamkeit in freier Natur, er wollte ins Baltikum, auf die Kurische Nehrung, ihm schwebte die Fortsetzung der Vogelzugforschung vor, die hier von den Deutschen begonnen wurde. Prof. Pawlowskij stimmte sofort zu.

Ich durfte im Mai 1968 seine Biologische Station in Rybatschij besuchen, es war für mich ein großes Erlebnis. Die Forschungsstelle wurde damals bereits von Dr. Wiktor R. Dolnik geleitet; sein Vorgänger Belopolskij wurde ein Jahr zuvor zum Professor und Inhaber des Lehrstuhls für Wirbeltiere an der Kaliningrader Universität berufen.

Abenteuerlich waren das Erlangen der Reiseerlaubnis und die Reise nach Rybatschij selbst. Der Kaliningrader/Königsberger Bezirk war damals eine für Ausländer gesperrte Zone der Sowjetunion; man durfte z.B. in die benachbarte Litauische Sowjetrepublik reisen, keineswegs jedoch die Grenze des verbotenen Bezirkes überschreiten. Aus der lokalen „Gazeta Olsztyńska" (Olsztyner/Allensteiner Zeitung) erfuhr ich jedoch, dass es einen grenzüberschreitenden Erfahrungsaustausch zwischen den Partei- und Verwaltungsinstanzen sowie den wissenschaftlichen Einrichtungen des polnischen Bezirkes Olsztyn und des sowjetischen Bezirkes Kaliningrad gab. Zuständig für die Erteilung der Reiseerlaubnis waren nicht die Passbehörde, sondern ... die Sekretäre für Propaganda der beiden Partei-Bezirkskomitees! Ich scheute nicht, den Propagandachef in Olsztyn aufzusuchen, um ihm meinen Wunsch vorzutragen, zwei Fachkollegen aus der Biologischen Station in Rybatschij in meine Forschungsstation in Masuren einzuladen. Der Mann staunte nicht wenig, als ich ihm erzählte, dass es in der Sowjetunion ernst zu nehmende Professoren gäbe, die sich mit der Erforschung der Vogelwanderungen befassten und dass ich diese unbedingt nach Polen einladen wollte. Mein langer Vortrag hat ihn so begeistert, dass ich sofort den Antrag schreiben musste. Nur einige Wochen später, im März 1968, besuchten mich Belopolskij und Dolnik. Die beiden mussten nur etwa 150 Kilometer bewältigen, es war für sie aber die erste große Auslandsreise ihres Lebens. Ich musste (und ich tat es gerne!) den Gegenbesuch zwecks Vervollständigung des Erfahrungsaustausches bereits im Mai antreten. Mit einem VW-Käfer startete ich nach Norden, aber schon am Grenzkontrollpunkt bei Bartoszyce/Bartenstein tauchten Schwierigkeiten auf: Der joviale Major der sowjetischen Grenztruppe stellte fest, dass der polnische Propagandasekretär es versäumt hatte, in den Papieren zu vermerken, dass ich mit dem Auto kommen würde; dafür war eine besondere Erlaubnis notwendig! Per Feldtelefon fing er an, einen General (Chef der Grenztruppen des sowjetischen Bezirks) zu suchen. Nach einigen Gesprächen mit diversen Militärzentralen war endlich die tiefe, ruhige Stimme seines Oberbefehlshabers zu hören: „Tschto?" (Was ist?). Der Major rapportierte die Lage, wonach nur ein Wort fiel: „Puskaj!" (Lass durch!). Als ich in Kaliningrad ankam, entschuldigte sich der sowjetische Propagandasekretär, dass ich lediglich „seinen" Kaliningrader Bezirk unbeschränkt (sic!) bereisen dürfe, ohne dabei die Grenze zum sowjetischen Litauen zu überschreiten ...

Abb. 14. Das letzte Foto des bereits stark beschädigten Gebäudes der Vogelwarte Rossitten (1958). Später wurde das Haus abgerissen.

Zunächst fuhren wir nach Rybatschij. Das alte Haus der Vogelwarte (Abb. 14) war zerstört, die neue Station hatte das geräumige Gebäude des ehemaligen Kurhauses übernommen. Begeistert hat mich das wissenschaftliche Programm der Station (Nowak 1969): umfangreiche Themen zur Klärung der physiologischen Grundlagen der Vogelwanderungen, Experimente aus dem Bereich des Orientierungsvermögens der wandernden Arten, Demographie der ziehenden Vogelbestände. Für die Bearbeitung des Materials wurden statistische Methoden angewandt. Fang, Beringung und die biometrischen Untersuchungen der ziehenden Vögel erfolgten mit Hilfe gigantischer Netzreusen („Einflugslöcher" 12 x 30 m); dabei stellte die Vogelberingung lediglich eine Hilfsmethode zur Materialgewinnung für einige der Hauptforschungsthemen dar. Viele Studenten aus verschiedenen sowjetischen Universitäten absolvierten ihre Praktika in Rybatschij.

Wir besuchten auch den Friedhof des Dorfes, wo zwischen den Gräbern mit roten Sternen, orthodoxen Kreuzen und muslimischen Halbmonden auch das Grab des 1938 in Rossitten verstorbenen Begründers der Vogelwarte, Prof. Johannes Thienemanns liegt. Als wir vor dieser Grabstätte standen, sagte mir Belopolskij: „Nach meiner Ankunft in Rybatschij habe ich festgestellt, dass es hier Grabplünderungen gab, ich ordnete deshalb an, über Thienemanns Ruhestätte eine tonnenschwere Zementschicht zu gießen, erst dann habe ich den Grabstein wieder aufgestellt. Mein Vorgänger wird nicht mehr gestört."

Den Besuch nutzten wir natürlich auch zu Ausflügen außerhalb der Station (leider war die Zeit zu kurz, um die Erlaubnis zur unbeschränkten Bereisung der Region voll auszunutzen). Beeindruckend waren die Dünen der Kurischen Nehrung oder der Bernstein-Tagebaubetrieb bei Jantarnyj/Palmnicken (400 Tonnen wurden damals pro Jahr gefördert). Im Zentrum Kaliningrads/Königsbergs lag noch der restliche Schutthaufen des im Kriege zerstörten und später abgerissenen Königsschlosses; meine russischen Kollegen meinten, dass es hier einen tiefen Geheimkeller gäbe, in dem das legendäre Bernsteinzimmer verschüttet sei und dass nur Erich Koch, der frühere Gauleiter Ostpreußens, dies bestätigen könne (als Belopolskij und Dolnik in Masuren weilten, fuhren wir an dem Gefängnis, in dem Koch inhaftiert war, vorbei).

Lew Osipowitsch erzählte mir auch über die Hintergründe der Wiederaufnahme der Forschungsarbeiten in Rybatschij. Den ersten, gescheiterten Versuch unternahm kurz nach dem Kriege Dr. Oleg I. Semenow-Tjan-Schanskij (vgl. S. 272-279). Der zweite Anstoß kam aus Deutschland: Während des 11. Internationalen Ornithologen- Kongresses in Basel 1954 sprachen die Professoren Schüz, Stresemann und Koehler mit ihren sowjetischen Fachkollegen Dementjew, Iwanow und Rustamow darüber. In den Nachkriegsjahren war eine solche Anfrage in der UdSSR eine politische Angelegenheit, über die nur „die hohen Stellen" entscheiden konnten. Doch die damals beginnende „Tauperiode" hatte die Lage verändert: Die „hohen Stellen" überließen die Entscheidung dem Präsidium der Akademie der Wissenschaften. Als der geeignete Kandidat erschien (ebenfalls eine Folge des „Tauwetters"), erhielt er sofort den Auftrag zum Wiederaufbau der Forschungsstelle.

Nach der Rückkehr nach Polen erstattete ich nicht nur dem Parteisekretär in Olsztyn Bericht; neben der gewonnenen Facherfahrung faszinierte mich das Bernsteinzimmer … Ich schrieb einen Brief an das Justizministerium in Warschau, dass ich eine neue Spur habe und bat um Erlaubnis, dem Häftling Koch einen Dia-Vortrag über Kaliningrad vorführen zu dürfen in der Hoffnung, er würde sein Geheimnis lüften. Die Antwort war leider enttäuschend (21. Oktober 1968): „… der Versteckort des 'Bernsteinzimmers' aus Zarskoje Selo ist seit Jahren Gegenstand des Interesses der zuständigen Behörden, deshalb sieht die Zentralverwaltung der Justizvollzugsanstalten keine Notwendigkeit zur Durchführung privater Nachforschungen in dieser Angelegenheit."

Meinen Freund Belopolskij traf ich auch später noch einige Male. 1977 wurde er in den Ruhestand versetzt und lebte seit dieser Zeit in Leningrad. Ich habe mich bemüht, seine Verdienste bekannt zu machen und zu belohnen, dies gelang auch: 1986 erhielt er für sein Lebenswerk einen Preis der Johann Wolfgang von Goethe-Stiftung zu Basel. Zu der feierlichen Preisverleihung auf der Insel Mainau am Bodensee durfte der Laureat allerdings nicht kommen. Kurz danach besuchte jedoch Alfred Toepfer (Begründer und Präsident der Stiftung) Leningrad, wo er Belopolskij im Palast der Akademie der Wissenschaften in einem feierlichen Akt den Preis, zusammen mit einem Scheck, persönlich überreichte. Dem Laureaten standen Tränen in den Augen. Die materielle Situation der Menschen in der Sowjetunion hatte sich zu jener Zeit bereits stark verschlechtert, so gab er das Geld seiner Frau zur Verwendung für die ganze Familie. Dafür durfte er beinahe seine ganze Pension (auch eine „priviligierte" Pension war schon damals nicht viel wert) persönlich verbrauchen; am meisten freute es ihn, dass er sich eine Wolga-Reise auf einem Luxus-Schiff, bis nach Astrachan, leisten konnte. Er stammte aus dem europäischen Zentralrussland, sein Berufsleben verbrachte er in der Arktis, im Fernen Osten und im Baltikum. Der russischste aller russischen Flüsse hat ihn begeistert …

Es war ein großes Versäumnis der Deutschen Ornithologen-Gesellschaft, seinerzeit Belopolskij nicht zum Ehrenmitglied ernannt zu haben. Der Kalte Krieg der damaligen Zeit stand dem wohl entgegen und vernebelte das Verständnis der Geschichte. Inzwischen hat sich jedoch alles geändert: Kurz vor dem Untergang der Sowjetunion wurde eine enge Kooperation der Station Rybatschij mit der Vogelwarte Radolfzell, dem deutschen Nachfolgeinstitut der Vogelwarte Rossitten, vereinbart, die sich im Laufe der Jahre bewährt hat. Finanziert wird sie durch eine deutsche Stiftung,

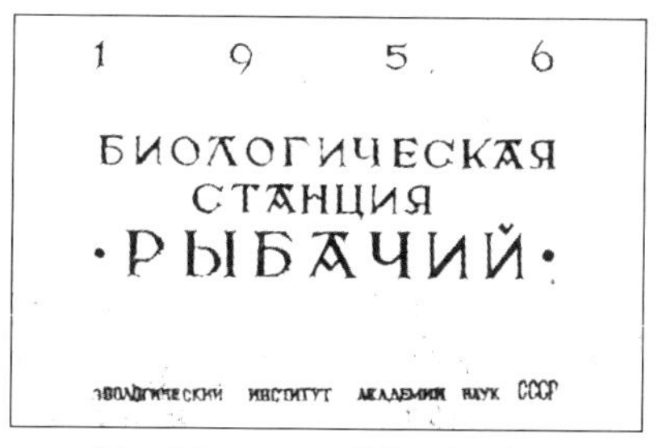

Abb. 15. Die alte deutsche und die russische Marmortafel auf dem neuen Gebäude (ehem. Kurhaus) der Biologischen Station in Rybatschij.

die Prof. Heinz Sielmann gegründet hat (der aus Königsberg stammt und später durch seine Naturfilme aus aller Welt berühmt wurde).

Bis heute wird das Buch „Rossitten" von Johannes Thienemann viel gelesen (1996 erschien eine Neuauflage). Inzwischen ist aber auch ein spannendes Buch über Rybatschij erschienen (Pajewski 2001), das eine russische Fortsetzung der „Legende Rossitten" darstellt. Mitte Juni 2001 haben russische und deutsche Wissenschaftler gemeinsam das 100-jährige Jubiläum der Vogelzugforschung in Rossitten/Rybatschij gefeiert (Fiedler 2001).

Kann die Zeit Wunden heilen?

* * *

Über meinen Besuch in Rybatschij/Rossitten auf der Kurischen Nehrung hielt ich im Oktober 1969 einen Vortrag vor der 2. Zentralen Tagung für Wasservogelforschung und -schutz im großen Hörsaal der Sektion Biologie der Karl-Marx-Universität zu Leipzig. Außer etwa 320 Teilnehmern aus der DDR waren auch Ausländer anwesend, u.a. **Prof. Jurij Andrejewitsch Isakow (1912 - 1988)** aus Moskau. In der DDR wurde kaum über die in der Folge des Zweiten Weltkrieges verlorenen Ostgebiete Deutschlands gesprochen, so plagten mich Ängste, dass meine Ausführungen vielleicht als „revisionistisch" verstanden werden könnten. Es kam aber anders: Die Versammelten belohnten mich mit viel Applaus, lediglich ein Kulturbundfunktionär machte mich während des abendlichen „gemütlichen Beisammenseins" darauf aufmerksam, dass ich „stets falsch von russischen anstatt von sowjetischen Wissenschaftlern" gesprochen habe (das Wort „Russe" wurde aus dem DDR-Deutsch getilgt, wohl Resultat der Gleichsetzung dieser Vokabel mit dem Begriff „Untermensch" in der Endphase der NS-Zeit). Aber Professor Isakow beruhigte mich, er sah in meinen Ausführungen nichts Abwegiges.

Der Moskauer Professor, ein hervorragender Biogeograf und Ökologe, u.a. Kenner der Wasservögel, genoss hohes Ansehen in Kreisen der Naturschützer. Er war der Erste, der in den 1960er Jahren eine effektive Kooperation der Sowjetunion „mit dem Westen" und auch mit der Zentrale für Wasservogelforschung der DDR aufgenommen hatte; stolz war er darauf, komplette Jahrgänge der (in der DDR erscheinenden) Zeitschrift „Der Falke" zu besitzen, die er von Moskau aus abonnieren konnte (westliche

Zeitschriften waren unerschwinglich). Ich kannte ihn gut, seitdem ich auf Bitte des Internationalen Büros für Wasservogel- und Feuchtgebietsforschung (IWRB, damals mit Sitz in Tour du Valat in Südfrankreich) im September 1966 eine kleine, aber wichtige Konferenz in Jabłonna bei Warschau organisiert hatte: Dort traf sich zum ersten Mal eine Gruppe westlicher Fachkollegen mit mehreren „Ostblockforschern" (s. Hoffmann 1966). Seit dieser Zeit begegnete ich des Öfteren Isakow, wir waren befreundet, aber niemals hat er mit mir über Politik gesprochen. Erst nach seinem Tode, als ich seine Verdienste im Druck würdigen wollte, erfuhr ich den Grund dieser Zurückhaltung: Jurij Andrejewitsch war in den 1930er Jahren aus politischen Gründen inhaftiert, und Sowjetmenschen mit diesem Stigma sprachen nicht über Politik. Vor einiger Zeit hatte ich die Gelegenheit, ausführlich darüber mit seinem Sohn Alexej Jurewitsch und mit seiner Witwe Olga Sassanowa zu sprechen und zu korrespondieren. Was ich erfahren habe, will ich hier zusammengefasst wiedergeben.

Schon als Gymnasiast war Jurij Isakow Mitglied des Klubs Junger Biologen am Moskauer Zoologischen Garten, der von dem Biologen und Pädagogen Prof. P. A. Manteufel geleitet wurde. Der Klub war eine Schmiede künftiger sowjetischer Zoologen, ihm gehörte eine wachsende Gruppe begabter, intelligenter und engagierter Jugendlicher aus der Stadt und ihrer Umgebung an. Als Isakows Versuch der Immatrikulation an der Moskauer Universität scheiterte (wegen „falscher Herkunft": Sein Vater, Mathematiklehrer, war adlig), arbeitete er ab 1928 als Exkursionsführer des Zoos und später als Laborant; seine engagierte Tätigkeit fand die Anerkennung der Zoo-Leitung, er wurde auch auf wissenschaftliche Expeditionen in weite Teile des riesigen Landes geschickt, 1933 publizierte er seine erste wissenschaftliche Arbeit (über die Reproduktion des Eichhörnchens). Und die wiederholten Versuche der Aufnahme des Biologie-Studiums in Moskau endeten ebenfalls mit Erfolg – Jurij Isakow wurde Student! An der Universität fesselten ihn insbesondere Vorlesungen und Fachexkursionen des damals noch jungen Dozenten für Ökologie, Alexander N. Formosow.

Die Glückssträhne endete jedoch abrupt; den nächsten Abschnitt seines Lebens beschrieben seine Biografen in der Sowjetzeit (Dunajewa et al. 1983) wie folgt: „Im Jahre 1934 wurde J. A. Isakow gezwungen, sich vom Moskauer Zoo-Park zu trennen und nach Karelien zu übersiedeln, wo er als Tierzuchttechniker und Jagdinstrukteur in einer Pelztier-Sowchose tätig war." Dies ist jedoch die typische Sprache des „sozialistischen Verschleierns", denn die Wirklichkeit sah anders aus: Isakow wurde verhaftet, zu drei Jahren Haft im „Karlag" (Straflager) nahe der Stadt Medweschegorsk in Karelien verurteilt und schließlich dorthin verschickt! Auch im postkommunistischen Russland wird bisher kaum darüber publiziert (s. Flint & Rossolimo 1999: 160-171).

Wie war es dazu gekommen?

Manche Mitglieder des Klubs Junger Biologen hatten auch humanistische Interessen, einer von ihnen verfasste ein Gedicht, das politisch-kritische Verse enthielt; dieses Gedicht geriet in die Hände des NKWD (der politischen Polizei). Einige Klubmitglieder wurden daraufhin verhaftet, dem folgten lange Verhöre. Unter den Nichtverhafteten befand sich auch ein Zuträger des NKWD (im DDR-Deutsch ein „IM"), der offensichtlich das Wissen der Vernehmungsbeamten so erweiterte, dass insgesamt dreizehn mit dem Zoo in Verbindung stehende Personen zu Lagerhaft verurteilt wurden. Sehr „originell" war die Begründung von Isakows Verurteilung: „Fehlendes politisches Bewusstsein" (apolititschnost)! Offensichtlich konnte man ihm nichts nachweisen, da jedoch der Wille der „Organe" zu einer Verurteilung feststand, reichte der Vorwurf, er hätte „politische Verbrechen" anderer nicht erkannt und sie nicht angezeigt. Über die Lagerhaft seines Vaters berichtete mir Alexej Jurewitsch Folgendes: „Er saß von 1934 bis 1937 in Karelien (Medweschaja Gora = Bärenberg). Die Haftbedingungen waren ziemlich erträglich. Arbeit – Bejagung von Eichhörnchen zwecks Gewinnung ihrer Pelze." Dieser schriftlichen Aussage fügte er die Vermutung hinzu, dass es ein glücklicher Zufall gewesen sei, dass die Verhaftung nicht später erfolgt war: „Sie alle hatten Glück, dass dies vor der Ermordung Kirows geschah [dieser wurde auf Stalins Geheiß durch einen NKWD-Agenten am 1. Dezember 1934 erschossen], denn danach begannen bereits die Erschießungen" (die Periode der „großen Säuberung", in der verurteilte „Volksfeinde" in den meisten Fällen erschossen wurden). Sein Vater, der damals eine Häftlingsbrigade von Eichhörnchenjägern leitete, hat nach der Haftentlassung berichtet, dass er während seiner Jagdaufenthalte außerhalb der „Zone" oft geheimnisvolle Serien von Gewehrschüssen gehört habe. Der Sohn hatte eine Erklärung dafür: „Kürzlich wurden in der Nähe, auch am 'Bärenberg', Orte von Massenerschießungen entdeckt. Die Zählungen dort umfassen zehntausende Tote. Katyń war also nicht der erste Fall."

Im Jahre 1937 durfte Isakow das Lager verlassen. Allerdings war seine Entlassung mit einer Einschränkung verbunden, und zwar mit dem Verbot der Rückkehr nach Moskau; diese Anordnung hieß im Volksmund „der 101. Kilometer", d.h. man durfte sich nicht näher als hundert Kilometer von Moskau entfernt ansiedeln. Jetzt begann sein nomadisches Leben in den Weiten des Sowjetreiches: Zunächst reiste er mit einer Expedition in die Steppen des mittleren und unteren Don, doch im Herbst 1937 fuhr er nach Hasan-Kuli an der kaspischen Südküste in Turkmenien, nahe der iranischen Grenze, wo er im dortigen Naturschutzgebiet (Sapowednik) Arbeit fand. Bereits hier zeigte sich, wie stark der Wille des jungen Amateurbiologen war, Wissenschaftler zu werden; er führte regelmäßige Untersuchungen an Wasservögeln durch und konnte bereits 1940 ein Buch über die „Ökologie der überwinternden Wasservögel im Süden des Kaspischen Meeres" veröffentlichen. Von hier aus nahm er auch an wissenschaftlichen Expeditionen in andere Gebiete des Landes teil. 1940 heiratete er die Moskauer Zoologin Olga Nikolajewna Sassanowa. Der Ausbruch des Deutsch-Sowjetischen Krieges veränderte erneut Isakows Situation: Im Auftrage der Armee nahm er im September 1941 eine Stelle in der Station zur Bekämpfung der Tularämie im sibirischen Tomsk an. Hier gelang es ihm auch, sich an der örtlichen Universität zu immatrikulieren (später setzte er das Studium als Fernstudent an der nach Aschchabad und Swerdlowsk evakuierten Moskauer Universität fort). 1942 erfolgte seine Versetzung zu einer Tularämie-Station im sibirischen Hanty-Mansijsk, wo er mit seiner Frau bis zum Kriegsende blieb; Glück und Unglück haben ihn hier abwechselnd heimgesucht: Er erkrankte an Tuberkulose, war dem Tode nahe, was zur Befreiung vom Armeedienst führte; 1943 kam hier sein erster Sohn zur Welt; 1944 wurde ihm erlaubt, an der Moskauer Universität die Abschlussprüfungen abzulegen.

Nach dem Kriege zog Isakow erneut ans Kaspische Meer zurück, er wurde hier wissenschaftlicher Leiter des berühmten Wolga-Delta Naturschutzgebietes nahe Astrachan. Bereits 1947 siedelte er aber in das Darwin-Naturschutzgebiet bei Wysegonsk über (nur noch etwa 300 km nördlich von Moskau entfernt). Dort erfolgte gerade die Stauung der Flüsse Wolga und Scheksna, was zur Entstehung des Rybinsk-Stausees führte. Isakow hatte bereits früher den „Istzustand" des Gebietes erforscht, jetzt untersuchte er u.a. die sukzessiven Auswirkungen der Stauung auf das Ökosystem („Monitoring" nannte man das später). An diesen Verbannungsorten schrieb er auch Teile des Kapitels *Anseriformes* für das 6-bändige Buch „Vögel der Sowjetunion", eines der besten Kapitel des gesamten Werkes, und zahlreiche andere Publikationen.

Kurz nach Stalins Tod, noch im Jahre 1953, wurde die Anordnung „des 101. Kilometers" aufgehoben, Isakow erhielt die Erlaubnis, in seine Heimatstadt Moskau zurückzukehren. Ein Jahr später, nach fast 20 Jahren Abwesenheit, machte er hiervon Gebrauch; die ersten vier Jahre befasste er sich erneut mit der Problematik der Krankheitserreger und war Redakteur in der biologischen Abteilung des Institutes für Bibliografische Information. Erst 1958, also mit 46 Jahren, gelang es seinem früheren Lehrer und Freund, Prof. A.N. Formosow, ihn in die biogeografische Abteilung des renommierten Geografischen Instituts der Akademie der Wissenschaften zu holen; 1962 übernahm Isakow die Leitung der Abteilung. Hier blühte er nochmals als Wissenschaftler auf: Er selbst und die von ihm betreuten Fachkollegen führten Dutzende von wichtigen Forschungsprojekten durch (s. Dunajewa et al. 1983). 1961 wurde Isakows Gerichtsurteil revidiert, er erhielt eine schriftliche Rehabilitation! Jetzt durfte er ins Ausland reisen, auch in den Westen, sogar über den Ozean. 1967 wurde ihm endlich der Professorentitel zuerkannt.

In diese Zeit fiel die politische Öffnung der Sowjetunion (die erste Phase der „Chruschtschow-Ära"). Isakow nutzte die neue Stimmung auch zu einer Anbindung der erwachten Naturschutzforschung seines Landes an den internationalen Naturschutz. Im Westen wurde seit einigen Jahren der Entwurf einer neuen Naturschutzkonvention diskutiert, die die Erhaltung von Feuchtgebieten (Lebensräume für Wasservögel und andere an solche Habitate gebundene Tier- und Pflanzenarten) fördern sollte. Gerade in der Sowjetunion, wo Trockenlegungen „unnützer Sumpfregionen" bis dahin in gigantischen Ausmaßen betrieben wurden, war das ein aktuelles Thema. Für seine Vorschläge fand er die Unterstützung eines einflussreichen Partners und Beschützers aus dem Regierungsapparat: Boris N. Bogdanow, Direktor der Behörde für Naturschutz und Jagdwesen im Unions-Landwirtschaftsministerium in Moskau. Die beiden verstanden sich ausgezeichnet, reisten auch zusammen zu Konferenzen ins Ausland, um aktiv an der Gestaltung des Textes der neuen Konvention mitzuwirken. Mit dem Internationalen Büro für Wasservogel- und

Feuchtgebietsforschung und dem Niederländischen Außenministerium wurde vereinbart, dass vom 25. bis 30. September des Jahres 1968 in Leningrad eine Regierungskonferenz zur Verabschiedung der Konvention stattfinden sollte. Die Konferenz wurde fast zwei Jahre mit größter Sorgfalt vorbereitet (u.a. wurden alle Dokumente und Vorträge in drei Sprachen übersetzt). Schon die zahlreichen Anmeldungen kündigten einen Erfolg an, als am 20. August 1968 der Einmarsch der Truppen des Warschauer Paktes in die Tschechoslowakei begann! Die Niederländische Regierung und das IWRB sagten ihre Teilnahme an der Konferenz ab, die politischen Instanzen der Sowjetunion beschlossen jedoch, sie durchzuführen. Durch die niederländische Absage verlor die Konferenz ihren offiziellen Regierungsstatus, die Verabschiedung der Konvention war also nicht mehr möglich, die sowjetischen Organisatoren hielten jedoch an dem wissenschaftlichen Programm in der Hoffnung fest, dass genügend Teilnehmer kommen würden. Die Veranstaltung fand mit begrenzter Beteiligung statt (ich war auch dabei), jedoch ohne Bogdanow, der kurze Zeit vorher, während eines Vorbereitungsaufenthaltes in der Schweiz, einen Herzinfarkt erlitten hatte. Eine Delegation aus der Tschechoslowakei war aber zum Erstaunen der „Restteilnehmer“ anwesend, jedoch nicht die, die erwartet wurde. Der Leiter dieser Delegation, Herr R. Bohaček aus dem Landwirtschaftsministerium in Prag, erzählte mir, dass er kaum Ahnung habe, worum es gehe, weil er auf persönliche Intervention des sowjetischen Botschafters in Prag erst einige Stunden vor dem Abflug die Anordnung zu der Dienstreise erhalten habe. Ich sprach auch mit dem verzweifelten Isakow, den die schriftliche Absage des Westens nicht erreicht hatte (die sowjetische Postzensur hatte die Briefe „abgefangen“). Als ich ihm die an mich gesandten Absageschreiben zeigte, sagte er kein Wort; erst jetzt hatte er verstanden, dass eine Stellungnahme wieder gefährlich sein könnte …

Erst ein paar Jahre später (Februar 1971), als sich die politische Lage beruhigte, wurde die Konvention im Iran, in der am südlichem Ufer des Kaspischen Meeres gelegenen Stadt Ramsar, verabschiedet. Isakow war auch dabei; in der Nähe, auf der sowjetischen Seite, verbrachte er einige Jahre seines Lebens, damals fing er an, die Problematik der Wasservögel und Feuchtgebiete zu erforschen. Das Scheitern in Leningrad bescherte ihm jetzt die Möglichkeit, die Region seiner Verbannung von der iranischen Seite aus zu bereisen.

Aber nochmal zurück zu dem verhängnisvollen Jahr 1934: Schon damals war bekannt, wer der Zuträger des NKWD war und bis heute wissen dies die meisten älteren Biologen in Moskau und viele in der ehemaligen Sowjetunion. Als jedoch in der Periode der „Glasnost" und „Perestrojka" zum ersten Mal Teile des Leidensweges Isakows in einem Nachruf veröffentlicht wurden (Anonymus 1989), tauchte dieser Name nicht auf. Einige russische und ukrainische Fachkollegen nannten mir ihn freimütig, jedoch stets mit der Einschränkung: „Falls du etwas darüber publizieren solltest, darfst du dich nicht auf mich berufen." Um es doch tun zu dürfen, wandte ich mich an die Familie Isakows mit der Bitte um Zustimmung. Alexej, der Sohn Isakows, war aber dagegen und meinte, sein „Vater würde dem ebenfalls nicht zustimmen, 'der Mann' ist ja bereits verstorben, verblieben sind Familienangehörige und ihm nahe stehende Personen, sie tragen keine Schuld." Isakows Witwe, Olga Sassanowa, wurde noch deutlicher: „Kategorisches Nein!"

Ich kannte diesen Mann, den ich hier „Herrn X" nennen muss, persönlich. Er durfte studieren, wurde ein hervorragender Wissenschaftler, sogar in der Kriegszeit erlaubte man ihm in Asien zu forschen, während andere

Abb. 16. Prof. Jurij A. Isakow aus Moskau mit seiner Frau, Dr. Olga N. Sassanowa (1987).

an die Front mussten. Isakow begegnete ihm in seiner zweiten Moskauer Wirkungsperiode des Öfteren, sowohl bei wissenschaftlichen als auch bei gesellschaftlichen Anlässen. Alexej Isakow wusste zu berichten, dass sein Vater in der Chruschtschow-Zeit (man sprach damals offen über die Verbrechen und Ungerechtigkeiten der Stalin-Periode) von Kollegen ermutigt wurde, mit dem Zuträger abzurechnen; er tat dies aber nicht, er hielt sich vornehm zurück. Eine verborgene Verbitterung sowie eine kritische Distanz blieben jedoch. Hierzu eine Episode, die mir ein Moskauer Freund anvertraute, der zu seinem runden Geburtstag 1974 viele Gäste in seine Wohnung einlud, darunter auch Isakow und „Herrn X". Es herrschte eine lockere Atmosphäre, man plauderte gerade über den Gesundheitszustand der Gäste, als „Herr X" sich zu Isakow wandte und meinte: „Jurij Andrejewitsch, du siehst schlecht aus, ich glaube, du wirst früher als ich sterben." Nach einer Pause antwortete Isakow nachdenklich: „Das kann schon sein, du wirst aber bestimmt niederträchtiger (podleje) als ich diese Welt verlassen ..." Rasch wechselte man das Thema.

Im Gegensatz zum Deutschland der 1990er Jahre sind die Zuträgerakten der sowjetischen Staatssicherheitsorgane nicht geöffnet worden. Dennoch wissen sehr viele Menschen dort, wer wem, oft sogar was, zugetragen hat. Erstaunt hat mich diese „liberale", fast „verständnisvolle" Haltung gegenüber den sowjetischen IMs. „Herr X" muss über seine eigene Vergangenheit gelegentlich anderen erzählt haben, denn mir wurde berichtet, dass auch er seinerzeit verhaftet wurde (wohl zu Beginn der 1930er Jahre). Er war damals ein unternehmungslustiger Jugendlicher, bereit zu Streichen und allerlei Unfug (mit dem Wort „Huligan" = Rowdy oder Schelm, betitelte man damals diese jungen Männer); mit einer illegal auf einem Basar erworbenen Pistole gab er einmal einen Schuss in die Luft ab und wurde dabei von der Moskauer Miliz erwischt. Im Arrest wurde ihm vorgerechnet, wie viele Jahre dies „kosten würde", gleichzeitig wurde aber die Möglichkeit der „Wiedergutmachung" seiner Tat angedeutet. Zuträger wurde er also mittels einer Erpressung! So geschah es vielen, und hierauf gründet sich wohl das „Verständnis" zahlreicher Sowjetmenschen, die die Zuträger oft ebenfalls für Opfer halten.

Diese Haltung reicht bis in die höchsten Kreise der russischen Menschenrechtler: Sergej A. Kowaljow, Gründungsmitglied der russischen Menschenrechtsorganisation „Memorial", beschimpfte kürzlich junge

Deutsche, die freiwillig halfen, einen GULAG als Mahnmal und Museum zu rekonstruieren, als diese gegen die Anstellung eines früheren Mitglieds der Wachmannschaft des gleichen GULAGs protestierten …

So bleibt nur noch die letzte Frage offen: Was war das für ein Gedicht, das der Tragödie Isakows und seiner Kollegen zugrunde lag? (Fünf Verhaftete kehrten nicht aus den Lagern zurück, nur einer, Isakow, wurde Wissenschaftler.) Die Verse sind in Moskau leider nicht mehr zu finden! Aber in irgendeinem NKWD/KGB-Archiv werden sie gewiss bis heute konserviert; die sowjetischen „Organe" arbeiteten nämlich gründlich und geschichtsbewusst. In Russland genießt Poesie bis heute einen hohen Stellenwert, vielleicht erscheint eines Tages doch noch ein dicker Band – „Gedichte aus den Ermittlungsakten"?

* * *

Die vorstehenden Berichte aus der Sowjetunion klingen stellenweise wie Abenteuergeschichten mit gutem Ausgang. Hier ging es aber lediglich um zwei Schicksale, die tatsächlich gut endeten; enorme Charakterstärke und etwas Glück waren der Schlüssel dazu. Es wäre jedoch falsch zu glauben, dass dies die Regel war, denn zu Stalins Lebzeiten ist man mit Wissenschaftlern, die in das Visier politischer Sicherheitsorgane gerieten, nicht zimperlich umgegangen. Dazu gibt es ein erschreckendes Beispiel aus der Tschechoslowakei.

Es geht um den jungen Ornithologen **Veleslav Wahl (1922 - 1950)**, den Autor eines 1944 erschienenen Buches über die Vögel der Stadt Prag und etwa 25 weiterer ornithologischer Publikationen (Veselovský 1991, Mareda 1992). Wahl war das einzige Kind einer wohl situierten und geschätzten Prager Rechtsanwaltsfamilie und konnte sich seit seiner Kindheit naturkundlichen Beobachtungen widmen; mit 15 Jahren veröffentlichte er seine erste vogelkundliche Publikation. Auch die Besetzung der Tschechoslowakei durch die deutschen Truppen und der Ausbruch des Zweiten Weltkriegs unterbrachen seine ornithologische Tätigkeit nicht. Allerdings wurde Slavek (so Wahls Vorname im Kreise von Kollegen) damals aktives Mitglied des Widerstandes. Sein Vater und sein Onkel wurden wegen antideutscher Aktionen im Jahre 1942, kurz nach dem Attentat auf den Reichsprotektor Reinhard Heydrich, hingerichtet. Einem Familienfreund (Zoologieprofessor

Abb. 17.
Veleslav Wahl aus Prag
(um 1944).

J. Komárek) gelang es jedoch, den Sohn im Prager Zoologischen Garten als Assistenten zu „verstecken". Im April 1945 nahm Veleslav Wahl am Prager Aufstand teil, nach der Befreiung des Landes wurde er das jüngste Mitglied des Tschechischen Nationalrates (Parlaments). Er begann, an der Prager Universität Jura und Naturkunde zu studieren. Doz. Walter Černy, ein bekannter tschechischer Ornithologe, war einer seiner akademischen Lehrer. Aber die Machtergreifung durch die Kommunisten im Jahre 1948 stürzte den jungen Politiker und Naturforscher erneut in größte Schwierigkeiten: Er war gegen die Alleinherrschaft der Kommunistischen Partei, engagierte sich in einer geheimen, antikommunistischen Organisation, was seine Verhaftung zur Folge hatte. In einem politischen Prozess wurde er zum Tode verurteilt.

Man glaubte nicht an die Vollstreckung des Urteiles, da der junge Intellektuelle u.a. Träger von hohen Auszeichnungen aus der Kriegs- und Aufstandszeit war. Viele wollten eine Begnadigung erreichen. Einem Schulfreund des Verurteilten gelang es, von einem Minister der damaligen kommunistischen Regierung, der Slavek noch aus der Zeit des gemeinsamen Widerstandes gegen die Deutschen persönlich kannte, empfangen zu werden; als er ihm aber sein Anliegen vortrug, antwortete dieser: „Lassen sie die Hände davon, das ist ein Geschäft Moskaus." Slaveks Mutter richtete ein Gnadengesuch an den Staatspräsidenten Klement Gottwald, den mächtigen

Mann, in dessen Händen das Gnadenrecht ruhte; es gelang ihr auch, mit der Ehefrau des Präsidenten Kontakt aufzunehmen und sie um Unterstützung zu bitten. Alles vergeblich. Am frühen Morgen des 16. Juni 1950 stand sie, zusammen mit Slaveks Ehefrau Tana, auf der Terrasse ihres Hauses und wartete auf das Erklingen der Sterbeglocke des Pankracgefängnisses.

In seinem Testament hatte Wahl seine Frau angewiesen, 200 000 Kronen aus dem Familienbesitz für die Bearbeitung eines Handbuches der Vögel der Tschechoslowakei zu stiften. Er wusste nicht, dass auch sie lange im Gefängnis eingesperrt sein würde. Dennoch ging sein Wille nach über 40 Jahren in Erfüllung: Seine Frau, die im Jahre der Besetzung des Landes durch die Truppen des Warschauer Paktes in die Vereinigten Staaten emigrierte, übereignete nach 1990 die Entschädigungssumme für das erlittene Unrecht der Tschechischen Ornithologischen Gesellschaft. Der fachliche Teil von Wahls Testament ging aber schon früher in Erfüllung: Dr. Černy war einer der Initiatoren der Herausgabe des hervorragenden vielbändigen Werkes „Ptáci" (Vögel) in der Serie „Fauna der Tschechoslowakei". Ich konnte leider Walter Černy nicht mehr danach fragen (er verstarb 1975), vermute aber, dass er bei der Bearbeitung dieses Werkes oft an seinen jungen Schüler und dessen Testament gedacht hat.

* * *

Anfang der 1960er Jahre weilte ich wieder zu einem kurzen Studienaufenthalt im Zoologischen Museum der Humboldt-Universität in Berlin; der Leiter der Ornithologischen Abteilung, Prof. Stresemann, hatte gerade Besuch einer Biologin aus Peru, Frau Dr. Maria Koepke (Gebhardt 1974: 46-47, Niethammer 1974, Nowak 1998: 337), die von mir erfahren wollte, ob die Vogelbälge, die polnische Forscher in Peru im 19. Jahrhundert gesammelt und nach Warschau gebracht hatten, in der dortigen Zoologischen Sammlung noch vorhanden seien. Sie trug sich mit der Absicht, einige wichtige Typen-Bälge in Warschau zu untersuchen, wusste jedoch nicht, ob die Sammlung den Zweiten Weltkrieg überstanden hatte. Ich glaubte Genaueres darüber zu wissen und beantwortete ihre Fragen; später sollte sich leider herausstellen, dass meine Auskunft falsch war, was unangenehme Folgen hatte. Der Vorgang tangiert drei Wissenschaftler, über die ich hier nacheinander berichten will.

Die Informationen über das Kriegsschicksal der zoologischen Sammlung in Warschau hatte ich kurz zuvor von **Prof. Władysław Rydzewski (1911 - 1980)** erhalten, der seit 1960 an der Universität Wrocław/Breslau tätig war (Tomiałojć 1980, Kuhk 1981, Zimdahl 1982, Feliksiak 1987: 464-465).

Vor dem Zweiten Weltkrieg, seit 1932, war Rydzewski Assistent am Warschauer Zoologischen Museum, seit 1936 leitete er eine dem Museum angeschlossene Station für Vogelzugforschung (Beringungszentrale). Bereits in dieser Zeit versuchte er eine europäische Zusammenarbeit der Vogelzugforscher zu vereinbaren und besuchte 1937 u.a. die Vogelwarte Rossitten auf der Kurischen Nehrung, wo seine Vorschläge auf Zustimmung stießen (Rydzewski 1938). Die Realisierung der weitgehend abgestimmten Pläne wurde jedoch durch den Ausbruch des Krieges verhindert.

Während der Kriegshandlungen im September 1939 erlitt Rydzewski schwere Verwundungen, jedoch bereits 1940 schloss er sich der polnischen Untergrundarmee an, nahm an konspirativen Tätigkeiten in verantwortlichen Stellungen teil, 1944 kämpfte er als Offizier im Warschauer Aufstand. Nach der Niederlage der Erhebung geriet er in Gefangenschaft, wurde in ein Lager in Deutschland verfrachtet, nach der Befreiung durch die Westalliierten weilte er zunächst in Krankenhäusern und Sanatorien in Italien, Ägypten und im Libanon. Danach fand er eine neue Heimat in

Abb. 18.
Prof. Władysław Rydzewski aus Wrocław/Breslau (um 1965).

Croydon bei London; seinen Lebensunterhalt musste er hier als Fabrikarbeiter verdienen, nebenberuflich war er jedoch auch wissenschaftlich tätig: 1954 erlangte er an der Londoner Universität den Doktortitel und gründete die Fachzeitschrift „The Ring", er nahm an Vogelberingungsexpeditionen auf den Kanarischen Inseln und auf Teneriffa teil. 1959 habilitierte sich Rydzewski an der polnischen Exil-Universität in London, um ein Jahr später in seine Heimat zurückzukehren, wo er zum Professor ernannt wurde. Neben der wissenschaftlichen, didaktischen und musealen Tätigkeit an der Universität in Wrocław/Breslau gab er hier weiter „The Ring" heraus und engagierte sich in der europäischen Koordination der Vogelzugforschung („Euring").

Schon einige Jahre vor seiner Rückkehr nach Polen stand ich mit Rydzewski in brieflichem Kontakt, 1958 trafen wir uns in Helsinki (12. Internationaler Ornithologen-Kongress). Er war noch immer durch die Kriegsereignisse traumatisiert, insbesondere war er gegenüber Deutschland reserviert: „Niemals werde ich dieses Land besuchen", sagte er zu mir; auch England hatte ihn enttäuscht, da er dort keine wissenschaftliche Anstellung fand. So überwandt er seine Ängste vor dem kommunistischen System (die politischen Reformen des Jahres 1956 halfen ihm dabei) und kehrte 1960 nach Polen zurück.

Die brisanten (aber z.T. falschen) Informationen über das Kriegsschicksal der vogelkundlichen Sammlung in Warschau, die ich Frau Dr. Koepke weitergab, erfuhr ich von Rydzewski Anfang 1961; sinngemäß sagte er: Kurz nach der Eroberung Polens durch die deutschen Truppen erschien im Warschauer Museum der deutsche Ornithologe Dr. Günther Niethammer in Uniform und habe die Herausgabe der Typen-Kollektion aus der Vogelsammlung verlangt. Das Museum war schon seit Monaten geschlossen, die Okkupationsbehörden entließen auch das gesamte wissenschaftliche Personal, lediglich einige Personen der Aufsicht waren noch tätig; sie teilten dem uniformierten Besucher mit, dass gerade die Typen, die gesondert aufbewahrt wurden, bei den Bombenangriffen im September 1939 verbrannt seien (was nicht der Wahrheit entsprach). Sofort nach dem Vorfall wurde jedoch Andrzej Dunajewski, der ehemalige Kustos der Sammlung, der die erste Phase des Krieges überlebt hatte und in Warschau wohnte, informiert. Obwohl er das Museum nicht mehr betreten durfte, begab er sich dorthin und ergriff präventive Maßnahmen.

* * *

Dr. Andrzej Dunajewski (1908 - 1944) betreute die vogelkundliche Sammlung des Warschauer Museums seit 1933 (Gebhardt 1964: 79, Szczepski 1964, Feliksiak 1987: 140-141).

Seine Kindheit verbrachte er in Wien (sein Vater war hier im k.u.k.-Handelsministerium tätig), später lebte er in der wieder entstandenen Republik Polen. Als Gymnasiast ging er oft auf die Jagd und erwarb dadurch ausgezeichnete feldornithologische Kenntnisse. Das Studium der Zoologie und der vergleichenden Anatomie schloss er mit einer Magisterarbeit an der Universität Krakau ab. Obwohl die Familie ihm den Weg zu einer Diplomatenkarriere ebnete, nahm er eine Assistentenstelle am Zoologischen Museum in Warschau an und spezialisierte sich hier unter der Leitung von Dr. Janusz Domaniewski im Bereich der ornithologischen Systematik. 1936 weilte Dunajewski auch zu einem längeren Studienaufenthalt bei Prof. Stresemann in Berlin. Vor dem Ausbruch des Krieges galt er bereits als erfahrener Wissenschaftler, der etwa 30 wichtige Arbeiten (darunter zwei Bücher) veröffentlicht hatte; auch künstlerisch war er begabt, die Federzeichnungen für seine Bücher erstellte er selbst. Im Herbst 1939 sollte Dunajewski seine Doktorprüfung ablegen, der Ausbruch des Krieges verhinderte dies jedoch (man nimmt an, dass er sie einige Zeit später an der Warschauer Geheimuniversität nachgeholt hat).

Abb. 19. Dr. Andrzej Dunajewski aus Warschau (um 1938).

Nach der Entlassung aus dem Museum durch die Okkupationsbehörden fand Dunajewski Betätigung in einem Fischereiverband in Warschau, arbeitete und publizierte jedoch auch zu vogelkundlichen Themen weiter. Wie zahlreiche andere Warschauer Wissenschaftler schloss auch er sich der Widerstandsbewegung an. Als Soldat der Untergrundarmee gab er sein Leben im Warschauer Aufstand, wahrscheinlich im August 1944; die Todesumstände Dunajewskis, seiner Frau und der 5-jährigen Tochter blieben unaufgeklärt: Entweder starben sie alle unter den Trümmern des durch Bomben zusammengestürzten Wohnhauses der Altstadt oder in den städtischen Abwasserkanälen, auf der Flucht vor dem Angriff gegnerischer Truppen (gegen die Kanalflüchtlinge wurden C-Waffen eingesetzt, indem durch die Gullys Karbid in die Abwässer geworfen wurde).

Zurück jedoch zu dem Museumsvorfall des ersten Okkupationsjahres: Als Dunajewski erfuhr, dass „seine" Vogelsammlung bedroht sei, ging er heimlich in das Museum und lagerte einige wertvolle Bälge, unter ihnen auch Typen, aus, um sie vor der befürchteten Beschlagnahme zu bewahren. Laut Archivvermerken des Warschauer Museums waren es zwei Kartons mit etwa 150-180 Bälgen der kleineren Vogelarten (Prof. M. Luniak, pers. Mitt.); die restlichen waren zu groß, der Transport wäre zu gefährlich gewesen, es fehlte auch an Platz zur Aufbewahrung. Die zwei Kartons nahm Dunajewski mit zu sich nach Hause, sie fielen den Kriegshandlungen zum Opfer. Paradoxerweise überstanden aber der Hauptteil der Sammlung und die meisten Bälge aus Peru, die im Gebäude des Museums blieben, die Kriegswirren. Sie sind dort für Wissenschaftler wieder zugänglich.

Rydzewski war mit Dunajewski eng befreundet, sowohl während der beruflichen Tätigkeit als auch in der Zeit der Konspiration in Warschau. Der Name Niethammers, den Rydzewski mit dem Museumsvorfall verband und den er mir mitteilte, muss von Dunajewski stammen; dieser hatte in dem uniformierten Besucher, von dem das Aufsichtspersonal des Museums ihm berichtete, Niethammer vermutet, da er während des Studienaufenthaltes in Berlin ihn und seine Familie persönlich kennen gelernt hatte und wusste, dass er mit dem NS-Regime sympathisierte; aus einer 1942 veröffentlichten Publikation Niethammers erfuhr er auch, dass dieser der SS angehörte.

* * *

Frau Dr. Koepke, die von Peru aus seit Jahren mit dem Bonner Museum A. Koenig eng kooperierte, flog kurz nach unserem Berliner Gespräch nach Bonn, wo sie mit **Prof. Günther Niethammer (1908 - 1974)** zusammentraf. Über die fachlichen Kontakte hinaus verband die beiden eine freundschaftliche Beziehung, so scheute sie sich nicht, ihm auch über die von mir erteilte Auskunft zu berichten. Über Niethammers Reaktion war sie jedoch erstaunt: Dieser versicherte glaubwürdig, dass er in der Kriegszeit niemals in Warschau gewesen sei und auch niemals versucht habe, Vogelbälge aus dem Warschauer Zoologischen Museum herauszuholen!

Wir kannten uns schon damals persönlich, Niethammer war jedoch so erschüttert über meine Anschuldigungen, dass er nicht an mich schreiben konnte; er bat stattdessen meinen guten Freund, Dr. Wilfried Przygodda aus Essen, bei mir um eine Erläuterung anzufragen. Ich ging mit der gleichen Bitte zu Rydzewski, der mir jedoch nur eine kurze Antwort gab: „Wenn es nicht Niethammer war, dann war es eben ein anderer deutscher Nazi-Ornithologe in Uniform."

Jetzt war ich erschüttert, da meine beabsichtigte Ehrlichkeit sich nun in eine Intrige verwandelt hatte! Als Erstes entschuldigte ich mich brieflich bei Niethammer und kündigte eine spätere Klärung der Affäre an; ich dementierte auch meinen Bericht dort, wo ich ihn erzählt hatte (Stresemann war mir ein Jahr lang gram, aber Niethammer hat mir verziehen). Vor meinem nächsten Besuch in Bonn musste ich aber die Wahrheit über Niethammer herausfinden, um unsere Aussprache auf der Grundlage von überprüfbaren Fakten zu führen. Deutsche Kollegen schilderten mir den jungen Niethammer als patriotisch gesinnt, politisch jedoch wenig interessiert und kaum engagiert. Vor allem wurde mir über seine Fachkompetenz, Intelligenz und seinen großen Fleiß berichtet („arbeitswütig"), was auch seine Publikationen belegen. Menschlich wurde er als äußerst anständig bezeichnet. Prof. Wilhelm Meise berichtete mir z.B., dass er 1936 seine Stelle im Museum für Tierkunde in Dresden verlieren sollte, da der neue Direktor, Dr. Hans Kummerlöwe, Niethammer beschäftigen wollte (Meise hatte drei Kinder); als Niethammer dies erfuhr, verzichtete er sofort und ausdrücklich auf das verlockende Angebot. Über seine Nazi-Vergangenheit erzählte man mir jedoch Widerspüchliches und Unergiebiges. Ich kannte damals nur das Vorwort aus dem 3. Band des „Handbuches der Deutschen Vogelkunde" (1942), in dem Niethammer seinen Namen mit dem Zusatz

„z.Zt. bei der Waffen-SS" versehen hatte und ich wusste, dass er nach dem Kriege in einem Krakauer Gefängnis inhaftiert war. Die Akte des Gerichtsverfahrens hätte also die benötigten Informationen enthalten können; ich schrieb deshalb diverse Dienststellen in Krakau und Warschau an.

Auch Niethammer ergriff die Initiative und versuchte, den uniformierten Warschau-Besucher ausfindig zu machen. Der Verdacht fiel auf seinen Freund, Dr. Kumerloeve (bis ca. 1947 lautete sein Name Kummerlöwe), der zwar bestätigte, dass er sich in der fraglichen Zeit in Warschau aufgehalten habe, „er hätte aber niemals die Herausgabe der betreffenden Vogelbälge aus dem Naturkundemuseum verlangt. Er wäre nur deshalb nach Warschau gekommen, um zu sehen, ob alles getan wäre, um die Bälge vor den Kriegseinwirkungen zu schützen" (Brief Przygoddas vom 25. November 1962). Der Vorfall konnte nicht mehr eindeutig geklärt werden. Dass es aber eine solche Initative gegeben hatte, bestätigte mir Stresemann: Er erhielt in den Kriegsjahren auf amtlichem Wege das Angebot, die ganze Vogelsammlung aus Warschau nach Berlin zu übernehmen, lehnte jedoch ab. Stresemann kannte Dunajewski, den Warschauer Kustos, persönlich und schätzte ihn sehr.

Inzwischen hatte meine Suchaktion Erfolg: In einem Warschauer Archiv (Hauptkommission zur Untersuchung der Hitlerischen Verbrechen in Polen), wurde Niethammers Gerichtsakte gefunden! Niethammer hat dem polnischen Vernehmungsrichter seine Lebensgeschichte mündlich und schriftlich mitgeteilt. Aktenkundig ist u.a. ein von ihm verfasstes und unterzeichnetes Dokument mit dem Titel „Bericht von Dr. Günther Niethammer über sein Leben während des Krieges und sein Verhältnis zur NSDAP" (146 Schreibmaschinenzeilen), das ich als sehr ehrlich, aber auch als verharmlosend und äußerst naiv bezeichnen würde (Abb. 20). Aufgrund von biografischen Veröffentlichungen, der Gerichtsakte und anderer Archivalien (Bundesarchiv Berlin, Archiv des Auschwitz-Birkenau Museums, Archiv des Vereins Sächsischer Orniothologen) will ich hier den Lebenslauf Niethammers, unter besonderer Berücksichtigung der NS-Periode und der ersten Nachkriegsjahre, nacherzählen (s. auch Nowak 2002a: 18-27).

Zur Welt kam Niethammer im sächsischen Waldheim, in einer Industriellenfamilie. Seit 1927 studierte er Biologie in Tübingen, 1929 wechselte er zur Universität in Leipzig, wo er 1932 promoviert wurde. In Leipzig erfuhr er die freundschaftliche Unterstützung eines in vogelkundlichen Fragen erfahrenen Kommilitonen, Hans Kummerlöwe. Eine glückliche Fügung

Bericht von Dr. Günther Niethammer über sein Leben während des Krieges und sein Verhältnis zur N.S.D.A.P.

Zu Beginnn des Krieges war ich als Assistent am Museum A.Koenig in Bonn
tätig.Ich war ungedient,während meine 4 älteren Brüder Reserve-Offiziere
waren und schon am ersten Kriegstage einrückten.Dass ich ausgerechnet als
der jüngste (meine beiden älteren Brüder haben schon den 1.Weltkrieg mitge=
macht)zu Haus bleiben sollte,erschien mir so ungerecht,dass ich es für meine
Pflicht hielt,mich freiwillig zu einer Frontverwendung zu melden.Als alter
Sportflieger stellte ich mich der Luftwaffe zur Verfügung,wurde aber abgelehnt
da " die deutsche Luftwaffe genügend Flieger " habe.Später um die Jahreswende
1939/40,meldete ich mich wiederum als Flieger und zwar auf den Rat eines
Bekannten hin direkt beim Reichsluftfahrt-Ministerium.Von dort erhielt ich
ein vom 6.März datiertes Schreiben,in welchem mein Gesuch abermals abschlägig
beantwortet wurde und zwar wörtlich wie folgt : " Auf Ihr Gesuch vom 31.I.40
betr.Ausbildung zum Flugzeugführer oder Hilfsbeobachter wir Ihnen mitgeteilt,
dass bei aller Würdigung Ihrer Einsatzbereitschaft Ihre Uebernahme in die
fliegerische Ausbildung wegen Ueberschreitung der Altersgrenze abgelehnt wer=
den muss."(Original dieses Briefes vom "Reichsminister der Luftfahrt und Ober
befehlshaber der Luftwaffe" in meinem Besitz).
Inzwischen erhielt ich einen Ruf als Abteilungsleiter am Naturhistorischen
Museum in Wien,dem ich am 1.April 1940 Folge leistete.Dort versuchte ich zum
letztenmale,bei der Luftwaffe anzukommen,aber wiederum ohne Erfolg.Ich ent=
schloss mich daher,mich bei einem anderen Truppenteile zu melden.Doch sowohl
bei der Flak wie auch bei der Infanterie wurde ich abgelehnt.Anfang Juni be=
gleitete ich einen Freund,der in Aspern zur Flak einrückte.Mit Einverständ=
nis des Komp.Chefs schloss ich mich dieser Kompagnie an,wurde aber schon am
zweiten Tage auf Einspruch des Abteilungsleiters wieder nach Haus geschickt,
da meine Abstellung nicht ordnungsgemäss d.d.Wehrbezirkskommando erfolgt war.
Kurze Zeit später sagten mir Bekannte,dass die Waffen-SS Freiwillige
nehmen würde.Da alle meine Bemühungen bisher vergeblich gewesen waren,meldete
ich mich nunmehr bei der Waffen-SS für eine Frontverwendung,wobei mir aus=
drücklich versprochen wurde,mich zu einem motorisierten Truppenteil zu über=
stellen.Auf diese Meldung hin erhielt ich Ende September 1940 einen Stellungs=
befehl nach dem K.L.Oranienburg.Als ich mich dort am 15.Oktober 1940 einfand,
wurde ich noch am gleichen Tage nach dem K.L.Auschwitz abtransportiert,das
ich damals nicht einmal dem Namen nach kannte.

Abb. 20. Anfangszeilen aus Niethammers persönlicher Erklärung zu seiner NS-Vergangenheit.

führte Niethammer einige Zeit später zu Stresemann nach Berlin, der ihn beauftragte, ein „Handbuch der Deutschen Vogelkunde" zu bearbeiten. Der noch junge, aber dynamische Wissenschaftler bewältigte diese Aufgabe mit Bravour (Gebhardt 1974: 64-66, Immelmann 1974, Kumerloeve 1974, Wolters & J. Niethammer 1974).

Das Erscheinen des 1. Bandes des „Handbuchs" im Jahre 1937 ebnete Niethammer den Weg zu seiner beruflichen Karriere, die bald nach dem Ausbruch des Zweiten Weltkriegs eine Unterbrechung erfuhr, jedoch zielstrebig weiterverfolgt wurde:

- 1937: Anstellung als Kustos im Zoologischen Museum und Reichsinstitut (A. Koenig) in Bonn und Eintritt in die NSDAP, „was mein nächster Vorgesetzter, Herr Dr. A. von Jordans (jetzt Direktor des Museums in Bonn) nicht nur billigte, sondern aus Rücksicht auf eine gedeihliche Entwicklung der musealen Arbeit für gerechtfertigt hielt" (schrieb Nietammer 1946 in seiner Erklärung für den Vernehmungsrichter). Und weiter: „In der Partei habe ich keinerlei Stellung, auch nicht vertretungsweise, innegehabt; ich hatte nicht einmal eine Mitgliedskarte." Ergänzendes enthält Niethammers NSDAP-Karteiblatt im Bundesarchiv Berlin (früher: Berlin Document Center): Aufnahmeantrag vom 25.11.1937, Aufnahme rückwirkend am 1.5.1937, Partei Nr. 5613683.

- 1939 und Anfang 1940: Freiwillige Meldung zur Luftwaffe (Niethammer besaß einen Flugschein für Sportflugzeuge), sein Antrag wurde jedoch wegen zu hohen Alters abgelehnt.
- 1.4.1940: Übersiedlung nach Wien; hier: Abteilungsleiter im Naturhistorischen Museum (in einem späteren Nachruf heißt es, dass dies „auf Betreiben von H. Kumerloeve" erfolgte).
- 1940: Erneuter Versuch des Eintritts in die Wehrmacht – ohne Erfolg; daraufhin Eintritt in die Waffen-SS (Bundesarchiv Berlin: Aufgenommen im Mai 1940 unter der Nr. 450730).
- Ende September 1940: Stellungsbefehl zu einer Waffen-SS-Einheit in Oranienburg und sofortige Versetzung zu einer SS-Einheit im okkupierten Polen, in die Stadt Oświęcim, zu deutsch Auschwitz. Hier: Kurze militärische Grundausbildung.
- 16.10.1940-15.10.1941: Mitglied der Waffen-SS-Wachmannschaft („Totenkopf"-Verband) im Konzentrationslager Auschwitz. Faktische Dienstausübung, zumeist am Haupttor des Lagers (Abb. 21) nur etwa 6 oder 7 Wochen.
- Ende März 1941: Antrag auf Zuteilung anderer Dienstpflichten, dem stattgegeben wurde: Der Kommandant des K.L. Auschwitz, SS-Sturmbannführer Rudolf Höß, erlaubte es Niethammer, eine wissenschaftliche Untersuchung der Vogelfauna der Umgebung von Auschwitz durchzuführen und Vogelbälge für die örtliche deutsche Schule zu präparieren.
- Ende 1941: Auf Betreiben von Prof. Fritz v. Wettstein, Direktor des Kaiser-Wilhelm-Institutes für Biologie in Berlin-Dahlem, wahrscheinlich auch anderer Personen, wurde Niethammer aus Auschwitz zum Oberkommando der Wehrmacht, Abt. Wissenschaft abkommandiert und arbeitete als Zoologe bis zum 31. August 1942 im besetzten Griechenland.
- Mai 1942: In den Annalen des Naturhistorischen Museums in Wien, Band 52: 164-199, Tafeln XI - XII (Herausgeber: H. Kummerlöwe) erschien Niethammers Arbeit „Beobachtungen über die Vogelwelt von Auschwitz (Ost-Oberschlesien)"; später wurden noch zwei kleinere, ergänzende Beiträge aus diesem Raum publiziert: Berichte des Vereins Schlesischer Ornithologen 1942, Band 27: 30-34 und Annalen Museum Wien 1943: Band 53: 337-339.

Abb. 21. „Durchsuchung am Lagertor" des KZ Auschwitz; oben links ist der Wachturm am Haupttor des Lagers sichtbar (Aquarell von W. Siwek, im Besitz des Auschwitz-Birkenau Museums in Oświęcim).

- September - Oktober 1942: Erneuter, kurzer Aufenthalt in Auschwitz und (12.10.1942) offizielle Versetzung zum Sonderkommando „K"[Künsberg bzw. Kühnsberg] des SS-Sturmbannführers Dr. Ernst Schäfer.
- Mitte 1944: Einen Sonderdruck der Arbeit „Über die Vogelwelt Kretas", publiziert in Wien, übersandte Niethammer „einem englischen Kollegen, der in Kreta gewesen war und sich in deutscher Kriegsgefangenschaft im Lager Eichstädt (Franken) befand (Leutnant Buxton). Über Leutnant Buxton und das Rote Kreuz gelangte meine Arbeit auch nach England und wurde dort in einer ornithologischen Zeitschrift referiert" (schrieb Niethammer 1946).
- Mai 1944: Auflösung des SS-Sonderkommandos „K" und Versetzung Niethammers als Zoologe zum Hygiene-Institut der Waffen-SS in Berlin (Forschungsaufenthalte in Bulgarien und Triest bis Anfang 1945).
- 22.4 - 8.5.1945: Teilnahme an Kampfhandlungen in Sachsen als Infanterist in der 269. Division des Heeres (Wehrmacht).
- Mai 1945: Niethammer geriet nicht in Gefangenschaft; von dem sächsischen Ornithologen Richard Heyder in Oederan erhielt er Zivilkleidung und ein Fahrrad, auf dem er nach Westdeutschland zurückradelte, zunächst nach Marburg.

Die Flucht nach Westen hatte mehrere Gründe, ausschlaggebend war wohl die Furcht vor Repressalien der sowjetischen Okkupationsbehörden wegen seiner SS-Zugehörigkeit (er war tätowiert). Aber auch im Westen war er nicht sicher: In allen drei westlichen Okkupationszonen Deutschlands fahndeten die Besatzungsbehörden u.a. nach Angehörigen der Belegschaften der Konzentrationslager. So beschloss Niethammer zunächst „unterzutauchen"; darüber informierte er brieflich Heyder (29. Januar 1946): „Ende Mai traf ich in den Straßen Marburgs zufällig Joachim Steinbacher u. kurze Zeit darauf v. Boxberger, der damals Landrat war. Ab Juni ergriff ich den Beruf des Nachtwächters an einem im Aufbau begriffenen Waisenhaus, das hier auf Neuhöfe [nahe Marburgs] herrlich auf dem Lande gelegen war u. mir Gelegenheit bot, eine schöne Sammlung von Kleinsäugern anzulegen (130 Bälge in 19 Arten). Ich habe außerdem in der Landwirtschaft gearbeitet u. übernahm da schließlich Fütterung u. Melken des Vieh-Bestandes, war also so eine Art 'Schweizer', wobei ich feststellte, daß dies nicht so schwierig war, denn ich galt allgemein als alter erfahrener Melker, obwohl ich, wie ich wohlweislich verschwieg, früher niemals an den Strippen eines Euters gezogen hatte. Im Herbst wechselte ich den Beruf und ging an die Behring-Werke [in Marburg] mit der Vertrauensstellung eines anerkannt saftigen Läusefütterers [Herstellung von Fleckfieberimpfstoff]. Hier hätte ich's noch lange ausgehalten, wenn nicht inzwischen Fäden mit Jordans in Bonn angesponnen worden wären. Ich besuchte Jordans schon im Dezember und wir planten die Rückführung in die rein zoologische Branche. Ich habe mich auch mit den Engländern darüber unterhalten. Übermorgen will ich nun nach Bonn abfahren ..."

Der damalige Verwalter des Museums A. Koenig in Bonn, Prof. A.v. Jordans, hat ebenfalls mit den britischen Besatzungsbehörden den Fall konsultiert und erhielt einen Rat und ein vages Versprechen: Niethammer solle sich den zuständigen Instanzen stellen und würde dann nach einer Überprüfung freigelassen. Darüber schrieb v. Jordans an Heyder: „Mit Erlaubnis Nieth's öffnete ich Ihren gestern erhaltenen Brief vom 16.11. an ihn. Er war vor stark 3 Wochen 10 Tage bei uns, bevor er für – ich hoffe zuversichtlich – nicht mehr als insgesamt 6-8 Wochen unerreichbar für Alle wurde. Ich habe ihm diese endgültige Regelung geraten und vorbereitet, hoffe und glaube, dass es so am besten für ihn ist."

Weitere Lebensetappen dokumentiert die Warschauer Akte wie folgt: Anfang Februar 1946 meldete sich Niethammer bei der britischen 320. Field Security Section in Bonn. Am 11. Februar wurde er in ein Internierungslager (Inter Civilian Internment Camp) unter der Nr. 410448, nach Recklinghausen (4. ICIC) eingeliefert, später kam er nach Neuengamme (6. ICIC). Am 22. November des gleichen Jahres erfolgte, aufgrund der Verträge zwischen den Alliiertenstaaten (trotz der angeblichen Zusage der Briten an Prof. v. Jordans), Niethammers Auslieferung über Lübeck auf dem Schiffswege nach Polen; hier wurde er als Untersuchungshäftling in das Montelupich-Gefängnis in Krakau gebracht. Erst nach fast einem Jahr, am 11. November 1947, wurde die Anklageschrift gegen eine Gruppe von SS-Bewachern des Konzentrationslagers Auschwitz fertiggestellt, wo Niethammer u.a. Folgendes vorgeworfen wurde: Schuldig der Mitgliedschaft bei der Waffen-SS – „ist tätowiert"; Wachdienst mit geladenem Gewehr im Konzentrationslager und dadurch Beihilfe zu begangenen Verbrechen; bei Ankunft in Auschwitz sei ihm bewusst gewesen, was hier geschah. – Einem Verfahren vor dem Bezirksgericht in Krakau folgte am 4. März 1948 die Urteilsverkündung; der Angeklagte Niethammer wurde zu 8 Jahren Gefängnis, Verlust der öffentlichen und bürgerlichen Rechte ebenfalls für 8 Jahre sowie Beschlagnahme des Eigentums verurteilt (die Mindeststrafen in diesem Prozess betrugen 5 Jahre, die Höchststrafe 10 Jahre).

Es war ein hartes Urteil (zumindest aus heutiger Sicht)! Natürlich folgten jetzt Anträge auf Strafmilderung und auf Begnadigung. Frau Niethammer

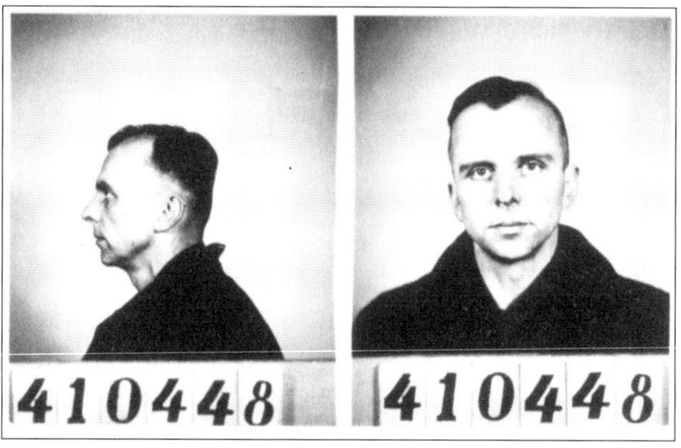

Abb. 22. Dr. Günther Niethammer,
fotografiert im britischen Internierungslager Recklinghausen (1946).

(alleine mit vier Kindern in Bonn) schlug vor, Dr. Dunajewski als Entlastungszeugen zu befragen und bat den Präsidenten Polens um Gnade. Niethammer selbst bat die Staatsanwaltschaft, einen Auschwitzhäftling namens Grembocki zu suchen, der ihm bei der vogelkundlichen Arbeit geholfen hatte, im Konzentrationslager Vögel präpariert hatte und gewiss nur Gutes aussagen werde (das Gericht ist dieser Bitte nicht gefolgt, ich habe aber nach dem Schicksal dieses Mannes gefahndet: Sein Name war Jan Grębocki, Jahrgang 1908, Förster, politischer Häftling mit der Auschwitznummer 136, später inhaftiert im K.L. Neuengamme unter der Nr. 18434, wo sich seine Spur Ende 1944 verliert; wahrscheinlich ertrank er nach der Versenkung der „Cap Arkona" am 3. Mai 1945 durch alliierte Bomber in der Lübecker Bucht). Nun nahm sich Niethammer in Krakau einen Anwalt, der eine Revision des Urteils beim Höchsten Gericht der Republik Polen in Warschau beantragte.

Im Herbst 1948 wurde die Revision des Urteils gegen Niethammer zugelassen, kurz danach hob das Höchste Gericht in einer Sitzung in Krakau das Urteil auf und ordnete eine erneute Verhandlung an. In der Begründung heißt es, dass das Bezirksgericht in Krakau die mildernden Umstände nicht bzw. zu wenig berücksichtigt habe. Insbesondere wurde auf die Tatsache hingewiesen, dass Niethammer, nachdem er die volle Wahrheit über Auschwitz persönlich erfahren hatte, sofort und mit Nachdruck einen anderen Dienst beantragte und dies tatsächlich auch erreichte. Am 7. Dezember 1948 fiel das zweite Urteil des Bezirksgerichtes in Krakau: 3 Jahre Haft unter Anrechnung der Untersuchungshaft ab dem 29. September 1946, Verlust der öffentlichen und bürgerlichen Rechte für 3 Jahre, Beschlagnahme des Eigentums (seine Brieftasche mit einigen Reichsmark-Noten befindet sich in der Gerichtsakte). Kurz danach wurde Niethammer in das Mokotów-Gefängnis in Warschau überführt und zwischen dem 10. und 12. November 1949 aus Polen in einem Eisenbahntransport ausgewiesen. Am 14. November 1949 traf er in Hannover ein. Zu Beginn des Jahres 1950 nahm er seine Arbeit am Museum A. Koenig in Bonn wieder auf.

Fast zwanzig Jahre später trank ich Kaffee mit Niethammer und seiner Frau im Garten des Museums in Bonn, wir sprachen uns aus und kamen uns näher. Frau Niethammer (die auch polnisch sprach) berichtete über ihre schwere Zeit in den Nachkriegsjahren. Sie lobte viele, die sich damals

Abb. 23. Bereits im Sommer 1951 nahm Dr. Niethammer (links im Bild) an einer wissenschaftlichen Expedition in Bolivien teil (hier mit örtlichem Partner, Don Carlos, im Bergwald bei Cochabamba).

für ihren Mann eingesetzt hatten, war aber verbittert über das Verhalten englischer Fachkollegen, die auf ihre Briefe gar nicht geantwortet hätten. Sie konnte nicht ahnen, dass es ganz anders gewesen war: Aus der Gerichtsakte ist ersichtlich, dass alle deutschen Stellungnahmen, da befangen, nicht berücksichtigt wurden und dass gerade die Engländer Urheber des Revisionsverfahrens waren! Sie wandten sich zwar nicht an das polnische Gericht und stellten Niethammer auch keine Zeugnisse aus. Dagegen intervenierten sie beim Generalverteidiger der britischen Armee (Judge Advocate General) und dieser wandte sich mit der Bitte um Auskunft in der Sache Niethammer an die Kommission der Vereinten Nationen zur Untersuchung von Kriegsverbrechen (UNWCC) in London, die aus Vertretern aller alliierten Staaten bestand. Der polnische Delegierte in dieser Kommission, Oberst Dr. M. Muszkat, wurde aufgefordert, Auskunft über die individuellen Schuldvorwürfe gegen Niethammer zu erteilen. Auch britische Behörden in Deutschland wurden eingeschaltet: Dem Chef der Polnischen Militärmission in Bad Salzuflen, Kapitän R. Spasowski teilten sie die Absicht mit, sich von dem britischen Beschluss der Auslieferung Niethammers nach Polen zu distanzieren, falls keine befriedigende Antwort komme (am Rande: Der gleiche Spasowski war später Botschafter Polens in den USA und bat Ende 1981, nach der Verhängung des Kriegszustandes in Polen, Präsident Ronald Reagan um politisches Asyl). Mit einer gewissen

Verspätung wurde die erbetene Antwort in Form des zweiten Gerichtsurteiles erteilt. Damit gaben sich die Briten zufrieden.

Aber noch ein Mann hat in der Sache Niethammer eine wichtige Rolle gespielt: Dr. Włodzimierz Marcinkowski aus Krakau, der Gefängnisarzt (er war auch Psychologe und publizierte seine Erfahrungen mit den deutschen Häftlingen in einer Krakauer Zeitung). Während der Gerichtsverhandlung war er Niethammers Entlastungszeuge, seine Aussage wurde wie folgt protokolliert: „Aus den Gesprächen, die ich mit ihm geführt habe, gelangte ich zu der Überzeugung, dass er ein guter Mensch und ein gewissenhafter Wissenschaftler sei, der sich für alle deutschen Grausamkeiten als Deutscher, nicht aber als Mensch [persönlich] schuldig fühlte. Er erzählte mir, dass er während seines Aufenthaltes in Auschwitz – wo er einige Zeit Wachmann war – anstatt die Polen zu quälen, zahlreiche Untersuchungen der Feuchtgebiete durchführte und Vögel präpariert hatte. Ich möchte noch betonen, dass das Verhalten des Angeklagten im Gefängnis gegenüber den anderen deutschen [und] polnischen Mithäftlingen ausgesprochen gut und korrekt war. Auf meine Frage an den Angeklagten, ob er wisse, was Auschwitz war, antwortete er – im Gegensatz zu anderen Deutschen [Häftlingen] – dass es ausreichte, einen Moment dort zu verweilen, um dieses große Verbrechen zu begreifen." Niethammer erzählte mir später, dass Marcinkowski ihn während der Haft zum Gefängnisapotheker ernannt hatte, was ihm natürlich half, die in der Regel sehr harten Haftbedingungen (Arbeit in einer Kohlenzeche in Jaworzno) zu überstehen. Bis in die 1960er Jahre pflegten die beiden Männer Freundschaft und brieflichen Kontakt. Auf Anfrage des Gerichtes hat auch Prof. J. Sokołowski, Zoologe und Ornithologe aus der Universität Poznań/Posen (vgl. S. 216), ein quasi positives Gutachten erstellt (als Zeuge wurde er aber nicht zugelassen).

Ende der 1960er Jahre lernte ich noch einen Mann kennen, der mir Interessantes über Niethammers Auschwitz-Publikation erzählte: Dr. Andrzej Zaorski, Arzt aus Warschau. Er wurde Anfang 1945 als Mitglied einer Ärzte-Gruppe des Polnischen Roten Kreuzes eiligst nach Oświęcim (Auschwitz) geschickt, um dort die Häftlinge zu retten, die noch lebend im „Lagerkrankenhaus", dem sog. Krankenbau, lagen. Er erzählte Schreckliches (Bellert 1977: 263-271). Unter anderen besichtigte er aber auch das ganze Lager und die Wohnsiedlung der Lagerbelegschaft, wo ihn die zahlreichen Brutkästen für Singvögel erstaunten; im Dienstzimmer des Kommandanten, in seinem bereits geöffneten Panzerschrank, fand er den Sonderdruck der Arbeit „Über die Vogelwelt von Auschwitz" mit Dankesworten des Autors an Rudolf Höß. Diese beiden Entdeckungen haben ihn erschüttert.

An dieser Stelle müssen vier Fragen gestellt werden: (1) Warum Niethammer sich hartnäckig um die Aufnahme in die Armee bemüht hat und letztendlich Mitglied der Waffen-SS wurde, (2) welche Erfahrungen und (3) Karriere er in der Waffen-SS gemacht hat sowie (4), wie seine Dankbarkeit gegenüber Rudolf Höß zu verstehen ist.

Die wiederholten Versuche Niethammers, Soldat zu werden, sind aus militärischer Sicht kaum nachvollziehbar, da die Kriegshandlungen gegen Polen, Frankreich, Dänemark etc. sehr schnell beendet waren und mit der Sowjetunion noch immer eine Periode bester Freundschaft herrschte; Niethammer begründete sie 1946 damit, dass seine „vier älteren Brüder Reserve-Offiziere waren und schon am ersten Kriegstage einrückten". Hier drängt sich vielmehr der Verdacht auf, dass sich Niethammer in Uniform mehr Chancen für interessante wissenschaftliche Expeditionen erhoffte. Das Beispiel des bei der SS engagierten Dr. Schäfers (Expedition nach Tibet) war ja verlockend. Dr. Kummerlöwe, Niethammers Freund und Museumsdirektor, forderte in seinen programmatischen Schriften eine Verstärkung der Expeditionstätigkeit der Museen und die 1942 seinerseits von Wien aus organisierte Expedition auf den Peloponnes und nach Kreta, an der auch Niethammer teilnahm, wurde u.a. im Auftrage des Oberkommandos der Wehrmacht durchgeführt. Es ist deshalb wahrscheinlich, dass Niethammer diesen Schritt aus Opportunismus tat, vielleicht auf Anraten oder unter Druck von Kollegen, die dem damaligen System mehr als er ergeben waren. Es ist jedoch egal, ob es um Opportunismus, Familiensolidarität oder „Patriotismus" ging: Es war ein falscher Schritt, da ein intelligenter Mensch bereits damals hätte ahnen müssen, um was für einen Krieg und ein politisches Regime es sich handelte!

Niethammer bestätigte seinen polnischen Richtern, dass er bereits bei der Ankunft in Auschwitz wusste, was Konzentrationslager bedeute. Aber auch der beste Wissensstand und viel Fantasie reichten 1940 nicht aus, um zu ahnen, was im Lager Auschwitz vor sich ging bzw. geplant war. Als Wachmann am Haupttor (Posten „G") und als vogelkundlicher Beobachter in einem 40 km^2 großen Gebiet, auf dem in seiner Dienstzeit mit dem Bau des Lagers Auschwitz II, auch „Birkenau" genannt, begonnen wurde, muss er erst hier die volle Wahrheit erfahren haben: Gegenüber dem Wachposten „G“ lag eine Kiesgrube, in der Häftlinge auch erschlagen wurden; am Haupttor spielten sich dramatische Szenen bei der Rückkehr der Arbeitskolonnen in das Lager ab (s. Abb. 21); bereits seit August 1941 wurden Menschen im Stammlager zu hunderten vergast; in der zweiten Hälfte des Jahres 1941 wurden in dem Bau neben dem Wachposten am Haupteingang 9000 sowjetische Kriegsgefangene (politische Komissare?) untergebracht, die man verhungern ließ. Nicht nur das: Auf dem Gebiet des nahe gelegenen Dorfes Birkenau, wo Niethammer auch seine vogelkundlichen Beobachtungen tätigte, hatte man in der ersten Hälfte 1942 mit der Vergasung tausender Menschen begonnen, ab September 1942 wurden die Leichen im offenen Gelände verbrannt; Strafkompanien, u.a. aus dem Frauenlager, haben in mörderischer Arbeit die in der Nähe gelegenen Fischereiteiche, die den Vogelforscher besonders interessierten, „modernisiert“ (u.a. wurden Unebenheiten des Bodens an den Teichen mit angekarrter Menschenasche nivelliert!). Die „Inbetriebnahme“ der vier „modernen“ Gaskammern in Birkenau (je 237 m^2, Fassungsvermögen je etwa 2000 Menschen) erfolgte zwar erst, nachdem Niethammer das Lager verlassen hatte, bis dahin hat er jedoch alle qualitativen Methoden des Massenmordes erfahren müssen.

Wohl unter dem Einfluss dieser Erfahrungen wollte Niethammer bei der Waffen-SS keine Karierre machen; nur einmal wurde er in diesem Verband befördert: Der Lagerkommandant ernannte ihn in einem Befehl vom 2. Juli 1941 zum SS-Sturmmann (Gefreiter). In seiner Erklärung für die Vernehmungsrichter schrieb er, dass ihm zweimal nahegelegt wurde, sich als Anwärter für die Funktion eines Waffen-SS-Führers (Unteroffizier oder Offizier) zu melden, unter der Bedingung, dass er aus der Kirche austrete, dies lehnte er jedoch ab. Nach dem Weggang aus Auschwitz erhielt er im Dezember 1942 den „Fachrang“ SS-Untersturmführer (F) [Unteroffizier] und am 1. Mai 1944 – SS-Obersturmführer (F) [Oberleutnant], bei der Waffen-SS blieb er aber stets Sturmmann. Seine SS-Führerstammkarte (Bundesarchiv Berlin) enthält keine anders lautenden Vermerke und die 12 Spalten betreffend Auszeichnungen und Ehrungen enthalten, bis auf zwei Sportabzeichen in Bronze, keine Eintragungen. Eine Funktion führte aber Niethammer in Auschwitz gerne aus, worüber er am 25. August 1941 in einem Brief an Stresemann berichtete (Haffer et al. 2000: 128): „Ich bin hier eine Art K.L. SS-Jägermeister, habe mein Gewehr und fahre mit dem

Fahrrad draußen rum"; erhalten und publiziert ist ein Kommandantursonderbefehl vom 9. Juni 1941, der Niethammer dazu berechtigte, „Vögel und Raubzeug" an den Teichen in der Umgebung von Auschwitz abzuschießen (Frei et al. 2000: 45). Für seine Vorgesetzten war diese Aufgabe wohl noch wichtiger als das Präparieren von Vögeln und die Erfassung der Avifauna der Umgebung von Auschwitz: In Niethammers Nachlass (Archiv Museum Koenig) fand ich Belege, wonach er auch die SS-Belegschaft des Lagers mit dem Wildbret belieferte. Insbesondere waren Wildenten gefragt, sie wurden kostenlos oder gegen Bezahlung weitergegeben. So z.B. erhielt 1942 der Lagerkommandant Höß (ohne Berechnung) 76 große und zwei kleine Enten; die namentliche Liste der weiteren Abnehmer umfasst 42 Personen.

Nun zu der vierten Frage. Höß hat im polnischen Untersuchungsgefängnis ein Buch über sich selbst und seine Tätigkeit in Auschwitz verfasst (Hoess 1956 und Höß 1958); er beschreibt auch mehrere belanglose Episoden, ohne Niethammer zu erwähnen. Ich nehme an, dass er ihn schützen wollte (ohne zu wissen, dass sich Niethammer selbst angezeigt hatte und bereits in Haft war). Es gibt aber zumindest einen glaubwürdigen Beleg dafür, dass Niethammer erst im okkupierten Polen verstand, was Waffen-SS bedeuten konnte und sich deshalb aus eigener Initiative von diesem Dienst zu befreien suchte: 1941 oder 1942 besuchte Niethammer den ornithologisch versierten, damals deutschen Arzt Dr. Otto Natorp in Myslowitz/Mysłowice (nur etwa 30 km von Auschwitz entfernt), und beichtete ihm offen seine persönliche Situation. Die Tochter des Gastgebers, Frau Ilse Natorp (Marquartstein) hat mir darüber erzählt und hinzugefügt, dass der Gast so verzweifelt war, dass er die erste halbe Stunde nach der Ankunft keinen Satz sagen konnte: „Nichts gesprochen, kein Wort." Bedauerlicherweise hat Niethammer über diesen Abschnitt seiner Vergangenheit nichts publiziert, obwohl es dazu Gelegenheit gab: 1956 erschien im „Journal für Ornithologie" sein Nachruf auf Otto Natorp, in dem auch die Besuche in Myslowitz erwähnt sind, leider ohne Angabe von Datum und Inhalt der Gespräche. Gewiss neigte Niethammer (was menschlich ist) zur Verdrängung des Themas. Ich denke jedoch, dass damals ein externer Faktor am stärksten gewirkt hat: In dem aufblühenden, selbstbewussten Westdeutschland war das Wort Auschwitz nicht gesellschaftsfähig, kaum ein Mensch wollte es hören, geschweige denn lesen! Der Auschwitz-Dienst bedeutete aber für Niethammer eine politisch-weltanschauliche Wende. Die Dankesworte an Rudolf Höß deute

Abb. 24.
Prof. Günther Niethammer aus Bonn (um 1965).

ich deshalb als Ausdruck seiner persönlichen Erleichterung, wohl auch als Versuch, Treue vorzutäuschen, um Ähnliches in Zukunft zu vermeiden. Diesmal also eine Mischung aus Opportunismus und Furcht.

Die Vergangenheit hat jedoch Niethammer in der Nachkriegszeit nicht nur immer wieder gequält (er sprach mit mir darüber), sie hat ihn auch eingeholt: Sein aus wissenschaftlicher Sicht berechtigter Wunsch, einmal die Leitung des Museum Koenig in Bonn zu übernehmen, konnte nicht erfüllt werden; 1967 wurde er zwar zum Präsidenten der Deutschen Ornithologen-Gesellschaft gewählt, wegen seiner Vergangenheit rief dies jedoch auch Rücktrittforderungen hervor; um diese Zeit interviewte Niethammer ein ehemaliger Auschwitz-Häftling, der Österreicher Hermann Langbein und publizierte später eine kurze Bewertung dessen Tätigkeit im Konzentrationslager und danach (Langbein 1972: 571) – einige Zeit darauf erlitt Niethammer einen Herzinfarkt. Alles bisher Verdrängte kehrte wohl wieder zurück. Vielleicht waren es Erinnerungen an die Jagden in die Umgebung von Auschwitz: In Niethamers Nachlass gibt es Notizen über einen gemeinsamen Pirschausflug mit dem Lagerkommandanten Höß und über mehrere gemeinsame Jagden mit dessen Sohn Klaus. In den Listen der vielen Abnehmer der an den Fischereiteichen in der Nähe von Birkenau erlegten Enten befinden sich auch Namen der größten Verbrecher der NS-Zeit, u.a. Burgers, Grabners, Aumayers, Palitschs, Clausens. Am 14. Januar 1974, mit nur 65 Jahren, starb Niethammer an Herzversagen während einer einsamen Jagdpirsch im Mohrenhovener Forst bei Bonn.

In mehreren früheren Publikationen wurde der hier beschriebene Abschnitt von Niethammers Leben mit kurzen Worten, wie „Wehrdienst" oder „polnische Kriegsgefangenschaft" vertuscht, obwohl alle diese Autoren wussten, dass es anders war. Ich habe hier versucht die Wahrheit zu erzählen, u.a. um ihn, soweit möglich, anhand von Fakten ... etwas zu entlasten. Ein Kritiker meiner Ausführungen behält dennoch Recht: Mit dem Erbe Niethammers werden wir uns noch lange auseinander setzen müssen ...

* * *

In Niethammers Geschichte ist einige Male der Name **Dr. Hans Kummerlöwe** *alias* **Kumerloeve (1903 - 1995)** gefallen; dieser hatte etwa im Jahre 1947, angeblich aus genealogischen Erwägungen, seinen Nachnamen geändert (wiederholt sagte er: „Ich habe keinen Kummer und bin auch kein Löwe"). In einem Nachruf auf ihn heißt es, dass er bereits „zu Lebzeiten zu einer Legende" geworden sei, und es wird auf die Vielfalt seiner wissenschaftlichen Arbeiten und Verdienste hingewiesen (Naumann 1997). Von Jugend an vogelkundlich interessiert, trat Kummerlöwe 1923, damals Student in Leipzig, der Deutschen Ornithologischen Gesellschaft bei. Obwohl er 1930 seine Doktorprüfung mit *summa cum laude* absolvierte, lehnte es Prof. Johannes Meisenheimer, damals Inhaber des Lehrstuhls für Zoologie in Leipzig, ab, Kummerlöwe als Assistenten einzustellen (Quelle: Bundesarchiv Berlin). So wurde er zunächst Gelegenheitswissenschaftler und Lehrer, der auch Ornithologisches publizierte (1935 schrieb er: „es sind bisher etwa 52 kleinere und große [Publikationen erschienen], 7-8 befinden sich in Vorbereitung"; an einer anderen Stelle gibt er „35 größere und kleinere Arbeiten" an). In einem Fragebogen aus dem Jahre 1935 bezeichnet er seinen Beruf als „Zoologe und Forschungsreisender" und seine damalige Beschäftigung als „Studiendirektor und Schriftsteller". Erst während des Dritten Reiches machte Kummerlöwe eine rasante Karriere: Mit 32 Jahren wurde er Direktor des Staatlichen Museums für Tier- und

*Abb. 25.
Dr. Hans Kummerlöwe alias
Kumerloeve aus München-Gräfelfing
(um 1975).*

Völkerkunde in Dresden, und bereits drei Jahre später vertraute man ihm den Posten des Ersten Direktors der Wissenschaftlichen Museen (aller Museen!) in Wien an.

Meine Generation kennt Kumerloeve vor allem von zahlreichen Versammlungen deutscher Vogelkundler und Internationalen Ornithologen-Kongressen her (seit dem Oxforder Kongress 1934 nahm er an fast allen späteren teil), stets strahlend in der Mitte der gesellschaftlichen Ereignisse der Tagungen stehend (Abb. 25); ich kann mich noch gut an den Empfang anlässlich des 18. Internationalen Kongresses im August 1982 in der bundesdeutschen Botschaft in Moskau erinnern, an dem auch eine Gruppe linientreuer sowjetischer Wissenschaftler teilnahm und wo Kumerloeve, nach der Begrüßung durch einen Diplomaten (der ausgerechnet Marks hieß), praktisch die Rolle des Gastgebers übernahm. Angesichts des kurz zuvor eingeführten Kriegszustandes in Polen erinnerte die Stimmung fatal an das Jahr 1940!

Das sind aber alles Äußerlichkeiten, Konkreteres über „die andere Seite" seines früheren Lebens war aus dem Bundesarchiv Berlin (Bestände des Berlin Document Center und des MfS der DDR), von älteren Wissenschaftlern, die Kummerlöwe kannten und erlebt haben, sowie aus seinen Schriften zu erfahren (Texte in Anführungszeichen sind Zitate).

- Seit 1919/20: „In der völkisch-antisemitischen Bewegung“; „SA in früherer Kampfzeit“.
- 1925: Mitgliedschaft in der NSDAP-Leipzig mit der „Kreismitgliedsnummer 100“, nachträglich vom Gau Sachsen anerkannt.
- November 1925: „Mitbegründer der nat[ional]soz[ialistischen] Studentengruppe in Leipzig, der ersten in Deutschland überhaupt.“
- Juni 1926: „Teilnahme am ersten Reichsparteitag [der NSDAP] in Weimar.“
- 8.7.1926: NSDAP-Mitglied in München mit der „Reichsmitgliedsnummer 40157“.
- 1.4.1934: Ernennung zum Beamten („Stellenanwärter, Petrischule in Leipzig“).
- 16.6.1934: „Studiendirektor an der Helmholtzschule in Leipzig (Bes. Gruppe 7b mit 400 RM Stellenzulage)“.
- Postkarte vom 16.12.1934 an die Redaktion einer Parteizeitung: „… bin Inhaber des goldenen Reichs- und des silbernen Gau-Ehrenzeichens der Alten Garde.“
- Seit 1935: Begutachter des Hauptamtes für Erziehung der Reichsleitung der NSDAP und des NS-Lehrerbundes (in einer Beurteilung des Amtes für Erziehung der NSDAP-Gauleitung Sachsen steht: „Sehr gut geeignet“).
- 11.12.1935: Ernennung „Im Namen des Reiches“ zum Direktor des Staatlichen Museums für Tier- und Völkerkunde in Dresden; „gez. Adolf Hitler“.
- Ab Sommersemester 1937: Zusätzlich „Leiter des Zoologischen Institutes der Technischen Hochschule Dresden. Abhaltung von Vorlesungen und Übungen.“
- Mai 1938: Teilnahme am 9. Internationalen Ornithologen-Kongress in Rouen in Frankreich. Prof. Wilhelm Meise berichtete mir hierzu: Kummerlöwe kam zum feierlichen Bankett mit dem goldenen Reichsehrenzeichen der NSDAP auf der Brust. Stresemann (Delegationsleiter) lief auf ihn zu und zischte: „Nehmen sie das Ding sofort ab!“ Kummerlöwe tat es.
- 14.8.1940: Ernennung „Im Namen des Deutschen Volkes“ zum Ersten Direktor der wissenschaftlichen Museen in Wien „in der Reichsbesoldungsgruppe A 1a“; „gez. Adolf Hitler“ (kommissarische Wahrnehmung der Stelle bereits seit 1.6.1939).

- 1936-1944: Unter Kummerlöwes Leitung erfolgte eine „Nazifizierung“ der Ausstellungen des Tierkunde-Museums in Dresden und der wissenschaftlichen Museen in Wien. Andere politische Aktivitäten des Direktors aus dieser Zeit sind weniger bekannt.

Sein „wissenschaftlich-politisches“ Credo veröffentlichte Kummerlöwe in zwei längeren Publikationen 1939 und 1940 (NB: Die Erstere ist aus den meisten deutschen Bibliotheken durch einen unbekannten Täter entfernt oder z.T. überklebt worden. Zu meinem Erstaunen ist dieser Text auch in der Bibliothek des Zoologischen Instituts in Warschau teilweise überklebt; in vielen Bibliotheken fehlen sie beide!). Darin kommen die wiederholte Bezugnahme auf Adolf Hitler oder die Partei sowie die Verwendung von Begriffen wie „Schutz unseres Blutes“, „völkisches Verantwortungsbewußtsein“, „Lebenskampf unseres Volkes“ u.a.m. vor. Auf nähere Einzelheiten, die „aus diesen Aufgaben und Zielsetzungen abzuleiten sind“, verzichtete der Autor bewusst, „da sich noch vieles im Prozeß der Planung, des Abwägens und Reifens, vielleicht auch des Gärens befindet“ (1940: XXXVI). Es war für ihn selbstverständlich, dass eine siegreiche „Überwindung des uns von England aufgezwungenen Krieges als höchste Prüfung unserer Weltanschauung“ (1940: XXXVIII) kommen wird. Seine ganze Arbeit galt „unserem ewigen Großdeutschland“ (1940: XXXIX). An einer anderen Stelle (ein Formular aus dem Jahre 1940) ist seine „Glaubensrichtung“ verzeichnet: „früher (bis März 1937) evangelisch-lutheranisch, seitdem gottgläubig“.

Kummerlöwe war sehr eitel, nicht nur hinsichtlich der Zahl seiner Publikationen. Im Februar 1934 führte er Korrespondenz mit der NSDAP-Kreisparteileitung in Leipzig u.a. wegen seiner Uniform: „Wie steht es ferner mit der neuen Parteiuniform, die doch von der Polit. Leitung verliehen wird? Schließlich ist doch mein ‘Fall’ wie auch Beruf als Forschungsreisender eine große Ausnahme und es erscheint mir ebenso ungerecht wie unhaltbar, wenn ich als alter Nationalsozialist trotz meines Ehrenzeichens keine Uniform tragen darf, während ‘Jahrgang 1933’ als Blockwart usw. dieses Recht als selbstverständlich hat.“

Nach dem Kriege siedelte sich Kummerlöwe in Osnabrück an, wo er Kontakte zum dortigen Naturwissenschaftlichen Museum pflegte und Vorstandsmitglied des örtlichen Naturwissenschaftlichen Vereins war (er verwaltete die Bibliothek des Vereins).

Aus dieser Zeit ist eine „entlastende" Episode bekannt, die mir Prof. Tadeusz Jaczewski aus Warschau erzählte: 1945 bzw. 1946 begegnete er Kummerlöwe in Osnabrück auf der Straße (die beiden kannten sich von früher) und zeigte ihn bei den britischen Sicherheitsbehörden als eine wichtige Nazi-Persönlichkeit an. Jaczewski war als Soldat des Warschauer Aufstandes nach dessen Niederschlagung nach Deutschland verschleppt worden und wurde hier nach der Befreiung Verbindungsoffizier der Polnischen Repatriierungsmission (zuständig für die Rückführung des in Polen geraubten Gutes) zu den britischen Okkupationsbehörden (Feliksiak 1987: 220-221). Kummerlöwe wurde sofort nach der Anzeige verhört, nach einigen Tagen wurde Jaczewski jedoch mitgeteilt, dass er zwar ideologisch stark belastet sei, aber keine Taten begangen habe, die nach britischem Okkupationsrecht strafbar wären.

Danach war Kumerloeve (schon unter verändertem Namen) u.a. Vogelwart auf der einsamen Insel Amrum von Mai bis Oktober 1948. Nach der Gründung der Bundesrepublik wurde er nicht in den öffentlichen Dienst übernommen (angeblicher Grund: Seine Besoldungsgruppe im Großdeutschen Reich war so hoch wie in keinem bundesdeutschen Museum, eine Abstufung ließ aber das Beamtenrecht nicht zu); die Bundesrepublik zahlte ihm eine Beamtenpension, er trug stets den Titel „Dr., Museumsdirektor z.Wv." oder „i.R.". Im Jahre 1964 zog Kumerloeve nach München-Gräfelfing um, 1970 wurde er zum „Ehrenamtlichen wissenschaftlichen Mitarbeiter des Zoologischen Institutes und Museum A. Koenig in Bonn" ernannt. Die zahlreichen Studien und Forschungsreisen des Privatwissenschaftlers wurden von diversen Institutionen, vornehmlich von der Deutschen Forschungsgemeinschaft finanziert. Er hat das Wissen über die Vögel und Säugetiere des „europäischen Südostraumes und des Vorderen Orients" durch ein paar hundert Publikationen bereichert.

Nachdem ich in einem Vortrag, der nachträglich publiziert wurde (Nowak 1998: 343-346) u.a. auch über Kummerlöwe/Kumerloeve berichtet hatte, erhielt ich mehrere Briefe und ergänzende Informationen zu seiner Person. Aus der breiten Palette der mir zugesandten Kommentare will ich hier nur zwei Themen aufgreifen: das des Phänomens des geheimnisvollen Verschwindens einiger ideologisch-politischer Publikationen Kummerlöwes aus diversen Bibliotheken und das der finanziellen Unterstützung seiner wissenschaftlichen Arbeit in der Nachkriegszeit.

Zum ersteren Thema schrieb mir Prof. Jochen Martens aus Mainz (20. Juli 2000): „Einen winzigen Splitter noch zu Kummerlöwe, den Sie ausführlich kommentierten. Sie erwähnen mit Recht seine beiden programmatischen Aufsätze 1939 und 1940 in den Dresdener und Wiener Zeitschriften. Zusammen mit Herrn Eck (Kustos Ornithologie Dresden) war ich lange auf der Suche nach einem vollständigen Exemplar des Dresdener Aufsatzes. Ich habe über die Fernleihe der hiesigen Universität [Mainz] alle entsprechenden Bibliotheken 'durchforsten' lassen – ohne Ergebnis. Immer kam der Hinweis 'nicht am Platze' oder 'zur Zeit nicht verfügbar'. [...] Auch eine Nachfrage in Paris über einen Kollegen ergab, daß die Arbeit aus dem Band herausgeschnitten wurde. [...] Mit Herrn Eck habe ich lange über diese 'Kuriosität' beraten und diskutiert. Ich vertrat (und vertrete) die Ansicht, daß Kummerlöwe nach dem Krieg selbst durch die Bibliotheken gezogen ist und dort für 'klare Verhältnisse' gesorgt hat." Erstaunlicherweise hatte der „Bibliothekswurm" auch Helfer in den Zensurbehörden der Sowjetunion: Prof. Martens schrieb mir, dass er auch seine Kollegen in St. Petersburg und in Moskau um eine Kopie des fraglichen Beitrages ersuchte, dieser fehlte jedoch komplett in beiden Bibliotheken! Wörtlich schreibt er dazu: „Im Moskauer Band ist ein Zettel eingeklebt, auf dem notiert ist, daß die fehlende Arbeit in der Bibliothek des KGB liegt und dort eingesehen werden kann. Auf letzteres hat mein Freund dann wohlweislich verzichtet." Martens Kommentar: „In der Sowjetunion hat wohl der KGB [...] ein Auge darauf gehabt und den braunen Schmutz aus dem Verkehr gezogen." Diese Häufung von Schwierigkeiten beim Auffinden von Kummerlöwes Schriften war gewiss nicht nur durch Zufälle und Zensur verursacht; auch ich nehme an, dass die Vermutungen Prof. Martens berechtigt sind. Falls ja, handelte es sich um eine sehr aufwendige Arbeit, bei der weder Zeit noch Geld eine Rolle gespielt haben dürften.

Bei dem zweiten Thema, das in Briefen an mich kommentiert wurde, geht es um Geld. Die finanzielle Unterstützung, die Kumerloeve in der Nachkriegszeit als Privatforscher erhielt, war durchaus großzügig; eine der Geldquellen (jedoch nicht die einzige) stellte die Notgemeinschaft der Deutschen Wissenschaft, seit 1950 (Umbenennung) die Deutsche Forschungsgemeinschaft dar. Da die Zuschriften nur unvollständige Informationen enthielten, wandte ich mich mit der Bitte um genauere Auskunft an die DFG in Bonn und erhielt Einsicht in die gedruckten Jahresberichte, wo auch die genehmigten Anträge Kumerloeves dokumentiert sind: Bereits 1949, als die Förderung der Wissenschaft in der Bundesrepublik begann, erhielt er Geld für die Bearbeitung seiner Vogelbeobachtungen auf der Insel Amrum; insgesamt sind in den Jahresberichten zumindest 23 Geldzuschüsse an Kumerloeve verzeichnet (7x Sachbeihilfen, 13x Reisebeihilfen und 3x Druckbeihilfen). Das Reisegeld verhalf ihm dazu, nach Belgien, Frankreich (3x, u.a. Naturkundliches Museum in Paris), nach England (mehrere wissenschaftliche Museen), in die Türkei (7x), nach Syrien und in den Libanon sowie nach Marokko (2x) zu fahren. So finanzierte er wohl seine Reisen zu den ausländischen Bibliotheken. Die letzte Sachbeihilfe erhielt er noch 1987, also 84-jährig (sic!). Hatte damals die DFG mehr Geld als heute? Oder hatte gerade dieser Antragsteller mehr „Glück" als andere?

Wissenschaftler der Gegenwart können von einer solchen Finanzierung nur träumen! Auch ich träumte von einer DFG-Unterstützung für meine biografischen Recherchen und stellte einen ausführlichen Antrag, u.a. zwecks persönlicher Erkundung von Kummerlöwes Wirken in Wien. In den ablehnenden Antworten (9. und 17. Januar 2001) bat man mich um Verständnis für die Absage, nicht nur wegen „begrenzter Mittel" der DFG; man befürchtete auch, ich würde die „modernen Kriterien der Oral History" nicht anwenden und mit der „schwierigen Aktenlage" in den Archiven nicht fertig werden.

An dieser Stelle soll nochmals Niethammer erwähnt werden, der mit Kummerlöwe/Kumerloeve eng befreundet war. In der Warschauer Akte (s.o.) befindet sich ein während seiner Haft in Krakau von ihm unterzeichnetes Dokument vom 15. Februar 1948 (Abb. 26), aus dem hervorgeht, dass er erst nach der Lektüre seiner Anklageschrift erkannte, in welcher Situation er sich befand; handschriftlich teilte er darin der Staatsanwaltschaft zu seiner Verteidigung Folgendes mit: „In der Anklage vom 11.XI.1947, VII K 989/47 heißt es, ich hätte die Angabe gemacht, daß ich mich freiwillig zur Waffen-SS gemeldet hätte. Dies ist ein Missverständnis, das ich folgendermaßen klären möchte: bei der Waffen-SS wurde ich ohne mein Wissen gemeldet durch meinen Vorgesetzten, den Direktor des Museums in Wien. Ich selbst habe mich bei der Luftwaffe, nicht aber bei der SS gemeldet." Zunächst hielt ich dies für eine bloße Schutzbehauptung, stutzig machte mich aber ein Selbstbekenntnis des Freundes, wonach er

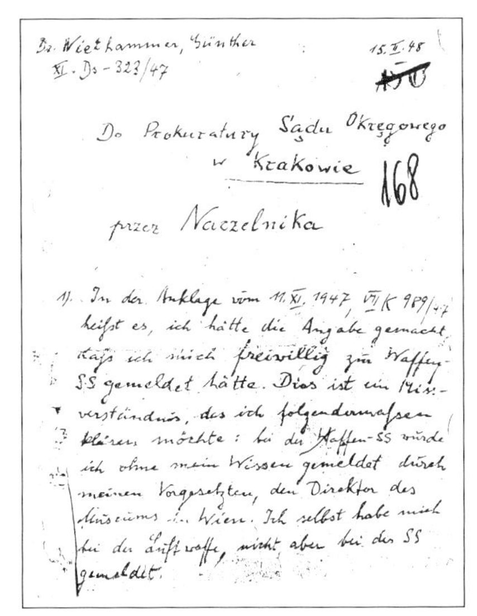
Dr. Niethammer, Günther
XI. Ds - 323/47
15.V.48

Do Prokuratury Sądu Okręgowego
w Krakowie
168

przez Naczelnika

1). In der Anklage vom 11.XI.1947, VII K 989/47 heißt es, ich hätte die Angabe gemacht, daß ich mich freiwillig zur Waffen-SS gemeldet hätte. Dies ist ein Missverständnis, das ich folgendermaßen klären möchte: bei der Waffen-SS wurde ich ohne mein Wissen gemeldet durch meinen Vorgesetzten, den Direktor des Museums in Wien. Ich selbst habe mich bei der Luftwaffe, nicht aber bei der SS gemeldet.

Abb. 26.
Erster Teil des Schreibens Niethammers an die Staatsanwaltschaft in Krakau betreffs seines Beitrittes zur Waffen-SS.

bereits im Jahre 1931 Niethammer mit der Anmeldung zum Mitglied der Deutschen Ornithologischen Gesellschaft beglückte, ohne ihn vorher informiert zu haben (Kumerloeve 1974: 18). Dabei scheinen diese beiden Fälle nicht die einzigen seiner dieserartigen Initiativen gewesen zu sein (s. Nowak 2002a: 28).

Die Legende des Dr. Kummerlöwe *alias* Kumerloeve ist keine gute! Dies wusste ein preußisch-ostelbischer Junker (sic!), als er sich in den 1950er Jahren an seine Teilnahme am 8. Internationalen Ornithologen-Kongress 1934 in Oxford erinnerte (v. Vietinghoff-Riesch 1958: 206): „Ein in der deutschen Teilnehmerschar befindlicher 'alter Kämpfer' [...] trug nicht nur allen sichtbar sein Parteiabzeichen, sondern setzte sich als Gast des altehrwürdigen Exeter college ans Klavier und spielte durch die geöffneten Fenster weit hörbar das Horst-Wessel-Lied." Des Junkers Kommentar: „Auch er hat [...] der Zeiten Wandel 'so herrlich gesund überdauert'." Das hat er wirklich ...

* * *

Nochmals aber zurück nach Auschwitz: Niethammer war nicht der einzige Ornithologe in diesem Konzentrationslager, ich kannte einen weiteren, der dort mehr als vier Jahre verbrachte, jedoch auf der „anderen Seite". Es war ein Pole aus Krakau, **Władysław Siwek (1907 - 1983)**, einer der besten Vogelmaler Europas, u.a. Mitautor des Buches „Ptaki Europy“ (Vögel Europas), für das er 96 hervorragende Farbtafeln mit etwa 1500 Vogelabbildungen schuf (Nowak 1984, Mateja & Siwek 2000). Nach dem Namen des amerikanischen Bildautors eines ähnlichen vogelkundlichen Werkes nannten wir ihn „den polnischen Peterson“.

Bereits vor dem Kriege war Siwek ein versierter Amateurornithologe, er besaß eine umfangreiche Sammlung von Vogelskizzen, die er in freier Natur gezeichnet hatte. Seine ersten Vogelbilder waren vornehmlich präzise Federzeichnungen, erst später fing er an, mit Farben zu malen. Neben seiner Erwerbstätigkeit studierte er an der Krakauer Kunstakademie.

Am 14. Januar 1940 wurde Siwek von der Gestapo unter dem Verdacht der Zugehörigkeit zu einer Widerstandsorganisation verhaftet und in das Montelupich-Gefängnis in Krakau (wo später auch Niethammer einsaß) eingeliefert. Am 8. Oktober 1940 brachte man ihn in das frisch gegründete

Abb. 27. Władysław Siwek, fotografiert im Konzentrationslager Auschwitz (1940).

Konzentrationslager Auschwitz, wo er die Nr. 5826 erhielt (Abb. 27). Als Kunstmaler wurde er einige Zeit danach der Malerkolonne der Bauleitung zugeteilt, was für ihn vielleicht lebensrettend war. Neben der Zwangsarbeit hatte er hier auch die Möglichkeit, „Schwarzarbeit“ auszuüben: Auf Wunsch von Häftlingskollegen erstellte er kleine Bleistift- und Aquarellporträts, die später für viele Familien zum letzten Bild des Verhafteten werden sollten. Seine künstlerischen Fähigkeiten wurden rasch auch bei der SS-Lagermannschaft bekannt, er malte Privatbilder auf Bestellung und bemalte auch das von anderen Häftlingen produzierte Spielzeug (Weihnachtsgeschenke) für die Kinder der SS-Männer. Einer dieser neuen Kunden war zeitweise auch Siweks Vorgesetzter, SS-Sturmmann Hans Dengler aus München, der Ende der 1930er Jahre die Kunstgewerbeschule in der bayerischen Metropole besuchte und sich dort während des SS-Dienstes weiterqualifizierte; da er keine Zeit für die Erstellung von Prüfungsarbeiten hatte, musste Siwek „seine" Bilder malen. Und das bedeutete bereits den Garantieschein fürs Leben, denn der „Student" brauchte auch später Bilder, die von der gleichen Hand gemalt sein mussten! In Anwesenheit Siweks pinselte er auf einem Bild („Die Heide") seine Unterschrift mit der Bemerkung: „Dein Leben und dein Name gehören dir nicht, wenn ich wollte, könnte ich dich erschießen." Einfache SS-Wachmänner hatten weniger anspruchsvolle Wünsche: Sie brachten Passfotos junger Frauen (SS-Bewacherinnen aus dem benachbarten Frauenlager), die er in diversen Stellungen nackt malen musste. Wenn das Bild gelungen war, gab es Essen aus der SS-Kantine.

Ende Oktober 1944 wurde Siwek in das Konzentrationslager Sachsenhausen gebracht (hier erhielt er die Nr. 115905). Als die Front sich näherte, trieb man die Gefangenen weiter nach Westen; unterwegs sahen sie die Autokolonne des flüchtenden SS-Reichsführers Himmler. Erst am 2. Mai 1945 wurden die Häftlinge in der Nähe Lübecks befreit. Bis Juni 1947 weilte Siwek noch in Krankenhäusern in Edmundsthal und Wentorf bei Hamburg, von dort kehrte er als Invalide nach Polen zurück. In seiner Heimat arbeitete er zuerst im Auschwitz-Museum, wo er u.a. etwa 50 Bilder und Grafiken zu Lagerthemen schuf (sie waren später auch im Ausland, u.a. in den USA, England, Japan und Berlin-West ausgestellt; s. auch Abb. 21).

Im Jahre 1953 verließ Siwek endgültig Oświęcim und widmete sich ganz der naturkundlichen Kunst: Er illustrierte biologische Schulbücher, wissenschaftliche Werke, Enzyklopädien, malte große Schultafeln sowie Bilder für Naturschutz-Kalender und Broschüren. Seine Vogelskizzen- Sammlung war bereits sehr umfangreich, als er in den Jahren 1969-1974 (u.a. mit Hilfe von Fotos und Museumsbälgen) sein ornithologisches Lebenswerk, die Farbtafeln aller europäischen Vogelarten, vollendete.

Siwek erzählte mir viel von Auschwitz und bestätigte, dass es in der SS-Mannschaft auch Männer gab, die den Häftlingen heimlich halfen (er nannte auch Namen und Wohnorte, leider habe ich diese damals nicht

Abb. 28.
Władysław Siwek in seiner Wohnung in Warschau (um 1978).

notiert). Er selbst wollte während der Krakauer Prozesse zugunsten eines solchen SS-Mannes aussagen, das Gericht ließ ihn jedoch nicht als Zeugen zu. Doch nicht alle SS-Leute in Auschwitz waren Ornithologen oder Kunststudenten. Die allermeisten, und die Lagermannschaften zählten insgesamt einige tausend Mann, haben „ihre Pflicht" ordnungsgemäß erfüllt.

* * *

3. Flüchtlinge, Vertriebene, Aussiedler und Gefangene

Insbesondere in Deutschland widmete man diesem Thema viel publizistischen Raum. Obwohl das Schrifttum riesig ist, erfasst es nicht seine ganze ethnische und geografische Breite. Das Problem stellt einen weit gefächerten „Spuk des 20. Jahrhunderts" dar und umfasst nicht nur Europa; in Ostasien z.B. gab es noch Schlimmeres. Hier und da traf es auch Naturforscher. Nachstehend sollen einige Vertreter unserer Wissenschaft als Zeugen dieser menschlichen Schicksale aufgerufen werden; neben ihrem Leid werden auch (leider seltene) Fälle geschildert, in denen menschliches Verhalten das Elend der Vertriebenen und Gefangenen mildern konnte, daneben aber auch Beispiele, in denen Flüchtlingsschicksale für politisch-ideologische Zwecke missbraucht wurden.

* * *

In Podole/Podolien (jetzt Ukraine, vor dem Zweiten Weltkriege Polen, früher k.u.k.-Galizien, noch früher Polen) residierte seit Jahrhunderten die gräfliche Familie Dzieduszycki, Eigentümer der größten Ländereien der Region, Magnaten (Karolczak 2001, Nowak 2002c). Ihr entstammen u.a. Persönlichkeiten, die Hervorragendes für die Entwicklung der Naturwissenschaften, insbesondere für die Ornithologie, geleistet haben. Es ist nur schwer zu beschreiben, welches Übermaß an Flucht, Verfolgung, Verhaftung, Familientrennung, Verbannung, Enteignung und Vertreibung die Dzieduszyckis in der ersten Hälfte des 20. Jahrhunderts hinnehmen mussten. Ihre Geschichte war in dieser Zeit und Region jedoch keineswegs ein Einzelfall.

Ein Mitglied dieser Familie, **Włodzimierz Graf Dzieduszycki (1885 - 1971)**, war in der letzten Phase seines beruflichen Lebens Kustos der Ornithologischen Sammlung des Zoologischen Museums und Instituts der Akademie der Wissenschaften in Warschau. Über ihn soll hier berichtet werden. Zunächst jedoch noch einiges über seine Vorfahren und seine Vorgeschichte.

Seit Ende des 18. bis Anfang des 20. Jahrhunderts, also in der Zeit der Zugehörigkeit dieser Region zur k.u.k.-Monarchie, blühte in der alten Familienresidenz, im Gutshaus Poturzyca (nahe der Stadt Sokal, heute Ukraine), das gesellschaftliche Leben: Insbesondere zu Jagden wurden nicht nur der Hochadel der Gegend, sondern auch Politiker, Wissenschaftler, Künstler und Schriftsteller eingeladen; z.B. weilte hier noch zu Beginn des 20. Jahrhunderts des Öfteren der Literatur-Nobelpreisträger Henryk Sienkiewicz („Quo Vadis"). Der Lauf der Geschichte beendete diese Idylle. Zuvor gingen jedoch aus der Dzieduszycki-Familie mehrere bekannte Persönlichkeiten hervor: Politiker (einer war Minister in Wien), Wissenschaftler (Geschichte, Philosophie, Politologie), Schriftsteller, Begründer großer Bibliotheken, Reformer der Landwirtschaft und Industrie; darunter war auch, bereits im 19. Jahrhundert, ein Ornithologe: Włodzimierz Graf Dzieduszycki senior (Tyrowicz 1946, Gebhardt 1964: 387), der Großvater des oben Erwähnten. Er begründete das Gräflich-Naturkundliche-Dzieduszycki-Museum in Lemberg/Lwów und war Mäzen der großen Poturzyca-Bibliothek, die er ausbaute und in das Lemberger Museum umsiedelte (es war damals eine der größten wissenschaftlichen Bibliotheken der Region); er war Mitglied des Wiener Herrenhauses auf Lebenszeit und Abgeordneter des k.u.k. Reichsrates; sogar Kaiser Franz Joseph empfing ihn in Wien und suchte ihn in Lemberg auf; Franzosen ehrten ihn mit dem Orden der Légion d'honneur. Einen Teil seiner Latifundien und das Gebäude des Museums in Lemberg verwandelte er 1893 in ein Majorat, aus dem das Museum – damals eines der beachtenswertesten in Europa – finanziert wurde (Brzęk 1994). Der größte Teil seines Museums war der Vogelkunde gewidmet; er und sein Museum waren seit 1852, also nur zwei Jahre nach ihrer Gründung, Mitglieder der Deutschen Ornithologen-Gesellschaft. Im April 1884 nahm Graf Dzieduszycki senior am 1. Internationalen Ornithologen-Kongress in Wien teil (in den Protokollen des Kongresses ist er als „Se Exzellenz" und „k.u.k. wirklicher geheimer Rat aus Lemberg" aufgelistet); hier schlug er vor, den Vogelzug in Europa durch Kooperation mit den damals schon zahlreichen meteorologischen Stationen zu untersuchen. Im Mai 1891 reiste er zum 2. Ornithologen-Kongress nach Budapest. Er publizierte auch zu vogelkundlichen Themen aus Galizien. Für seine wissenschaftliche Tätigkeit verlieh ihm die Universität in Lemberg 1894 den Doktortitel ehrenhalber, und die Polnische Akademie des Wissens in Krakau wählte ihn zum korrespondierenden Mitglied. Auch seine Nachfolger favorisierten die vogelkundliche Forschung und die ornithologische Ausstellung in Lemberger Museum. Im unabhängigen Polen der Zwischenkriegsperiode leistete die Familie Dzieduszycki wichtige Beiträge auch im Bereich der Kultur und Wirtschaft. Sogar im kommunistischen Nachkriegspolen wurde ein Dzieduszycki (Wojciech) weit bekannt, diesmal jedoch lediglich als Opernsänger, Kabarettist und später als Fernsehstar, allerdings nicht mehr in seiner eigentlichen Heimat, sondern in Wrocław/Breslau.

Nun aber zurück zu Włodzimierz Graf Dzieduszycki, dem Junior-Ornithologen der Familie. Seine Jugend verbrachte er im Gutshaus Poturzyca, aufs Gymnasium ging er in Krakau, zusätzlich erlangte er ein zweites Abitur des Elitegymnasiums in Zarskoje Selo (jetzt Puschkin) bei St. Petersburg. Der Zar bestätigte seinen gräflichen Titel, er erlangte zusätzlich die russische Staatsangehörigkeit, um nach dem Studium in Lemberg und Krakau Familiengüter verwalten zu dürfen, die nach der Teilung Polens im russischen Teil Podoliens lagen.

Über diesen und den späteren Verlauf seines Lebens gibt es zwar Publikationen (Feliksiak 1976, 1987: 148), ich bekam auch Einsicht in seine Personalakte aus dem Archiv des Zoologischen Museums in Warschau, das Material stammt jedoch aus der „kommunistischen Zeitperiode“, wo vieles, ohne sich selbst zu schaden, nicht gesagt werden konnte und deshalb verschwiegen oder falsch dargestellt wurde. Ich nahm deshalb Kontakt zu seinen Töchtern Maria und Elżbieta auf, die mir diese Lebenslauflücken ergänzten, bzw. die volle Wahrheit sagten. Auch in Archiven suchte ich nach Dokumenten, die mir ein wahrheitsgetreues Bild über den Grafen vermitteln konnten.

Nach der Heirat 1912 mit Wanda von Sapieha übernahm Włodzimierz Graf Dzieduszycki die Verwaltung des Familiengutes Jaryszów (nahe der Stadt Mohylew) im ukrainischen Teil des russischen Imperiums, linksrevolutionäre und ukrainisch-nationalistische Unruhen beendeten jedoch rasch das junge Familienglück: 1913 (der erste Sohn kam bereits zur Welt) flüchtete man in das noch sichere Gut der gräflichen Familie Branicki im einige Meilen entfernten Dorf Biała Cerkiew. Der baldige Ausbruch des Ersten Weltkrieges vertrieb die Familie erneut, diesmal nach Kiew, wo Graf Dzieduszycki in einem Polnischen Hilfskomitee des Roten Kreuzes für Kriegsopfer tätig wurde. Gegen Ende des Krieges brach aber die Revolution in Petrograd aus, die bolschewistische Bewegung breitete sich wie ein Flächenbrand im russischen Imperium aus. Als deutsche Truppen am Ende des Krieges Kiew besetzten, wurde dem jungen Grafen und seiner Familie im Sommer 1918 erlaubt, nach Lemberg umzusiedeln. Hier engagierte er sich gesellschaftlich und politisch, fand aber auch Zeit, um sich mit dem Museum zu befassen. Sein besonderes Interesse galt dabei dem vogelkundlichen Bereich.

Im Sommer 1918 verstarb in Lemberg Tadeusz Graf Dzieduszycki, der zweite Majoratsherr, die Leitung des Museums ging auf seinen ältesten Sohn Paweł über; dieser beschloss jedoch, in den Jesuiten-Orden einzutreten, so wurde bald Włodzimierz Graf Dzieduszycki junior zum vierten Majoratsherren und Leiter des Museums erklärt.

Diese Ereignisse fallen auf eine für die Polen geschichtsträchtige Periode: Im November 1918 erfolgte die Restitution der Republik Polen! Die stets patriotisch gesinnte Familie Dzieduszycki lebte nun wieder im eigenen Staat. Der neue Majoratsherr weilte in dieser Zeit teils auf dem Gut Zarzecze, teils in Krakau und schmiedete umfangreiche Pläne für das Museum und seine Rolle in der neuen politischen Wirklichkeit. Leider brach Anfang November 1918 ein lokaler, polnisch-ukrainischer Krieg in Lemberg aus, der ihm die Rückkehr in die Stadt verwehrte. Als die Waffen verstummten, fing er energisch an, sich erneut mit den Angelegenheiten des Museums zu befassen, jedoch nicht für lange Zeit: Während des nachfolgenden Waffenganges, diesmal des polnisch-bolschewistischen, schien das Kriegsglück auf der Seite der Roten Armee zu liegen; die Bolschewiken erzielten große Geländegewinne, im Februar 1920 näherte sich die Front, deren politischer Kommissar u.a. ein noch wenig bekannter Revolutionär namens Stalin war, der Stadtgrenze. Der Majoratsherr und seine Familie retteten sich wieder durch Flucht nach Westen, diesmal bis nach Krakau. Das Kriegsglück wendete sich jedoch, die Polen vertrieben die Rote Armee, 1921 kehrte Ruhe ein. Jetzt siedelten sich die Dzieduszyckis mit fünf Kindern auf dem Familiengut Zarzecze, nahe Jarosław, an (etwa 100 km westlich von Lwów, heute in Polen); die Rote Armee erreichte diese Gegend nicht, der kleine Palast blieb unversehrt. Von hier aus leitete Graf Dzieduszycki das Majorat und das Museum in Lwów, das er regelmäßig besuchte (ein Teil der Latifundien war aber verloren, sie lagen in Sowjetrussland, die Finanzierung des Museums musste nun eingeschränkt werden). Trotz dieser Einschränkung ist das Museum unter seiner Obhut zu einer der wichtigsten naturwissenschaftlichen Einrichtungen Polens geworden. Der Gedanke, zur Vervollkommnung der Wiedervereinigung des Landes beizutragen, stand im Vordergrund: Der neue Museumschef sandte 1921 eine zoologische Expedition in den polnischen Teil Pommerns (Pommerellen) und in die damalige Freistadt Gdańsk/Danzig (hier kooperierte er mit dem Westpreußischen Provinzialmuseum unter Direktor Hugo Conventz), ließ in wissenschaftlichen Schriftenreihen des Museums Forschungsergebnisse auch aus anderen Gegenden Polens publizieren und tauschte Erfahrungen mit fachverwandten Instituten des Landes und des Auslands aus. Mitarbeiter des Museums machten 1929 in Südostpolen eine wichtige Entdeckung: Sie gruben ein vollständig erhaltenes Exemplar des Wollnashorns *(Coleodonta antiquitatis)* aus dem Pleistozän aus (die kostbare Dermoplastik ist im Museum in Krakau, eine Kopie u.a. im British Museum ausgestellt). Die Verwaltung der Ländereien nahm viel Zeit in Anspruch, Dzieduszycki weilte jedoch oft in Lwów (inzwischen besaß man Autos), und der ornithologische Arbeitsbereich lag ihm besonders am Herzen: In den 1930er Jahren hat er in den familieneigenen Wäldern ein etwa 500 ha großes ornithologisches Naturschutzgebiet zwecks Erhaltung der dort zahlreich brütenden Greifvögel ausgewiesen; 1938 nahm er am 9. Internationalen Ornithologen-Kongress in Rouen teil, wo er zum Schutz der wandernden Vögel in Italien aufrief; er förderte, wie sein Großvater, die Vogelzugforschung, war selbst Beringer; aufgrund der damals noch spärlichen Daten erkannte er, dass eine wichtige Vogelzugsroute vom Baltikum über Ostpolen zum Balkan führt; die Gründung einer ornithologischen Station am oberen Lauf des

Abb. 29. Włodzimierz Graf Dzieduszycki mit Sohn Andrzej in Lwów/Lemberg (1931).

Flusses Bug war in Vorbereitung; im Herbst 1939 sollte der noch junge, aber damals wohl beste polnische Ornithologe, Andrzej Dunajewski aus Warschau (vgl. S. 72-73), die vogelkundliche Abteilung des Museums in Lwów übernehmen. Da brach der Zweite Weltkrieg aus!

Bereits Anfang August 1939, als die ganze Familie aus den Sommerferien nach Zarzecze zurückkehrte, spürte man politische Spannungen, Ende des Monats wurden die ältesten Söhne in die Armee einberufen. Der deutsche Überfall auf Polen am 1. September war dennoch eine böse Überraschung. Man wohnte jedoch weit im Osten des Landes und wartete zunächst gelassen auf die Kriegserklärung der polnischen Verbündeten Frankreich und England; dies geschah bereits am 4. September, dem folgte jedoch keine militärische Intervention … Als sich die deutschen Truppen der Weichsel näherten, floh die ganze Familie in zwei Autos gen Osten. Auf den Straßen traf man bereits auf viele Flüchtlingstrecks und das polnische Militär, die ersten Bomben fielen, man übernachtete im Walde, da die Autos kein Licht einschalten durften; nach einigen Tagen wurde das weiter im Osten liegende Familiengut Poturzyca erreicht. Man glaubte noch immer, dass „alles gut gehen würde“, auch am 17. September, als das Radio meldete, dass die Rote Armee die polnische Ostgrenze überschritten hatte; einige dachten, die Sowjets würden zu Hilfe eilen. Aber Graf Dzieduszycki hatte bereits seine Erfahrung mit den Bolschewiken: Am gleichen Tage packte er die ganze Familie in Autos und beschloss, nach Zarzecze zurückzufliehen. Auf den Straßen bewegten sich jetzt die Flüchtlingstrecks in beide Richtungen: Ein Teil der Menschen floh vor den Deutschen, der andere vor den Sowjets. Militärisch begleitete Konvois mit Regierungsbeamten rasten durch das Chaos in das noch neutrale Rumänien. Bereits in der Gegend von Zamość (später in „Heinrich-Himmler-Stadt“ umbenannt) stießen die Dzieduszyckis am 18. September auf deutsche Truppen des Generals Eugen Ritter von Schobert. Seine Offiziere waren kulant und ließen den Grafen, auf dessen Autos weiße Fahnen wehten, nach Zarzecze weiterfahren. Ende September erreichte die Wehrmacht die Vorstädte von Lwów/Lemberg und blieb dort stehen.

Es vergingen nur wenige Tage, da erfuhr man, dass es eine neue, kuriose Grenze gebe: Die „deutsch-sowjetische Interessenlinie“; die deutschen Truppen zogen sich jetzt zurück, die Rote Armee rückte hinein. Nur 15 km östlich von Zarzecze blieb sie stehen. Man wohnte nun unter deutscher Okkupation, im sog. Generalgouvernement …

Die neuen Machthaber ließen Dzieduszycki seine Ländereien in Zarzecze weiterbewirtschaften, unterstellten ihn jedoch behördlicher Kontrolle und verpflichteten ihn zur Ablieferung der Erträge. Anscheinend imponierte den neuen Beamten die Aufsicht über einen Grafen, denn sie behandelten ihn relativ gut. Den einzigen Kontakt mit Lemberg stellten jetzt Nachrichten dar, die Flüchtlinge aus der sowjetischen Besatzungszone Polens mitbrachten. Einer davon war Prof. Kazimierz Wodzicki (vgl. S. 171-178), der im Herbst 1939 Zarzecze aufsuchte und den Majoratsherren über die Lage des Museums informierte: Die neuen Machthaber hätten einen Ukrainer zum kommissarischen Leiter des Museums berufen, dessen Aufgabe es sei, einen Teil der Bestände an diverse wissenschaftliche Einrichtungen der Sowjetunion zu verteilen! Der verzweifelte Majoratsherr schrieb daraufhin Anfang November einen langen Brief an Prof. E. Stresemann in Berlin (den er noch aus der Vorkriegszeit persönlich kannte) und bat um Hilfe. Begründung: Das Museum war seit fast 90 Jahren Gruppenmitglied der Deutschen Ornithologischen Gesellschaft, deren Generalsekretär Stresemann war. Das Dritte Reich und die Sowjetunion waren damals durch einen Freundschaftsvertrag verbunden, so schickte Stresemann unter Vermittlung des Auswärtigen Amtes in Berlin ein gut begründetes Gesuch an die Moskauer Gesellschaft der Naturforscher mit der Bitte um die Erhaltung des Museums mit allen ihren Sammlungen in Lemberg. Die Antwort aus Moskau, die bereits Ende Januar 1940 in Berlin eintraf (Abb. 30), überraschte alle: Der

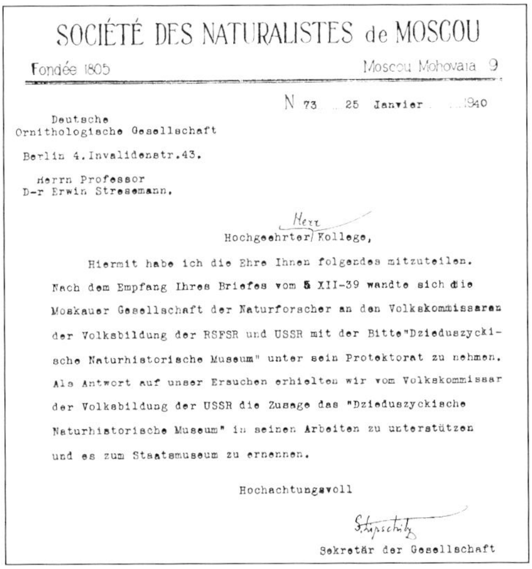

SOCIÉTÉ DES NATURALISTES de MOSCOU

Fondée 1805 Moscou Mohovaia 9

N 73 25 Janvier 1940

Deutsche
Ornithologische Gesellschaft

Berlin 4. Invalidenstr. 43.

Herrn Professor
D-r Erwin Stresemann.

Hochgeehrter Herr Kollege,

Hiermit habe ich die Ehre Ihnen folgendes mitzuteilen. Nach dem Empfang Ihres Briefes vom 5 XII-39 wandte sich die Moskauer Gesellschaft der Naturforscher an den Volkskommissaren der Volksbildung der RSFSR und USSR mit der Bitte "Dzieduszyckische Naturhistorische Museum" unter sein Protektorat zu nehmen. Als Antwort auf unser Ersuchen erhielten wir vom Volkskommissar der Volksbildung der USSR die Zusage das "Dzieduszyckische Naturhistorische Museum" in seinen Arbeiten zu unterstützen und es zum Staatsmuseum zu ernennen.

Hochachtungsvoll

S. Lipschitz

Sekretär der Gesellschaft

Abb. 30.
Brief des Sekretärs der Moskauer Gesellschaft der Naturforscher an Prof. Erwin Stresemann in Berlin mit der Zusage, das Dzieduszycki-Museum in Lemberg zu erhalten.

Volkskommissar (Minister) für Volksbildung der Ukrainischen Sowjetrepublik in Kiew versprach, das Museum in seiner Arbeit zu unterstützen und ihm den Rang eines staatlichen Museums zu verleihen! Ein ukrainischer Wissenschaftler wurde zum Direktor ernannt, der frühere polnische Direktor wurde immerhin als Leiter des zoologischen Bereiches eingesetzt, das Personal wurde auf etwa 50 Personen aufgestockt! Ein Riesenerfolg des aus der Ferne wirkenden Majoratsherren.

Indessen wurde im Sommer 1941 die Familie aus dem Zarzecze-Palast in ein Speicherhaus des Gutes umgesiedelt, deutsche Offiziere zogen ein. Als aber die Wehrmacht im Juni die Sowjetunion überfiel, zogen sie nach Osten ab. Trügerische Ruhe kehrte wieder ein. Zwar wurden die Autos beschlagnahmt, man erlangte aber auch Zugeständnisse, z.B. erlaubte die Aufsichtsbehörde, die Landarbeiter des Gutes mit Geld zu bezahlen und nicht mit Wodka (die obligatorischen Kontingente des Getränks lieferte eine deutsche Firma). Auf den Fuhrwerken des Gutes beschäftigte der Graf etwa 60 Polen, die von den Deutschen aus dem Posener Land (sog. „Warthegau") ausgesiedelt wurden. Kurze Zeit wohnte im Palast auch der Pfarrer Stefan Wyszyński (der spätere Kardinal und Primas Polens). Bereits kurz nach der Besetzung wurde heimlich Schulunterricht für örtliche Kinder organisiert, z.T. sogar mit Gymnasialprogramm. Man wagte sich aber noch weiter: Alle älteren Familienmitglieder traten der „Heimatarmee" („Armia Krajowa", kurz „AK" – westlich orientierte Untergrundarmee der polnischen Exilregierung in London) bei. Graf Dzieduszycki übernahm die Funktion des Beauftragten für zivile Angelegenheiten der AK-Gruppe Zarzecze (Szczepański 1991); versteckt auf dem Gutsgelände arbeitete sogar ein Kurzwellensender (Ortungssignale für alliierte Flugzeuge, die Waffen und Munition abwarfen). Die Lage änderte sich jedoch dramatisch Anfang Herbst 1943: Ein Bauer aus der benachbarten Gutssiedlung Kisielów verriet den Deutschen, dass sich dort ein Jude versteckt hielt; er wurde auf dem Dorffriedhof erschossen! Der Mann gehörte einer hier ansässigen jüdischen Familie an, die sich mit Einverständnis und auf Rat des Grafen seit dem Einmarsch der Deutschen in einem Waldlager versteckte; dort waren die Menschen relativ sicher, da Dzieduszyckis Sohn Jan, ebenfalls AK-Mitglied, der Förster war. Während einer Jagd, an der der Gestapochef aus Jarosław und mehrere deutsche Funktionäre teilnahmen, wurden offensichtlich auch Spuren des Judenlagers entdeckt. Graf Dzieduszycki bemühte sich, die

„Affäre" zu vertuschen, um die weitere Suche nach den „Untermenschen" zu verhindern: Er lud die hohen Besatzungsfunktionäre aus Jarosław zu einem prächtigen Mittagessen ein, man plauderte lange und in guter Atmosphäre (auch Alkohol wurde eingesetzt) und es schien zunächst, dass alles in Vergessenheit geraten sei. Es kam aber anders: Einige Wochen später wurde Dzieduszycki verhaftet und von Jarosław der Gestapo in Przemyśl überstellt. Es ging um die Juden, möglicherweise hatten die Deutschen auch „Wind" über seine Untergrundtätigkeit bekommen. Ihm drohte die Todesstrafe. Nach etwa einem Monat wurde er aber freigelassen; der Familie sagte er lediglich, dass es „sehr viel gekostet hat" (eine der menschlichen Eigenschaften vieler Besatzungsfunktionäre war ihre Bestechlichkeit). Und die Juden im Walde überlebten die Okkupationszeit!

Die Rettung des Museums in Lemberg hat sich indessen als ein nur kurzer Erfolg erwiesen: Nach der Besetzung der Stadt durch die deutschen Verbände im Sommer 1941 wurde es geschlossen, das Personal wurde entlassen. Das Haus und die wissenschaftlichen Sammlungen standen herrenlos da! Erneut wandte sich der Graf an Stresemann und dieser intervenierte bei den deutschen Behörden, erreichte hier jedoch weniger als bei den Sowjets: Franciszek Kalkus, Präparator des Museums (polnischer, vorübergehend sowjetischer Staatsbürger österreichischer Abstammung) trat der sogenannten Volksliste bei und wurde daraufhin als Franz Kalkus von den Okkupationsbehörden zum Treuhänder aller Lemberger Museen ernannt und konnte dadurch auch die Schätze des Dzieduszycki-Museum beschützen.

Noch ein Blick auf die letzten Kriegsmonate in Zarzecze, wo Graf Dzieduszycki noch immer sein Gut verwaltete: Die Deutschen flohen aus der Gegend, kurz bevor Ende Juli 1944 die sowjetischen Truppen, später auch Soldaten der Polnischen Armee aus der Sowjetunion, über das Gutsdorf strömten. Auch diese Soldaten haben sich korrekt verhalten: Sowjetische Offiziere baten um Lebensmittel und sandten sie per Feldpost zu ihren Familien; ein junger Offizier sagte zum Gutsherrn, er wolle nach dem Kriege bei ihm Knecht werden ... Als aber die aus der Sowjetunion „importierte" polnische Regierung die Macht übernahm, wurde deutlich, dass die Stimmung gegenüber dem Adel und den Großgrundbesitzern keine gute war. Es wurde auch verkündet, dass es eine neue polnisch-sowjetische „Friedensgrenze" gebe, die viel weiter westlich verlaufe als die Vorkriegsgrenze (mit einigen Korrekturen zugunsten Polens entspricht sie der oben erwähnten „Interessenlinie"). Alles, was weiter im Osten lag, auch das Dzieduszycki-Museum samt der großen Bibliothek, war also verloren! In dem befreiten Land wurden rasch neue Verwaltungsstrukturen und (kommunistische) Parteiinstanzen gebildet, außer der Miliz entstanden auch Ämter für Öffentliche Sicherheit (d.h. politische Polizei, kurz „UB“ genannt); Berater des sowjetischen NKWD waren dabei behilflich. Die neue Regierung proklamierte eine radikale Bodenreform, nun waren auch die in Polen verbliebenen Ländereien der Familie Dzieduszycki an der Reihe. Um den reibungslosen Ablauf der Verstaatlichung zu sichern, verhaftete die UB aus Jarosław Ende Oktober 1944 den Gutsherren, seinen ältesten Sohn Tadeusz sowie den Schwager; der zweite Sohn, Jan (der Förster), war gerade außer Hause, er wurde einen Tag später verhaftet und der UB in Przemyśl überstellt. Die Landarbeiter des Gutes und die örtlichen Bauern demonstrierten gegen diese Verhaftungen, was natürlich keinerlei Eindruck auf die neuen Machthaber machte. Zwei Funktionäre der UB führten nun eine gründliche Durchsuchung des Gutshauses nach politisch belastendem Material durch; obwohl dort der Kurzwellensender noch versteckt war, fanden sie jedoch nichts (einer der Beamten sagte zu der Tochter Elżbieta, sie solle auf die „Arbeit“ seines Kollegen achten, denn er selbst sorge dafür, dass nichts gefunden werde ...). Im November wurde der Rest der Großfamilie aus dem Gutshaus vertrieben. Der Vater ahnte das alles schon vor seiner Verhaftung und hatte eine Absprache mit dem Abt des Dominikaner-Klosters in Jarosław getroffen, der sich bereit erklärte, das Refektorium und einige Räume des verwaisten Priesterseminars der gräflichen Familie als Bleibe zur Verfügung zu stellen. Nachdem die Enteignung erfolgt war, wurden zu Weihnachten 1944 die drei zuerst Verhafteten entlassen, auch sie gingen sofort in das Kloster (Dzieduszycki fing hier an, seine populärwissenschaftlichen Erzählungen über Vögel für eine katholische Zeitschrift zu verfassen). Doch den Sohn Jan traf eine „Sonderbehandlung“: Das sowjetische NKWD nahm sich seiner an, er verbrachte drei Jahre in diversen Arbeitslagern der Sowjetunion, zuletzt hinter dem Ural; er hatte jedoch Glück, da er zu denjenigen gehörte, die lebend nach Polen zurückkehrten (sein Buch „Drei aus dem Lebenslauf gelöschte Jahre“ berichtet darüber).

Das gastfreundliche Kloster konnte jedoch nicht lange der Familie Dzieduszycki als Domizil dienen: In Nachahmung der sowjetischen Sitten verfügten auch die Behörden der Volksrepublik Polen, dass die

Enteigneten nicht näher als 50 (teilweise sogar 100) km entfernt von ihrem ehemaligen Besitz wohnen durften. So zog die Familie im Frühjahr 1946 in die Kurstadt Rabka (gut 200 km weiter westlich). Hier eröffnete sie als Überlebensgrundlage eine private Pension für tuberkulosekranke Kinder; im Rahmen der Aktion zur Bekämpfung der „privaten Initiative" erwirkten jedoch die Behörden schnell, mittels hoher Besteuerung, deren Schließung. Der Bürger Dzieduszycki (nicht nur die Adelstitel wurden abgeschafft, auch das Wort „Herr" wurde nur selten ausgesprochen) fand jetzt Arbeit als Wirtschaftsreferent in der staatlichen Kurverwaltung in Rabka. Hier schrieb er weiter seine Erzählungen, die 1956 auch in Buchform unter dem Titel „Plaudereien eines alten Försters" veröffentlicht wurden.

Um diese Zeit traf aus Zarzecze eine erschreckende Nachricht ein: Die jüdische Familie, die nach der Befreiung aus dem Waldversteck in das Dorf zurückgekehrt war (sie trug den Namen Szlaf) wurde 1947 ermordet! Lediglich der Sohn Józef, der damals Schüler in Przemyśl war und dort wohnte, überlebte. Diesen Mord begingen ohne Zweifel polnische Antisemiten (es ist jedoch unbekannt, welcher politischer Couleur). Jedenfalls hatten weder die damals so aktive UB noch die späteren Justizbehörden die Namen der Täter bzw. die der Gruppierung, die dieses Verbrechen begangen hatte, ermittelt. Bis heute blieb diese schandhafte Tat unaufgeklärt.

Erst im Juli 1949 fand Włodzimierz Dzieduszycki in der neuen gesellschaftlich-politischen Wirklichkeit des Landes eine Arbeitsstelle, mit der er zufrieden sein konnte: Andrzej Dunajewski, vor dem Kriege Kustos der Ornithologischen Abteilung des Zoologischen Museums in Warschau, wurde während des Warschauer Aufstandes getötet, die Stelle war nicht besetzt; der 64-jährige Dzieduszycki wurde nun zu seinem Nachfolger! Es war für einen Adligen in dieser Zeit nicht einfach, eine so gute Anstellung zu erlangen. Hierzu verhalf ihm Prof. Jan Noskiewicz aus Wrocław/Breslau (ein früherer Mitarbeiter des Museums in Lemberg), der es wagte, über ihn ein positives Gutachten zu verfassen; der damalige Direktor des Warschauer Museums, Prof. S. Feliksiak (vgl. Brzęk 1995), verstand es auch geschickt, alle weiteren Hürden zu umgehen: Der „offizielle" Lebenslauf des Grafen in seiner Personalakte ist stark „den Anforderungen der Zeit" angepasst, die Verneinung der Frage nach seiner Tätigkeit in der Widerstandsbewegung während der Kriegszeit stellt dabei den Höhepunkt dar! (Die AK, in der er tätig war, war eine nicht- bzw. antikommunistische Widerstandsgruppierung, ihre Mitglieder mussten mit Repressalien rechnen). Man musste sich solcher Mittel bedienen, um die Verdienste der Familie Dzieduszycki um die polnischen Naturwissenschaften in der kommunistischen Zeit zu würdigen …

Ich war bereits als Gymnasiast Vogelberinger und in den Sommerferien 1951 durfte ich an einer Beringungsexpedition der Warschauer Ornithologischen Station in Masuren teilnehmen; wir residierten in der malerisch gelegenen Försterei Łuknajno/Lucknainen. Auch Herrn Dzieduszycki habe ich dort persönlich kennenlernt. Kollegen flüsterten mir zu, er sei ein Graf (im kommunistischen Polen sprach man dieses Wort nicht laut aus). Es hat mich etwas verwundert, dass er gar nicht so war, wie der Adel damals beschrieben wurde: Er war väterlich-freundlich, bescheiden und offen zu mir. Bei Spaziergängen half er mir, Vogelarten zu bestimmen und erzählte über deren Biologie, klagte aber, dass er mir die Vogelstimmen nicht beibringen könne. Warum es so war, sollte ich bald erfahren: Als wir an dem alten Schuppen der Försterei vorbeigingen, hörte ich zum ersten Male ganz eigenartige, piepsende Töne und fragte, was das sei; er hörte sie aber nicht, erst als ich ihn direkt zu den dicht an der Scheunenmauer stehenden Balken führte, erkannte er, dass es sich um eine „Wochenstube“ der Fledermäuse, wahrscheinlich der Zwergfledermäuse, handelte (inzwischen höre auch ich die meisten hohen Stimmen der Vögel, geschweige die der Fledermäuse, nicht mehr). Im Alter nahm Herr Włodzimierz die Jagdflinte nicht mehr in seine Hände, als ich aber im Spätsommer auf die Starenjagd ging, riet er mir, nur auf die braun gefiederten Vögel zu zielen (Jungvögel mit delikatem, schmackhaftem Fleisch). Als ich ein anderes Mal am Lagerfeuer am Łuknajno/Lucknainer-See einen Graupeneintopf für das Abendessen kochen wollte, erlebte ich den alten Herren zum ersten Male verärgert: „Der ‘Kascha’-Schüssel werde ich einen solchen Fußtritt versetzten“, sagte er, „dass sie inmitten des Sees landen wird!“ Auf meine bescheidene Frage nach dem „warum“ antwortete er: „In allen Gefängnissen, in denen ich gesessen habe, wurde ich nur mit ‘Kascha’ gefüttert und ich habe mir geschworen, dieses Zeug niemals mehr in den Mund zu nehmen.“ Erst nach vielen Jahren ist es mir gelungen, die Hintergründe dieser kulinarischen Aversion zu ermitteln …

Herr Dzieduszycki hat sich als Kustos des Warschauer Museums wohl gefühlt und sich mit seinem bürgerlichen Leben im polnischen Kommunismus abgefunden. Unermüdlich ordnete und katalogisierte er die durch

Abb. 31.
Włodzimierz Graf Dzieduszycki aus Warschau (um 1958).

die Kriegsereignisse in Unordnung geratene, wertvolle Vogelsammlung des Museums (ca. 50000 Bälge). Er war ein unersetzlicher Helfer der Museumsleitung bei der Erledigung fremdsprachiger Korrespondenz (außer Polnisch, Deutsch und Russisch beherrschte er auch die ukrainische, französische, englische, z.T. sogar italienische Sprache). Er kannte Europa und erzählte den jüngeren Mitarbeitern darüber, die damals nicht zu den ausländischen Forschungsinstituten reisen durften. Jeden Monat hielt er einen Vortrag vor meinem studentischen Ornithologenzirkel. Einmal sagte er zu mir: „Wenn ich einen Zauberstab besäße und damit meinen Grundbesitz wiedererlangen könnte, würde ich ihn zerbrechen und wegwerfen …"

Viele Jahre später, im März 1994, war ich in der Ukraine, auch in Lviv (so heißt heute Lwów/Lemberg). Meine Kollegen brachten mich in das Dzieduszycki-Museum, das die Wirren des letzten Krieges gut überstanden hatte. Der junge ukrainische Direktor führte mich durch die Räume. Seit Jahrzehnten gab es kein Geld für eine Modernisierung, der Zustand des Museums hatte deshalb viel von dem Flair der k.u.k.-Periode und gerade das war der schönste Eindruck dieser Reise, ich fühlte mich in die schon verflossenen Zeiten der Geschichte zurückversetzt. Zum Abschied sagte ich dem Direktor, dass ich den letzten Majoratsherren der Familie Dzieduszycki gekannt habe und überzeugt sei, er hätte mir die Vollmacht erteilt, ihm zu danken und zu gratulieren, dass er das Erbe dieser so verdienten Familie pflege. Er freute sich über diese Anmerkung. Inzwischen wurde nicht nur das Museum renoviert, man bekennt sich zu der gräflichen Herkunft des Museums und publiziert zu Ehren seines Gründers (Tschornobaj et al. 2000).

* * *

Im Januar 1959 habe ich an einer Tagung im Zoologischen Institut der Universität Wrocław/Breslau teilgenommen. Meine Kollegen machten mich mit einem Gast aus Deutschland bekannt, der fleißig an seinem Schreibtisch arbeitete; es war **Prof. Ferdinand Pax (1885 - 1964)** aus der Bundesrepublik.

Pax war einer der prominenten deutschen Zoologen (Boettger 1967, Gebhardt 1970: 97-98, Nowak 2002a: 29-32, Wiktor 1997). Er studierte in Breslau und Zürich, promovierte 1907 bei W. Kükenthal in Breslau, ein Jahr später wurde er sein Assistent, 1912 Kustos und 1917 Direktor des Zoologischen Museums der Friedrich-Wilhelms-Universität zu Breslau. Den Schwerpunkt seiner Studien bildete die Erforschung der Schwämme und Korallen, er hat aber in seiner „Wirbeltierfauna von Schlesien" (1925) auch ein fundamentales Werk über die Vogelwelt der Region publiziert; an diesem Buch wirkten einige schlesische Ornithologen mit, u.a. Dr. O. Natorp (von dem noch die Rede sein wird). Seit 1914 war Pax Mitglied der Deutschen Ornithologischen Gesellschaft.

Abb. 32.
Prof. Ferdinand Pax aus Breslau, nach dem Kriege aus Köln (um 1950).

Der schon ältere Professor unterhielt sich so mit mir, als ob es den Zweiten Weltkrieg und dessen Folgen nicht gegeben und er schon immer an diesem Schreibtisch gearbeitet hätte. Das hat mich etwas verwundert. Nach dem anregenden Gespräch musste ich meine polnischen Kollegen um Auskunft bitten; denn es war die Zeit, in der es zwischen Polen und der Bundesrepublik keine diplomatischen Beziehungen gab und Besuche aus Westdeutschland, insbesondere Reisen in die sogenannten „wiedergewonnenen Länder“ der Volksrepublik Polen, praktisch nicht möglich waren. Sie sagten mir, dass Pax von seinem polnischen Freund, Prof. Kazimierz Sembrat (Mikulska 1989), dem amtierenden Direktor des Zoologischen Institutes, zu einem Forschungsaufenthalt und einer Vorlesung eingeladen wurde. Die Freundschaft der beiden Professoren hatte eine spannende Vorgeschichte, man gab mir einen Artikel von Pax zu lesen, in dem die Quellen dieser Bekanntschaft beschrieben sind.

Der gedruckte Bericht von Pax (1949) beginnt mit der Beschreibung einer feierlichen Sitzung Breslauer Zoologen anlässlich des 40-jährigen Bestehens des unter Kükenthal erbauten neuen Gebäudes des Zoologischen Institutes und Museums der Universität. Sie fand am 20. Juli 1944 statt, einem Tag, der zufällig durch ein anderes Ereignis in die Geschichte einging: Als Pax zum Rednerpult ging, flüsterte ihm ein Kollege zu, dass ein vor wenigen Stunden ausgeführtes Attentat auf Hitler sein Ziel verfehlt habe. Er musste jetzt an seinen besten Freund denken, Prof. Walter Arndt aus Berlin, der wegen einer „defätistischen Äußerung“ vom Volksgerichtshof zum Tode verurteilt und kurz davor, am 26. Juni 1944, im Zuchthaus Brandenburg geköpft worden war (s. Pax 1952); er ahnte nun, dass „uns eine große Zahl neuer entsetzlicher Morde bevorstünde“. Eine grausame Zukunft stand vor seinen Augen, als die Feier mit einem „gemütlichen Beisammensein“ in einer Breslauer Weinstube endete.

Den Zusammenbruch der schlesischen Front und den Einmarsch der Roten Armee erlebte Pax Anfang 1945 in der Biologischen Station der Universität im Glatzer Schneegebirge, etwa 130 km von der brennenden „Festung Breslau“ entfernt; sein Haus und die Station wurden (im Gegensatz zu anderen Häusern im Dorfe) nicht geplündert. Als er im Sommer 1945 erfuhr, dass Breslau von der polnischen Verwaltung übernommen worden war, ging er zu Fuß, zusammen mit seiner noch schulpflichtigen Tochter Gabriele, in die Universität. Hier traf er polnische Biologen, die aus der bereits in der Sowjetunion gelegenen polnischen Jan-Kazimierz- Universität zu Lwów/Lemberg (jetzt Lviv) nach Wrocław/Breslau umsiedeln mussten. Zusammen mit Prof. Sembrat und anderen Wissenschaftlern widmete Pax sich jetzt mit aller Energie der Rettung der wissenschaftlichen Schätze des Zoologischen Museums (seine Tochter half). Diese Zusammenarbeit sollte noch etwa ein Jahr dauern. Besonders erfreut war Pax – wie er schreibt –, dass seine alte Idee, an der Universität auch einen Ornithologen einzustellen, jetzt realisiert wurde: Prof. Kazimierz Szarski aus Lwów wurde nun dort tätig (vgl. S. 116-122).

Auf mehreren Seiten des Artikels schildert Pax den Zustand der wissenschaftlichen Sammlungen und die zum großen Teil erfolgreiche Rettungsaktion derselben. Ich will hier lediglich zwei markante Beispiele für die Gefahren, die eine „kämpfende Truppe" für wissenschaftliche Kollektionen darstellen kann, anführen: Das deutsche Militär „verteidigte" auch vom Zoologischen Museum aus die Festung Breslau; um mehr Raum für sich zu schaffen, warfen die Soldaten 3200 Vogelbälge der Sammlung Kollibay (die 1920 für 35000 Mark angekauft worden war) zum Fenster hinaus; Rotarmisten hatten nach dem Fall der „Festung" andere Ansprüche: Sie tranken den Alkohol aus den Nasspräparaten, u.a. wurden dadurch Typen diverser Schwamm- und Korallen-Arten vernichtet (Anmerkung: Pech hatten sowjetische Soldaten, die mit dem gleichen Ziel das Zoologische Institut in Warschau besuchten, da dort für die Präparate Methylalkohol verwendet wurde; zwei junge Rotarmisten starben im Januar 1945 noch auf dem Universitätsgelände!). Einige Monate nach Beendigung der Kriegshandlungen, am 20. Dezember 1945, brannte die Biologische Station und das Privathaus der Familie Pax im Glatzer Schneegebirge ab; die Brandstifter blieben unbekannt.

Pax übergab Prof. Sembrat Teile seines privaten Archivs, darunter das druckreife Manuskript des 3. Bandes seiner „Bibliographie der schlesischen Zoologie", bevor er am 15. März 1946 Polen verlassen musste. Er hatte es für seine „Pflicht gehalten, in Schlesien auszuharren, solange auch nur die leiseste Hoffnung bestand, daß meine Heimat deutsch bleibt", schrieb er. Zwar wurden er und seine Familie mit einem Lastwagen zum Bahnhof gefahren und die 58-stündige Fahrt ins Lager Marienthal bei Helmstedt erfolgte in einem Güterwaggon, er erinnert sich jedoch, dass seine Aussiedlung „durch den Geist wahrer Menschlichkeit, in dem mir die polnischen Kollegen entgegentraten" in Formen erfolgte, „wie sie unter kultivierten Menschen üblich sind" (sehr viele andere Aussiedler waren leider einer rauen Recht- und Schutzlosigkeit ausgesetzt, auch das darf nicht vergessen werden!).

Pax' frühere wissenschaftliche Stellung, die Leitung des Zoologischen Museums der Universität, übernahm nach dem Kriege der Entomologe Dr. Jan Kinel, ein „Spätaussiedler" aus Lwów/Lemberg, der erst im Juni 1946 nach Wrocław/Breslau kam (Kinel 1957); bis dahin war er über 20 Jahre Kustos und später Direktor des Naturkundlichen Dzieduszycki-Museums in Lwów gewesen.

Erst 1957 konnte der 3. Band der von Pax verfassten Bibliografie der schlesischen Zoologie von einem polnischen Verlag herausgegeben werden (fast 2000 Titel, 187 pp.). Nach der Herausgabe des Buches wollte Prof. Sembrat den inzwischen in Köln tätigen Autor zu sich ins Zoologische Institut einladen. Es war die Zeit, als sich in Polen das politische System gelockert hatte („Tauwetter"), ein westdeutscher Staatsbürger konnte „in Ausnahmefällen" bei der Polnischen Militärmission in Westberlin ein Visum erlangen. Bis Prof. Pax in Wrocław/Breslau eintraf, sollte es jedoch noch über ein Jahr dauern!

Damals, im Januar 1959, traute ich mich nicht, Prof. Pax nach seinen Eindrücken in Wrocław zu fragen. Er hat mir aber mit einer ausführlichen Publikation über seinen Polen-Besuch geholfen (Pax 1959). Nur einiges will ich hier aus dieser Schrift wiedergeben. Die „Rückreise" aus Köln nach Wrocław/Breslau am 9. Januar 1959 dauerte nur noch 19 Stunden; Prof. Sembrat gab dem Gast einen Institutsschlüssel, er konnte, wie in der Vorkriegszeit, auch außerhalb der Dienststunden im Institut arbeiten. Hier fand er die 1946 zurückgelassenen Kisten mit seinem persönlichen Archiv vor, darunter manches, was er bei seiner „wissenschaftlichen Arbeit in Köln bisweilen schmerzlich vermißt hatte". Er freute sich über den Wiederaufbau des stark beschädigten Gebäudes und über das Ausmaß der geretteten, erweiterten und gut gepflegten wissenschaftlichen Sammlungen, bedauerte aber, dass die Schausammlung noch nicht wieder hergestellt werden konnte (dies geschah erst 1965, sie ist die beste und eine der größten in Polen; vgl. Wiktor 1997). Vor polnischen Studenten hielt er eine Vorlesung in dem gleichen Saal, in dem er „am 20. Juli 1944, als das Zoologische Institut die Feier seines 40-jährigen Bestehens beging, einen Festvortrag über das naturwissenschaftliche Museum als Schöpfung der Renaissance gehalten" hatte.

Die Wochen, die Pax 1959 in Wrocław/Breslau verbrachte, nutzte er für „anregende Gespräche mit Fachgenossen, das Studium wissenschaftlicher Sammlungen, die Durchsicht neuer Literatur und Einladungen bei alten Freunden". Zum Abschluss wurde er noch vom Rektor der Universität eingeladen, die durch Kriegseinwirkungen stark beschädigte und nun von Künstlerhand restaurierte Aula Leopoldina zu besichtigen („die Höhe der Kunst des Barock in Schlesien [...], Festräume, mit denen sich die keiner anderen deutschen Universität messen können"). Da wurde der alte Mann sentimental: „Während meines Aufenthaltes in diesem Saal trat manches Bild verflossener Tage scharf umrissen vor meine Seele. Im Geiste sah ich mich im Dezember 1907 meinen Promotionsvortrag über das Problem der Reliktseen halten und mich, als die Universität 1911 ihr hundertjähriges Jubiläum feierte, als einen der sechs jüngsten Privatdozenten am Eingang des Festraumes die Ehrengäste der Universität erwarten und sie auf ihren Platz geleiten."

Das außergewöhnliche Verhältnis eines Vertriebenen zu seinen Vertreibern resultierte nicht nur aus der „Menschlichkeit" aller Beteiligten, auch nicht ausschließlich daraus, dass die Vertreiber ebenfalls Vertriebene, also Schicksalsgenossen, waren. Pax schreibt, dass ein weiterer Grund dazu maßgebend beigetragen hatte: „Wenn mir stets bereitwillig alles gezeigt wurde, was mich interessierte, so rührt dies daher, daß meine persönlichen Beziehungen zu polnischen Wissenschaftlern bis in das Jahr 1916 zurückreichen."

Dass später auch Prof. Sembrat die Familie Pax in Köln besuchte und Frau Gabriele Pax bis heute in das heimatliche Breslau/Wrocław reist, brauche ich eigentlich nicht zu schreiben; erwähnenswert ist lediglich, dass sie dort stets Gast des Botanischen Gartens ist, den ihr Großvater, Prof. Ferdinand Pax senior, gegründet hat.

* * *

Es soll an dieser Stelle auch an das Leben und Wirken des von Prof. Pax erwähnten polnischen Ornithologen, **Prof. Kazimierz Szarski (1904 - 1960)**, erinnert werden. Eigentlich war er ein klassischer vergleichender Anatom, er war jedoch auch an der Vogelkunde stark interessiert und im Schlesien der Nachkriegsjahre aktiv in diesem Bereich tätig (Sembrat 1960, Peacock 1960,

Abb. 33.
Prof. Kazimierz Szarski aus Lwów/Lemberg, nach dem Kriege aus Wrocław/Breslau (1958).

Gebhardt 1964: 353-354, Feliksiak 1987: 524-525). Seiner Person ist nicht nur die Fortsetzung der deutschen vogelkundlichen Forschung in dieser Region, sondern auch der spätere Aufbau einer starken „ornithologischen Schule" in Wrocław/Breslau zu verdanken. Neben wissenschaftlichen Qualitäten zeichneten Szarski seltene menschliche Gaben aus: Mit uns (damals) noch jungen Zoologiestudenten ging er wie „ein Gleicher mit Gleichen" um, auch als er Rektor der Universität wurde! Er lobte unsere bescheidenen Erfolge, übersah unsere Schwächen, zeigte, was gemacht werden sollte und wie fortzufahren war. Er baute in uns Zuversicht und Selbstvertrauen auf und half damit mehr als diejenigen Lehrer, die das Gleiche mittels „schöpferischer Kritik" erreichen wollten. Die Gespräche, die ich vor fast 50 Jahren mit ihm führen durfte, habe ich noch heute als eine der schönsten Episoden meiner Studentenzeit in Erinnerung.

Zur Welt kam Szarski in Wien, in einer dort ansässigen polnischen Familie. Der Vater war Jurist, Beamter des k.u.k.-Finanzministeriums; als er 1910 zum Direktor der Industrie-Bank in Lemberg/Lwów ernannt wurde, zog die Familie in diese Stadt und blieb hier nach dem Zerfall der k.u.k.-Monarchie. Auch in der wiederentstandenen Republik Polen bekleidete der Vater hohe Funktionen: Er war Präses der Vereinigung Polnischer Banken, Senatsabgeordneter, belgischer Ehrenkonsul. Der

Sohn ging in Lwów, teilweise in Krakau auf Schulen und studierte in den Jahren 1924-1929 Biologie an der renommierten Jan-Kazimierz-Universität in Lwów. Weder der Umzug, noch der Übergang „von Österreich zu Polen" bildeten ein Problem, denn der k.u.k.-Monarch gewährte der von Polen bewohnten Provinz Galizien eine weitgehende Autonomie und in der Periode der zweiten Polnischen Republik der Zwischenkriegszeit lebte hier „der Geist" der Monarchie weiter (ich war erstaunt, als einer meiner galizischen Fachkollegen noch 1959, während eines gemeinsamen Besuches eines Antiquariats in Krakau, das Porträt von Kaiser Franz Joseph kaufte!). Nach dem Studienabschluss erhielt Kazimierz Szarski an der Universität eine Assistentenstelle, habilitierte sich kurz vor dem Ausbruch des Zweiten Weltkrieges und wurde Dozent. Nach der Eroberung Ostpolens durch die Rote Armee Ende September 1939 flüchteten seine Eltern (mit belgischen Diplomatenpässen) nach Westen, er blieb jedoch an der von den Sowjets weiter betriebenen Universität. Nach der Besetzung der Stadt durch die Deutschen im Juli 1941 wurde die Universität jedoch geschlossen.

Sofort nach dem Einmarsch der Wehrmacht, in der Nacht vom 3. auf den 4. Juli, wurden in Lemberg/Lwów 21 polnische Professoren, darunter einige jüdischer Herkunft, verhaftet und erschossen. Kazimierz Szarski musste jetzt um sein Leben bangen, denn auch in seinen Adern floss „jüdisches Blut": Seine fernen Vorfahren, Bürger der Stadt Krakau, trugen den Namen Feintuch, erst sein Großvater (Geschäftsmann und Bankier) ließ sich Mitte des 19. Jahrhunderts taufen und nahm den polnisch klingenden Namen Szarski an (Purchla 1985). Das alles lag zwar weit zurück, aber die Ehefrau des Dozenten Szarski war „frischer" jüdischer Abstammung, ihr Geburtsname war Landau. Die Gefahr war also offenkundig.

Erste Hilfe leistete Prof. Rudolf Weigl (1883 - 1957), den die Familie Szarski gut kannte. Bereits während des Ersten Weltkrieges erfand er einen Impfstoff gegen das Fleckfieber *(Typhus)* und rettete tausenden von Menschen das Leben. Auch die Deutschen brauchten ihn, sein Institut zur Typhusbekämpfung wurde während der Okkupationszeit nicht nur zur weiteren Arbeit verpflichtet, sondern auch personell ausgebaut. Weigl war zwar deutscher Abstammung, jedoch polonisiert, er widersetzte sich dem Druck der Gestapo und lehnte die Annahme der deutschen Staatsbürgerschaft ab (Feliksiak 1987: 567-568). Als Urgermane *honoris causa* behielt er jedoch seine privilegierte Stellung und nutzte sie, um vielen Menschen in der besetzten Stadt zu helfen. Auch Dozent Szarski tauchte in seinem Institut unter und züchtete hier (mit eigenem Blut) Flöhe. Die Herstellung von Fleckfieber-Impfstoff war kriegswichtig, das Institut und sein Personal standen unter Schutz …

Als aber die systematische Judenregistrierung und -verfolgung in Lemberg begann, bot auch das Weigl-Institut keinen Schutz mehr, da die Szarskis in der Stadt weit und breit bekannt waren. Die Familie floh jetzt nach Warschau in der Hoffnung, sich in einer fremden Großstadt besser verstecken zu können. Schon bald kam es jedoch zu ihrer Verhaftung, die für Frau Szarska den sicheren Tod bedeutet hätte; die beiden schafften es aber, aus dem Transport zu fliehen. Kollegen aus der Warschauer Universitäts-Szene besorgten jetzt echte „Kennkarten", nur in dem Dokument von Szarskis Frau wurde der Mädchenname „irrtümlich" als „Lande" vermerkt. Dozent Szarski fand Arbeit in einer Firma, die Gewürze und Vitamine herstellte, seine Frau hingegen ging während der restlichen Kriegsjahre kaum auf die Straße. Als Ende 1941 im Warschauer Ghetto eine Fleckfieberepidemie ausbrach, gelang es, den Weigl-Imfstoff aus Lemberg dorthin zu schmuggeln; die Wege dieses Transfers sind nicht mehr zu ermitteln, möglicherweise waren auch die Szarskis in diese Aktion verwickelt. Während des Warschauer Aufstandes 1944 bot die gefährdete Wohnung Szarskis ein rettendes Versteck für Aufständische. Nach der Niederschlagung des Aufstandes gelang es der Familie, in einem stadtnahen Dorf unterzutauchen. So überlebten sie den Krieg. Alle Familienangehörigen von Frau Landau in Lemberg wurden jedoch ermordet.

Gleich nach dem Kriege, also nach dem endgültigen Verlust der Universität in Lwów (heute Lviv in der Ukraine), siedelte Szarski in die Stadt seiner Vorfahren, nach Krakau über. Hier wurde er als Dozent an der Universität tätig, die Warschauer Hochschulbehörde ordnete jedoch eine weitere Umsiedlung an: Zum 1. Januar 1946 erhielt Kazimierz Szarski eine Professur an der Universität Wrocław/Breslau, wo er mehrere seiner Kollegen aus Lwów/Lemberg traf, die nach dem Verlust Ostpolens hierher umgesiedelt worden waren.

Seinem organisatorischen Talent und seinen menschlichen Eigenschaften haben die Mitarbeiter und Studenten der *Alma Mater* Wrocław sehr viel zu verdanken. Hier wurde er Dekan der Naturkundlichen Fakultät, zeitweise auch Rektor der Universität. Ein englischer Freund bescheinigte ihm „hohe persönliche Kultur, Weisheit, Sensibilität, unprätentiösen Charme und höchste Integrität" (Peacock 1960). Wie kaum ein anderer verstand er es, die Mitarbeiter und die heterogene Studentenschaft zu führen, mit seiner bestechenden Humanität zu beeinflussen und in der politisch schwierigen „stalinistischen" Zeit zu schützen. Das hatte er bei Weigl gelernt!

Die erste seiner ornithologischen Aktivitäten in Schlesien war wohl die Rettung der kostbaren Natorp-Vogelsammlung, die durch die Ereignisse des Krieges nach Breslau gelangte und hier die Monate der mörderischen Kämpfe um die „Festung" gut überstand. Die Geschichte Natorps und seiner ungewöhnlichen wissenschaftlichen Sammlung, die aus etwa 3500 Bälgen bestand, hat kürzlich Schulze-Hagen (1997) beschrieben.

Otto Natorp (1876 - 1956) war vor dem Ersten Weltkrieg als Chefarzt (Chirurg) des Knappschaftskrankenhauses in Myslowitz in Oberschlesien tätig. Von Jugend an war er ornithologisch interessiert und präparierte Vögel für seine Privatsammlung. Die selbst erlernte Kunst des Präparierens erreichte mit der Zeit eine Perfektion, wie sie bisher in der Vogelkunde nicht bekannt war (u.a. legte er einen aus Torf geschnitzten „Kern" in die Bälge hinein); so erhielt die Sammlung neben dem wissenschaftlichen auch einen künstlerischen Wert. Schon in den 1920er Jahren bezeichnete sie Prof. Pax als die „schönste Sammlung schlesischer Vögel", in der sich ganze „Serien schwierig zu erlangender Arten" befinden. 1922, als Teile Oberschlesiens an Polen fielen, optierte Natorp für Polen und nahm auch die polnische Staatsbürgerschaft an. Kontakte zu führenden polnischen Ornithologen (J. Domaniewski) und privaten Sammlern (S. Zieliński) sowie Reisen verhalfen ihm zum Ausbau der Sammlung. 1926 fuhr er als Mitglied der polnischen Delegation zum 6. Internationalen Ornithologen-Kongress in Kopenhagen, außerdem nahm er auch an Tagungen der Deutschen Ornithologischen Gesellschaft teil, deren Mitglied er seit 1907 war (er klagte jedoch, dass Fachgenossen aus dem deutschen Teil Schlesiens ihn kaum besuchten). Als Natorp 1938 emeritiert wurde, zog er nach Zoppot/Sopot (damals ein Teil des Freistaates Danzig), um seine polnische Rente zu erhalten und einen engeren Kontakt zu Deutschland zu bewahren; hier wollte er seine Sammlung nun auch wissenschaftlich auswerten. Als der Zweite Weltkrieg ausbrach und der Freistaat sowie Teile Polens an das Dritte Reich angegliedert wurden, nahm er wieder die deutsche Staatsbürgerschaft an und wurde erneut als Chirurg in Myslowitz/Mysłowice tätig. Vor der anrückenden Front floh er 1944 nach Breslau, wohin er auch seine Sammlung mitnahm, die Frontverschiebung erfolgte jedoch schneller als erwartet, die Stadt versank im Chaos: Die Post beförderte keine Pakete mehr, Natorp und seine Frau ließen die meiste Habe, samt der kostbaren Sammlung, zurück und flüchteten überstürzt am 20. Januar 1945 nach Westen, bis nach Bayern. Den schmerzhaften Verlust überwand Natorp nie, und da er für die Zeit seiner polnischen Staatsbürgerschaft keine Rente in Deutschland bekam, verbrachte er den Rest seines so schöpferischen Lebens in Armut.

Zwischen Ende Februar und Anfang Mai 1945 wurde Breslau zum größten Teil zerstört. Beide der kämpfenden Seiten trugen massiv dazu bei: Der deutsche Kommandant der „Festung" ließ ganze Häuserreihen sprengen, um eine Start- und Landebahn für Flugzeuge zu errichten; Teppichangriffe der alliierten Bomberflotten steckten die Stadt in Brand (ich wohnte damals 60 km nördlich von Breslau, an vielen Abenden sah ich den Lichtschein des Infernos). Seit Anfang Mai 1945 feierten hier tausende sowjetischer und polnischer Soldaten das Kriegsende, was ebenfalls nicht ohne Zerstörungen und Brände vonstatten ging. Auch in solchen Kriegsinfernos gibt es jedoch Wunder: Das Haus im Randbezirk Wilhelmsruh, Freyaweg 13 (heute Zacisze, ul. Jana Głogowczyka), wo Natorps Sammlung lagerte, blieb unbeschädigt! Leider wussten die nun polnischen Mitarbeiter des Zoologischen Instituts der Universität nichts davon. Erst als die neuen Bewohner des Hauses anfingen, die schönen Vögelchen zu verkaufen, „entdeckte" sie Prof. Szarski: Einige davon standen in der Fensterauslage einer polnischen Metzgerei! Eine Suchaktion begann, die vom Schwarzmarkt-Basar (wo die kostbaren Präparate zu 2 Złoty pro Stück verscherbelt wurden) zu Natorps Haus führte. Mit Hilfe der Miliz konnte der Restbestand von 503 Bälgen beschlagnahmt und dem Zoologischen Institut übereignet werden. Es waren vornehmlich die kleinen Vogelarten *(Passeriformes)*, die attraktiven, großen Stücke hatten wohl die hier zahlreichen Jäger als Schmuck für ihre Jagdstuben gekauft. Szarski informierte Natorp brieflich über den Teilerfolg. Ich habe den Restbestand gesehen, es sind wirklich kleine Denkmäler ornithologischer Kunst, wie sie in der nun modernen „bird watching"-Periode ausgestorben sind. Nur ein ornithologisch versierter Chirurg war in der Lage sie herzustellen! 1957 gab mir Szarski einige Tagebücher Natorps (die zusammen mit der „Restsammlung" beschlagnahmt wurden), die ich nach Westen brachte; Natorp lebte aber nicht mehr. Prof. Niethammer hat sie ausgewertet und Natorps Tochter übergeben. Leider sind auch sie inzwischen verschollen. So etwas geschieht also auch in Friedenszeiten …

Das war die erste ornithologische Aktion von Prof. Szarski in Schlesien. Auch sie bildete wohl den Anlass, sich neben der vergleichenden Anatomie jetzt verstärkt mit der Vogelkunde im Freiland zu befassen (er publizierte über die Vögel der Barycz-Niederung, der Stadt Wrocław u.a.m.).

Prof. Szarski hat viel für die Fortsetzung der schlesischen Vogelkunde und für den Wiederaufbau der Universität getan; eines seiner größten Anliegen war immer, den Gedanken der Versöhnung nach dem Krieg an seine Studenten heranzutragen. Eine damals nicht heilbare Krankheit (Leukämie) hat jedoch viel zu früh seinem Wirken ein Ende gesetzt. Ich nahm teil an der ungewöhnlich großen Trauerfeier in der katholischen Universitätskirche in Wrocław, als sein Sarg verabschiedet wurde, bevor die letzte Umsiedlung in das heimische Krakau erfolgte.

* * *

Im Südosten Europas liegt eine Region (früher gehörte sie ebenfalls zu der k.u.k.-Monarchie), die in vogelkundlicher Hinsicht relativ gut erforscht ist: Siebenbürgen in Rumänien (vgl. H. Salmen bzw. W. Klemm & S. Kohl: „Die Ornis Siebenbürgens", Vol. I-III, 1980-1988). Ein bescheidener Mann, der dort Biologielehrer an diversen Gymnasien war, hat dazu einen wichtigen Beitrag geleistet: **Prof. Werner Klemm (1909 - 1990).**

Siebenbürgen ist ein reizvolles Hochland mit einer politisch wechselhaften Geschichte, das jedoch ökologisch noch sehr naturnah und faunenreich ist. Seit dem 12. Jahrhundert ist ein Teil dieser Region durch Nachkommen deutscher Kolonisten, den Siebenbürger Sachsen, bewohnt. Sie gründeten hier viele Ortschaften und Städte und trugen zur Entwicklung des Landes bei. Kriege und vielfacher Wechsel der Herrscherhäuser bewirkten viele Veränderungen im Leben dieser deutschen Minderheit, oft mit negativen, sogar tragischen Folgen; das letzte Mal Mitte des 20. Jahrhunderts. Das Leben des Lehrers und Naturforschers Klemm (Heltmann 1991, Grau 2003) gibt einen Einblick in das zeitgenössische Schicksal dieser Volksgruppe.

Der Vater des späteren Professors Klemm stammte aus Thüringen, gehörte also der jüngsten Generation der deutschen Immigranten nach Siebenbürgen an. Er kam in diese ferne Provinz der k.u.k.-Monarchie

Abb. 34.
Prof. Werner Klemm aus Siebenbürgen in Rumänien (um 1980).

als Geschäftsmann und heiratete hier eine „echte" Siebenbürger-Sächsin. Das zweite Kind der Familie, der Sohn Werner, kam im siebenbürgischen Straßburg/Aiud zur Welt. Schon im Brukenthalgymnasium in Hermannstadt/Sibiu (Zentrum der deutsch-siebenbürgischen Kultur) steckte ihn der ornithologisch versierte Lehrer Alfred Kamner mit dem vogelkundlichen Bazillus an. Die Teilnahme an den Aktivitäten der damals auch in Siebenbürgen verbreiteten „Wandervogelbewegung" vertiefte seine Naturverbundenheit. In dieser Zeit ergriff der junge Klemm auch die Gelegenheit, als Gehilfe eines Vermessungsingenieurs in das Donaudelta zu reisen, was seine Begeisterung für die Vogelkunde festigte. Nach dem Abitur 1928 ging er für zwei Semester nach Deutschland, um an der Universität Jena mit dem Studium der Naturwissenschaften zu beginnen. Zurück in Siebenbürgen setzte er das Studium an der Universität Klausenburg/Kluj bis 1935 fort. Wegen der politischen Spannungen mit Ungarn 1931/32 wurde das Studium durch die plötzliche Einberufung in die rumänische Armee unterbrochen; die Lage beruhigte sich jedoch bald. Im Jahre 1935 begann seine Lehrerlaufbahn. Aber 1936/1937 gelang es ihm, wieder für zwei Semester nach Deutschland zu reisen und in Berlin Naturwissenschaften und zusätzlich Theologie zu studieren. Dem Studium folgten Lehrerjahre an diversen deutschen Schulen in Siebenbürgen, zuletzt auch in „seinem“ Gymnasium in Hermannstadt. Als sich das berufliche und private Leben stabilisierte (Heirat, vier Kinder), entfaltete der geschätzte Lehrer auch wissenschaftliche Aktivitäten: Bereits 1939 publizierte Klemm (auf Rumänisch) über die Wanderungen der Vögel. Schon damals engagierte er sich im Naturschutz, wohl unter dem Eindruck der überwältigenden Schönheit des Donaudeltas, das er immer wieder besuchte.

Nun brach aber der Zweite Weltkrieg aus, die rumänische Regierung, anfangs neutral, verbündete sich im November 1940 mit Hitler-Deutschland und trat ein Jahr später in den Krieg gegen die Sowjetunion ein. Eine nationalsozialistische Ära der Siebenbürger Sachsen begann: Die Minderheit erhielt Sonderrechte, u.a. durften junge Männer nach Deutschland auswandern und in die Einheiten der Waffen-SS eintreten. Werner Klemm wurde 1942, als Gebirgsjäger, in die rumänische Armee einberufen; er musste in den Krieg ziehen! Die rumänischen Einheiten kämpften, im Verbund mit den deutschen Armeen unter dem Motto „Cruciada importiva comunismului“ (Kreuzzug gegen den Kommunismus) in der südlichen Ukraine und erreichten Ende 1942 das russische Stalingrad. Nach der Niederlage dort beklagten viele Deutsche die militärische Schwäche der Rumänen, von den Sowjets wurden sie jedoch als besonders grausam beurteilt … Die Verluste waren überdurchschnittlich hoch, aber Werner Klemm überlebte und kehrte noch vor Beendigung des Krieges, Ende 1944, zu seiner Familie nach Hermannstadt zurück.

Das Glück dauerte jedoch nicht lange: Mitte des kalten Januars 1945, noch vor Sonnenaufgang, wurde er von einer sowjetisch-rumänischen Militärpatrouille verhaftet und in die Sowjetunion deportiert. Der rumänische König Michael I. hatte nämlich bereits im September 1944 die Fronten gewechselt, rumänische Einheiten kämpften jetzt, zusammen mit der Roten Armee, gegen die Deutschen. Die Sowjetunion forderte nun von der rumänischen Regierung fast 100 000 Arbeitskräfte zwecks Wiederaufbaus des durch den Krieg zerstörten Landes. Die Rumänen mussten zustimmen, man einigte sich jedoch, dass nur die Mitglieder der deutschen Minderheit deportiert werden sollten; da aber fast alle NS-Anhänger das Land bereits Richtung Westen verlassen hatten, wurde jetzt jeder, ohne Rücksicht auf Ansichten oder „Schuld“ verhaftet. Die Erfüllung der Quote war das einzige Kriterium. Klemms Schicksal ist eines von vielen Tausenden.

Die Massenverhaftungen waren sorgfältig, mit Hilfe erfahrener sowjetischer „Spezialisten" aus dem NKWD vorbereitet: Anhand von Namenslisten wurden die Männer und Frauen aus ihren Wohnungen geholt und und kurz danach zu den auf den Bahnhöfen wartenden Güterzügen gebracht. Ohne ausreichende Versorgung waren die Transporte wochenlang unterwegs; falls jemand fliehen konnte, fingen die sowjetischen Wachmannschaften rumänische Bauern auf den Feldern ein und sperrten sie als „Ersatz" in die Waggons ein. Die verstorbenen wurden auf den Bahnhöfen unterwegs „entsorgt". Ziel der Reise waren zumeist die Kohlenreviere in der Ostukraine. In primitiven Unterkünften untergebracht, wurden die Gefangenen sofort zur Schwerstarbeit in die unterirdischen Schächte geleitet. Die Arbeits- und Lebensbedingungen waren schwer, das langsame Sterben ging weiter. Klemm war nacheinander in den Lagern Inguletz, Artion und Dnepropetrowsk tätig und gehörte zu denen, die diese schwere Zeit überlebten; 1949 wurde er vorzeitig entlassen und durfte zu seiner Familie nach Sibiu/Hermannstadt zurückkehren.

Die Familie in der Heimat hatte ebenfalls kein leichtes Leben: Das bereits sozialistisch geprägte Rumänien hat die hier lebenden deutschstämmigen Staatsbürger diskriminiert und benachteiligt. Ihnen wurden alle politischen Rechte aberkannt, größeres Eigentum, auch der landwirtschaftliche Boden, wurde verstaatlicht. In die verwaisten Häuser und Wohnungen wurden landlose rumänische Bauern und Zigeuner einquartiert. Die frühere weitgehende Autonomie und kulturelle Eigenständigkeit der Minderheit wurde jetzt eingeschränkt bzw. abgeschafft. Die bis dahin konfessionellen Schulen wurden verstaatlicht, Religionsunterricht wurde untersagt. Jetzt trat die Evangelische Kirche, die schon immer das gesellschaftlich-kulturelle Rückgrat der deutschen Volksgruppe bildete, auf den Plan: Nachbarschaftshilfe wurde in den Gemeinden organisiert. Mit der Zeit führten die beharrlichen Bemühungen der Kirche zu Zugeständnissen: Religionsunterricht in den kirchlichen Räumen, deutschsprachige Zeitungen, Radio-, später auch TV-Sendungen wurden zugelassen; von dem beschlagnahmten Eigentum wurden viele Wohnhäuser und Wohnungen den rechtmäßigen Besitzern zurückgegeben; sogar bescheidene Kontakte nach Deutschland wurden wieder möglich. Klemms Frau Helga hat sich von Anfang an in der kirchlichen Arbeit engagiert.

Werner Klemm wurde gleich nach seiner Rückkehr aus der Zwangsarbeit als Biologielehrer an der Pädagogischen Allgemeinschule Nr. 1 in Sibiu/

Hermannstadt angestellt. Eine neue Arbeits- und Lebensetappe begann. Über die Jahre des Krieges und der Zwangsarbeit schrieb er später, dass die „Anforderungen an der Daseinsgrenze [ihm] erst die Wertordnung ermöglichten, die man an das menschliche Leben zu stellen hat". Auch er folgte jetzt seiner Frau und engagierte sich in der Kirche, vornehmlich im sozialen und kulturellen Bereich (er war Anhänger des Darwinismus, sein Gottesverständnis trug nicht nur biblische Züge). Die durch das sozialistische Regime erzeugten Zwänge, die insbesondere anders denkenden und kirchlich engagierten Lehrern viel Schwierigkeiten bereiteten, verstand er in seiner Arbeit geschickt zu umgehen. Seine fachlichen Qualifikationen wurden geschätzt, einige Jahre (1952-1954) durfte er sogar Schuldirektor werden; 1966 wurde ihm seitens der Behörden der ehrenvolle Titel des „Verdienten Professors" zuerkannt.

Die Wiederaufnahme der naturkundlichen Aktivitäten war zunächst erschwert, da der Siebenbürgische Verein für Naturwissenschaften zu Hermannstadt bereits 1948 zwangsaufgelöst wurde. Alt und Jung (Lehrer und Schüler) versammelten sich jedoch wöchentlich in Privatwohnungen; später wurden diese Versammlungen im Rahmen der Hermannstädter Sektion der gesamtrumänischen Societatea de Stiinte Naturale si Geografie (Gesellschaft für Biologie und Geografie) fortgesetzt. Die jüngeren Lehrer, denen im Rahmen des „amtlichen" Biologieunterrichts vornehmlich der „Mitschurinismus" beigebracht wurde, haben hier bei Klemm auch Ökologie und Ethologie gelernt; in seinem Hause konnte man auch neue Zeitschriften und Bücher aus Deutschland einsehen. Die damals zur Pflicht eines jeden Lehrers gehörende „gesellschaftliche Arbeit" leistete Klemm nun auf dem Gebiet des Naturschutzes und der vogelkundlichen Forschung (Schwerpunkte: Weißstorch, Greifvögel, Wasservogelzählung, Vorschläge zur Ausweisung von Schutzgebieten); einen besonderen Erfolg stellte die Berufung zum ehrenamtlichen Kustos für den Schutz der Vogelwelt im Donaudelta durch die Naturschutzkommission der Rumänischen Akademie der Wissenschaften dar. Mit 60 Jahren, 1969, ging Klemm in Rente; es waren „Jahre des Mühens, Jahre der Aussaat und Ernte", sagte er einmal. Aber erst jetzt wandte er sich noch stärker den naturkundlichen Aktivitäten zu.

Die Kontaktaufnahme zu deutschen Naturwissenschaftlern gestaltete sich in den Nachkriegsjahren schwierig und beschränkte sich auf gelegentlichen Briefwechsel, später auch Treffen mit DDR-Amateurornithologen, die ihren Urlaub in Rumänien verbrachten. Erst im Mai 1972 ergab sich die Gelegenheit, mehrere Fachornithologen während der 10. Europäischen Vogelschutzkonferenz des Internationalen Rates für Vogelschutz in Mamaia zu treffen. Außer an fachlichen Kontakten war Klemm auch an Informationen über das geteilte Nachkriegsdeutschland interessiert. Er fragte und hörte zu. Über die DDR wusste er bereits einiges. Während des Abschiedsempfangs der Konferenz erzählte ihm ein jüngerer Teilnehmer aus der Bundesrepublik, dass die Banketts in der westdeutschen Heimat nicht so steif seien wie hier, wenn man wolle, könne man sogar in der Badehose kommen (sic!). Ganz glaubhaft war das nicht, doch konnte man in der rumänischen Presse vieles über die „Amerikanisierung" Westeuropas lesen ... Klemm war nun mehr verwirrt als aufgeklärt. Im April 1975 wurde er vom DDR-Kulturbund zu der Zentralen Ornithologentagung in Karl-Marx-Stadt (Chemnitz) eingeladen, hier wurde er hofiert. Doch im Oktober 1978 durfte er schließlich „in den goldenen Westen" (so wurde damals die Bundesrepublik genannt) reisen, um an der Jahrestagung der Deutschen Ornithologen-Gesellschaft in Garmisch-Partenkirchen teilzunehmen. Endlich konnte er sich ein objektives Bild von Deutschland machen und viele neue Fachkontakte knüpfen. Als Rentner wurde er in Siebenbürgen zu einer Anlaufstelle für Ornithologen aus dem Ausland. Beliebte Reiseziele waren u.a. das Donaudelta und das Brutgebiet des Mornellregenpfeifers *(Charadrius morinellus)* in den Karpaten. Somit wurde Klemm zu einem der wenigen, aber wichtigen Ost-West-Vermittler, die über den Eisernen Vorhang hinweg zur Erhaltung der Kontakte zwischen Naturforschern beitrugen.

Noch in den 1970er Jahren wandte sich Prof. Ernst Schüz aus Stuttgart (der letzte Leiter der Vogelwarte Rossitten auf der Kurischen Nehrung) an Klemm mit dem Vorschlag zur Mitarbeit an der Herausgabe der „Ornis Siebenbürgens" aus dem Nachlass von Hans Salmen, der bereits nach dem Kriege nach Österreich flüchtete und dort 1961 verstarb; eine verlockende Aufgabe für einen erfahrenen Rentner, einfach war die Zusammenarbeit jedoch nicht: Die Postsendungen von bzw. an Prof. Schüz waren stets mehrere Wochen unterwegs; offensichtlich waren sie zensiert, denn Klemm bekam immer wieder Besuch von Beamten der Securitate (rumänische Sicherheitspolizei), sie wollten wissen, weshalb er so viele Ausländer empfange und was die eigentlichen Inhalte seiner Korrespondenz seien. Man hatte den Verdacht, es seien verschlüsselte Nachrichten an siebenbürgische Emigranten ... Er musste immer wieder erläutern und schriftliche Erklärungen abgeben. Seine Frau war über die Besuche und Vorladungen verärgert und riet zum Abbruch der Zusammenarbeit. Klemm blieb aber hartnäckig, die ersten zwei Bände des Werkes erschienen 1980 und 1982; ein Nachtragsband folgte 1988.

Es war die Zeit, in der der rumänische Diktator Ceausescu verstärkt eine Rumänisierung der deutschen Minderheit anstrebte, die bundesdeutsche Regierung erreichte aber durch zähe Verhandlungen auch Erleichterungen für sie; eine begrenzte (und von der Bundesrepublik Deutschland in Devisen bezahlte) Auswanderung der Siebenbürger Sachsen und Banater Schwaben nach Deutschland wurde erlaubt. Die seit Jahrhunderten in Rumänien lebende Minderheit spaltete sich jetzt: Viele hatten den Sozialismus satt, folgten den in Deutschland geschaffenen materiellen Anreizen und gingen in die Bundesrepublik; die Evangelische Landeskirche in Rumänien plädierte jedoch für den Verbleib in der Heimat. Gräben enstanden, sie gingen auch quer durch die Familien. Zwei Söhne Klemms wanderten aus, zwei Töchter mit ihren Familien blieben in Rumänien. Im Jahre 1985 wurde Klemm zu einer ornithologischen Fachtagung des Internationalen Rates für Vogelschutz nach Walsrode eingeladen, kehrte jedoch nach Hause zurück; seine Aufgabe sah er nach wie vor in Siebenbürgen. Leute der Kirche wandern nicht aus – hieß es.

Auch in Siebenbürgen war aber seit Jahren nicht alles so „wie früher". Die Lebensumstände wurden immer schwieriger, beinahe unerträglich. Immer weniger junge Leute aus dem Naturkundekreis in Hermannstadt erschienen zu den wöchentlichen Treffen und Exkursionen. Als er immer häufiger die Entschuldigung „wir haben keine Zeit" hörte, notierte er: „Hier schnürt uns das heutige Dasein im technisch-zivilisatorischen Zeitalter der Menschheitsentwicklung den Atem ab"... Seine Naturschutzvorschläge, die er als anerkannter Experte an die rumänischen Verwaltungen und hohe Stellen in Bukarest richtete, hatten kaum Erfolg; die Ohnmacht gegenüber den Behörden verbitterte ihn. Im Jahre 1987 wanderten auch Werner Klemm und seine Frau als „Spätaussiedler" in die Bundesrepublik Deutschland aus. Jetzt wollten auch sie das bessere Leben genießen.

In Kleve am Niederrhein, während einer großen wissenschaftlichen Tagung über die Ökologie der Gänse im Februar 1989, habe ich Klemm persönlich getroffen. Er fand in mir einen „Seelenverwandten", und da der Diaprojektor immer wieder versagte und es lange Kaffeepausen gab, hatten wir viel Zeit, um miteinander zu plaudern. Sein neues Zuhause war das landschaftlich reizvolle Allgäu, von hier aus unterhielt er Kontakte zu fachverwandten Wissenschaftlern, glücklich war er jedoch nicht! Seine Seele war gespalten: Gedanklich war er bei all den guten und schönen Erlebnissen und Erfahrungen in seiner siebenbürgischen Heimat; was er dort erleiden musste, war fast vergessen. Aber das neue Glück wollte sich nicht so recht einstellen. Er war entwurzelt, traurig, verbittert. Nicht über irgendeinen Menschen, nein! Eher über das Schicksal, das in diesem turbulenten Jahrhundert über die Menschen so viel Leid gebracht hatte ...

Werner Klemm verstarb im Alter von 81 Jahren im Allgäu. Er hat aber viele beneidenswerte Spuren seines Lebens hinterlassen, nur eine davon will ich hier notieren. Eine seiner Schülerinnen in Siebenbürgen, die heute dort Kindergärtnerin ist, schrieb: „Jeder braucht für sein Leben Vorbilder, Herr Klemm war eines."

* * *

Die Verwirklichung des Barbarossa-Plans, also des deutschen Angriffs auf die Sowjetunion im Juni 1941, hatte auch schwere Folgen für die dort lebenden deutschstämmigen Menschen; sie waren zwar sowjetische Staatsbürger, man traute ihnen jedoch nicht, massenhaft wurden sie weit nach Osten umgesiedelt. Unter ihnen befand sich auch ein schon damals verdienter und weltweit bekannter Zoologe: **Dr. Boris Karlowitsch Stegmann (1898 - 1975)** aus Leningrad.

Boris Karlowitsch entstammte einer deutsch-schwedischen Familie, die seit Generationen im Nordwesten Russlands, in der Stadt Pskow (Pleskau) lebte. Von Hause aus beherrschte er perfekt die deutsche Sprache. Er war Schüler des bekannten russischen Zoologen/Ornithologen Peter P. Suschkin (s. Flint & Rossolimo 1999: 478-486) und seit 1921 Mitarbeiter des Zoologischen Museums (später Instituts) der Sowjetischen Akademie der Wissenschaften in Leningrad (Kumari 1976). Bis zur zweiten Hälfte der 1930er Jahre stieg er hier vom Präparator zum Leiter eines großen Labors, d.h. Institutsabteilung auf. Vor dem Kriege publizierte er viel in Deutschland, im „Journal für Ornithologie" und in den „Ornithologischen Monatsberichten"; seine Arbeiten entsprachen genau den wissenschaftlichen Vorstellungen Stresemanns, der 1930 in einem Brief an Hartert in Tring schrieb: „Im Osten ist ein neues Licht aufgegangen, dieser Stegmann entwickelt sich zu einem modernen Pallas, ich habe kaum je einen so interessanten Briefwechsel mit einem Systematiker geführt wie mit ihm." (Haffer 1997: 257). Nachdem sich die beiden während der Internationalen Ornithologen-Kongresse in Amsterdam 1930 und Oxford 1934 persönlich begegnet waren, wurde der damals 38-jährige Stegmann im Jahre 1936 als Ehrenmitglied in die Deutsche Ornithologische Gesellschaft aufgenommen; auch ornithologische Vereinigungen Großbritanniens und der USA wählten ihn zum Ehrenmitglied. Boris Karlowitsch ist u.a. der „Entdecker" der Faunentypen in der Vogelfauna, die er 1938 für die Aves der Paläarktis definiert, beschrieben und in eindrucksvoller Weise grafisch dargestellt hat („Fauna SSSR", Vol. 1, Teil 2), womit er zu einem der wichtigsten Vertreter der historischen Tiergeografie wurde.

Ich habe Stegmann 1959, während einer Tagung in Moskau kennen gelernt. Er war ein Mann, der eine innere Ruhe und Gelassenheit ausstrahlte, Merkmale, die ihn stets dazu befähigten, konzentriert wissenschaftlich zu arbeiten, aber auch sein schweres Schicksal zu tragen. Das erste Mal geriet er bereits vor dem Kriege in Schwierigkeiten: Seine jüngeren Kollegen erzählten mir, dass er gerade zum korrespondierenden Mitglied der Sowjetischen Akademie der Wissenschaften gewählt werden sollte, als er infolge einer politischen Denunziation 1938 verhaftet wurde. Es waren die Jahre, in denen in der Sowjetunion zahlreiche politische Schauprozesse mit verheerenden Urteilen stattfanden. Er hatte aber Glück: Nach einundhalb Jahren Untersuchungshaft ließ man ihn frei; obwohl er rehabilitiert wurde, war ihm jedoch der Weg zum weiteren wissenschaftlichen Aufstieg versperrt. Nachdem die deutsche Wehrmacht 1941 rasch in Richtung Leningrad vorstieß, wurde Stegmann, zusammen mit seiner Frau Tatjana Sergejewna Seweljewa, nach Kasachstan ausgesiedelt, wo sie beide bis 1954 verbleiben mussten.

Nun wollte ich Genaueres über seine Verbannungszeit erfahren, aber in einer ausführlichen Würdigung seiner Tätigkeit (Neufeld & Judin 1981) steht nur Folgendes: „Boris Karlowitsch Stegmanns Weg führte durch ein langes, nicht immer reibungsloses Leben, dessen Schwierigkeiten er mit männlicher Stärke und Geduld ertrug". Lediglich das dort aufgeführte Publikationsverzeichnis verrät, dass er in Kasachstan auch wissenschaftlich tätig war und aus der Zeit seines Aufenthaltes in Zentralasien mehr als 40 Publikationen veröffentlichte. Die Stegmanns waren kinderlos, auch

Abb. 35. Dr. Boris K. Stegmann und Frau Dr. Elisabetha W. Koslowa aus Leningrad (1958).

Verwandte waren nicht mehr zu ermitteln, es schien, als ob über seine Verbannung keine Informationen mehr zu finden wären.

Da half ein sensationeller Zufall: Vor ein paar Jahren erfuhr Dr. Peter P. Strelkow, Mitarbeiter des Zoologischen Instituts der Russischen Akademie der Wissenschaften in St. Petersburg, dass Stegmann ein populärwissenschaftliches Buch über sein Leben und seine wissenschaftliche Arbeit in Kasachstan verfasst hatte, das 1951 in der kasachischen Hauptstadt Alma-Ata gesetzt und gedruckt, jedoch kurz vor der Fertigstellung der Auflage auf Anordnung der Zensurbehörde vernichtet wurde. Grund dafür lieferte die behördliche Feststellung, dass es eine „verleumderische Darstellung" der Lebenbsbedingungen und der Arbeit eines sowjetischen Wissenschaftlers sei. Glücklicherweise wurde das Buch nicht restlos vernichtet: Stegmann bewahrte das erste „Signalexemplar", das er vom Verlag erhielt auf und dieses ging nach seinem Tode in den Besitz einer mit ihm befreundeten Familie über. Erst kürzlich wurde es dort entdeckt und gelangte in die Hände Dr. Strelkows. Dieser hat den Text mit einer Einleitung versehen und neu veröffentlicht (Stegmann [1951] 2004). Der Autor schrieb sein Buch tief in der „Stalinistischen Zeitperiode", deshalb enthält es keinerlei Informationen über die politisch bedingten Schwierigkeiten in seinem Leben. Dennoch ist aus dem Text und aus der Einleitung viel Neues herauszulesen.

Dr. Strelkow schreibt in der Einleitung, dass Stegmann die freie Wahl des Verbannungsortes gestattet wurde, wahrscheinlich wollte er sich in Alma-Ata ansiedeln; nach seiner und seiner Frau Ankunft dort im späten

Herbst bzw. Anfang Winter 1941 begannen jedoch auch in Kasachstan Restriktionen gegenüber sowjetischen Staatsbürgern deutscher Abstammung, einschließlich Aussiedlungen. In dieser Lage beschlossen die beiden, sich vor den Augen der Obrigkeit in der Wildnis des mehr als 300 km von der Hauptstadt entfernten Deltas des Ili-Flusses, nahe des Balchsch-Sees „zu verstecken". Dies geschah offensichtlich in Übereinstimmung mit dem Zoologischen Institut der Kasachischen Akademie der Wissenschaften in Alma-Ata, denn aus dem Buchtext geht hervor, dass Dr. Arkadij A. Sludskij (Säugetierspezialist am Institut) die Eheleute Stegmann zu Beginn ihrer Arbeit in dem Delta aufgesucht hat; auch Stegmann hielt Kontakt zu dem Institut in der Hauptstadt, später reiste er ein paar Mal dorthin. Aus dem Buchtext und aus Stegmanns wissenschaftlichen Publikationen ist zu entnehmen, dass er in dem Ili-Delta umfangreiche Untersuchungen über die dort große Population der Bisamratte durchgeführt und wichtige Beiträge zur rationalen Nutzung dieser Pelztierart erarbeitet hat. Als „Nebenprodukt" dieser Tätigkeit sammelte er auch andere wissenschaftliche Daten, die Material zu mehreren Veröffentlichungen lieferten.

In seinem Buch beschreibt Stegmann den fast fünf Jahre dauernden Aufenthalt in einer kleinen Siedlung des Ili-Deltas, die er Dscheltyranga nennt; es waren ein paar aus Schilf, Holz und Lehm erbaute, mit Erddächern bedeckte Hütten. Sie lagen einsam auf einer trockenen Düne, tief in dem Schilfdschungel des weit verzweigten Deltas. Weiträumig gab es keine Straßen, nur mit dem Ruderboot und zu Fuß konnte man die weit entfernten Auls (kasachische Siedlungen) erreichen.

Als die Stegmanns im Winter Ende 1941 in Dscheltyranga ankamen, lebte hier nur ein älterer Mann, der Wächter der Bauten (später kamen einige weitere Menschen, u.a. Jäger, Fischer und Studenten, im vierten Winter sogar zwei mongolische Pferde hinzu). Die beiden Verbannten brachten nur wenige Gebrauchsgegenstände mit und bezogen eine der Hütten mit einem Raum von etwa 50 m^2, ausgestattet mit einem Ofen, zwei Fenstern und einer niedrigen, undichten Tür. Dort wohnten sie mit ihrer Habe und den Nahrungsbeständen, kochten, backten und richteten ihr wissenschaftliches Labor ein, das zunächst mit einem Mikroskop und Tisch ausgestattet wurde. Die Hütte wird von Stegmann stets als „Bio-Punkt" (d.h. eine kleine biologische Station) bezeichnet; zu dem Bio-Punkt gehörte auch ein daneben liegender Schuppen, wo eine Banja (Damfbad) eingerichtet wurde. Die Versorgung mit Lebensmitteln und Brennmaterial (Wintertemperaturen bis zu -40°C) musste von Stegmann selbst in der natürlichen Umgebung organisiert werden. Eine der wichtigsten materiellen Grundlagen fürs Überleben bildete der Bisamfang und Verkauf der Felle in einem weit entfernten Ankaufspunkt, wo die Lieferungen mit Weizen und Jagdaccessoires bezahlt wurden (das Getreide wurde zu Hause in einer selbst gebauten „Mühle" verschrotet). Ausgiebige Jagd auf Wildschweine, selten auf Rehe und Hasen, Fasanen oder Wasservögel lieferte Fleisch (die für kulinarische Zwecke erlegten Vögel bildeten vor ihrer Verspeisung auch Material zu diversen Untersuchungen). Wichtige Helfer bei der Jagd waren treue Hunde. Fische wurden gefangen und z.T. geräuchert, aus Schildkröten wurde Suppe gekocht, Eier wildlebender Vögel wurden verzehrt. Während der mehrtägigen Märsche oder Bootsfahrten übernachtete Stegmann in Schilfhütten oder in Semljankas (Erdhöhlen). Salz fand er in einem kleinen salinen See in der Gegend, aus diversen Beeren erstellte seine Frau ein Vorrat an süßen Getränken. Ein Gemüsegarten wurde angelegt. Viele lebensnotwendige Gegenstände wurden selbst hergestellt, z.B. eine Lampe zur Beleuchtung des Bio-Punktes, die mit Petroleum gefüllt wurde, falls dieses fehlte auch mit tierischem Fett (Stegmann entdeckte dabei, dass Fasanenfett ein äußerst helles Licht ergibt). Seife wurde zu Hause erzeugt. Der Mangel an Schnüren und dickeren Seilen (u.a. für Fischfang und Transport der Jagdbeute, oft aus großer Entfernung) wurde erst nach einiger Zeit behoben, als Stegmann in der Gegend Sträucher des faserigen Kedyr (Hundskohl bzw. Hundswolle, *Apocynum sibiricus*) entdeckte: Dessen Stengel spaltete er mit einem Messer, zog die Fasern heraus, trocknete sie und flocht aus ihnen Schnüre unterschiedlicher Stärke und Länge; für die Herstellung einer 25 m langen Leine benötigte er eine Woche!

Nicht nur die kalten Winter waren in der kleinen Hütte schwer zu überleben. Die dichten Insektenschwärme, vor allem Mücken, waren in der Sommerhitze noch schwieriger zu ertragen. Eines Sommers erkrankte Frau Tatjana Sergejewna infolge der vielen Insektenstiche schwer; als ihre Lage kritisch wurde, wollte man sie in einem Ruderboot in ein 300 km entferntes Krankenhaus transportieren, worauf jedoch verzichtet wurde, als sich ihr Zustand besserte; die Heilung erfolgte einige Zeit danach „von selbst". Als Glücksfall für Stegmanns ist die Tatsache zu werten, dass Mücken in Kasachstan keine Malariaträger waren!

Die lesenswerten Erinnerungen aus dem Ili-Delta enthalten außer Berichten über die Erforschung und Nutzung der Bisambestände auch eine Unzahl von Stegmanns höchst interessanten, seltenen Beobachtungen an Tieren und Pflanzen (darunter auch wahre Entdeckungen!) und an ökologischen Phänomenen. Ein Themenbereich, dem relativ wenig Raum gewidmet wurde, klingt jedoch für uns Europäer wenig überzeugend: Alle, auch die schwierigsten Umstände des Lebens in der Wildnis, einschließlich der Lebensgefahren, werden mit ungebrochenem Optimismus, als spannende Abenteuer geschildert. Gewiss wollte Stegmann der Zensur wegen kein „Klagebuch" schreiben; ich vermute jedoch, dass auch er zu den vielen russischen Naturforschern gehörte, die innerlich fähig waren sich mit der Natur zu identifizieren und dadurch ein integriertes Leben mit der Wildnis bestreiten konnten. Die täglich erzwungenen Erfolge gaben Kraft für die Tage danach. Auch wenn es so gewesen sein sollte, waren diese fünf Jahre der Verbannung ein viel zu hoher Tribut …

Als schandhaft ist jedoch die Tatsache zu bezeichnen, dass die Forschungsergebnisse des in die Wildnis verbannten Wissenschaftlers keine Anerkennung fanden: Dr. Strelkow schreibt in der Einleitung zum Stegmanns Buch, dass eine Gruppe von Zoologen aus Kasachstan für ihre Verdienste um die Erforschung und Nutzung der Bisam-Bestände in den Nachkriegsjahren mit dem Stalin-Preis (später in Staatspreis umbenannt) ausgezeichnet wurde; unter den Namen der Laureaten fehlt jedoch der Stegmanns. In einer großen Monografie der Säugetiere Kasachstans (herausgegeben von A. A. Sludskij, Vol. 1, Teil 3, Alma-Ata 1978) fehlen auch Zitate seiner Publikationen über die Bisamratte.

Nach dem Ende des Krieges mussten Stegmann und seine Frau noch fast zehn Jahre in Kasachstan bleiben (wahrscheinlich lebten sie seit 1946 in Alma-Ata, er befasste sich mit der Bekämpfung von Sperlingen als Getreideschädlinge, forschte jedoch u.a. auch in Wüsten und Bergen der Republik sowie am Issyk-Kul-See im benachbartem Kirgisien). Nach Stalins Tod durften sie beide in das europäische Russland zurückkehren, doch Stegmann musste hier eine erneute Enttäuschung hinnehmen: Im Zoologischen Institut in Leningrad stellte man ihn nicht wieder an; er wurde Mitarbeiter einer Biologischen Station am Rybinsker Stausee (wieder etwa 400 km von Leningrad entfernt). Im Leningrader Institut erhielt er einen Arbeitsplatz und war dort häufig als Gastwissenschaftler tätig. Ins Ausland durfte er nicht reisen. Doch im Januar 1956 erlebte er noch einen Lichtblick in seinem Wirken: Es kam zu einem persönlichen Treffen mit Stresemann während der ersten All-Unions Ornithologen-Konferenz in Leningrad. Dies war für beide eine fruchtbare wissenschaftliche Begegnung, die sich auch in ihren späteren Publikationen widerspiegelt. Seit 1971 litt Stegmann an einer unheilbaren Krankheit, die ihn an der weiteren wissenschaftlichen Tätigkeit hinderte.

Möglicherweise ist jedoch gerade die Verbannungszeit als lebensrettend zu bewerten, denn während der 900-tägigen Wehrmachtsblockade Leningrads verhungerte dort mehr als eine halbe Million Menschen, darunter auch Wissenschaftler. Er aber hat das Leben in Kasachstan mit männlicher Stärke und Geduld ertragen und überlebt.

* * *

Während meiner Fachaufenthalte in der Sowjetunion traf ich des Öfteren **Prof. Nikolaj Alexejewitsch Gladkow (1905 - 1975)** vom Zoologischen Museum der Moskauer Universität. Er war der engste Mitarbeiter von Prof. Dementjew (vgl. S. 316-322), sie beide waren von Arbeitseifer besessen und bildeten „den Vorstand" des damals sehr starken Kollektivs Moskauer Ornithologen; allerdings mit einem Unterschied: Während Dementjew, etwas zurückhaltend und schüchtern, mehr den intellektuellen Kopf des Duos darstellte, war Gladkow der anpassungsfähige Pragmatiker und perfekte (fast „preußische") Organisator. Wahrscheinlich deshalb waren die Gespräche mit ihm stets kurz und sachlich. Nur einmal ließ er sich auf eine längere lockere Plauderei mit mir über seinen Aufenthalt in Polen ein: Auf dem großen Platz vor dem Kulturpalast in Warschau hatte ihm ein Taschendieb sein Portemonnaie gestohlen; es war die Anknüpfung an meine Klage einige Jahre zuvor, als ich von Taschendieben in einem vollgestopften Bus in Alma-Ata bestohlen wurde und mit nur 70 Kopeken vor ihm stand ...

Hier will ich aber über Ernsteres berichten: Noch in den 1950er Jahren erzählte mir Prof. Stresemann, dass Gladkow sein geschätzter Briefpartner vor dem Russland-Feldzug gewesen sei, Wichtiges im „Journal für Ornithologie" publiziert habe (s. Band 89/1941: 124-156) und kurz nach dem deutschen Überfall auf die Sowjetunion 1941 bei Wjasma in Gefangenschaft geraten

Abb. 36.
Prof. Nikolaj A. Gladkow aus Moskau (1956).

sei; Stresemann wollte ihm helfen, dies gelang jedoch nur teilweise (leider habe ich damals nicht nach Einzelheiten gefragt). In den in der Sowjetunion bzw. in Russland publizierten Nachrufen und Biografien (Woronow 1967, Drosdow 1977, Flint & Rossolimo 1999: 100-115) war darüber nichts zu finden und mündliche Auskünfte russischer Kollegen waren stark widersprüchlich und deshalb unglaubwürdig. Erst kürzlich gelang es mir, durch Archivsuche (Staatsbibliothek zu Berlin – Preußischer Kulturbesitz, Archiv des Museums für Naturkunde in Berlin) Genaueres darüber zu erfahren: Ich fand Gladkows Korrespondenz mit Stresemann aus der Kriegsperiode! Sie erfolgte zumeist über die deutsche Feldpost-Nr. 10.079 (bis Juli 1944) und 36.126 (ab August 1944). Bevor ich jedoch über die Ergebnisse meiner Nachforschungen berichte, noch eine Skizze über das Leben und Wirken Gladkows bis zum Ausbruch des deutsch-sowjetischen Krieges.

Nikolaj Alexejewitsch entstammt der Familie eines Dorfpopen (russisch-orthodoxen Priesters) aus dem Gouvernement Kursk. Nach dem Abitur war er kurze Zeit Präparator in einem Provinzmuseum, danach wirkte er in einer Biologischen Feldstation der Moskauer Universität und nahm an einer ichthyologischen Expedition am Flusse Syrdarja und dem Aralsee teil. Hier bewährte er sich fachlich und gesellschaftlich-politisch (der Einfluss des religiösen Elternhauses erlosch, er wurde Atheist); im Jahre 1926 fing er an, trotz „falscher sozialer Herkunft", Biologie an der Moskauer Universität zu studieren. Wohl unter dem Einfluss des schon betagten Prof. M.A.

Menzbier, mit dem er seit mehreren Jahren Kontakte unterhielt, beschloss er, sich verstärkt mit der Vogelkunde und Tiergeografie zu befassen. 1934 wurde er wissenschaftlicher Mitarbeiter des Zoologischen Museums der Moskauer Universität und in den nachfolgenden Jahren erschienen einige seiner zoologischen, insbesondere ornithologischen Publikationen; mehrere davon berichten über sein eingehendes Studium der Technik des Vogelfluges (seine Erkenntnisse wurden z.T. von Flugzeugkonstrukteuren verwendet). Danach wurde er Universitätsdozent und wollte mit dem Thema Vogelflug den Titel des Doktors der Wissenschaften erlangen, um Professor zu werden. Im Sommer 1941 sollte er auf die Insel Kolgujew in der Arktis fliegen, um dort Gänse und Enten zu beringen, da brach aber der Krieg aus. Gladkow wurde in die Armee einberufen und sofort an die Front geschickt. Seine Artillerieeinheit geriet bereits im Oktober 1941 in einen Kessel bei Wjasma, im November wurde er Gefangener der deutschen Wehrmacht.

Die Schlacht bei Wjasma zählt in der Geschichte des Zweiten Weltkriegs zu den größten Erfolgen der deutschen Armeen: Hier wurden binnen weniger Wochen 80 Divisionen der Roten Armee ausgeschaltet und etwa 650000 sowjetische Soldaten in Gefangenschaft genommen! Rotarmisten hatten die Anweisung, sich eher das Leben zu nehmen als sich zu ergeben, nur wenige taten dies jedoch (dazu zählten viele politische Offiziere, da sie bereits den berüchtigten „Kommissarbefehl" des Oberkommandos der Wehrmacht zu ihrer sofortigen Erschießung kannten). Tausende starben aber an Hunger und Seuchen. Die Deutschen waren weiterhin auf dem Vormarsch, Moskau war nicht mehr weit, so dass der Glaube der Gefangenen an die Verteidigung der Heimat immer geringer wurde, während die Deutschen dem baldigen Endsieg immer zuversichtlicher entgegenblickten. Für die Betreuung der unzähligen Gefangenen brauchte die Wehrmacht zusätzliche Helfer und Dolmetscher. Gladkow sprach gut deutsch (noch im Gymnasium erlernte er die Sprache) und wurde als Dolmetscher angeworben. Sein Status war jetzt: „Hilfswilliger der deutschen Wehrmacht", kurz „Hiwi"; das blieb er bis zum Kriegsende. Aus sowjetischer Sicht war es Verrat!

Unter Verwendung der beiden Feldpost-Nummern und von Fachpublikationen (Kannapin 1980, 1981; Tessin 1973, 1975, 1997) gelang es mir, die gesamte Dienstzeit des Hiwi Gladkow zu rekonstruieren.

Die Gefangennahme bei Wjasma erfolgte durch das Nachschub-Bataillon der 247. Infanterie-Division der Wehrmacht, Gladkow wurde Dolmetscher in der 3. Kompanie des Bataillons. Die Nachschubeinheiten mussten in dieser Zeit nicht nur für die Front arbeiten, sie waren auch für die Versorgung der Kriegsgefangenen zuständig; so ist mit Sicherheit anzunehmen, dass der zum Hiwi konvertierte Rotarmist sich nicht als Verräter fühlte, vielmehr gehörte er zu den Lebensrettern vieler seiner Kameraden. In der deutschen Kompanie, der er jetzt angehörte, wurde er nicht nur als Helfer gebraucht, sondern auch gut behandelt und geschätzt, es entstanden freundschaftliche Kontakte zu den Offizieren und Soldaten sowie zu anderen Hiwis. Ein glücklicher Zufall verhalf jedoch Gladkow, seine Situation noch weiter zu verbessern: Offensichtlich traf er hier auf einen deutschen Offizier, der ornithologisch interessiert war! Dieser stellte bald fest, dass er es mit einem hoch qualifizierten Fachkollegen zu tun hatte und war willig, ihm zu helfen. Bereits im Sommer 1942 (im Süden rückten die deutschen Truppen noch vor, vor Moskau erfuhren sie jedoch einen Dämpfer) erlaubte man Gladkow, an Stresemann in Berlin einen Brief mit der Anfrage zu senden, ob dieser ihn als „Fremdarbeiter" für wissenschaftliche Zwecke im Reich verwenden könnte; der erste Brief erreichte Stresemann jedoch nicht. Einige Zeit später besorgte ein deutscher Soldat während seines Urlaubs das „Journal"-Heft, in dem Gladkows Arbeit über die Vögel der Timan-Tundra erschienen war, was seine Wertschätzung bei Vorgesetzten und Kameraden untermauerte. Im Januar 1943 erlaubte ihm Hauptmann Schmidt, der damalige Kompanieführer, erneut einen längeren Brief an Stresemann zu schicken (bei Stalingrad war eine ganze deutsche Armee bereits eingekesselt); das Schreiben ist fehlerfrei auf der Schreibmaschine, offensichtlich vom Kompanieschreiber, abgetippt worden. Briefe von der Front durften nicht alles, was man schreiben wollte, beinhalten, Gladkows Briefe waren auch zensiert und mussten von seinem Vorgesetzten genehmigt werden (der Inhalt der verfügbaren Korrespondenz darf deshalb nicht in allen Fällen als treue Wiedergabe seiner damaligen Ansichten und Gedanken gewertet werden). Nichtsdestoweniger ist es interessant, einiges aus seinen Briefen an Stresemann hier wiederzugeben.

Gladkow fragte am 14. Januar 1943 erneut an, ob er für Stresemann wissenschaftliche Hilfsarbeiten an seinem Aufenthaltsort oder anderswo, z.B. in der ornithologischen Sammlung in Berlin, ausführen könne. Er ging auch auf den Inhalt seines früheren Briefes ein (der Stresemann nicht erreicht hatte); dort hatte er u.a. über die Ankunftszeiten diverser wandernder

Vogelarten berichtet und kommentierte dies wie folgt: „Gewiß, alle diese Nachrichten haben jetzt, während der so großen entscheidenden Erlebnisse sehr wenig Wert, aber ich halte es für unsere Pflicht, alle berufliche Sorge nicht zu vergessen und für die Friedensarbeit festzuhalten." Gladkow bedauerte, dass die Notizen und Materialien über seine Vorkriegsuntersuchungen „wahrscheinlich schon lange verloren" seien. Über seine druckreifen Schriften (die er in Moskau zurückließ) schrieb er: „Ich habe sehr wenig Hoffnung, daß alle diese Manuskripte [...] irgendwo aufbewahrt werden." Und weiter: „Meine große Arbeit (Resultat vieljähriger Vogelfluguntersuchungen) bleibt unbeendet." Er informierte auch, dass der „junge [russische] Gelehrte Modestow, der damals Ihnen [Stresemann] seinen Artikel über Rauhfußbussard sandte, [...] schon lange gefallen" sei. Dem fügte er hinzu, dass das gleiche Schicksal auch Kaftanowskij (einem anderen jungen russischen Ornithologen) zugestoßen sei. Zum Abschluss teilte er mit: „Mir geht es hier gut, aber wie ich schon gesagt habe, habe ich fast vergessen, was für einen Beruf und welche Interessen ich vor dem Kriege hatte."

Stresemann reagierte sofort auf diesen Hilferuf. Telefonisch nahm er Kontakt zu dem Sonderbeauftragten für den Arbeitseinsatz (S.B.A.) in Berlin auf und entwarf einen offiziellen Antrag der Direktion des Museums, wo u.a. steht: „Gladkow war bisher berufsfremd eingesetzt worden. Es wird gebeten, ihn zur Arbeitsleistung im Zoologischen Museum der Universität Berlin einzuweisen, an dem gegenwärtig infolge von Einberufungen ein sehr starker Mangel an wissenschaftlichen Hilfskräften herrscht. Gladkow wird mit fachlichen Aufgaben in der ornithologischen Abteilung beschäftigt werden." Noch Ende Januar 1943 antwortete Stresemann dem Hiwi und kündigte an, ihm neuere deutsche ornithologische Publikationen zuzusenden. Bereits am 5. Februar 1943 schrieb Gladkow hoffnungsvoll zurück: „Ich freue mich schon im voraus, daß ich mich in allerkürzester Zeit wieder mit meiner geliebten Arbeit beschäftigen darf. Für Ihre liebenswürdige Absicht, mir ornithologische Literatur schon jetzt zu senden, wäre ich Ihnen sehr dankbar. Schon zu lange bin ich ohne Nachricht in Bezug auf unsere Wissenschaft. Dank Ihrer Hilfe wäre es mir dann durch die Zusendung der Literatur möglich, mich allmählich über das neuere in meiner geliebten Wissenschaft zu informieren. Der Herr Hauptmann und Kompanieführer genehmigt die Zusendung der Literatur." Da die Feldpostbriefe keine genaueren Angaben über den Aufenthaltsort des Absenders enthalten durften, fügt

Gladkow eine „ornithologisch verschlüsselte" geografische Nachricht hinzu: „Hier, wo ich mich jetzt befinde, sind die Kolkraben eine fast alltägliche Erscheinung. Schade, daß ich keine Möglichkeit habe, als Geschenk für Sie einen Balg stopfen zu können." Bedeutet: Ostfront, nördlicher Abschnitt. Zum Abschluss meldet er noch einen Literaturwunsch an: „Besonders interessieren würde mich die Monographie von Professor Hans Johansen." (Der Däne Johansen lebte in dieser Zeit in Königsberg und verfasste ein Werk über die Vogelfauna Westsibiriens; vgl. S. 224-230).

Aus weiteren Briefen geht hervor, dass die Bemühungen um Gladkows Beschäftigung im Museum in Berlin keinen Erfolg hatten. Gladkow dankte Stresemann für die zugesandten Publikationen und bat (Brief vom 1. September 1943) um weitere Fachliteratur, um mit der Entwicklung der Wissenschaft Schritt halten zu können: „Vielleicht haben Sie die Möglichkeit, mir eine Persönlichkeit namhaft zu machen, die in unserer Fachliteratur gut unterrichtet ist und nach meinen Angaben verschiedene Einkäufe an Büchern u.s.w. für mich tätigen kann. Meine alte Bibliothek ist für mich, so nehme ich bestimmt an, verloren. Ich habe daher die Absicht, sofern mir die Geldmittel hierfür zur Verfügung stehen, jede Möglichkeit zu benutzen, mir die erforderliche Literatur wieder anzuschaffen. Dies umsomehr, als das ausländische Schrifttum während der Kriegszeit nur lückenhaft in unsere Bibliotheken aufgenommen werden wird." Und weiter: „Leider weiß ich vorläufig keinen sicheren Ort, wo ich die Bücher bis zu ruhigeren Zeiten aufbewahren könnte. Besteht vielleicht die Möglichkeit, dass sie bis dahin in Berlin verbleiben könnten? Die Zahl der Bücher würde ohnedies [=ohnehin] nicht groß sein. […] Im übrigen möchte ich mich gerne auf den Bezug des Journals für Ornithologie abonnieren." Zum Abschluss des Briefes steht noch das Erstaunlichste: „Schließlich darf ich noch um Auskunft bitten, ob die Deutsche Ornith. Gesellschaft auch jetzt noch ihre Jahresversammlungen abhält, gegebenenfalls wann. Falls ich von hier beurlaubt werden könnte, würde ich es mir so einrichten, daß ich an einer solchen Tagung teilnehmen könnte."

Die Jahresversammlung der DOG hatte bereits im Juli 1943 in Berlin stattgefunden (und war die letzte mit wissenschaftlichen Vorträgen in der Kriegsperiode), Stresemann erklärte sich jedoch sofort bereit, die gewünschten Publikationen zu beschaffen und aufzubewahren; an der Korrespondenz und Literaturbeschaffung beteiligte sich auch Hermann Grote (Gebhardt

1964: 125), ein russischsprachiger Mitarbeiter Stresemanns aus Berlin. Ein Teil der Bücher wurde im Museum aufbewahrt, mehrere wurden jedoch an die Ostfront gesandt. Im Laufe der Zeit (bis Ende Juli 1944) überwies Gladkow an Stresemann dreimal 150 RM für die Bücherkäufe. In einem Brief vom 22. Oktober 1943 schrieb er: „Ich bedauere außerordentlich, daß ich die Möglichkeit, Ihre Jahresversammlung zu besuchen, nicht wahrnehmen konnte. Hielt ich es doch für zweifelhaft, ob diese Versammlungen z.Zt. überhaupt stattfinden können. Umsomehr bin ich in freudiger Erwartung eines Abdrucks Ihres Vortrages und anderer, interessanter Ausführungen." In einem weiteren Brief vom 13. März 1944 schrieb Gladkow u.a.: „Auch wäre ich dankbar, wenn sie mir ein Lehrbuch für Zoologie, wie es an den Deutschen Universitäten üblicherweise benutzt wird, anschaffen wollten. Haben wir doch alle den Wunsch, daß die Zeit nicht mehr allzu fern sein möge, wo wir diese Werke benutzen können." Am Ende dieses Briefes stand wieder eine ungewöhnliche Anfrage: „Es wäre mir auch eine Auskunft darüber sehr erwünscht, ob für mich die Möglichkeit besteht, den mir zustehenden Erholungsurlaub in einer der Vogelwarten (z.B. in Rossitten) zu verbringen, um dort die Frühlingsarbeit kennenzulernen und auch während dieser Zeit selbst dort nützlich sein zu können." Nun schien Gladkow von wissenschaftlichem Elan beflügelt zu sein, denn nachdem er im „Journal" (das er abonnierte!) die Arbeit von Erich von Holst „Über künstliche Vögel als Mittel zum Studium des Vogelfluges" gelesen hatte (Band 91/1943: 406-447), verfasste er eine zwei Seiten lange harsche Kritik, die er in einem Brief vom 9. April 1944 an Stresemann sandte (und die der Herausgeber der Zeitschrift gewiss an den Autor weitergeleitet hat).

Die Anstellung Gladkows in Berlin gelang nicht, auch der Besuch einer Versammlung der Deutschen Ornithologischen Gesellschaft kam nicht zustande. Das entmutigte Stresemann aber nicht, auf Gladkows neueste Bitte einzugehen: Er bat Dr. Ernst Schüz, den Leiter der Vogelwarte, den Hiwi zu einem Aufenthalt in Rossitten einzuladen. Schüz sandte bereits am 27. März 1944 eine formelle Einladung an Gladkow und versicherte, dass er ihn gerne in Rossitten empfangen würde, jedoch befürchte, dass die Reise wegen der strengen Ausländersperre für dieses Gebiet nicht genehmigt werden würde (die Ostfront, wo Gladkow noch immer weilte, verschob sich inzwischen weiter nach Westen, seine Kompanie lag seit Anfang 1944 im Westen Weißrusslands oder in Litauen). Der Leser wird an dieser Stelle meinen, dass es sich um utopische Fantasien wirklichkeitsfremder Gelehrter (Ornithologen!!) handelte. Aber nein: Zwei Monate später erhielt Stresemann in Berlin, diesmal über die normale Post, einen am 8. Juni 1944 datierten Brief vom Hiwi-Gefreiten Gladkow (offensichtlich avancierte er kürzlich) aus Rossitten! Er schrieb handschriftlich (Abb. 37): „Mein bester Dank für Ihre liebenswürdige Sendung, die ich hier in Rossitten erhalten habe. Gewiss bin ich hier zu spät gekommen um etwas vom [Vogel] Zug noch zu sehen und [zu] beobachten. Aber Vogelwarte zu besuchen ist schon sehr interessant für mich. [...] Ich darf mich hier befinden bis 24. einschliesslich." Und am 21. Juni 1944 (im Osten brach die deutsche Front bereits an einigen Abschnitten zusammen) folgte ein langer Bericht: „Die ganze Zeit, solange ich hier in Rossitten bin, habe ich sehr wenig schönes Wetter geniessen [=genossen]. Das machte aber nicht viel aus. Beim regnerischen Wetter sass ich in der Bibliothek und war von Morgens bis Abends in das Lesen vertieft. Viel interessantes gefunden, aber, soll ich leider feststellen, englisch und französisch habe ich gründlich vergessen. So gründlich, dass ich meinen eigenen Artikel in „The Auk" [amerikanische Zeitschrift] nicht mehr lesen konnte. Glücklicherweise besitzt [die] Vogelwarte „The Auk" 1941. In dem ersten Heft ist doch mein Artikel über den palaearktischen Habicht gedruckt. Diesen Artikel sah ich nicht und das war mir sogleich eine ganz angenehme Überraschung. Sonst war ich bei Vogelwarte alltag behilfig und viele Exkursions gemacht. Die junge Stare beringen ist keine Kunst, aber mit den Störchen habe ich Misserfolg gehabt. Diese Arbeit ist nicht für meinen Kopf: ich bin nämlich schwindlig. Ich habe hier in Rossittenumgebung nicht alles gefunden, wass ich nach meiner Erfahrung in solcher Landschaft erwarten konnte. Kein Kuckuk ist da, Nachtigal (oder Sprosser) bloss einmal gehört und sonst nicht gesehen." Dem folgen noch zwei weitere Briefblätter mit fachornithologischen Plaudereien. Lediglich der Abschluss enthält eine Klage: „Ich war in Königsberg in der grössten Buchhandlung und nichts zu kaufen. Schade."

Alles in allem eine Idylle, die jedoch nicht mehr lange dauern sollte; schon während der Rückreise Gladkows aus Rossitten zu seiner Einheit begann die große Sommeroffensive der Roten Armee gegen die Heeresgruppe Mitte. Bald darauf erhielt Stresemann einen nur kurzen, am 13. Juli 1944 datierten, handschriftlichen Feldpostbrief (den Kompanieschreiber gab es offensichtlich nicht mehr), wo zu lesen ist: „Ich bin wieder gesund und

Abb. 37.
Brief Nikolaj A. Gladkows vom 8. Juni 1944, abgesandt aus Rossitten an Prof. Erwin Stresemann in Berlin.

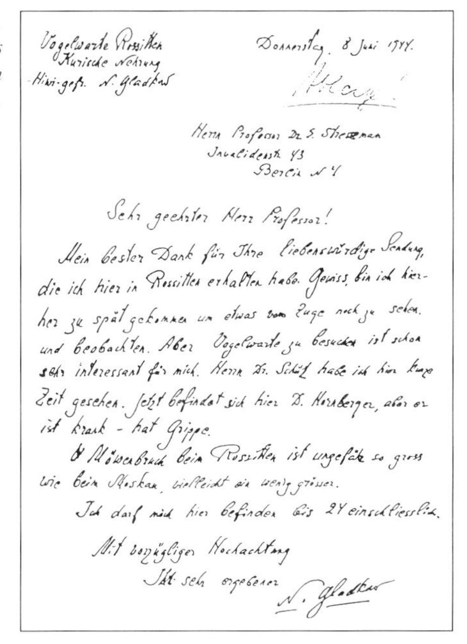
Vogelwarte Rossitten
Kurische Nehrung
Hiwi-gefr. N. Gladkow

Donnerstag. 8 Juni 1944.

Herrn Professor Dr. E. Stresemann
Invalidenstr. 43
Berlin N 4

Sehr geehrter Herr Professor!

Mein bester Dank für Ihre liebenswürdige Sendung, die ich hier in Rossitten erhalten habe. Gewiss, bin ich hierher zu spät gekommen um etwas vom Zuge noch zu sehen und beobachten. Aber Vogelwarte zu besuchen ist schon sehr interessant für mich. Herrn Dr. Schüz habe ich hier kurze Zeit gesehen. Jetzt befindet sich hier D. Hornberger, aber er ist krank – hat Grippe.

& Möwenbruch beim Rossitten ist ungefähr so gross wie beim Moskau, vielleicht ein wenig grösser.

Ich darf mich hier befinden bis 24 einschliesslich.

Mit vorzügliger Hochachtung
Ihr sehr ergebener
N. Gladkow

lebendig geblieben. Aber meine alte Adresse und alles was ich gehabt habe, sogar die Bücher die ich aus Rossitten mitgenommen habe auch, habe ich verloren. Bei erster Möglichkeit teile ich Ihnen meine neue Adresse mit." Offensichtlich das Resultat der sowjetischen Offensive …

Dem Kurzbrief folgte ein zweiseitiger Feldpost-Bericht vom 27. Juli 1944 (also kurz nach dem Attentat auf Hitler in der masurischen „Wolfsschanze"): „Gestern habe ich genau erfahren, dass ich zu meiner alten Einheit nie wieder zurück komme. Das ist sehr schade. Ich fühlte mich diese Tage so traurig als ob ich meine nahe Verwandte verloren habe. Ich habe doch mit meinen Kameraden beinahe drei Jahre zusammengelebt und habe vieles gutes und schlechtes erlebt. Jetzt ist also alles vorbei. Ich habe jetzt eine neue Adresse [F.P. Nr. 36 126]. Aller Wahrscheinlichkeit nach, wenn wir in [dem für] uns bestimmten Ort eingetroffen sind, sollen wir nicht viel Bewegung haben und ich kann also alles von neuem anfangen. Ich meine, ich kann dann wieder kleine Broschure erhalten und mich in wissenschaftliches Lesen vertiefen." Gladkow hat „mit gleicher Post" wieder 150 RM an Stresemann in Berlin zwecks erneuten Ankaufs von Büchern übersandt und fügt hinzu: „Ich brauche jetzt irgend welches französisches Wörterbuch. Schliesslich genommen das ist ziemlich egal ob es ausführlich oder ganz kurz ist. Ich habe diese Sprache gründlich vergessen. Hauptsache wenn dieses Buch ziemlich schnell [an]geschafft ist, ich kann es noch hier erhalten solange ich noch in der Nähe bin. Die Natur ist hier nicht zu schön. Viel Sand. Aber ich habe hier Möglichkeit gehabt den Girlitz, mir früher ganz unbekannten Vogel, zu beobachten."

Daraus ist zu schließen, dass die Hiwis auf dem Transport nach Westen waren. „In der Nähe", „viel Sand" und Girlitzbeobachtungen sind kodierte Informationen an einen Ornithologen, der daraus ablesen konnte, dass Gladkows Transport wahrscheinlich über Brandenburg rollte; das französische Wörterbuch verrät, dass der „bestimmte Ort" im okkupierten Frankreich oder in Belgien liegen muss. Aufgrund der neuen Feldpostnummer konnte ich ermitteln, dass die Reste von Gladkows Regiment in die neu gegründete 226. Infanterie-Division eingegliedert wurden, die in der „Festung" Dünkirchen lag. Er selbst wurde der Schlächter-Halbkompanie dieses Verbandes zugeteilt; wohl ein gezielter Einsatz eines Zoologen an der Front!

Jetzt wurde es mit der Korrespondenz schwieriger: Nur noch ein Brief und ein Päckchen Gladkows erreichten Berlin, dagegen kamen vier Briefe bzw. Postkarten Stresemanns an ihn zurück mit dem Vermerk „neue Anschrift abwarten" oder „falsche F.P. Nr." (die Invasion der Alliierten in der Normandie hatte Erfolg, auch die Feldpost funktionierte nicht mehr). Es ist aber interessant, den Inhalt und Ton der letzten Stresemann-Briefe *in extenso* zu erfahren (in Archiven fehlen Kopien seiner früheren Briefe an Gladkow, über deren Inhalt konnte ich bisher nur aus Gladkows Antworten einiges erfahren). Am 31. Juli 1944 schrieb Stresemann: „Sehr geehrter Herr Kollege! Die Nachrichten, die Sie mir in Ihren letzten beiden Briefen [13.7. und 27.7.1944] von der unverhofften Wendung Ihrer Lage gegeben haben, haben mich sehr bekümmert und ich kann mir vorstellen, wie sehr Sie unter dem Verlust Ihrer Kameraden und des kleinen wissenschaftlichen Apparates, den Sie um sich hatten aufbauen können, leiden. Ein Ersatz für die Ihnen abhanden gekommenen Schriften wird jetzt schwer zu beschaffen sein. Mit den Vorräten des J.f.O. [Journal f. Ornithologie] und der O.M.B. [Ornithologische Monatsberichte] müssen wir sehr sparsam umgehen und alles, was ich augenblicklich tun kann, ist, Ihnen einige Sonderdrucke – soweit ich sie hier verfügbar habe – zuzusenden und das Buch von Schmidt [„Vogelflug"] noch einmal zu bestellen [Stresemann ahnte, dass auch der neue „Apparat" verloren gehen wird]. Um die Beschaffung des französischen Wörterbuches will ich mich bemühen, aber die Aussichten für einen Erfolg sind nicht gross. Sie werden in nächster Zeit wieder von mir hören. Herr Johansen, der sehr bedauert, Sie nicht persönlich gesprochen zu haben, ist inzwischen nach Dänemark abgereist und setzt seine Arbeit an den Vögeln Westsibiriens dort fort." (Offensichtlich war während des Besuches Gladkows in Rossitten ein Treffen mit dem Russland-Kenner geplant, das jedoch nicht zustande kam).

Der letzte kurze Brief Gladkows, den Stresemann erhielt, trägt das Datum vom 14. August und den Feldpoststempel vom 21. August 1944; außer knappen Mitteilungen und einem Dank enthält er auch Gladkows Testament: „Sehr geehrter Herr Professor! Aus dem Deutschland [er reiste also über das Gebiet des Reiches] habe ich an Sie einen Brief, das Geld und bald darauf Feldpostpäckchen gesendet. Leider habe ich keine Päckchenmarken reingelegt und infolgedessen ist meine Bitte (mir ein Wörterbuch zu schicken) nicht zu erfüllen. Bis jetzt habe ich noch keine Marken. [Solche Marken waren für die Versendung von Feldpostpäckchen notwendig, sie galten für ein Gewicht von 1 kg.] Sie haben mir so viel gemacht und ich wollte Ihnen ein kleines Gefallen machen. Ich weiss sehr gut wie kostbar ist jetzt ein Paar Zigaretten dort zu Hause bei der Arbeit oder in Ruhe zu rauchen. Falls ich nicht durchkommen soll und diese Tage nicht erlebe, bitte ich meine Bücher als mein Eigentum später an meine alte Arbeitsstelle zu übergeben. Verzeihen Sie bitte dass ich so unordentlich schreibe. Ich sitze im Zelt und habe den Brief auf dem Schoss. Mit vorzüglicher Hochachtung, Ihr sehr ergebener N. Gladkow."

Die Worte „mein Eigentum" und „meine alte Arbeitsstelle" bezeugen, dass Gladkow die Hoffnung auf die Befreiung seines Landes niemals verloren bzw. sie jetzt wiedergewonnen hatte!

An der Westfront musste bereits Chaos geherrscht haben, da zwei Postkarten Stresemanns (Bestätigung des Geldeinganges und Zusicherung, dass er die Bücher weiterhin ankaufen werde) im August 1944 nach Berlin zurückkamen und kurz danach auch sein letzter Brief, den er bereits am 4. August schrieb. Aus diesem Brief (Abb. 38) ist zu erfahren, dass das von Gladkow angekündigte Päckchen nicht „ein Paar" sondern eine Menge Zigaretten enthielt, was den ausgehungerten Raucher Stresemann in Euphorie versetzte (um diese Zeit stopfte er Kräutertee in seine Pfeife)! Jetzt hatte auch Stresemann eine Bitte an seinen russischen Briefpartner: Er bat

Gladkow, ihn doch in Berlin zu besuchen, was sich diesmal als wirklich utopisch erweisen sollte …

Damit endet die dreijährige freundschaftliche Zusammenarbeit zweier Naturwissenschaftler in so unterschiedlichen Positionen in der Periode des Zweiten Weltkrieges.

Die Befürchtung Gladkows, er werde das Kriegsende nicht überleben, hat sich nicht bewahrheitet. Seine Einheit blieb in Dünkirchen bis zur Befreiung Calais' und der Umgebung durch die alliierten Truppen. Er hatte Glück, dass er rechtzeitig an die Westfront gelangt war; im Osten rückten jetzt die Sowjets schnell voran und Hiwis wie er, in gehobener Stellung, wurden nicht selten von der „Smersch" (Militärpolizei der Roten Armee, die vornehmlich Spionage und Verrat bekämpfte) wegen der „Zusammenarbeit mit den Faschisten" an Ort und Stelle erschossen …

Wie es mit ihm weiterging, konnte ich kürzlich (August 2000) in Moskau erfahren, wo ich u.a. von seiner Frau, Dr. Tatjana Dmitrjewna Gladkowa, zum Tee eingeladen wurde (sie ist ebenfalls Biologin und war am Lehrstuhl für Anthropologie der Moskauer Universität tätig).

Gladkow hat erst nach dem Kriege, 1949 in Moskau, geheiratet. In Frankreich wurde er von englischen Kampfverbänden befreit (je nach Sichtweise

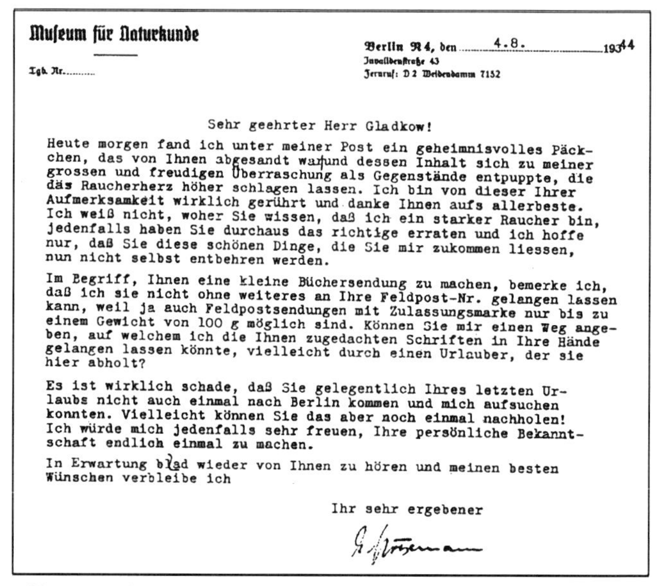

Museum für Naturkunde

Tgb. Nr. ....

Berlin N 4, den 4.8. 1944
Invalidenstraße 43
Fernruf: D 2 Weidendamm 7152

Sehr geehrter Herr Gladkow!

Heute morgen fand ich unter meiner Post ein geheimnisvolles Päckchen, das von Ihnen abgesandt war und dessen Inhalt sich zu meiner grossen und freudigen Überraschung als Gegenstände entpuppte, die däs Raucherherz höher schlagen lassen. Ich bin von dieser Ihrer Aufmerksamkeit wirklich gerührt und danke Ihnen aufs allerbeste. Ich weiß nicht, woher Sie wissen, daß ich ein starker Raucher bin, jedenfalls haben Sie durchaus das richtige erraten und ich hoffe nur, daß Sie diese schönen Dinge, die Sie mir zukommen liessen, nun nicht selbst entbehren werden.

Im Begriff, Ihnen eine kleine Büchersendung zu machen, bemerke ich, daß ich sie nicht ohne weiteres an Ihre Feldpost-Nr. gelangen lassen kann, weil ja auch Feldpostsendungen mit Zulassungsmarke nur bis zu einem Gewicht von 100 g möglich sind. Können Sie mir einen Weg angeben, auf welchem ich die Ihnen zugedachten Schriften in Ihre Hände gelangen lassen könnte, vielleicht durch einen Urlauber, der sie hier abholt?

Es ist wirklich schade, daß Sie gelegentlich Ihres letzten Urlaubs nicht auch einmal nach Berlin kommen und mich aufsuchen konnten. Vielleicht können Sie das aber noch einmal nachholen! Ich würde mich jedenfalls sehr freuen, Ihre persönliche Bekanntschaft endlich einmal zu machen.

In Erwartung bald wieder von Ihnen zu hören und meinen besten Wünschen verbleibe ich

Ihr sehr ergebener

E. Stresemann

Abb. 38. Brief Prof. Erwin Stresemanns vom 4. August 1944 an Nikolaj A. Gladkow.

könnte man auch sagen, dass sie ihn erneut in Gefangenschaft nahmen). Er wurde nach Großbritannien gebracht und noch 1945 auf dem Seewege in die Sowjetunion, nach Murmansk, ausgeliefert. Seine Witwe wusste zu berichten, dass die Rückkehrer sofort nach der Ankunft von amtlichen Stellen verhört wurden. Damit wurde in sogenannten Lustrationslagern geprüft, ob sie gegen das Dekret vom 19. April 1943 (sog. „Ukas 43") verstoßen hätten; dieser Ukas sah harte Strafen u.a. für „sowjetische Helfer des [deutschen] Agressor und Vaterlandsverräter" vor. Frau Gladkowa sagte mir, dass nicht alle der Rückkehrer in ihre Berufe und Heimatorte zurückkehren durften: Gegen einen Teil von ihnen wurden Berufs- und Wohnortsverbote (insbesondere in großen Städten) verhängt, andere wurden nach Sibirien verbannt oder in Lagern bzw. in Gefängnissen eingesperrt (es ist bekannt, dass auch viele Todesurteile gefällt und vollstreckt wurden). Gegen Gladkow wurde ein Arbeitsverbot an seiner Moskauer Universität verhängt und es wurde ihm eine Arbeitsstelle als Nachtwächter in einer der kleinen Städte in der Nähe Moskaus zugewiesen.

Daraus ist zu schließen, dass Gladkows Verhöre relativ gut verliefen. Es war nicht mehr möglich zu ermitteln, was er den Verhörbeamten über seine Hiwi-Zeit erzählt hat, es war aber wohl nicht die volle Wahrheit. Moskauer Fachkollegen wussten, dass er in der Kriegsperiode mit Stresemann Kontakte hatte – dies war wahrscheinlich die Hauptlinie seiner „Verteidigung". Die Witwe sagte mir, dass er ungern über seine Kriegsgefangenschaft erzählt habe, „er wich diesem Thema stets aus". (Anmerkung: Die Vernehmungsakte Gladkows befindet sich wahrscheinlich im Staatlichen Russischen Kriegsarchiv an der Wyborskaja Straße 3 in Moskau; Zugang zu diesen Dokumenten können auf Antrag verwandte Personen und interessierte Institutionen erhalten. Leider gelang es mir nicht, Moskauer Fachkollegen für eine Einsichtnahme und Durchsicht von Gladkows Akte zu gewinnen.)

Es muss für Gladkow eine freudige Überraschung gewesen sein, als er in Moskau, den Befürchtungen der Kriegsjahre zum Trotz, alle seine Vorkriegsmanuskripte und die Bibliothek in bester Ordnung vorfand! So konnte er, neben seiner Nachtwächterfunktion, auch als Privatwissenschaftler tätig werden. Offensichtlich hatte er auch Zugang zu seiner alten Arbeitsstelle – dem Zoologischen Museum der Universität, denn bereits 1946 und 1947 veröffentlichte er zwei wissenschaftliche Arbeiten in Moskau; seine Witwe erzählte mir, dass er in dieser kritischen Zeit des Öfteren auch in Moskau weilte. Erst 1947 stellte die Universität einen Antrag an die „zuständigen Stellen" und Gladkow erhielt die Erlaubnis, erneut als Wissenschaftler angestellt zu werden. Initiatoren dieses Ersuchens waren Prof. G.P. Dementjew und Prof. G.W. Nikolskij (Ichthyologe, der 1931-1934 zusammen mit Gladkow an einer Expedition an den Amu-Darja teilnahm). Im gleichen Jahr erlangte Gladkow aufgrund seiner fundamentalen Arbeit über den Flug der Vögel den Doktortitel.

Die neue Phase seiner wissenschaftlichen Tätigkeit war durch einen ungewöhnlichen Arbeitseifer gekennzeichnet. Mehrere alte Manuskripte wurden aktualisiert und veröffentlicht; neue Themen wurden aufgegriffen. Für das 6-bändige Werk „Vögel der Sowjetunion" (Autorenkollektiv unter der Leitung von Dementjew und Gladkow, 1951-1954) erhielt das Team bereits im Jahre 1952 den Stalin-Preis. Gladkow wurde Professor, mit Hingabe widmete er sich jetzt auch der didaktischen und erzieherischen Arbeit. Anfang der 50er Jahre trat er in die Kommunistische Partei ein, entwickelte auch politische Aktivitäten und suchte dabei nach Wegen zur Auseinandersetzung mit vernachlässigten Themen mittels ideologischer Argumentation (hierzu Beispiele seiner Publikationen: „Fragen des Naturschutzes im Lichte der Beschlüsse des XXII. Parteitages der KPdSU", „Lenin'sche Prinzipien des Naturschutzes", „Naturschutz in den ersten Jahren der Sowjetmacht"). Die Fülle dieser Tätigkeiten erweckt den Eindruck, als ob er sich gegenüber seinem Staat noch immer schuldig fühlte und bemüht war, diese „Schuld" abzutragen …

Ich versuchte auch zu ermitteln, welche Kontakte zwischen Stresemann und Gladkow nach dem Kriege bestanden. Dass Gladkow lebte und wieder aktiv wissenschaftlich tätig war, erfuhr Stresemann spätestens 1951, als die ersten drei Bände der „Vögel der Sowjetunion" erschienen; in Berlin-Ost war das Buch zu kaufen. Sowjetische Kollegen erzählten mir, dass Stresemann sich angeblich bereits in den ersten Nachkriegsjahren für Gladkow bei den Sowjets eingesetzt hatte (er war wieder an der Berliner Universität, also im sowjetischen Sektor Berlins tätig) und dass seine wissenschaftliche Autorität die Moskauer Behörden zur Lockerung ihrer Haltung bewogen haben; dies ist jedoch eher eine Legende, da Stresemann Ende Januar 1947 noch keinen Kontakt zu Moskauer Ornithologen hatte und Gladkow für verschollen hielt (Haffer et al. 2000: 366). In den Berliner Archiven befindet sich eine erneute Korrespondenz zwischen den beiden Wissenschaftlern erst aus den Jahren 1955-1972. Kein Wort über die Kriegszeit ist dort zu finden; die ersten Briefe betreffen die Ausbreitung der Türkentaube in Europa! In einem Brief Stresemanns steht jedoch, dass er über die Moskauer Adresse von Prof. Dementjew bereits im Herbst 1954 Sonderdrucke an Gladkow gesandt hatte; ich nehme an, dass auf dem gleichen Wege auch die in Berlin deponierten Fachbücher Gladkows aus seiner Hiwi-Zeit nach Moskau verfrachtet wurden (sie befanden sich in der Handbibliothek Gladkows in der Geografischen Fakultät). Anfang 1956 besuchte Stresemann eine Fachtagung in Leningrad, an der auch Gladkow teilnahm. Es kam also doch zu einer persönlichen Begegnung der beiden, wie es sich Stresemann im August 1944 gewünscht hatte! Ich bin überzeugt, dass er sich als Erstes bei dem ehemaligen Hiwi-Gefreiten für die ihm damals zugesandten Zigaretten bedankte. Was die beiden noch miteinander besprochen haben, werden wir leider niemals erfahren …

Prof. Gladkow gehörte nun zu den anerkanntesten Zoologen der Sowjetunion, aber an irgendeiner Überwachungsstelle sind seine „Sünden“ doch festgehalten worden; aufmerksame Parteikontrolleure der höheren Ebene ließen ihn nicht aus den Augen: Als er auf die Liste der sowjetischen Delegation zum 15. Internationalen Ornithologen-Kongress in Den Haag (1970) gesetzt wurde, strich eine unsichtbare Feder seinen Namen … Der Stalin-Preisträger (die Auszeichnung wurde inzwischen in Staatspreis umbenannt) durfte nur die volksdemokratischen Länder des Ostblocks besuchen, niemals aber „den Westen“.

Ich erfuhr jedoch von meinen russischen Kollegen, dass Gladkow sich einmal doch auf eine Reise „auf den Spuren seiner Vergangenheit“ begeben hat: Ende der 1950er Jahre besuchte er die Biologische Station in Rybatschij auf der Kurischen Nehrung, das alte Rossitten, wo er die schönsten Wochen seines Kriegseinsatzes verbrachte …

Ein Krebsleiden hat Gladkow zu früh aus dem Leben gerissen. Alle seine Schüler, die ich kenne, erzählen nur Positives über ihren Lehrer. Sein Lebensweg durch die Klippen des 20. Jahrhunderts war bisher nur wenig bekannt; er soll nun, in Ost und West, Stoff zum Nachdenken liefern. Eines steht aber fest: In unserer Wissenschaft hinterließ Gladkow bleibende, anerkennungswerte Spuren.

* * *

In Europa wird zu oft übersehen, dass der Zweite Weltkrieg nicht nur den Kalten Krieg nach sich zog: Die viel schlimmere Folge war der „heiße“ Koreakrieg der Jahre 1950-1953 in Ostasien. Auch er trieb Menschen zur Flucht und traf einige Naturwissenschaftler hart, darunter zwei Ornithologen. Überraschenderweise trugen jedoch die Schicksale der beiden Männer zu einer positiven Entwickung der Vogelkunde Koreas bei.

Mich persönlich interessierte Korea sehr, als ich noch Schüler der letzten Gymnasiumsklasse war: Fast täglich verfolgte ich damals den wechselhaften Verlauf des Krieges in diesem Land; nicht nur in polnischen Zeitungen, sondern auch im westlichen Rundfunksender „Freies Europa“. Das hatte Folgen: Ein Brief an meine Kollegin, in dem ich u.a. berichtete, dass Amerikaner nach der Rückeroberung einer Provinz ein Massengrab mit gefesselt hingerichteten US-Kriegsgefangenen entdeckt hatten, wurde „abgefangen“ und ich wurde denunziert; die polnische Sicherheitspolizei (UB) verhaftete mich daraufhin in der Schule, ich wurde im Kellergefängnis des Polizeigebäudes eingesperrt und einer Art „Gehirnwäsche“ unterzogen. Dass schlimme Abenteuer fand jedoch nach zwei Wochen ein glimpfliches Ende, ich durfte wieder in das Gymnasium zurückkehren. Dieses Erlebnis verstärkte mein Interesse für das ferne Land noch zusätzlich.

Als ich ein paar Jahre später Student in Warschau wurde, erfuhr ich, dass im Zoologischen Institut im nordkoreanischen Pjöngjang ein Ornithologe tätig war – **Prof. Won Hong-Gu (1888 - 1970)**. Die in den Zeitungen propagierte Freundschaft zwischen den sozialistischen Staaten ermutigte mich, eine Reise dorthin zu planen. Mir schwebte eine ostasiatische Expedition, etwa „auf den Spuren des polnischen Explorer Jankowski“ vor. Daraus wurde natürlich nichts, denn die „Freundschaft“ war mehr politischer Natur, für einen Studenten war ein solches Abenteuer nicht realisierbar. Naiv suchte ich nach einem ganz privaten Weg über eine nordkoreanische Studentin der Warschauer Universität (sie hieß Kim Dzy-Jol und war sehr hübsch). Sie sicherte mir zu, nach ihrer Rückkehr in die Heimat persönlich im Zoologischen Institut in Pjöngjang vorzusprechen. Nachdem sie Polen verlassen hatte, hörte ich jedoch niemals mehr von ihr.

Einige Zeit später, als ich schon wissenschaftlich tätig war, erfuhr ich nachträglich (ich war verreist), dass Prof. Won 1965 mehrere Tage in Warschau gewesen war! Er interessierte sich u.a. für die Nahrungsökologie der Sperlinge und konsultierte meinen Kollegen, Dr. Jan Pinowski, der fast sein ganzes Leben der Erforschung der Spatzen widmete. Nun hatte ich auch diese Gelegenheit verpasst!

Im August 1982, während des 18. Internationalen Ornithologen-Kongresses in Moskau, traf ich zu meiner Überraschung Prof. Won Pyong-Oh aus Seoul in Südkorea, den Sohn des nordkoreanischen Ornithologen! Politisch gesehen war das ein Phänomen: Aus Nordkorea (damals noch Bestandteil des „sozialistischen Lagers", von der Sowjetunion aber schon etwas „entfremdet") kam keiner; aus Südkorea (obwohl noch keine diplomatischen Beziehungen zu der UdSSR bestanden) war aber eine ganze Delegation angereist! Wir fanden sofort zueinander: Ich gewann Won junior für meine Suchaktion nach der verschollenen ostasiatischen Schopfkasarka (*Tadorna cristata*) und er setzte eine Belohnung von 500 US-Dollar für einen neuen Fund dieser seltensten Entenart aus (wie inzwischen bekannt, gelang dies nicht, die Vogelart gilt nun als ausgestorben). Der Seouler Professor fühlte sich in Moskau nicht ganz wohl, er glaubte von geheimnisvollen Koreanern beobachtet zu werden, in denen er nordkoreanische Agenten vermutete; Won wandte sich an die sowjetischen Organisatoren der Veranstaltung, die ihm versicherten, dass „nichts passieren würde" … Später traf ich Prof. Won Pyong-Oh auch in Westeuropa und in Seoul, in einer lockereren Atmosphäre. Unsere Debatten verließen zunehmend das Fachliche und ich erfuhr allmählich die ganz ungewöhnliche und spannende Geschichte der Familie Won.

Sein Vater, Won Hong-Gu, entstammte einer armen, aber nationalbewussten Bauernfamilie aus dem Nordwesten des Landes. Nach dem japanisch-russischen Krieg der Jahre 1904-1905 geriet jedoch Korea unter japanischen Einfluss, 1910 übernahmen die Japaner die volle Macht im Lande. Für die Bevölkerung hatte das sehr nachteilige Folgen: Die Koreaner wurden wie primitive Eingeborene behandelt, die Bildungsmöglichkeiten waren eingeschränkt, Japanisch wurde als Amtssprache eingeführt, lediglich untergeordnete Arbeitsstellen waren für Koreaner erreichbar. Die behördliche Überwachung, insbesondere die polizeiliche, war lückenlos. Der begabte, noch junge Hong Gu schaffte es aber, seine Ausbildung in dem von Japanern besetzten Land fortzusetzen: 1910 schloss er die Fachschule für Landwirtschaft und Forsten in Suwon (südlich von Seoul) ab. Er muss ein sehr guter Schüler gewesen sein, denn die Schulleitung stellte ihn als Assistenten an; nicht nur das: 1912 erhielt er ein Stipendium der japanischen Regierung und durfte bis 1915 an der renommierten Kagoshima Hochschule für Landwirtschaft und Forsten in Kyushyu (Japan) studieren. 1916 kehrte er in sein Land zurück und wurde Landwirtschaftsbeauftragter der japanischen Regierung für einen Landkreis im Norden Koreas. Hier entstand auch das Interesse an der Erforschung der einheimischen wildlebenden Tierwelt, was einen Berufswechsel zur Folge hatte: 1920 wurde er Lehrer für Naturkunde an der Schule in Sangdo (östlich von Pjöngjang). Bereits während des Aufenthaltes in Japan entstanden engere Kontakte zu Dr. Nagamichi Kuroda, einem Marquis, der sich mit der Vogelkunde befasste und eine wissenschaftliche Vogelsammlung besaß; auch Won fing jetzt an, Vögel zu präparieren und Vogelbälge zu sammeln. Insbesondere in den Sommerferien ging er, oft in Begleitung seiner Kinder (er hatte inzwischen vier Söhne und eine Tochter), auf Sammelexpeditionen. Es war ein Glücksfall, dass der Direktor der Schule ein Amerikaner war, der ihn nicht nur zu der vogelkundlichen Arbeit ermutigte, sondern auch den Verkauf von Bälgen an amerikanische Museen vermittelte. Bald kauften auch japanische Museen und Privatsammler, u.a. Prinz Taka-Tsukasa, Bälge bei ihm.

So wurde Won Hong-Gu zum ersten koreanischen Ornithologen! Sein Ansehen stieg jetzt auch bei den hochmütigen Japanern, er durfte sogar im Palastmuseum des japanischen Prinzen Li Wong in Seoul arbeiten – damals ein sehr seltenes Privileg für einen Koreaner. Auch mit dem prominentesten Ornithologen Japans, Dr. Yoshimaro Yamashina (Neffe des Kaisers Hirohito und Enkel des Kaisers Meije, dem Modernisierer Japans) stand er in fachlichem Kontakt!

Nun sammelte Won Hong-Gu mit großem Eifer Vogelbälge, er hatte den Ehrgeiz, den Nachweis für alle in seinem Lande vorkommenden Arten zu erbringen. Bisher gab es keine anerkannten koreanischen Namen für Vögel, da die japanische Sprache dominierte; für jede neu nachgewiesene Art schuf er also eine koreanische Bezeichnung. Nicht nur für den Unterricht nutzte er seine Sammlung und Kenntnisse, seit 1929 fing er auch an, in wissenschaftlichen Zeitschriften darüber zu publizieren. 1931 (er arbeitete schon an einer Landwirtschaftsschule in Anju, im Nordwesten des Landes) veröffentlichte er seine erste Liste der Vögel Koreas mit bereits 255 Arten. Mitte der 1930er Jahre richtete Won Hong-Gu sein Interesse auch auf die Erforschung der Biologie der Vögel (vornehmlich der Nahrung diverser

Abb. 39. Die Familie Won vor ihrem Haus in Anju (Nordwest-Korea); Prof. Won Hong-Gu (links), rechts unten – der jüngste Sohn Pyong-Oh (um 1936).

Arten) sowie auf das Vorkommen und die Verbreitung der Säugetiere im Lande, insbesondere der Nager. 1935 publizierte er eine bemerkenswerte Arbeit über die dringende Notwendigkeit des Vogelschutzes in Korea: Er forderte die Einschränkung der sehr verbreiteten Vogeljagd und des Vogelhandels, die Gründung einer staatlichen, vogelkundlichen Forschungsstelle, die Ausbildung von Jagdkontrolleuren und die Einführung von Naturschutzthemen im Schulunterricht (s. auch Austin 1948, Im 1997, Won Pyong-Oh 1998).

Die pädagogische und wissenschaftliche Arbeit des Lehrers Won Hong-Gu beeinflusste auch seine Familie: Die Kinder wirkten zum Teil mit, alle Söhne entschieden sich später ebenfalls für eine naturkundliche Ausbildung.

Im Sommer 1945 wurden die Japaner durch die Alliierten Truppen (Sowjets und US-Amerikaner, teilweise auch Rot-Chinesen) aus Korea vertrieben. Die Befreiung des Landes wurde auf der ganzen Halbinsel bejubelt, bald traf jedoch bei der Familie Won eine tragische Nachricht ein: Ein Sohn, der sich mit der Erforschung der Kleinsäuger befasste und an einer Expedition in der inneren Mongolei teilnahm (damals japanisch kontrolliertes „Mandschuko"), wurde von Soldaten der dort operierenden chinesischen Armee irrtümlich für einen Japaner gehalten und im August 1945 erschossen. Die Tochter befand sich in dieser Zeit im Süden (amerikanische Zone), drei Söhne lebten im Norden (sowjetische Zone), der jüngste von ihnen, Pyong-Oh, war noch Schüler. Die Eltern begaben sich in den Kriegsmonaten auf die Flucht, aber 1946 zog der Biologielehrer Won mit seiner Frau nach Pjöngjang und wurde hier Zoologieprofessor und Leiter der Biologischen Abteilung an der neu gegründeten Kim-Il-Sung-Universität. Die Anpassung einer betont bürgerlichen Familie an das neue, von Anfang an streng kommunistische Regime war nicht einfach, mit der Zeit arrangierte man sich jedoch. Für einen anerkannten Lehrer der Naturwissenschaften war das leichter als in anderen Bereichen des öffentlichen Lebens.

Nachdem im August 1948 im südlichen Teil der Halbinsel die Republik Korea ausgerufen worden war, proklamierte Kim Il-Sung, der früher die koreanischen Kämpfer gegen die japanische Besatzung kommandiert hatte, die Koreanische Volksdemokratische Republik im Norden; das Land wurde geteilt! Beide „Halbstaaten“ standen sich jetzt feindlich gegenüber, jeder von ihnen genoss die uneingeschränkte Unterstützung der Großmächte USA bzw. Sowjetunion, später der Volksrepublik China. Die Konfrontation zwischen Nord- und Südkorea gipfelte im Juni 1950 in einem militärischen Überfall des kommunistischen Nordens auf den unter amerikanischem Schutz stehenden Süden der Halbinsel. In den Wirren des von beiden Seiten barbarisch geführten Krieges (fünf Millionen Koreaner waren auf der Flucht, drei Millionen Menschen wurden getötet) verließ der Professor mit Frau und Enkelkindern die Stadt und floh in die nahe dörfliche Gegend, seine drei Söhne flüchteten aber nach Süden. Als sich die Lage beruhigte, kehrte Won senior nach Pjöngjang zurück, wegen der „Republikflucht“ der Söhne fiel er jedoch in Ungnade; seine Situation wurde kritisch. Ein Zufall half ihm, in der bisherigen beruflichen Position bleiben zu können: Sein anhänglicher Schüler, Chong Joon-Teak, wurde Vize-Chef des nordkoreanischen Staates, er schützte und förderte seinen früheren Lehrer! Als 1952 die (Nord-) Koreanische Akademie der Wissenschaften gegründet wurde, ernannte man Won Hong-Gu zum Direktor des Zoologischen Institutes der Akademie. Dem Institut übergab er seine wissenschaftliche Sammlung, die leider durch den Krieg beschädigt worden war: Ein Teil der Bälge und der wissenschaftlichen Dokumentation aus vielen Arbeitsjahren war vernichtet! Kurz nach Beendigung des Koreakrieges im Juli 1953 stieg der Professor noch höher auf: Seit 1954 war er ständiges Mitglied der Volksversammlung (Parlament). Die so gefestigte Position bot ihm erneut ein

Forum für seine wissenschaftliche Arbeit. Nachdem seine Vogelsammlung jetzt etwa 4000 Bälge umfasste und er schon fast 40 wissenschaftliche Arbeiten publiziert hatte, schrieb er die Synthese seiner Forschungstätigkeit: In den 1960er Jahren erschien (auf Koreanisch) u.a. ein 3-bändiges Werk über die Vögel Koreas und eine Monographie der Säugetiere des Landes. Er war Jäger (die meisten Bälge besorgte er persönlich), jetzt durfte er auch an den Jagdausflügen des nordkoreanischen Staats- und Parteiführers Kim Il-Sung teilnehmen, um ihn über die Artzugehörigkeit der erlegten Fasane zu unterrichten. Der Staatschef schätzte den Jagdbegleiter so, dass er ihm eine Jagdflinte aus Suhl in der DDR und einen Hund schenkte, dem Institut wurde ein aus Polen importiertes Auto der Marke Żuk zugeteilt. Nach dem Tode des Professors im Oktober 1970 wurde er auf dem Ehrenfriedhof in Pjöngjang beigesetzt, und in einer feierlich geschmückten Vitrine des Zoologischen Institutes wurde das kostbare Geschenk des Präsidenten, das Jagdgewehr, ausgestellt.

Noch zu Lebzeiten des ersten koreanischen Ornithologen wurde aber sein „geflohener" Sohn Won Pyong-Oh Zoologieprofessor an der Kyang Hee Universität in Seoul, in der südlichen Republik Korea; er befasste sich hauptsächlich mit ornithologischen und ökologischen Themen. Ob der Vater das noch erfahren hat?

Diese Frage ist berechtigt, da die Trennung Koreas mit der Teilung Deutschlands (wo Post-, Telefon-, und beschränkte Besucherkontakte möglich waren) nicht vergleichbar ist: Die Grenzlinie entlang des 38. Breitengrades, die in der Mitte der koreanischen Halbinsel verläuft, war absolut dicht! Nur Vögel konnten sie problemlos überfliegen. Und tatsächlich brachte ein Vogel dem Vater die erste Nachricht von seinem Sohn: Won Pyong-Oh beringte im Frühjahr 1963 in Seoul einen Mongolenstar *Sturnus sturninus* mit dem japanischen Aluminiumring Nr. C 7655; der Vogel wurde zwei Jahre später in einer Parkanlage in Pjöngjang aufgefunden und in das Zoologische Institut gebracht. Dessen Direktor, Prof. Won Hong-Gu, durfte in wissenschaftlichen Angelegenheiten mit Japan korrespondieren, aus dem Yamashina Institut in Tokio (hier befindet sich die japanische Beringungszentrale) erfuhr er, dass sein Sohn den Vogel beringt hatte! Auch der Sohn wurde benachrichtigt, dass der Ringfund von seinem Vater gemeldet worden war. Das war der erste Kontakt des Sohnes mit seinen Eltern nach der Flucht! Bald ergab sich aber eine bessere Gelegenheit, mehr

Abb. 40.
Dr. Won Pyong-Oh aus Seoul (rechts) mit Prof. Leonid A. Portenko aus Leningrad in Slimbridge, England (1966).

über die Eltern zu erfahren und ihnen auch einen Bericht über die im Süden lebenden Kinder und Enkel zu übermitteln. Im Juli 1966 nahm Won Pyong-Oh am 14. Internationalen Ornithologen-Kongress in Oxford teil, wo er in einer Kaffeepause von Dr. J. Pinowski aus Polen über den Einfluss der Sperlinge auf die Reisernte befragt wurde. Während des Gespräches sagte Pinowski, dass auch in Nordkorea die Nahrung der Sperlinge erforscht werde und dass er vor einiger Zeit einen Besucher aus Pjöngjang hatte. Als er beiläufig auch den Namen des Besuchers nannte, verstummte Pyong-Oh plötzlich, er war schockiert; erst nach einer langen Weile fing er an, wieder zu sprechen: „Sie sind seit 16 Jahren der erste Mensch, der meinem Vater persönlich begegnete und mir darüber berichtet …" Nun hatten die beiden ein Thema für viele weitere Gespräche (inzwischen hat Pinowski selbst die Ökologie der Sperlinge auch in Südkorea untersuchen können). In Oxford ergab sich auch die Gelegenheit, einen langen Brief und Fotos nach Pjöngjang zu schicken: Obwohl dies streng verboten war, nahm Prof. L.A. Portenko aus Leningrad (Abb. 40) den dicken Umschlag mit und gab ihn später einem sowjetischen Wissenschaftler, der dienstlich nach Nordkorea flog (per Post war es wegen der befürchteten Zensur zu gefährlich). Der Vater glaubte bis dahin der Propaganda des Regimes, dass in Südkorea Armut und Elend herrschten. Als er den Brief gelesen hatte und die Fotos sah, soll er gesagt haben: „Nun weiß ich alles, jetzt kann ich ruhig sterben.“

Viele Jahre nach diesen Ereignissen hat die Geschichte des Vaters und des Sohnes auch die Japaner bewegt: 1984 publizierte der Schriftsteller Kimio Endo einen Tatsachenroman über die beiden Professoren; die japanischen Okkupanten werden im Text in etwas besserem Lichte dargestellt, als sie in der Wirklichkeit gewesen sind, das Buch stellt jedoch auch einen Beitrag zur Versöhnung der beiden Völker dar. Zu Beginn der 1990er Jahre, als Nord- und Südkorea einen „Vertrag über Versöhnung“ abgeschlossen hatten, ergriffen auch die Ideologen Nordkoreas die Initiative: 1992 wurde ein farbiger Kinofilm über die Geschichte der beiden Wons gedreht („Die Vögel“ – wahrscheinlich der einzige Spielfilm der Filmgeschichte, der ausschließlich von Ornithologen und der Vogelkunde handelt!); aber den dezenten Unterton des Filmes bildet … politische Propaganda. Dennoch hatte der Streifen Erfolg: Er wurde an einem Filmfestival in Tokio mit einem Preis ausgezeichnet und war Kassenrenner in zahlreichen Kinos Südostasiens. Auch die nordkoreanische Post schloss sich der Propagandaaktion an: Sie gab eine Serie von Vogelbriefmarken und einen Briefmarkenblock (Abb. 41) mit dem Mongolenstar, dem japanischen Vogelring und einem Porträt Won Hong-Gus heraus.

Abb. 41. Briefmarkenblock der nordkoreanischen Post aus dem Jahre 1992 mit dem Porträt von Prof. Won Hong-Gu, einem Mongolenstar und einem japanischen Vogelring.

* * *

Die Geschichte der Familie Won hat auch eine „südkoreanische Variante", deshalb will ich hier noch das Leben und die Karriere des „geflohenen Sohnes", **Prof. Won Pyong-Oh (geb. 1929)**, skizzieren. Als Erstes stellt sich die Frage, ob der südkoreanische Professor über den Tod seines fachverwandten Vaters aus dem Norden benachrichtigt wurde? Dies geschah natürlich nicht, seine Mutter hatte keine Möglichkeit, diese Nachricht nach Südkorea zu übermitteln. Erst mit Verspätung und in knapper Form kam sie aus Japan, wieder aus dem Yamashina Institut in Tokio. Einen detaillierten Bericht erhielt der Sohn erst acht Jahre nach seines Vaters Tod (und fünf Jahre nach dem Tode seiner Mutter), ebenfalls durch einen „wissenschaftlichen Zufall": Won Pyong-Oh nahm in September 1978, als südkoreanischer Delegierter, an der 14. Generalversammlung der Internationalen Union für Naturschutz (IUCN) in Aschchabad in der Sowjetunion teil; Nordkorea war dort durch den Direktor des Botanischen Instituts der Akademie vertreten, einen Schüler Won Hong-Gus, der ihn heimlich (Gespräche mit den „Feinden" waren verboten) über das Schicksal seiner Familie im Norden unterrichtete.

Nun aber zurück zu den Jugendjahren Won Pyong-Ohs. Noch in der japanischen Zeit ging er aufs Gymnasium, und obwohl die Lebensbedingungen nach der Befreiung im Jahre 1945 und später nach der Gründung der Volksdemokratischen Republik jämmerlich waren, sorgte der Vater für eine höhere Ausbildung: Pyong-Oh, der schon damals ornithologisch interessiert war, beendete im Sommer 1950 die Ausbildung an der Tierzuchtfakultät der Landwirtschaftlichen Hochschule in Wonsan und fand hier eine feste Anstellung. Sie endete jedoch bald, da im Juni 1950 der Koreakrieg ausbrach. Im August wurde er in die nordkoreanische Armee einberufen und zog als Veterinärleutnant an die Front. Ende des Jahres war er jedoch den Krieg leid, zusammen mit seinem älteren Bruder (Naturwissenschaftler, Säugetierspezialist) floh er nach Süden „zu den Amerikanern". Die Flucht gelang, am 10. Dezember erreichten die beiden Seoul. Schon am 15. des gleichen Monats wurde aber Pyong-Oh in die südkoreanische Armee eingezogen; 1951 wurde er zum „südlichen" Offizier ausgebildet und kämpfte als Artillerieleutnant bis zum Ende des Krieges gegen die vereinten nordkoreanisch-chinesischen Armeen des Nordens. Erst 1956, schon als Hauptmann, verließ er den Militärdienst und setzte seine wissenschaftliche Karriere in einem Forstinstitut des südkoreanischen Landwirtschaftsministeriums fort. Vögel und Säugetiere bildeten jetzt seinen Arbeitsbereich (Wildtierbiologie). Im Mai 1961 erlangte er an der japanischen Hokkaido-Universität in Sapporo den Doktortitel in Agrarwissenschaften und erhielt eine feste Anstellung an der Kyung Hee Universität in Seoul; die Jahre 1962-1963 verbrachte er an der Yale Universität in den USA, wo er unter der Anleitung von Prof. Sidney Dillon Ripley arbeitete. Jetzt entwickelte sich Won Pyong-Oh zu einem ökologisch versierten Ornithologen, der insbesondere im Bereich des Naturschutzes tätig wurde. Er übernahm zahlreiche staatliche und internationale Aufgaben, erfüllte sie mit ungewöhnlichem Fleiß und Organisationstalent. Im Mai 1969 wurde er zum Zoologieprofessor der Universität ernannt. Seine didaktischen Verpflichtungen begleiteten weitere Publikationen und neue Aktivitäten, insbesondere in Südostasien. Seit 1992 ist er Vorsitzender der (Süd-) Koreanischen Gesellschaft für Naturschutz.

All das hat Won Pyong-Oh persönlich geleistet, es soll jedoch noch erwähnt werden, dass auch er einen hohen Protektor hatte: Während des Krieges (auf der südkoreanischen Seite) und danach war er Adjutant des kommandierenden Generals des Artillerie-Korps, Park Chung-Hee. Dieser hoffte, dass der junge Leutnant seine älteste Tochter heiraten würde, was jedoch nicht geschah; trotzdem hat Park, auch nachdem er 1961 Präsident des südkoreanischen Staates geworden war und das Land achtzehn Jahre lang mit eiserner Hand regierte, seinem ehemaligen Adjutanten auf vielfache Weise geholfen und ihn gefördert. Der kämpferische Vogelschützer Pyong-Oh hat mit seiner Hilfe u.a. das erreicht, was seinem Vater nicht gelang: Die seit mehr als hundert Jahren verbreitete Gewohnheit der koreanischen Bauern, bei jeder Gelegenheit Vogeljagd zu betreiben, wurde in Südkorea mit einer politischen Begründung abgeschafft: Wer eine Waffe trägt, müsse ein nordkoreanischer Spion sein, die südkoreanische Bevölkerung sei friedlich, kein Zivilist trage also eine Flinte …

Won Pyong-Ohs Leben hat aus ihm einen politisch denkenden Menschen gemacht. Und auch die südkoreanischen Medien erkannten, dass seine Story Öffentlichkeitswert hatte: Eine Seouler Tageszeitung hat in 36 Folgen seine Geschichte publiziert; er selbst hat zwei autobiografische Bücher für Kinder und Jugendliche verfasst. Auch diese propagandistischen Publikationen hatten Erfolg.

Dass der Sohn des 1970 in Pjöngjang verstorbenen Professors in der südlichen Republik wissenschaftliche Karriere machte, ist auch den

Machthabern im Norden nicht entgangen. Als sich Ende der 1980er Jahre eine leichte Entspannung in der Haltung Nordkoreas gegenüber Südkorea abzeichnete, hatte dies auch Folgen für Won Pyong-Oh: Er erhielt von dem Nordkoreanischen Präsidenten Kim-Il-Sung eine Einladung zum Besuch des Nordens! Zwar stand er dem dortigen politischen System ablehnend gegenüber, jedoch die Sehnsucht nach der alten Heimat, die Möglichkeit des Besuches der Grabstätten der Eltern und des Kontakts zu Vaters Schülern und Nachfolgern im Zoologischen Institut waren groß. Leider war damals die Stimmung des Kalten Krieges in der Politik des Südens so stark verankert, dass die Behörden in Seoul ihm diese Reise nicht erlaubten.

Im August 1994 wurde Pyong-Oh pensioniert. Seine Schüler bescheinigten ihm in einer Laudatio, dass er die südkoreanische Ornithologie aufgebaut und auch weltweit bekannt gemacht sowie zahlreichen wissenschaftlichen Nachwuchs ausgebildet habe.

Auch jetzt ruht er nicht. Sein Haus in Seoul ist nur schwer zu betreten: Bücher, Zeitschriften und Korrespondenz häufen sich fast bis unter die Decke. Platz für Besucher, insbesondere aus dem Ausland, findet sich jedoch immer. Natürlich folgte er seinem Vater und publizierte ebenfalls (1998) eine Monographie über die Vögel Koreas. Im Februar 1999 ergab sich die erste Gelegenheit, den von der Welt abgeschirmten Nordteil Koreas wirklich zu besuchen: Er nahm an einer Touristenreise in das malerische Kumgansangebirge teil; erst seit kurzem lässt der Norden solche organisierten und gut überwachten Besuche (gegen Devisen) zu. Es war zwar ein großes Erlebnis, jedoch unbefriedigend, da Kontakte zu Fachkollegen aus dem Norden fehlten und der Besuch heimischer Gegenden nicht möglich war. Im März 2002 erschien aber im „Ornithologischen Beobachter“ (Schweizerische Fachzeitschrift) ein deutschsprachiger Artikel über das Leben und Wirken Pyong-Ohs und seines Vaters (Nowak 2002b), der überraschende Folgen hatte: Dank der Vermittlung einer deutschen Bundestagsdelegation (einer der Mitglieder kannte den o.g. Artikel), die im April und Mai 2002 in Pjöngjang Gespräche mit dortigen Parlaments- und Regierungsvertretern führte, erhielt Won Junior eine erneute, offizielle Einladung zu einem zweiwöchigen Besuch des Nordens („Korea Herald“ vom 26.6.2002 berichtete darüber)! Ende Juni, Anfang Juli weilte er tatsächlich dort: Nach so vielen Jahren trauerte er, zusammen mit den dort lebenden Verwandten, an den Gräbern seiner Eltern; er weilte in den von seinem

Abb. 42. Prof. Won Pyong-Oh aus Seoul neben dem Porträt seines Vaters im Revolutionsmuseum in Pjöngjang (29. Juni 2002).

Vater gegründeten Zoologischen Institut; mit Fachkollegen reiste er im Auto in die naturkundlich interessantesten Gebiete des Nordens (Nowak 2003a)! Trauer, Hoffnung, Enttäuschung, manchmal auch Verzweiflung, aber auch Freude begleiteten ihn auf der Reise. Pläne für eine fachliche Zusammenarbeit wurden festgelegt ...

Kurz vor der Reise erschien ein von Won-Pyong-Oh verfasstes, neues Buch: Eine reich illustrierte Familiengeschichte (Won 2002). Nun ist sie bereits nicht mehr aktuell. Ein wichtiger Nachtrag muss noch verfasst werden – die Beschreibung der „Versöhnungsreise" nach dem Norden und ein Bericht über die geplante Zusammenarbeit ...

Wird es aber wirklich zu dieser Kooperation kommen? Seit Jahren ergreifen die beiden koreanischen Staaten Initiativen zur Verständigung, Annäherung und Versöhnung, man spricht sogar von der Möglichkeit einer friedlichen Vereinigung. Die Wirklichkeit sieht jedoch anders aus: Immer wieder gibt es Rückschläge, die alle Hoffnungen zerschlagen. Irgendwann wird es jedoch zu einer Entscheidung kommen müssen. Wie wird sie durchgeführt? Welche Folgen wird sie haben? Muss man sich wieder um das Schicksal der gegenwärtigen Generation koreanischer Naturforscher sorgen?

* * *

Das Jahr 1960 verbrachte ich in Vietnam (es war die kurze Zeit des relativen Friedens zwischen dem französischen und dem amerikanischen Krieg in diesem Lande). Mein studentischer Traum schien sich zu erfüllen: Bekannte halfen mir, einen Job als Hausmeister in der polnischen Delegation bei der Internationalen Kommission für Überwachung und Kontrolle in Vietnam zu ergattern (diese sollte nach dem nordvietnamesischen Sieg über die Franzosen bei Dien Bien Phu 1954 den Frieden in dem nun geteilten Land überwachen). Zunächst residierte ich in Nordvietnam, in Hanoi, und hier kam ich das erste Mal in Berührung mit **Dr. Jean Delacour (1890 - 1985)**: Bei einem Straßenbuchhändler im Zentrum der Stadt kaufte ich für (umgerechnet) etwa fünf US-Dollar das vierbändige Werk, das er zusammen mit Pierre Jabouille als Prachtedition anlässlich der Internationalen Kolonialausstellung in Paris 1931 mit dem Titel „Les Oiseaux de l'Indochine Française" veröffentlicht hatte. Es war ein guter Auftakt für den von mir geplanten ornithologischen „Nebenjob" in Vietnam (ich wollte hier Vogelbälge sammeln). Ich ahnte noch nicht, dass ich viele Jahre später die Gelegenheit haben würde, Delacour persönlich über mein diplomatisches Abenteuer und das Versagen meiner vogelkundlichen Mission zu berichten …

Zunächst jedoch über Delacour, denn seine Person stellt in der Geschichte der durch politische und kriegerische Ereignisse verhinderten Forschung etwas Einmaliges dar; etwas Einmaliges auch deshalb, weil seinen Lebensweg nicht nur Flucht und Neuanfänge säumten, sondern auch erstaunliche Erfolge krönten! (Delacour 1966, Dorst 1986, Kear 1986, Mayr 1986, Ripley 1987 und Avicultural Magazine 1988, Vol. 94, Nr. 1-2.)

Zur Welt kam Delacour in Paris, in der Familie eines wohlhabenden Industriellen, dessen Fabriken im Norden des Landes lagen, er wuchs aber auf Schloß Villers nahe Amiens auf. Die sorgenlose Kindheit und Jugend weckten in ihm naturkundliche, künstlerische und humanistische Interessen. Der Lebensraum des jungen Jean war die große Parkanlage des Schlosses, ihn faszinierten Orchideen und das Ziergeflügel auf den Parkteichen. Das großzügige Taschengeld, das er von seiner Mutter bekam, reichte zum Bau von Volieren, in denen er anfing, seltene Vögel zu züchten. Der Tausch des Zuwachses, Käufe weiterer Brutpaare und der Ausbau der Volieren führten dazu, dass neben dem Schloss ein ansehnlicher Tierpark mit einer reichen Auswahl europäischer und exotischer Vögel, z.T. auch von

Säugetieren, entstand. Das Studium in Paris (das Naturkunde-Museum in der Hauptstadt war sein Mekka) und an der Universität Lille, autodidaktische Arbeit und Konsultationen mit kompetenten Spezialisten verliehen der Hobby-Einrichtung bald professionelle Merkmale, das Tierparadies Villers wurde schon bald weit bekannt.

Als im August 1914 der Erste Weltkrieg ausbrach, erlebte Delacour das erste Mal die Strapazen der Flucht vor den anrückenden deutschen Truppen. Als er in die französische Armee einberufen wurde und an der Front das tausendfache Abschlachten von Soldaten sah, erlosch seine Vision von einer friedlichen und glücklichen Welt, in der er bis dahin lebte; jetzt floh er auch vor seiner eigenen Zukunft: Er beschloss, niemals eine Familie zu gründen, da er für sie keinen Sinn im „tragikomischen Dasein der Menschheit" in der „Ära des Aufruhrs und der Überbevölkerung" sah, wie er später in seinen Memoiren schrieb. Als er während des Krieges Verbindungsoffizier zu den britischen Truppen wurde, hatte er noch die Gelegenheit, Kriegsschäden in seinem Tierpark Villers zu beseitigen (1916-1917 war Schloß Villers Hauptquartier des Marschalls Ferdinand Foch, Delacour diente also „zu Hause"). Bevor der Krieg endete, wurden jedoch das Schloss und die ganze Parkanlage mitsamt den Tieren vernichtet. Der Wiederaufbau war nach dem Kriege nicht mehr möglich. Verbittert floh Delacour zu seinen Freunden nach England, um Abstand von den grausamen Erlebnissen des Krieges zu gewinnen.

Bald kam er aber nach Frankreich zurück, denn eines wollte er niemals aufgeben: Die eigene Tierhaltung und die naturkundliche Forschung. In der Normandie kaufte er das Schloss Clères, in dessen weiträumigen Parkanlagen er erneut einen Tierpark mit Vögeln und Säugetieren aufbaute. Einige hundert Vogelarten, fast alles seltene und exotische Spezies, z.T. im Freien lebend, konnte man hier bewundern (neben einer Vielzahl von Wasservögeln bildeten die frei lebenden Gibbons, Gazellen und Kängurus eine große Attraktion). Die Anlage wurde so berühmt, dass der 9. Internationale Ornithologen-Kongress 1938 in die nahe gelegene Stadt Rouen einberufen wurde. So sollten Ornithologen aus aller Welt Gelegenheit erhalten, Delacours „Paradies auf Erden" (wie ein französischer Dichter schrieb) zu besichtigen; Delacour war damals Generalsekretär des Kongresses. Sein Tierpark beherbergte um diese Zeit etwa 3000 Tiere von mehr als 500 Arten – „the finest private zoo in the world" (Kear 1986).

Abb. 43. Dr. Jean Delacour (Mitte) mit Pierre Jabouille (rechts von ihm), Willoughby P. Lowe (links) und annamitischen Helfern in Hue (1924).

Bereits nach der Eröffnung des Tierparks Clères im Jahre 1922 besuchte der Generalgouverneur der französischen Kolonie Indochina (heute: Vietnam, Kambodscha und Laos) die Anlage und war so begeistert, dass er den Besitzer einlud, die Fauna der fernen französischen Besitzung zu untersuchen. In den Jahren 1923-1939 leitete Delacour sieben große Expeditionen dorthin; sie waren technisch gut ausgerüstet, auch an Geld und hoher Unterstützung fehlte es nicht, zahlreiche örtliche Hilfskräfte wurden eingestellt. Insgesamt wurden 30000 Vogelbälge und 8000 Säugetierpräparate gesammelt; entdeckt wurden mehrere für die Wissenschaft neue Vogelarten, darunter der endemische Kaiserfasan (*Hierophasis imperialis*), ein paar Hundert neue Unterarten wurden beschrieben und etwa die Hälfte der in Indochina vorkommenden Vogelspezies wurden nachgewiesen! Ein „weißer Fleck" der Tiergeografie war damit gelöscht worden. Delacour erzählte seinen Freunden unzählige Geschichten aus seiner Expeditionstätigkeit, hier will ich nur eine davon wiedergeben (Quinque 1988): In Annam sah er das erste Mal den Perlenfasan (*Rheinardia ocellata*) der bis dahin lediglich als Museumsbalg zu bewundern war. Er bot seinen annamitischen Helfern eine größere Geldsumme an, falls sie den raren Vogel lebend für seinen Tierpark fangen würden; nach zehn Tagen erfolgloser Mühen verdoppelte er die Belohnung, worauf zwei Vögel gefangen wurden, kurz danach fünf und später noch zehn! Dies zwang ihn zum sofortigen Abbruch des Expeditions-Lagers, bevor die zur Verfügung stehenden Gelder verbraucht sein würden …

Während des letzten Expeditionsaufenthalts in Südostasien brach im französischen Château Clères Feuer aus, Delacour eilte nach Hause, aber noch bevor er die Schäden beseitigen konnte, passierte Schlimmeres: Im Mai 1940 griffen deutsche Truppen Frankreich an, am 7. Juni 1940 wurden Schloss und Tierpark von der Luftwaffe bombardiert! Vier Menschen, zahlreiche Vögel und Säugetiere, eine der schönsten ornithologischen Bibliotheken der Welt und viele andere wissenschaftliche und persönliche Schätze wurden Opfer der Flammen. Chaos brach aus, nur die eilige und strapaziöse Flucht durch die von Belgiern und Franzosen vergestopften Straßen rettete erneut Delacours Leben (Delacour 1941). Nach dem deutschen Sieg erfuhr der Flüchtling, dass Besatzungsoffiziere Jagd auf das von Bomben verschonte Restwild in Clères veranstaltet hatten; die größte Attraktion bildete dabei die Hundejagd auf Gibbons. Inzwischen hatte Stresemann, Delacours Bewunderer und Freund (seit 1937 war Delacour Ehrenmitglied der DOG), über das Schicksal des Tierparks erfahren und setzte sich 1941 erfolgreich beim Kommando der Wehrmacht für den Schutz der noch verbliebenen Tiere und Einrichtungen ein (Haffer 1997: 522, Haffer et al. 2000: 98).

*Abb. 44.
Dr. Jean Delacour mit seiner Mutter in New York (1950).*

Delacour selbst schaffte es, aus dem okkupierten Teil Frankreichs nach Vichy zu entkommen, von wo aus er seine Flucht fortsetzte: Über Casablanca, Rabat, Tanger und Lissabon erreichte er zu Weihnachten 1940 New York. In der wissenschaftlichen Welt war er gut bekannt und hoch geschätzt, amerikanische Kollegen beschafften ihm eine Arbeitsstelle im Bronx-Zoo und im Museum für Naturkunde in New York (als ich 1974 dort war, sah ich an der Tür eines der besten Arbeitsräume immer noch seine in Furnier gestaltete Namensinschrift). Amerika war ihm nicht fremd, schon früher war er mehrere Male dort gewesen, seine wissenschaftliche Integration erfolgte rasch und problemlos. Er schuf hier wieder einige fundamentale Werke: „Die Vögel von Malaysia", „Die Vögel der Philippinen" (zusammen mit E. Mayr) und später Monographien der Fasane der Welt, der Tauben der Welt, der Wasservögel der Welt (zusammen mit P. Scott) sowie der Hokkos und verwandter Arten. Nur eines war anders: Zum ersten Mal in seinem Leben hatte er ein bezahltes Arbeitsverhältnis, musste er Geld für seinen Unterhalt verdienen.

Als der Zweite Weltkrieg in Europa endete, blieb Delacour in den USA, ab 1946 besuchte er aber jedes Jahr Frankreich und baute Clères wieder auf (sein Bankkonto funktionierte wieder). Der Tierpark wurde im Mai 1947 feierlich eröffnet, sogar der französische Ministerpräsident nahm daran teil; später hat Delacour die ganze Anlage der französischen Nation (als Stiftung) übereignet. Für die Nachkriegsgeneration französischer Ornithologen stellte seine Person einen Mythos dar – schrieb Prof. Jean Dorst (1986). Delacour selbst setzte seine Karriere in Kalifornien fort, in den Jahren 1952-1960 war er Direktor des County Museum of History, Science and Art in Los Angeles. Die Zeit nach der Emeritierung nutzte er wieder verstärkt für Reisen und den Einsatz für den internationalen Naturschutz. Seine Freunde bescheinigen ihm bis zum Lebensende ein phänomenales Gedächtnis und eine Gedankenklarheit, die stets mit philosophischer Gelassenheit und Humor gewürzt war. Seine reichhaltige Lebenserfahrung stimmte ihn aber auch fatalistisch: Seine Autobiografie endet mit der Vermutung, dass die Menschheit früher oder später eine totale Vernichtung des Lebens auf dieser Erde bewirken werde; er selbst sei jedoch dem Schicksal dankbar, dass er, allen Geschehnissen zum Trotz, sein Leben voll genießen durfte.

Im Juni 1978 nahm Delacour am 17. Internationalen Ornithologen-Kongress in Berlin teil. Obwohl bereits 88-jährig, war er noch sehr vital, stets von Freunden, Bekannten und Verehrern umringt; gern und offen sprach er mit jedem, der es schaffte, an ihn „heranzukommen". Berlin kannte er von früher, so fragte er einen meiner Kollegen, ob die Ruine des Hotels „Adlon", wo er in der „guten, alten Zeit" logiert hatte, noch existiere. Ich fragte ihn, ob er noch Interesse an Vietnam hätte. Da leuchteten seine Augen: Interesse ja, aber das sei schon eine ferne Vergangenheit; vor mehreren Jahren (1968) habe er jedoch ein Vorwort für ein neues Buch von Philip Wildash über die Vögel Südvietnams verfasst – ob ich es gesehen hätte? Das hatte ich nicht; rasch fielen jedoch Namen von Ortschaften, die wir beide besucht hatten: Hanoi, Tam Dao, Cha Pa, die Bucht von Ha Long, Hue, Saigon.

Tam Dao ist ein Hochplateau mit europäischem Klima, nicht weit von Hanoi entfernt, wo Villen der höchsten französischen Kolonialbeamten standen; Delacour sammelte 1925 dort Vögel. Ich musste ihm berichten, dass alle diese Prachtbauten von Viet-Minh Partisanen noch zu Beginn der 1950er Jahre gesprengt worden waren. Jetzt stünden dort nur Holzbaracken, in denen sich die vietnamesischen Funktionäre sowie befreundete Diplomaten und ihre Familien erholten, deshalb sei die Jagd verboten. In Cha Pa (traumhafte Gebirgsgegend nahe der chinesischen Grenze) konnte er – Delacour – die seltensten Vögel billig von den Meisterjägern des Meo-Stammes kaufen, die hoch in den Bergen leben und alle dort vorkommenden Endemiten gut kannten; auch ich war dort, der vietnamesische Sicherheitsbeamte, der mich begleitete, verbot jedoch jeden Kontakt zu den Meos, da sie mit den Franzosen sympathisierten und ein Sicherheitsrisiko darstellten (der Korb einer am Rande der Siedlung angetroffenen Meo-Frau wurde gründlich durchsucht). Erfreut hat Delacour mein Bericht über nächtliche Beobachtungen des Fischuhus (*Ketupa zeylonensis*) am Ufer des Roten Flusses in Hanoi, wohin mich ein ehemaliger Fremdenlegionär führte (der als deutscher Soldat 1944 in französische Gefangenschaft geraten war, wegen des Hungers im Lager in die Fremdenlegion eintrat, nach der ersten Kampfbegegnung mit dem Viet-Minh aber beschloss, erneut sein Leben durch Übertritt, diesmal auf die kommunistische Seite, zu retten). Danach erzählte ich über meine Verhaftung durch die nordvietnamesische Polizei, als ich mit meinem großen Fernglas am Rande von Hanoi Vögel beobachtete (im nahen Maisfeld lagen versteckt Fliegerabwehrstellungen, mein diplomatischer Status bewirkte jedoch schnelle Entlassung). Ich berichtete noch über meinen Besuch bei Prof. Dao Van Tien, Inhaber des

Lehrstuhls für Zoologie an der Universität Hanoi, einem ornithologisch interessierten Theriologen: Sein Lehrstuhl besaß eine bescheidene Vogelsammlung, vogelkundliche Untersuchungen führte sein Assistent in der Gegend von Hoa Binh (östlich von Hanoi) durch, wo erneut einige neue Unterarten entdeckt wurden; seine didaktische Belastung und die mangelhafte technische und materielle Ausstattung erlaubten ihm aber nicht, groß angelegte Arbeiten im Gelände aufzugreifen. Dao Van Tien war noch in der französischen Zeit ausgebildet worden und publizierte in den 1960er- und 1970er Jahren mehrmals in renommierten wissenschaftlichen Zeitschriften der DDR; ich hatte jedoch den Eindruck, dass ihm das neue politische System nicht wohl gesonnen war.

Der Kommunismus war für Delacour eine fremde Erscheinung, er fragte nach dem Ausmaß der Unterdrückung in der nördlichen Volksrepublik. Eine schwierige Frage. Ich erzählte ihm zunächst, dass ich die seltene Gelegenheit hatte, Anfang September 1960 persönlich mit Ho Tschi Min zu sprechen, der auf mich den Eindruck eines klugen, bedächtigen, ja sogar gutmütigen Staats- und Parteiführers machte. Die Unterdrückung, oder besser gesagt, die autoritäre Bevormundung der Bevölkerung, sei aber trotzdem groß; sie sei „asiatisch“ – beinahe total. Ich versuchte dies auch zu erläutern: In Hanoi war ich mit einem jungen Vietnamesen befreundet, der in Leipzig Polygraphie studiert hatte und in seiner Heimat in einer Druckerei tätig war; als ich mit ihm einmal über Politik diskutierte und wir von der Freiheit sprachen, sagte er mir, er wisse was Freiheit bedeute, denn er habe zwei Jahre in der DDR gelebt …

Delacour fragte dann, wie es in Südvietnam, in Saigon (heute Ho-Chi-Minh-Stadt) sei? Da musste ich die Geschichte über das geheimnisvolle Verschwinden meiner Vogelfangnetze in der für die internationale Kontrollkommission reservierten Villen-Siedlung am Rande der Stadt erzählen: Gegen Abend hatte ich sie zwischen den Bäumen und Büschen aufgestellt, und obwohl das ganze Gelände von der südvietnamesischen Militärpolizei bewacht wurde, waren die Netze am frühen Morgen verschwunden. „Was für Netze?“ – fragte der nur zum Schein erstaunte Polizist. Delacour meinte dazu, dass die CIA meine Fangeinrichtung gewiss für Antennen einer Abhöranlage gehalten habe … Er selbst hatte ja genügend Abenteuer während seiner zahlreichen Expeditionen (auch außerhalb Indochinas) durchstehen müssen. Zum Abschluss berichtete ich ihm noch, was den völligen Zusammenbruch meines „Entdecker-Elans“ in Vietnam bewirkt hatte: Meine Bekannten in Hanoi schickten mir eines Tages zwei prächtige Braunlieste (*Halcyon smyrnensis*) in mein Hotel „Hoa-Binh“ (= Frieden) zwecks Erstellung von Bälgen, die der Wissenschaft dienen sollten; sie wurden aber zuvor vom Küchenpersonal gerupft und der Küchenchef fragte abends, ob ich die fetten Vögel gebraten oder gekocht essen möchte! Da lachte der alte Mann herzlich und sagte, es sei doch gut, dass er bald nach Kalifornien zurückfliegen werde …

Kurz nach dem Gespräch besorgte ich mir das Buch von Wildash; nur zwei Seiten des „Werkes“ sind gut: Das Vorwort! Delacour beschreibt, wie faszinierend die Vogelfauna der Region ist, skizziert die Ergebnisse seiner langjährigen Arbeit dort und schließt mit dem Satz: „Es ist mein Wunsch, dass andere, nach mir, die Erforschung der Vögel Indochinas fortsetzen.“

Das Buch erschien 1968 und war wohl für US-Soldaten bestimmt, eine halbe Million junger Amerikaner war damals in Südvietnam stationiert; es herrschte wieder Krieg! Paradoxerweise ist der Wunsch Delacours erst nach dem zweiten Sieg der kommunistischen Truppen, diesmal über die Amerikaner, in Erfüllung gegangen: Seit 1978 (da sprachen wir gerade miteinander) hat die Sowjetische Akademie der Wissenschaften mehrere naturkundliche Expeditionen nach Vietnam entsandt; sogar der chinesisch-vietnamesische Krieg des Jahres 1979 hat sie nicht unterbrochen. Mein

Abb. 45. Dr. Leo S. Stepanjan (in weißem Hemd) mit Prof. Vö Quý in Begleitung von Helfern und Vertretern des Ba-Ma-Stammes auf dem Taj-Mguen-Plateau im Süden Vietnams (Januar 1980).

Moskauer Freund und Ornithologe, Dr. Leo S. Stepanjan (1931 - 2003), nahm bis 1990, zusammen mit seinen vietnamesischen Kollegen, an elf dieser Expeditionen teil (s. sein Buch „Vögel Vietnams", Moskau 1995).

An der Moskauer Universität, bei Prof. Dementjew, spezialisierte sich der vietnamesische Student Võ Quý in der Vogelkunde. Er kehrte in seine Heimat zurück, als dort der Krieg noch wütete; später hat er eine in Vietnamesisch verfasste, zweibändige Übersicht der Vögel des Landes veröffentlicht (Hanoi 1975 und 1982), wurde Professor und befasst sich weiterhin mit der Vogelkunde. Einen etwas ungewöhnlichen „vogelkundlichen" Beitrag aus Vietnam leisteten auch US-Amerikaner: Für eine Abendveranstaltung des 18. Internationalen Ornithologen-Kongresses 1982 in Moskau kündigten sie einen Film über den Truthahn an. Er war allerdings nicht der Biologie des amerikanischen Vogels, sondern seiner kulinarischen Karriere gewidmet und eine lange Passage zeigte, mit welchem Appetit amerikanische Frontsoldaten in Vietnam den Truthahn verzehrten ... Geschmeckt hat es gewiss, dennoch war die Vorführung geschmacklos!

Zu der Person Delacour soll hier noch angemerkt werden, dass er zu der „Kaste" der reichsten Ornithologen der Welt gehörte (lediglich in den Kriegsjahren plagte ihn eine relative und kurzzeitige Geldknappheit). Einer seiner Freunde schrieb darüber (Goodwin 1988): „Viele wohlhabende Menschen scheinen wenig Freude an ihrem Reichtum zu haben und ziehen nur wenig Nutzen aus ihm. Er [Delacour] jedoch nutzte den seinigen, um seine unbestreitbaren Talente zu fördern und um sehr viel Wissen und Freude an andere weiterzugeben."

Zum Abschluss noch ein Sprung in die Gegenwart: Nun scheint in dieser Region „der faszinierenden Vogelfauna", wie Delacour schrieb, wieder Frieden zu herrschen. Bomben und Gifte der US-Armee haben zwar der Landschaft und der Tierwelt, nicht zu denken an die Tragödien unzähliger Menschen, große Schäden zugefügt, die Vielfalt der Vogelfauna des Landes scheint jedoch kaum gelitten zu haben: Keine der endemischen Arten ist ausgerottet worden. Ornithologen sind wieder aktiv geworden: Võ Quý aus Hanoi publizierte 1995, zusammen mit seinem Schüler Nguyen Cú, eine „Checklist of the Birds of Vietnam". BirdLife International sandte seine Biodiversitäts-Experten nach Vietnam, auch deutsche Ornithologen fahren wieder dorthin (sie folgen den DDR-Kollegen, die in Nordvietnam bereits in den 1960er Jahren aktiv waren). Nach wie vor bestehen Kontakte zu russischen Naturkundlern. Kürzlich traf ich einen jungen Moskauer Ornithologen, Michail W. Kaljakin, der die Tradition der russischen vogelkundlichen Forschung in Vietnam fortführt; mit jugendlichem Enthusiasmus beteiligte er sich an der Arbeit einiger Expeditionen (wieder wurden in Vietnam für die Wissenschaft neue Spezies entdeckt, sogar zwei große Säugetierarten!). Ich habe ihm die 1960 in Hanoi gekauften vier Bände der „Vögel des Französischen Indochinas“ geschenkt.

* * *

Zum Abschluss dieses Kapitels soll noch über das Wirken eines polnischen Biologen berichtet werden, für den Neuseeland zur Endstation seiner kriegsbedingten Flucht wurde: **Prof. Kazimierz von Granów Wodzicki (1900 - 1987)**. Er war ein in Krakau ausgebildeter vergleichender Anatom, der vor dem Kriege zu den Förderern des Naturschutzes in Polen und zu den Pionieren der Erforschung des Orientierungsvermögens der Vögel gehörte; auf den Antipoden wurde er zum Diplomaten, der sich hauptberuflich mit Flüchtlingsschicksalen zu beschäftigen hatte. Als die Waffen wieder schwiegen und die Welt sich zu normalisieren schien, fand er erneut den Weg zur wissenschaftlichen Arbeit und wurde zu einem prominenten Erforscher der Fauna Neuseelands (Nowak 2004).

Die Familie Wodzicki stammte aus Südpolen und wurde im 17. Jahrhundert geadelt („von Granów“). Nach der dritten Teilung Polens erhielten die Nachfahren erbliche Grafentitel der k.u.k.-Monarchie. Bereits in Galizien (von Österreich-Ungarn annektierter Teil Polens) des 19. Jahrhunderts wirkte ein damals in Europa bekannter, dieser Familie entstammender Ornithologe - Kazimierz Graf Wodzicki (Gebhardt 1964: 387, Feliksiak 1987: 582-583); er erwarb große Latifundien in Podolien, siedelte sich in Olejów (heute in der Westukraine) an, wo ein Jahr nach seinem Tode sein Enkel, ebenfalls Kazimierz, geboren wurde; dieser verwendete später das altpolnische Adelsprädikat „von Granów“.

Kazimierz Wodzicki junior verbrachte seine prägende Kindheit und Jugend auf dem Familiengut in Olejów, aufs Gymnasium ging er in Krakau und Lwów/Lemberg, danach studierte er an der Krakauer Jagiellonen-Universität. Sein Doktorvater, Prof. Henryk Hoyer, ein berühmter vergleichender Anatom, „verführte“ ihn wohl dazu, in diesem Fach zu promovieren und

Abb. 46.
Dr. Kazimierz Wodzicki aus Krakau (um 1925).

sich zu habilitieren. Neben seinen anatomischen Arbeiten publizierte er jedoch seit Beginn der 1930er Jahre auch zu vogelkundlichen sowie naturschützerischen Themen und begab sich damit auf die Spuren seines Großvaters. 1930 wurde er Dozent in Krakau, 1934 in Posen und 1935 Professor in Warschau. Bemerkenswert waren gesellschaftliche Aktivitäten des adligen Wissenschaftlers: Klassen-, Rassen- oder nationale Unterschiede waren ihm fremd; obwohl er streng katolisch war, zeichnete ihn auch religiöse Toleranz aus. Mit gleichem Elan plauderte er in den Salons des Adels wie auch auf Versammlungen des Polnisch-Jüdischen Studentenverbands, wo er als Moderator auftrat; einer seiner Assistenten am Warschauer Lehrstuhl war Helmut Liche, ein in Polen lebender Deutscher (er war Sohn eines Bergwerk-Obersteigers aus Oberschlesien und studierte Biologie in Krakau).

Seit seiner Assistentenzeit in Krakau zeichneten Wodzicki internationale Verbindungen in seiner wissenschaftlichen Tätigkeit aus. Zu Forschungsaufenthalten weilte er in Österreich, der Tschechoslowakei, Deutschland und England (er war ein Polyglotte, beherrschte Deutsch, Französisch, Englisch und Russisch). 1937 wurde er Vorsitzender der Polnischen Sektion des Internationalen Rates für Vogelschutz, im gleichen Jahr besuchte er ein Symposium in der Vogelwarte Rossitten auf der Kurischen Nehrung. Im Mai 1938 glänzte er mit zwei Vorträgen auf dem 9. Internationalen Ornithologen-Kongress in Rouen, wo er über Verbreitung und Ökologie des Weißstorchs in Südpolen sowie über Experimete zum Orientierungsvermögen der Vögel sprach; insbesondere das letztere Thema interessierte viele Teilnehmer und führte zur Aufnahme neuer Verbindungen.

Die so vielversprechend begonnene Karriere unterbrach 1939 der Zweite Weltkrieg. Der schnelle Vormarsch deutscher Truppen überraschte Prof. Wodzicki in Warschau und seine Frau (er war seit 1928 verheiratet, zwei Kinder kamen zur Welt) in Rabka nahe Krakau. Frau Wodzicka ergriff zusammen mit den Kindern und der Haushälterin die Flucht in einem Taxi, nach Tagen traf sie bei den Schwiegereltern in Podolien ein; auch Prof. Wodzicki gelang es Warschau zu verlassen und das elterliche Gut in Olejów zu erreichen. Die Hoffnung auf Schutz in der entlegenen südöstlichen Ecke Polens erfüllte sich jedoch nicht: Bereits in der zweiten Hälfte September besetzte die Rote Armee das Gebiet! Prof. Wodzicki und sein Vater wurden unmittelbar nach dem Einmarsch verhaftet; der 79-jährige Gutsherr wurde nach Sibirien verschickt, dem Sohn gelang es jedoch freizukommen. Der Rest der Großfamilie zog nach Lwów, wo sie eine Bleibe bei Verwandten fand. Hier beschlossen jedoch Wodzicki und seine Frau, samt Kindern und der Haushälterin, „schwarz" über die sog. deutsch-sowjetische Interessenlinie, in den von der Wehrmacht okkupierten Teil Polens zu fliehen; das Wagnis gelang, bald fanden alle Schutz bei der verwandten Familie Dzieduszycki hinter der neuen Grenze (vgl. S. 99-112), von hier zogen sie nach Rabka.

Prof. Wodzicki machte jetzt eine Erkundungsreise nach Krakau, wo er (wie er in seinem Lebenslauf notierte) „ein paar Tage nach der Verhaftung aller [wissenschaftlichen] Mitarbeiter der Jagiellonen-Universität und deren Verschickung in ein Konzentrationslager bei Berlin" eintraf (es handelte sich um die sog. „Sonderaktion Krakau", durchgeführt von der Gestapo und der SS am 6.11.1939 – siehe S. 216-219). Weiter heißt es im Lebenslauf: „Die Tatsache, dass fast täglich Leichen einiger der älteren Professoren [nach Krakau] überführt wurden, bewogen mich zur Aufnahme von Bemühungen, eine Erlaubnis zur Ausreise aus Polen zu erlangen."

Ein völlig unrealistischer Wunsch, den Wodzicki jedoch in die Tat umsetzte: Es müssen hoch gestellte, adlige Ornithologen aus Italien gewesen sein, die bereits zu Beginn des Jahres 1940 eine Reise des polnischen Fachkollegen „zu einem vogelkundlichen Vortrag nach Budapest" bewirkt haben; aus Budapest kehrte der Ornithologe jedoch nicht mehr nach Polen zurück, man brachte ihn nach Turin. Obwohl Italien Deutschlands Verbündeter war, durfte Wodzicki hier auch politisch tätig werden: Er berichtete der polnischen Exilregierung in Frankreich über das Vorgehen der Deutschen gegen die Krakauer Wissenschaftler und erhielt den Auftrag, sich nach Rom zu begeben, um für die Verhafteten nach Hilfe zu suchen. Er fand Zugang zum italienischen Königshaus, wurde vom Botschafter der USA und von Papst Pius dem XII empfangen. Seine Interventionen bewirkten offizielle Proteste und Veröffentlichungen in der freien Presse, was zur Freilassung der meisten Verhafteten beitrug (siehe u.a. Seyfarth & Pierzchała 1992).

Noch in den ersten Monaten 1940 begab sich Wodzicki nach Frankreich, wo er von der polnischen Exilregierung (laut Lebenslauf) „mit der Betreuung polnischer Wissenschaftler, die bei Beginn des Krieges im Ausland weilten" beauftragt wurde. Jetzt schaffte er erneut Unglaubliches: Dank der Hilfe befreundeter Diplomaten (wieder Italiener?) durfte seine noch in Polen lebende Frau, samt Kindern und Hauhaltshälterin, nach Frankreich ausreisen! Es gibt Belege, dass sie dafür auch in Polen Unterstützung fand, und zwar seitens eines „alten Kollegen, der deutscher Abstammung war" (wahrscheinlich war es Wodzickis Assistent, Helmut Liche). Die letzten Schwierigkeiten soll sie durch „Bestechung eines Gestapo-Beamten mit einem Kilogramm Kaffee" überwunden haben.

Der Aufenthalt der Familie in Frankreich dauerte jedoch nicht lange, denn noch vor der Besetzung des Landes durch deutsche Truppen im Mai/Juni 1940 wurden die Mitglieder der Exilregierung samt Familien nach England evakuiert. Hier war Prof. Wodzicki weiterhin für die polnische Regierung tätig, erhielt jedoch auch ein Stipendium des British Council, was ihm die Fortsetzung wissenschaftlicher Zusammenarbeit mit Sir John Hammond in Cambridge und Charles Elton in Oxford ermöglichte; in London, wo er wohnte, war er oft im British Museum tätig.

Auch der Aufenthalt des Professors in England war nur von kurzer Dauer. In seinem Lebenslauf notierte er: „Gegen Ende des Jahres 1940 beschloß die Polnische Regierung, ein polnisches Konsulat in Wellington, Neuseeland, zu gründen und ernannte Kazimierz Wodzicki zum ersten Generalkonsul, der zusammen mit seiner Familie am 24.4.1941 in Wellington eintraf. Einige Monate später erhielt Maria Wodzicka die Nominierung zur Delegierten des Polnischen Roten Kreuzes."

Die wichtigste Aufgabe des Konsulats und des Roten Kreuzes waren Bemühungen um Aufenthaltsgenehmigungen für polnische Flüchtlinge in diversen freien Ländern der Welt. Schon bald knüpfte jedoch der Generalkonsul auch eine enge Beziehung zu der naturkundlichen Abteilung des Dominial-Museums (später Nationalmuseum) in Wellington, um an Wochenenden zusammen mit dem Zoologen Sir Charles Fleming die Ökologie des Australischen Tölpels (*Sula bussana serrator*) zu untersuchen. 1942 verschärfte sich aber drastisch die Lage der heimatlosen Landsleute: Eine ganze polnische Exilarmee, die General Władysław Anders in der Sowjetunion gegründet hatte, ging zusammen mit zivilen Angehörigen nach Persien (jetzt Iran) über und unterstellte sich dem britischen Kommando. Die Teilnehmer dieser etwa 115000 Menschen umfassenden „Völkerwanderung" (darunter 25000 Zivilisten) waren nicht nur ehemalige polnische Kriegsgefangene, sondern auch ostpolnische Aussiedler, die 1939/40 aus den von der Roten Armee besetzten Gebieten tief in die Sowjetunion verfrachtet worden waren. Die Soldaten zogen von hier aus über den Nahen Osten an die nordafrikanische und westeuropäische Front (unterwegs, in Palästina, desertierte ein Unteroffizier – der spätere Ministerpräsident Israels, Menachem Begin), die Zivilisten blieben jedoch in Persien. Für den Generalkonsul und seine Frau herrschte nun Hochbetrieb, sie mussten für die heimatlosen Menschen eine neue Bleibe finden. Auf diplomatischem Wege gelang es, eine Reihe von Ansiedlungszusagen von Regierungen diverser Staaten zu erlangen, wohl am schwierigsten gestaltete sich jedoch die Lage in Neuseeland selbst: Seit Beginn der Kolonisierung dieser polynesischen Inselgruppe vor hundert Jahren dominierten hier Engländer, die sogar gegen die Ansiedlung von Schotten oder Walisern waren, geschweige denn von anderen Ausländern; die Kolonie, später Dominion, war anglikanisch geprägt, es herrschten starke Vorurteile gegen alles, was katholisch war. Erst im Frühjahr 1943 erreichte Frau Wodzicka einen spektakulären Erfolg, nachdem sie Peter Fraser, den Ministerpräsidenten Neuseelands dazu überredet hatte, 743 polnische Kinder, zumeist Waisen, nach Neuseeland, einzuladen. Sie bildeten die „Gründungspopulation" der heute zahlreichen polnischstämmigen Neuseeländer.

Zurück jedoch zum Schicksal Prof. Wodzickis: 1946 wurde das polnische Konsulat geschlossen, da die Alliierten die neue, bereits im Lande amtierende volksdemokratische Regierung anerkannt hatten. Er selbst wollte in die sowjetisierte Heimat nicht mehr zurückkehren, als Funktionär der „reaktionären" Exilregierung verlor er auch die polnische Staatsbürgerschaft. Der arbeitslose Exildiplomat und Privatwissenschaftler hat jedoch einige

Studien über neuseeländische Vögel publiziert (die Britische Ornithologen-Union wählte ihn bereits 1944 zum korrespondierenden Mitglied), ihn verbanden freundschaftliche Beziehungen zu örtlichen Naturwissenschaftlern; auch der Ministerpräsident des britischen Dominions kümmerte sich um ihn: Dr. Wodzicki erhielt eine Stelle im Department (Regierungsinstitut) for Scientific and Industrial Research (D.S.I.R.) in Wellington. Zunächst sollte er ein Gutachten über fremde, das heißt in Neuseeland eingebürgerte, Säugetierarten sowie deren Einfluss auf die Umwelt und Wirtschaft erstellen. Das Ergebnis wurde 1950 in Buchform veröffentlicht („Introduced Mammals of New Zeeland: An ecological and economic Survey"). Das Werk hat zum ersten Mal das volle Ausmaß der Schäden klargestellt, die die aus Europa und Australien leichtsinnig eingeführten Arten im Lande, insbesondere in der Landwirtschaft, verursachten. Dies hatte Folgen sowohl für den Autor als auch für die Forschung: Dr. Wodzicki wurde zum Leiter der neu gegründeten Sektion Ökologie des D.S.I.R. ernannt, diese widmete sich der Problematik der fremden Arten im Lande und der Verhinderung ihrer schädlichen Auswirkungen. Neue Methoden der Bekämpfung der Plage europäischer Kaninchen und einiger weiterer Arten bildeten die ersten Themen. Belange des Naturschutzes wurden jedoch auch nicht vernachlässigt: Auf der Insel Kawau stellte Wodzicki das Vorkommen einer kleinen Känguruart, des Parmawalaby (*Macropus parma*) fest, die dort noch im 19. Jahrhundert aus Australien eingebürgert wurde, im Ursprungsland jedoch seit langem als ausgestorben galt; trotz Bedenken der örtlichen Farmer wurde die kleine Population unter Schutz gestellt. Dr. Wodzickis wissenschaftliche Verdienste brachten ihm 1962 die Mitgliedschaft in der Royal Society of New Zealand.

Nachdem das britische Dominion 1947 die staatliche Selbstständigkeit erlangte, wurde Dr. Wodzicki Staaatsbürger Neuseelands, die Sehnsucht nach der alten Heimat erlosch jedoch nicht: Er unterhielt briefliche Kontakte zu vielen Wissenschaftlern dort, Mitte der 1960er und der 1970er Jahre besuchte er Polen. In Krakau wohnte er bei seinem Vorkriegsassistenten, Włodzimierz Pochalski, der inzwischen zu einem bekannten Tierfotografen, Naturfilmer und Buchautor herangewachsen war. In Warschau suchte er seine frühere Arbeitsstelle auf, überall wurde er von seinen alten Fachkollegen belagert (ich schaffte es lediglich, ihn um kritische Durchsicht des Manuskripts meiner Arbeit über das Wildkaninchen in Polen zu bitten); es gelang ihm jedoch nicht, das Schicksal seines zweiten Assistenten, Helmut

Liche, zu erkunden (es ist anzunehmen, dass er in der Wehrmacht dienen musste und zum Opfer des Krieges wurde). Die Polnische Zoologische Gesellschaft ernannte Wodzicki zum ausländischen Ehrenmitglied.

In Neuseeland wirkte Wodzicki, neben seiner wissenschaftlichen Tätigkeit, weiterhin so, als ob er noch Polens Generalkonsul wäre: Er stand den polnischen Einwanderern beratend zur Seite, in allen Notfällen intervenierte er bei den Behörden, insbesondere kümmerte er sich um die Ausbildung der jungen Generation, die er oft zum Universitätsstudium drängte. Dies galt auch für die eigenen Kindern: Sein Sohn wurde Professor in den USA, die Tochter – Professorin in Australien, später in Indonesien.

Im Jahre 1965 wurde Dr. Wodzicki emeritiert, keineswegs bedeutete dies jedoch Ruhestand. Als Privatwissenschaftler wandte er sich Themen zu, die ihn persönlich interessierten. 1972 wurde er von der Victoria Universität in Wellington eingeladen, als Honorarprofessor den Bereich Zoologie zu übernehmen. Seine bereits in Polen geschätzten didaktischen Fähigkeiten konnten sich erneut entfalten: Viele Studenten besuchten seine Vorlesungen, oft weilte er mit ihnen im Gelände, betreute Doktoranden; in der Fakultät schuf er eine familiäre Atmosphäre, wurde „Dr. Wod" oder einfach „Kazio" genannt (einer seiner Freunde schrieb, dass „für ihn keiner auf der gesellschaftlichen Leiter zu hoch oder zu niedrig stand"). Die Universität verlieh ihm 1970 den Doktortitel ehrenhalber. Die englische Königin zeichnete ihn 1976 mit dem höchsten Orden des Britischen Imperiums aus und verlieh ihm den Titel Officer of the British Empire (OBE). Immer wieder reiste er noch ins Ausland, 1984 weilte er das letzte Mal für einige Wochen in Polen.

Bis zum Ende blieb Prof. Wodzickis Seele zerrissen: Zwar gelang es ihm, sich in der neuen Heimat beruflich voll zu integrieren, die nostalgische Sehnsucht nach der Vergangenheit verließ ihn aber nicht. Der letzte Besuch in dem noch kommunistischen Polen ließ sie jedoch schwächer werden: Das Heimatland wirkte auf ihn zunehmend fremd; verärgert wegen Magenproblemen, die sozialistische Restaurants verursacht hatten, sagte er zu einem Freund nach der Landung in Neuseeland: „Das ist jetzt meine Heimat, ich bin ein Kiwi!" (So werden im englischen Jargon Neuseelands Bürger genannt.)

1987 starb Prof. Kazimierz Wodzicki in Wellington. Zu der großen Trauermesse in der katholischen St. Joachim-Kirche kam sogar der anglikanische Pfarrer. Sein Freund, Sir Charles Fleming, sagte lobend am Sarg:

Abb. 47. Der „Kiwi" – Prof. Kazimierz Wodzicki aus Neuseeland (1974).

„Er hat uns gelehrt, in zwei Kulturen zu leben." Es kommt selten vor, dass Kolonisatoren des Albions so über fremde Einwanderer sprechen …

Prof. Wodzicki hat, wie kaum ein anderer, nicht nur die eigene Flucht sowie die seiner Frau und der Kinder gemeistert; es gelang ihm nicht nur das eigene Leben in der Fremde elitär zu gestalten, sondern auch Einfluss in seinem letzten Gastland auszuüben. Dass er dies nicht nur seinen Begabungen und seinem Arbeitseifer, sondern auch glücklichen Umständen zu verdanken hatte, zeigt das Schicksal anderer Familienangehöriger: Sein Vater (mit dem er 1939 zusammen verhaftet wurde) starb im Alter von 81 Jahren 1941 irgendwo in Sibirien. Seine Mutter und Schwester mit einem kleinen Kind wurden aus Lwów (wo er von ihnen 1939 Abschied nahm) im kalten Februar 1940 nach Sibirien transportiert, von dort gelang es ihnen, im Tross der Anders-Armee lebend nach Persien zu entkommen; erst hier traf sie ein Schicksalsschlag: das kleine Kind starb während einer Epidemie. Wodzickis Mutter ging nach England, seine Schwester verschlug das Schicksal nach Brasilien. Im legendären Familiennest Olejów in Podolien wurde eine armselige Kolchose gegründet …

Historisch gesehen kündigt sich jedoch noch ein Happyend in der Familiengeschichte an: Ein Enkel Prof. Wodzickis, Michał, der die Pässe Neuseelands, der USA und Polens besitzt, siedelte sich kürzlich im Land seiner Ahnen an und heiratete hier …

* * *

4. Leben und Forschung in einer Welt voller Gefahren

Unter autoritären oder diktatorischen Regimen sowie in Kriegszeiten entstehen für viele Wissenschaftler Umstände, die gravierende Auswirkungen auf ihre Tätigkeit mit sich bringen. Arbeitsbehinderungen und -verbote stellen nur eine Form dieser Auswirkungen dar; ideologische Einflussnahme bis zu „Umerziehungsersuchen", aber auch Anpassungbereitschaft sind die anderen. Unter dem nationalsozialistischen und den kommunistischen Regimen des vergangenen Jahrhunderts wurden viele Wissenschaftler insbesonde mit drei pseudowissenschenschaftlichen bzw. „kulturellen" Strömungen konfrontiert, die aus diesen Ideologien erwuchsenen: der sowjetischen „neuen Genetik", der nationalsozialistischen „Rassenkunde" und der chinesischen „Kulturrevolution". Auch andere, ideologisch motivierte Umstände, machten ihnen das Leben schwer.

Über einige Wissenschaftler, die davon betroffen waren, sollen die nachstehenden Berichte Zeugnis ablegen.

* * *

In Deutschland arbeitete viele Jahre ein russischer Genetiker, der auch auf dem Gebiet der Vogelkunde tätig war: **Dr. Nikolaj Wladimirowitsch Timofejew-Ressowski (1900 - 1981)**. Ornithologie war lediglich eine Randwissenschaft in seiner breit angelegten Forschungstätigkeit, sein Hauptinteresse galt der Radiobiologie (u. a. strahlenbedingte Mutationen), der Populationsgenetik und der Evolu[illegible]n den Jahren 1940-1945 war er Mitglied der Deutschen Ornithologischen Gesellschaft.

Mitte der 1950er Jahre, als ich noch Student in Berlin war, machte mich Stresemann auf eine Publikation Timofejews aus dem Jahre 1940 über die Ausbreitung des Weidenammers *(Emberiza aureola)* in Osteuropa aufmerksam. Ich fragte damals, wer der Autor sei. Stresemann kannte ihn gut, hielt einen lobenden Vortrag über ihn, die Erzählung endete mit der Anmerkung: „und nach dem Kriege ist er verschollen, irgendwo in Russland" (erst später hat er erfahren, dass Timofejew in sowjetischen Lagern einsaß). Vor einigen Jahren traf ich jedoch Prof. Alexej W. Jablokow aus Moskau, einen begabten Biologen in meinem Alter, der sich als Schüler von Timofejew-Ressowski entpuppte! Was er mir erzählte, war aufregender als der Stresemann-Bericht. Zum Abschluss empfahl er mir, einen Roman über den bereits weltberühmten Genetiker zu lesen, den der sowjetische Schriftsteller Daniil Granin veröffentlicht hatte (zwei deutsche Ausgaben in West und Ost 1988, lesenswert!). Auch anderswo ist Brisantes über ihn zu finden: Solschenizyn (1974) beschreibt in seinem berühmten „GULAG"-Buch seine Begegnungen mit Timofejew, seine Freunde aus der Zeit seines Aufenthalts in Deutschland meldeten sich zu Wort (u.a. Eichler 1982, Stubbe 1988), Frau Deichmann ([1992], 1995) sowie Satzinger & Vogt (2001) analysierten Archivdokumente und fanden Neues über ihn, ein weiterer Schüler, Prof. Nikolai N. Woronzow (1993), gab einen dicken Band mit Berichten über Timofejew-Ressowski heraus, postum sind seine eigenen Erinnerungen veröffentlicht worden (Timofejew-Ressowskij 2000) und kürzlich konnte sogar seine Moskauer Gerichtsakte (Gontscharow & Nechotin 2000, Rokitjanskij et al. 2003) sowie eine über ihn angelegte Stasi-Akte (Hoßfeld 2001) ausgewertet und publiziert werden! Das Archiv der Akademie Leopoldina in Halle (deren Mitglied Timofejew war) erlaubte mir Einsicht in seine Personalakte.

Das Leben und Wirken Nikolaj Wladimirowitschs wurde, wie kaum das eines anderen Biologen, durch den Lauf der neueren europäischen Zeitgeschichte bestimmt.

Als Lenin 1924 starb, wurde ein damals bekannter Hirnforscher aus Deutschland, Prof. Oskar Vogt, von der sowjetischen Regierung nach Moskau eingeladen, um eine zytoarchitektonische Untersuchung des Gehirns des Revolutionärs durchzuführen (das Gehirn wurde in 30000 zytologische Präparate zerlegt, die bis heute in den etwa 3000 qm großen unterirdischen Institutsräumen des Lenin-Mausoleums in Moskau vom Wachregiment des Kremls geschützt werden; Vogt fand in Lenins Gehirn eine stark entwickelte Schicht von Nervenzellen und interpretierte sie als Sitz der sozialen Aktivitäten). Während seiner Arbeit in Moskau bat der von den Sowjets hoch geschätzte Professor, einen jungen russischen Genetiker nach Deutschland zu schicken; Vogt befasste sich auch mit Hummeln (*Bombus*) und suchte nach einem Wissenschaftler, der in seinem Institut in Berlin genetische Untersuchungen an dieser Insektengruppe durchführen sollte. Sein russischer Kollege, Prof. Nikolai K. Kolzow, ein sehr erfolgreicher Genetiker, empfahl ihm seinen Schüler – den jungen Timofejew-Ressowski, Spross einer adligen Donkosakenfamilie, damals Kolja genannt.

Kolja hatte das Studium noch nicht beendet, veröffentlichte jedoch bereits einige Forschungsergebnisse über die Taufliege (*Drosophila*). Er interessierte sich damals für Tiergeografie und besaß auch gute vogelkundliche Kenntnisse; M.A. Menzbier (s. Flint & Rossolimo 1999: 322-330), Nestor der russischen Ornithologie, zeitweise Rektor der Moskauer Universität, war einer seiner Lehrer und A.N. Promptow (Flint & Rossolimo 1999: 375-399), später ein bekannter Ornithologe, sein Studienkollege. Kolja bekam nun einen sowjetischen Auslandspass und ein schriftliches Gutachten Kolzows (das das fehlende Universitätsdiplom ersetzte) und fuhr 1925 mit Frau und Kind nach Deutschland, wo er eine Stelle am Hirnforschungsinstitut der Kaiser-Wilhelm-Gesellschaft in Berlin erhielt und zunächst in Berlin-Steglitz eine Wohnung bezog. Mit Hummeln befasste er sich nicht, es wurde ihm erlaubt, weiterhin an der Taufliege zu experimentieren. Die technischen und finanziellen Möglichkeiten des Institutes verhalfen ihm rasch, sich zu einem bedeutenden Genetiker zu entwickeln, bereits 1929 wurde er Leiter einer personell ausgebauten Abteilung, die nach Buch bei Berlin verlegt wurde, wohin auch die Timofejews umzogen. Die Ergebnisse seiner Arbeit führten u.a. zur völligen Änderung der Nutzung der Röntgen-Strahlen in der Medizin (Schutz der Patienten und des medizinischen Personals), vor allem trug er jedoch, zusammen mit K.G. Zimmer und M. Delbrück, zur

Abb. 48.
Nikolaj W. Timofejew-Ressowski aus Berlin-Buch (um 1936).

Formulierung der sogenannten „Treffertheorie" (Erklärung der durch Strahlung induzierten Mutationen) bei. Im Jahre 1937 wurde sein genetischer Forschungsbereich zu einer selbstständigen Einheit erhoben, 1938 wurde er wissenschaftliches Mitglied der Kaiser-Wilhelm-Gesellschaft, zwei Jahre später wählte ihn die Deutsche Akademie der Naturforscher Leopoldina in Halle zum Mitglied. In dieser Zeit widmete er sich einem neuen Thema, der Evolution: Vor der Jahresversammlung der Deutschen Gesellschaft für Vererbungsforschung hielt er 1938 einen viel beachteten Vortrag über „Genetik und Evolution – Bericht eines Zoologen"; dies war wohl die Folge der Teilnahme an einer Vortragsveranstaltung des damals noch jungen Berliner Doktoranden Ernst Mayr (Mayr 1993). Oft weilte Timofejew im Ausland, wo er über anstehende Probleme mit fachverwandten Wissenschaftlern, u.a. mit Nobelpreisträgern, Seminare abhielt. In seinem Institut in Buch fühte er seit längerer Zeit Debatten mit Bernhard Rensch, der bei ihm versuchte, seine theoretischen Thesen (Rassen- und Artenkreise im Tierreich) experimentell zu untermauern (Rensch 1993). Damals entstanden auch engere Kontakte zu Stresemann, der sich nicht nur stets mit den Evolutionsthemen in der Ornithologie, sondern früher auch mit Mutationen bei Vögeln befasst hatte und nun an der Problematik der „ökologischen Sippen, Rassen und Artunterschiede bei Vögeln" arbeitete. Timofejew war einer der wenigen Genetiker, die sich für den geografischen Aspekt der Mutationen interessierten, er war daher von großer Bedeutung für die Studien Stresemanns. Er besuchte Versammlungen der ornithologischen Gesellschaft, führte mit Stresemann Diskussionen, wandte sich teilweise wieder der Ornithologie zu. Stresemann nahm auch an Seminaren teil, die Timofejew in Berlin-Buch organisierte und Timo, so wurde er von Berliner Zoologen tituliert, besuchte ihn nicht nur im Zoologischen Museum in Berlin, sondern auch zu Hause. In den 1930er Jahren verbrachte er zweimal seinen Urlaub auf der Kurischen Nehrung und besuchte dort die Vogelwarte Rossitten. In einem Brief aus dem Jahre 1944 lobte Stresemann Timofejew als „einen wahren Feuergeist von ungeheuerem Wissen und grosser Beredsamkeit" (Haffer 1997: 941). Zusammen mit Stresemann verfasste Timofejew eine wichtige Abhandlung über die Systematik der Möwen (die erst 1947 auf Deutsch und 1959 auf Russisch veröffentlicht werden konnte) und beide planten, eine Serie von Studien dieser Art zu bearbeiten. Diese, „auch ornithologische" Periode endete mit der Eroberung Berlins durch die Rote Armee.

Hier stellen sich Fragen: Als russischer Sowjetbürger von 1925 bis 1945 in Deutschland? Kann das, insbesondere nach 1933 wirklich wahr sein? – Ja, es war wirklich so! Es war eine Gratwanderung zwischen wissenschaftlicher Arbeit, formalen Zwängen, Loyalität zu den Arbeitgebern, Heimattreue und ... Selbsterhaltungstrieb.

Der junge Kolja war besessener Wissenschaftler, politisch wenig interessiert, keineswegs Kommunist. Kurz nach der Oktoberrevolution war dies noch keine Voraussetzung, um in Sowjetrussland Wissenschaftler zu werden. Die Weimarer Republik unterhielt aber gute Kontakte zur Sowjetmacht. Timofejew war nicht der einzige, der damals offiziell nach Deutschland entsandt wurde und Vogt (er war u.a. korrespondierendes Mitglied der Akademie der Wissenschaften der UdSSR) auch nicht der einzige genehme deutsche Gast der Sowjets. Noch 1922, auf persönliche Initiative Lenins, wurde eine Gesellschaft für russisch-deutsche Zusammenarbeit gegründet. Zwei Entwicklungen haben jedoch diese anfangs „normale" Situation gravierend verändert: Die Entstehung und Radikalisierung des „Stalinismus" seit Mitte der 1920er Jahre in der Sowjetunion und die NS-Machtergreifung in Deutschland 1933.

Timofejew war charakterlich ein „echter Russe". Fast täglich versammelten sich Kollegen und Bekannte in seiner Wohnung, die Zusammenkünfte verwandelten sich zumeist in wissenschaftliche Kolloquien. Außer Russen – Berlin war damals voll russischer Intelligenz aus den Reihen der Emigration – kamen zunehmend auch Deutsche (er nannte sie „Eingeborene", weil sie so anders waren). Nikolaj Wladimirowitsch war Frühaufsteher, die nächtlichen Debatten taten also der Arbeit im Institut keinen Abbruch; er verstand es auch, die wachsende Zahl seiner Mitarbeiter zu motivieren und mit anderen Wissenschaftlern zusammenzuarbeiten. In Berlin-Buch war er bereits integriert und in der wissenschaftlichen Welt anerkannt. Mitte der 1930er Jahre fürchteten amerikanische Kollegen um Timofejew und boten ihm 1936 eine Stelle an der Carnegie Institution in Cold Spring Harbour an, er schlug jedoch die Einladung aus (u.a. weil seine Kinder in der Schule mit Sprachproblemen zu kämpfen hätten und Mitarbeiter ihre Stellen verlieren würden). Im Jahre 1937 hat ihn die sowjetische Botschaft in Berlin zur Rückkehr nach Moskau aufgefordert, auch das lehnte er ab (sein Lehrer Kolzow hatte ihn gewarnt: Genetiker würden entlassen, z.T. verhaftet; ein Lyssenko ersetze die klassische Genetik mit pseudowissenschaftlichen Theorien, die starke Unterstützung der Politik genossen; eine Rückkehr wäre lebensbedrohlich!). Seinen Pass hatte das sowjetische Konsulat eingezogen, deutsche Behörden stellten ihm einen „Fremdenpass" aus, er musste sich jetzt wöchentlich bei der Polizei melden. Politische Stellen und Funktionäre der Kaiser-Wilhelm-Gesellschaft drängten ihn zur Annahme der deutschen Staatsangehörigkeit, dies lehnte er jedoch 1938 ebenfalls ab, er war ja Russe. Im Nationalsozialismus erblickte er Ähnlichkeiten zu der kommunistischen Herrschaft in seiner Heimat, beides war ihm fremd; es gab aber fachliche Berührungspunkte mit Vertretern der NS-Rassenhygiene: z.B. hielt Timofejew im Jahre 1938 einen Vortrag über experimentelle Mutationsforschung während eines von der NSDAP organisierten Kurses und kooperierte auf dem Gebiet der Populationsgenetik mit einem Institut für Vererbungslehre, das der SS unterstand (s. Deichmann [1992], 1995: 189-190, auch Hoßfeld 2001: 342-343). In der späteren umfangreichen Polemik um seine Person wurden diese Vorwürfe (neben anderen, z.T. frei erfundenen) oft vorgebracht; ohne genauere Kenntnis der Inhalte der Kooperation ist es aber nicht möglich festzustellen, ob die Grenze des moralisch Zulässigen überschritten wurde. Müller-Hill (1988) wirft ihm vor, mit den Nazis kollaboriert zu haben; Berg (1990, 1993) und Malenkov & Ivanov (1989) sind bemüht, ihn völlig davon zu entlasten. Rokitjanskij et al. (2003) fanden keine Anhaltspunkte für politisch bedingte Vorwürfe. Ich schätze, dass es sich höchstens um ein geringes Ausmaß an Zweckopportunismus gehandelt haben könnte.

Als 1939 der Krieg ausbrach, wurde die wissenschaftliche Arbeit schwieriger: Besuche ausländischer Kollegen waren kaum möglich, auch Kontakte zu seinen wichtigsten wissenschaftlichen Partnern im Ausland wurden stark eingeschränkt. Seit Mitte 1941, nach dem überraschenden Überfall Deutschlands auf die UdSSR „saß er in der Falle": Auslandskontakte brachen ab. Verstärkt richteten Spitzel der Gestapo ihre Blicke auf seine Person. Er äußerte sich jetzt kaum zur Politik, arbeitete weiter wie besessen, innerlich ergriff er jedoch eindeutig Partei für sein Vaterland, glaubte auch nicht daran, dass Russland besiegt werden könne. Aus dieser Zeit ist bekannt, dass er deutschen Wissenschaftlern, die sich der indirekten oder direkten Teilnahme am Kriegsgeschehen entziehen wollten, geholfen hat, so genannte „Betrugsforschung" zu betreiben (s. Autrum 1996: 86); es ist anzunehmen, dass er auch sich selbst vor den auf ihn lauernden Gefahren in ähnlicher Weise zu schützen verstand (möglicherweise deshalb wandte er sich Anfang der 1940er Jahre der Ornithologie zu). Man ließ ihn also, auch wegen seines Rufes, „bis zu Ende" arbeiten. Doch sein ältester Sohn Dimitrij, Zoologie-Student an der Berliner Universität, wurde im Widerstand tätig, die Gestapo verhaftete ihn 1943, Anfang Mai 1945 kam er im KZ Mauthausen ums Leben (Winkler 2002). In den letzten Kriegsjahren engagierte sich Timofejew auch politisch: Er half Personen, die bedroht waren, u.a. „Halbjuden" und Russen. Es sei eine tragische, schwere Zeit, die mit der Begegnung der Roten Armee in Buch und Berlin enden würde, meinte er. In den Westen wollte er, trotz Aufforderungen, auch jetzt nicht gehen; er glaubte wohl daran, dass sich das politische System in seinem Lande nach dem grandiosen Sieg über den Aggressor ändern würde. So sah das anfangs auch aus: Sowjetische Offiziere waren jetzt Gäste in seiner Wohnung, einer von ihnen stellte einen bewaffneten Posten vor das verwaiste Institut, um Plünderungen und Überfällen vorzubeugen. Die sowjetische Militäradministration bestätigte ihn als Direktor seiner Forschungseinheit, die jetzt die Bezeichnung Institut für Genetik und Biophysik trug. Kurz danach besuchte Berlin General Awraamij P. Sawenjagin, Stellvertreter des sowjetischen Innenministers, der an dem atomaren Rüstungsprogramm der UdSSR beteiligt war. Sein Auftrag: Deutsche Wissenschaftler, insbesondere Rüstungsexperten, zu finden und für die Arbeit in der Sowjetunion zu gewinnen. Der Schutz vor radioaktiver Strahlung stand auch auf seiner Liste – nun glaubte Timofejew-Ressowski sein Wissen für Russland einsetzen zu dürfen. Während aber die deutschen Wissenschaftler Ende Sommer 1945 ihre neuen Arbeitsverträge erhielten und nach Osten fuhren, wurde er Mitte September von den sowjetischen Sicherheitsorganen in Berlin festgenommen. Man nimmt an, dass dies aufgrund einer Denunziation von Prof. Nikolai N. Nuschdin, einem treuen Lyssenko-Genetiker aus Moskau, erfolgte, der in dieser Zeit mit einer Gruppe hochrangiger Wissenschaftler in der sowjetischen Besatzungszone Deutschlands weilte (Gerschenson 1993). Noch Ende September wurde Timofejew nach Moskau gebracht und in das Lubjanka-Gefängnis eingeliefert. Bereits am 10. Oktober 1945 wurde ein Haftbefehl gegen ihn erlassen (Abb. 49), dem folgten stundenlange Verhöre, zumeist nachts; bis zum 18. Mai 1946 saß er 15 Mal vor dem NKWD-Vernehmungsoffizier, Major W.A. Garbusow. Gegen politische Beschuldigungen (auf die die Todesstrafe durch Erschießung stand) wehrte

4

СССР

Народный Комиссариат Государственной Безопасности

ОРДЕР № 2567

Октября 10 дня 1945 г.

Выдан
государственной безопасности
тов. Староверову И. И.
на производство ареста и обыска
Тимофеева-Ресовского
Николая Владимировича

по адресу: По месту нахождения

Зам. Народный Комиссар
Государственной Безопасности СССР Кобулов

Справка 112 Арест санкционирован Зам. Прокурором СССР
Генерал-лейтенантом юстиции
тов. Вавиловым.

Abb. 49.
Haftbefehl gegen Nikolaj W. Timofejew-Ressowski, ausgestellt im Auftrage des Stellvertretenden Generalstaatsanwalts der UdSSR in Moskau am 10. Oktober 1945.

sich der Häftling, bekannte sich jedoch für schuldig, der Aufforderung zur Rückkehr in seine Heimat im Jahre 1937 nicht gefolgt zu sein. In der Anklageschrift (Rokitjanskij et al. 2003: 445-448) wurde ihm vorgeworfen, dass er sein Vaterland durch Verbleiben in Deutschland verraten, Verbindungen zu antisowjetischen Emigrantenverbänden unterhalten, sowie der deutschen Abwehr im Institut Beistand geleistet habe. Die militärgerichtliche Verhandlung fand in Abwesenheit des Angeklagten und ohne Verteidiger am 4. Juli 1946 statt. Urteil: 10 Jahre Lagerhaft! Sogar die „Prawda“ berichtete, dass er ein „Feind des Sowjetvolkes“ sei. Im August 1946 wurde er in das Straflager Samarka, westlich von Karaganda in Kasachstan eingeliefert. Die schwere körperliche Arbeit und der Hunger dort bedeuteten für viele Häftlinge den sicheren Tod; eine zusätzliche, naturbedingte Ursache für den Hunger stellte der gravierende Mangel an Süßwasser in der Region, weshalb täglich, außer Brot, nur eine Schüssel Balanda (Lagersuppe) und zwei Becher etwas salzigen, trüben Wasser pro Häftling ausgegeben wurden. Durch Zufall erfuhr ich kürzlich von Frau Marijanna W. Wojewodzkaja (Tochter des Akademiemitglieds Wladimir W. Wojewodzki, den der Häftling nach seiner Freilassung in den 1960er Jahren besuchte), wie Timofejew versucht hatte, den Stress im Lager zu überwinden: Er studierte in seiner Freizeit das Sozialverhalten der Roten Moorameisen (*Formica uralensis*), die in der „Zone“ häufig vorkamen (Marjanna war damals noch ein Kind, die Erzählung des Gastes war jedoch so spannend, dass sie bis heute über das Leben der Ameisen vieles nacherzählen kann).

Sowjetische Atomphysiker wurden Mitte der 1940er Jahre mit immer neuen Problemen bei ihren Anstrengungen zum Bau der eigenen Atombombe konfrontiert, auch mit den Auswirkungen der radioaktiven Strahlung. Prof. Jablokow berichtete mir, dass die sowjetischen Behörden bei den damals noch quasi-befreundeten Amerikanern angefragt hätten, ob sie fachliche Hilfe leisten könnten; diese antworteten, dass sie die gleichen Probleme hätten, ihre Ermittlungen jedoch ergeben hätten, dass einer der erfahrensten Spezialisten auf diesem Gebiet aus Deutschland in die UdSSR ausgereist sei, sein Name sei Timofejew-Ressowski. Erst jetzt wurde General Sawenjagin wach! In der NKWD-Zentrale läuteten die Alarmglocken, eine lange Suchaktion begann (Millionen saßen ja in Lagern). Ende November 1946 wurde Nikolaj Wladimirowitsch gefunden und per Bahn nach Moskau gebracht. Sein gesundheitlicher Zustand war kritisch (fortgeschrittene Pellagra), Solschenitzyn berichtete, dass er von NKWD-Offizieren in ein Auto getragen werden musste. Im Krankenhaus des Innenministeriums gelang es einem Ärzteteam, ihn noch zu retten, allerdings blieb sein Augenlicht für immer beschädigt. Jetzt wurde auf der malerischen Halbinsel des Sungul-Sees (etwa 100 km NNW von Tscheljabinsk, wo das Zentrum der sowjetischen Atom-

Abb. 50. Nikolaj Wladimirowitsch Timofejew-Ressowski, fotografiert im Lubjanka-Gefängnis in Moskau (Ende Oktober 1945).

rüstung lag), in den Behausungen eines Sanatoriums des Innenministeriums, ein kleines, geheimes Speziallager mit der Codebezeichnung „Objekt 0211" eingerichtet; Solschenizyn nannte solche Lager „Scharaschki". Kommandant war ein NKWD-Oberst namens Alexander K. Uralez, prominente Häftlinge – Timofejew-Ressowski und eine Gruppe von Wissenschaftlern und Technikern, u.a. auch einige seiner Mitarbeiter aus Buch! In Kisten verpackt lag hier auch die technische Ausrüstung des Institutes aus Buch, darunter ein Neutronengenerator. Auftrag: Radiobiologische Forschung und angewandter Strahlenschutz. Es war die Zeit, in der Lyssenko die klassische Genetik in der Sowjetunion bereits ausgerottet und verboten hatte (u.a. galt eine amtliche Anordnung, alle *Drosophila*-Stämme zu vernichten!), auf der Halbinsel Sungul wurden aber die Taufliegen wieder gezüchtet, im Geheimen, aber legal! Die Forschungsergebnisse und Arbeitsumstände waren geheim; eines konnte ich aber erfahren: Der Lagerchef Uralez wechselte unter Timofejews Einfluss die Fahnen und studierte Biologie!

Nach Stalins Tod wandte sich Timofejew-Ressowski schriftlich an diverse sowjetische Persönlichkeiten mit der Bitte um Entlassung aus dem „Goldenen Käfig", er wollte nun für die Akademie der Wissenschaften arbeiten. Lediglich das Büro des ersten Nachfolger Stalins, des Ministerpräsidenten Georgij M. Malenkow, reagierte und bewirkte 1955 seine Befreiung aus der „Scharaschka" (Malenkow 1993). In Moskau durfte er aber nicht ansässig werden. Timofejew übernahm jetzt die Leitung der Abteilung für Biophysik und Radiologie des Biologischen Institutes in Swerdlowsk (heute wieder Jekaterinenburg), jeden Sommer weilte er jedoch in der Biologischen Station Miassowo im Südural (Ilmen Naturschutzgebiet), wo er ein kleines Labor aufbauen ließ und wo zahlreiche Kolloquien für Hunderte junger Wissenschaftler abgehalten wurden. Hier begann der Wiederaufbau der russischen Genetik. Damalige Teilnehmer, die heute z.T. erfolgreiche Wissenschaftler sind, sprechen oft von der „Miassowo Universität". Als die Zeiten 1964 noch besser wurden, zog Timofejew nach Obninsk bei Moskau, wo er eine Abteilung des Instituts für Medizinische Radiologie leitete. 1969 wurde er aber entlassen, u.a. wegen des negativen Einflusses auf junge Wissenschaftler während des „Prager Frühlings" und nach dem Einmarsch der Truppen des Warschauer Paktes in die Tschechoslowakei. Sein Labor wurde auf Geheiß des Zentralkomitees der KP in Moskau geschlossen (Timofejew-Ressowskij 2000: 738), was wohl auch zu der

Ratlosigkeit in den Tschernobyl-Tagen beitrug. Als Rentner hat er die sowjetischen Raumfahrtmediziner in Moskau als Konsultant beraten. Zu Hause in Obninsk veranstaltete er aber auch Kolloquien über Kunst und Musik. Hier starb er im 82. Lebensjahr.

Noch ein kurzer Rückblick auf dieses lange Leben. Max Delbrück, der 1969 für die „Treffertheorie" den Nobelpreis erhielt, sagte während seines Besuchs in Moskau, dass der eigentliche Urheber dieser Entdeckung Timofejew-Ressowski sei, es sei dessen Idee gewesen (erst kürzlich wurde bekannt, dass der deutsche Biophysiker Boris Rajewsky bereits 1950 Timofejew beim Nobelpreiskomitee für diese Auszeichnung nominiert hatte); man habe wohl in Oslo und Stockholm nicht geglaubt, dass er noch lebe. In der Sowjetunion wusste man es, er durfte aber nicht geehrt werden, da er in dem egoistischen Zirkel der sozialistischen Akademie-Biologen „verrufen" war; bis heute gibt es erfundene Beschuldigungen gegen ihn (sogar die Beteiligung am Bau der deutschen Atombombe wird ihm vorgeworfen und auch, dass Hitler ihn persönlich mit einem Eisernen Kreuz ausgezeichnet haben soll!). Die Wissenschaftlichen Räte zweier Akademie-Institute haben Timofejew aufgrund seiner Publikationen 1957 den Doktortitel zuerkannt, die höchste sowjetische Anerkennungskommission hat diesen Beschluss aber annulliert (erst 1964 hat er, im normalen akademischen Verfahren, den Doktorgrad

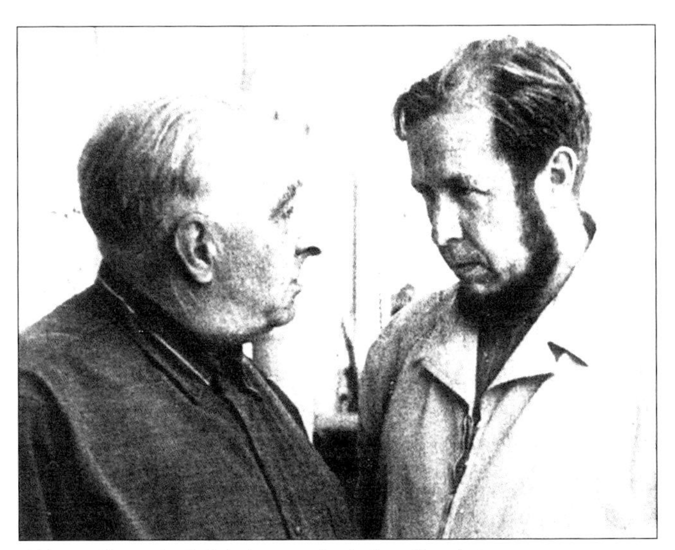

Abb. 51. Alexander I. Solschenizyn (rechts) zu Gast bei Dr. Nikolaj W. Timofejew-Ressowski in Obninsk (August 1968).

erlangt). Seit 1965 haben jüngere russische Biologen mehrmals vorgeschlagen, ihn in den Kreis der Akademiemitglieder aufzunehmen, aber ohne Erfolg (u.a. argumentierte man, er habe doch kein Universitätsdiplom und sei rechtskräftig verurteilt worden!). Bei der Leopoldina in Halle war er aber weiterhin Mitglied und diese hat ihn bereits 1959 mit der Darwin-Plakette geehrt. Die beginnende Dubček-Ära ermutigte 1965 auch die Akademie der Wissenschaften der ČSSR, ihm die Mendel-Medaille zu verleihen. Ein Jahr später wurde Timofejew der 13. Preisträger des sehr hoch angesehenen „Kimber Genetics Award" der Nationalen Akademie der Wissenschaften der USA (offizielle sowjetische Stellen wollten ihn zur Verweigerung der Annahme des Preises zwingen, er beugte sich jedoch nicht). 1970 ehrte ihn die Leopoldina nochmals – mit der Gregor-Mendel-Medaille. 1973 wurde Timofejew zum Mitglied der amerikanischen Akademie der Künste und Wissenschaften gewählt. Als er 1978 am Internationalen Genetiker-Kongress in Moskau teilnehmen durfte, genoss er sichtlich das Wiedersehen mit Fachkollegen aus der Vorkriegszeit und die Ehrenbekundungen jüngerer Genetiker; am Abend wurden dann alte Geschichten erzählt, wie sich einer seiner Freunde aus Berlin-Buch erinnert.

Timofejews Freunde und Schüler sowie sein jüngster Sohn Andrej (Atomphysiker), bemühten sich in der Gorbatschow-Ära um eine volle postume Rehabilitierung des großen Gelehrten. Wieder wurden die „zuständigen Organe" eingeschaltet, das Studium der sowjetischen Akten ergab aber keinen ausreichenden Grund dazu. Der öffentliche Druck war jedoch so groß, dass man versuchte, den bereits vorbereiteten Ablehnungsbeschluss durch ein deutsches Gutachten zu untermauern, um das der Staatssicherheitsdienst der DDR gebeten wurde (ein KGB-Oberst weilte für diesen Zweck drei Wochen lang in Ostberlin). Die Stasi untersuchte nun gründlich die Vergangenheit Timofejew-Ressowskis, seine Akte bei der heutigen Birthler-Behörde (Bundesbeauftragte für die Stasi-Unterlagen) umfasst 130 Bände! Das Endresultat erstaunt etwas: Moskaus Erwartungen wurden enttäuscht, das Gutachten der Stasi ist entlastend! (Hoßfeld 2001). Die Stasi-Offiziere suchten insbesondere nach belastenden Informationen aus Timofejews Forschungsthemen, die in Zusammenhang mit deutscher Kriegsrüstung gebracht werden könnten; sie fanden aber nichts Derartiges. Am 26. Mai 1988 wurde auch Frau Charlotte Trettin aus der DDR, ehemals Sekretärin in der von Timofejew geleiteten genetischen Abteilung verhört; auf die Frage

Abb. 52. Im Urlaub (zweite Hälfte der 1960er Jahre).

des Stasi-Majors Diner, welche Experimente dort durchgeführt wurden, antwortete sie u.a. (Rokitjanskij et al. 2003: 491-495): „[...] im Mai 1944 kam ich in die genetische Abteilung [...]. Ich kann mich erinnern, dass ich in dieser Zeit für Timofejew-Ressowski einen Artikel über Möwen-Arten und deren Lebensweise getippt habe“ ...

Auch die entlastenden Stasi-Berichte hinderten jedoch die Militärstaatsanwaltschaft der UdSSR nicht daran, das Rehabilitierungsgesuch im Oktober 1989 abzulehnen. Erst aufgrund des neuen Gesetzes der Russischen Föderation „Über die Rehabilitierung der Opfer politischer Repressalien“ vom 18. Oktober 1991, nach erneuter Prüfung seiner Gerichtsakte und Aussagen neuer Zeugen, wurde Timofejew-Ressowski am 23. Juni 1992, also elf Jahre nach seinem Tode, durch die Generalstaatsanwaltschaft der Russischen Föderation für unschuldig erklärt und rehabilitiert.

Aller offiziellen Zurückhaltung bzw. allen gezielten Attacken zum Trotz ist die Erinnerung an den großen russischen Biologen bis heute in seiner Heimat sehr lebendig. Die Regisseurin Elena S. Sakanjan hat drei Filme über ihn gedreht, u.a. wurden sie im russischen Fernsehen ausgestrahlt (Sakanjan 2000), was Timofejew-Ressowski schließlich in ganz Russland bekannt machte.

* * *

Ein Fachkollege Timofejew-Ressowskis, der bekannte deutsche Genetiker **Prof. Hans Stubbe (1902 - 1989)**, befasste sich am Rande seiner Forschungstätigkeit ebenfalls mit ornithologischen bzw. zoologischen Themen; die beiden waren miteinander befreundet (Stubbe 1988). Stubbe war Mitglied der Deutschen Gesellschaft für Säugetierkunde und der Deutschen Ornithologischen Gesellschaft, in den 1930er Jahren war er Beringer der Vogelwarte Rossitten. Brennend interessierten ihn auch die Fragen des Naturschutzes, seit seiner Jugend war er ein passionierter Jäger, in späterem Alter forschte er zu wildbiologischen Themen.

Bereits in den 1920er Jahren führte Stubbe bahnbrechende genetische Experimente durch: strahlenbedingte Mutationen beim Gartenlöwenmaul (*Antirrhinum majus*), einer Pflanzenart, die für deutsche Pflanzengenetiker von vergleichbarer Bedeutung war, wie die *Drosophila* für Zoologen. Seine Publikationen machten ihn in der wissenschaftlichen Welt bekannt. Seine organisatorischen und menschlichen Qualitäten ließen bereits damals erkennen, dass er sich zu einem der großen Biologen entwickeln würde.

Stubbes Charakter und seine politisch-gesellschaftlichen Ansichten waren geprägt von der Atmosphäre der Weimarer Republik, der ersten demokratisch-liberalen Staatsform Deutschlands. Unter dem Eindruck der Schrecken des Weltkriegs trat er der Paneuropäischen Union bei, die schon damals von einem Zusammenschluss der Staaten Europas träumte. Die Prägung der Jugendjahre war so stark, dass er von den Grundsätzen

Abb. 53. Prof. Hans Stubbe (November 1981).

seiner Überzeugungen auch dann nicht abrückte, als er seinen späteren Lebensweg unter den beiden deutschen Diktaturen verbringen sollte; der starke innere Zwang, wissenschaftlich arbeiten zu wollen, blieb ebenfalls lebenslang konstant. Weder der einen noch der anderen staatstragenden Partei des Dritten Reiches bzw. der Deutschen Demokratischen Republik ist er beigetreten, in den beiden Geschichtsperioden gelang es ihm jedoch, nicht nur wissenschaftliche Erfolge zu verbuchen, sondern auch positiven bzw. mäßigenden Einfluss auf die Absichten und Taten Andersdenkender auszuüben. Lesenswert ist hierzu eine inzwischen erschienene Biografie (Käding 1999; s. auch Böhme 1990 und Mettin 1990).

Hier nur ein kurzer Abriss von Stubbes wissenschaftlicher Karriere: Seit 1929 war er wissenschaftlicher Mitarbeiter der Kaiser-Wilhelm-Gesellschaft (Vorgängerin der Max-Planck-Gesellschaft), bis 1936 im Institut für Züchtungsforschung in Müncheberg, danach im Institut für Biologie in Berlin-Dahlem; seit 1943 Direktor des neu gegründeten Kaiser-Wilhelm-Instituts für Kulturpflanzenforschung in Wien, das nach Kriegsende unter der gleichen Bezeichnung in Gatersleben (sowjetische Besatzungszone, später DDR) von Stubbe ausgebaut und weiter geleitet wurde; 1951-1968 – Präsident der Deutschen Akademie der Landwirtschaftswissenschaften zu Berlin(-Ost).

Die guten Beziehungen der Weimarer Republik zu der noch jungen Sowjetunion nutzte Stubbe 1929 zu einem Besuch in dem damals berühmten Institut des russisch-sowjetischen Genetikers Nikolaj I. Wawilow in Leningrad (er nahm damals zwei Koffer mit Textilien mit und verschenkte diese an die sowjetischen Kollegen). Im Leningrader Institut wurde eine Sammelbank der Sortimente von Kulturpflanzen und ihrer Ursprungsformen aus vielen Regionen der Welt aufgebaut; diese Sortimentensammlung faszinierte Stubbe, auch er eignete sich dieses Thema an, das später zu einer seiner Lebensaufgaben werden sollte. Nicht verwunderlich, dass die Bekanntschaft mit Wawilow sich zu einer Freundschaft entwickelte (Stubbe 1987).

Der Naziherrschaft in Deutschland stand Stubbe ablehnend gegenüber; dies bezeugt u.a. seine offen ausgesprochene Ansicht (nach einer Hitler-Rede im Rundfunk), dass der Führer pathologisch sei; Hitler-Witze erfreuten ihn; er unterhielt Kontakte zu Personen jüdischer Herkunft; die Nazis warfen ihm vor, Marxist zu sein. Als es 1936 zu einer fachlichen Auseinandersetzung mit der bereits „braunen“ Institutsleitung kam, wurde er wegen „Störung des Betriebsfriedens“ vor ein „Ehrengericht“ gestellt; aus den Protokollen des Gerichtsverfahrens ist jedoch deutlich herauszulesen (s. Käding 1999: 40-44), dass Stubbe seit Jahren von Spitzeln der Gestapo überwacht wurde und diese Zuträgerinformationen dazu führten, dass er aus politischen Gründen aus dem Institut entlassen wurde (bis 1945 ließ ihn die Gestapo nicht aus den Augen).

Persönliche Beziehungen verhalfen Stubbe jedoch, eine Anstellung am Institut für Biologie in Berlin-Dahlem zu erlangen. Während des Zweiten Weltkrieges hat er u.a. damit begonnen, auch in Deutschland eine Sortimentensammlung von Urformen der Kulturpflanzen anzulegen: Im Auftrage des Reichsforschungsrates, jedoch mit starker Unterstützung des Oberkommandos der Wehrmacht, organisierte er 1941 und 1942 zwei Expeditionen in die besetzten Länder SO-Europas, die u.a eine sehr reiche Sammelausbeute erbrachten (an der zweiten dieser Expeditionen nahm auch der Ornithologe Niethammer teil).

Seit 1943, in dem neu gegründeten Institut für Kulturpflanzenforschung in Wien, konnte Stubbe weitgehend selbstständig seine wissenschaftlichen Ideen umsetzen: Außer angewandter Forschung an landwirtschaftlichen Nutzpflanzen wurde hier auch Grundlagenforschung betrieben. Die Sortimentensammlung wurde weitergeführt und Stubbe war bemüht, Material dieser Art auch aus den sowjetischen Forschungsstationen in den inzwischen besetzten Gebieten der UdSSR zu erhalten. Selbst war er nicht dort, andere haben die Rettungsaktionen (wie es damals hieß) durchgeführt. Nur Teile des erbeuteten Materials kamen in sein Institut.

Das Wiener Institut wurde gegen Ende des Krieges nach Ostdeutschland evakuiert, wo amerikanische Truppen einmarschierten, kurz danach jedoch das Gebiet der Roten Armee überließen. Stubbe stand vor der Wahl, in die westlichen Okkupationszonen zu gehen oder seinem Institut in der sowjetischen Besatzungszone treu zu bleiben; er entschied sich für das Letztere und fing damit an, in Gatersleben das Institut zu etablieren und auszubauen. Nicht nur seine unermüdliche Schaffenskraft, auch etwas Glück kam ihm dabei zu Hilfe: Als er in der allmächtigen sowjetischen Kreiskommandantur in Quedlinburg vorsprach, erkannte ihn ein aus Leningrad stammender Oberstleutnant; er war einer von denen, an die Stubbe 16 Jahre zuvor Geschenke verteilt hatte! Dies muss sich weit bis in die obersten Schichten der sowjetischen Militäradministration herumgesprochen haben, denn einige Zeit später wurde auf Befehl von Marschall Schukow Stubbe erlaubt, seine Jagdwaffen zu behalten.

Erst nach der Gründung der DDR erhielt das Institut viel Unterstützung; auch die Sortimentensammlung wurde weiter geführt (Sammelexpedition u.a. nach China, Armenien, auf die Krim, nach Kuba). Stubbe übernahm auch den Lehrstuhl für Genetik an der Martin-Luther-Universität in Halle-Wittenberg, er wurde auch zum Mitglied der Leopoldina gewählt. Jetzt aber tauchten erneut politische Schwierigkeiten auf: Die Genetik, die er betrieb, wurde seit Jahren in der befreundeten Sowjetunion als „reaktionär" eingestuft, verboten und durch eine von Trofim D. Lyssenko geschaffene Pseudowissenschaft ersetzt (vgl. Medwedjew 1971, Regelmann 1978, auch Nowak 2000: 481). Stubbe sollte nun ebenfalls einen neuen Weg beschreiten. Er wehrte sich aber, nicht nur hartnäckig, sondern auch erfolgreich.

Der Lyssenkoismus (so die spätere Bezeichnung der „neuen Genetik") wurde als Zwangslehre im ganzen sozialistischen Ostblock eingeführt und hatte tragische Folgen für viele Menschen. Die meisten Genetiker der Sowjetunion wurden entlassen, viele von ihnen verhaftet, einige sogar hingerichtet. Prof. N.I. Wawilow, der weltbekannte Genetiker, wurde bereits 1940 verhaftet und starb 1943 in einem Arbeitslager; Prof. N.K. Kolzow (s. Abschnitt über Timofejew-Ressowski) wurde 1938 entlassen und starb Ende 1940. Nachdem alle „reaktionären" Genetiker beseitigt worden waren, verhaftete man sogar Agronomen in Kolchosen. Auch in den anderen Ostblock-Staaten wurden Wissenschaftler verhaftet, zumindest ein solcher Fall ist aus der DDR bekannt: 1958 wurde der Lehrer Lothar Falk zu einem Jahr Gefängnis verurteilt (Jahn 2001). Erst 1964 endete die „Ära Lyssenko", des „zweiten Rasputins". Dudinzew (1990) schuf einen lesenswerten Tatsachenroman, der über die Folgen des Lyssenkoismus in der Sowjetunion Erschreckendes erzählt. Die „neue Lehre" tangierte auch die Ornithologie: Kuckucke sollten nach Ansicht ihres Schöpfers nicht auf dem Wege geschlechtlicher Reproduktion (Eierablage in Nestern von Kleinvögeln) sondern durch sprunghafte Transformation von Vogelarten entstehen! In einer Vorlesung sagte Lyssenko in vollem Ernst, dass es genüge, verschiedene Vögel mit haarigen Raupen zu füttern, damit Kuckucke aus ihren Eiern schlüpfen (Medwedjew 1971: 146).

Prof. Stubbe war einer der wenigen Ost-Gelehrten, die sich offensiv der Lyssenko-Lehre widersetzten: Als sein Institut, er und andere Genetiker der DDR in der Presse angegriffen und als „reaktionär“ beschimpft wurden, reiste er im Februar 1951 in die Sowjetunion (noch zu Stalins Lebzeiten!) zu einer persönlichen Begegnung mit Lyssenko, besuchte seine Institute und ließ sich Forschungsergebnisse vorzeigen und erklären. Zurück in Deutschland, hielt er am 25. Mai 1951 einen sehr sachlichen Vortrag vor der Konferenz des Zentralsekretariats der SED in Berlin, in dem er die „neue Genetik“ kritisch beschrieb und ablehnte (der Text dieses mutigen Vortrages wurde erst 1997 von Höxtermann veröffentlicht). Die versammelten Funktionäre leisteten Opposition, waren jedoch auf verlorenem Posten. Als aber die Kritik an der „reaktionären Genetik“ in der DDR-Presse nicht verstummte, bat er 1953 Walter Ulbricht um ein Gespräch und teilte ihm mit, dass er sich wegen der Arbeitsbehinderungen mit der Absicht trage, als Präsident der Akademie der Landwirtschaftswissenschaften zurückzutreten. Der mächtigste Mann des Staates und der Partei fragte daraufhin nach seiner Meinung über die Lyssenko-Genetik. Stubbe sagte u.a., dass ihm in der Sowjetunion keine Belege zu den wichtigsten Thesen vorgelegt werden konnten und dass er die neue Lehre als eine Pseudowissenschaft, die mit falschen Argumenten agiere, betrachte; er fügte hinzu, dass die praktische Anwendung dieser Wissenschaft negative Folgen für die Landwirtschaft ha-

Abb. 54. Prof. Stubbe auf dem Tomatenversuchsfeld (Anti-Lyssenko-Experimete) mit seinen Assistentinnen (Ende 1950er Jahre).

ben werde. Ulbricht hörte aufmerksam zu und schloss das Gespräch mit der Mitteilung, dass Stubbes Institut weiter wie bisher arbeiten solle und dass es von den Medien nicht mehr kritisiert werde (Pers. Mitt. Prof. Rutschke nach einem Gespräch mit Prof. Stubbe, um 1982). Und tatsächlich hörte die Kritik auf, man arbeitete ungehindert weiter. An vertraute Fachkollegen wagte er schriftlich (sic!) seine Meinung noch offener auszudrücken: „Uns war klar, daß Lyssenko ein Verbrecher und Fälscher war" (Hagemann 1999). Durch breit angelegte, jahrelange experimentelle Forschung in Gatersleben konnte Stubbe die Thesen Lyssenkos auch wissenschaftlich widerlegen. Er und Timofejew-Ressowski legten den Grundstein zum Wiederaufbau der Genetik in Mittelosteuropa und der späten Sowjetunion!

Bemerkenswert ist die Tatsache, dass in der brisanten wissenschaftlich-politischen Situation des Jahres 1951 ausgerechnet Stubbe zum Präsidenten der neu gegründeten Akademie der Landwirtschaftswissenschaften zu Berlin berufen wurde (da auch andere, linientreue Kandidaten zur Verfügung standen). Nicht seine politische Gesinnung, sondern seine fachlichen Qualitäten gaben hierzu den Ausschlag (Wessel 2002). Für seine Antrittsrede als Präsident der Akademie verkündete Stubbe im Oktober 1951 seinen sinnigen Leitspruch: „Im Frieden für Wahrheit und Fortschritt." Sachlichkeit, Verantwortungsbewusstsein, engagiertes Handeln und „diplomatische" Fähigkeiten, gepaart mit dem Mut zum Risiko sicherten seine Position. Er versuchte auch, Brücken zu dem zweiten deutschen Staat zu bauen, indem seine Akademie westdeutsche Wissenschaftler zu Mitgliedern wählte. In der DDR war er bemüht, nicht nur die klassische Genetik zu bewahren, sondern auch Freiräume für andere Wissenschaftsbereiche auszudehnen und zu sichern. Er schaffte es, ein Quadrat abzurunden ...

Dabei hielt Stubbe seine politischen Ansichten nicht im Verborgenen: Als ich Anfang der 1970er Jahre mit ihm in Berlin unterwegs war, zeigte er mir mit Wehmut die Stelle, wo früher die naturkundliche Parey-Buchhandlung untergebracht war, die nun „zugemauert" wurde; schriftlich wurde festgehalten, wie er sich in Anwesenheit von Walter Ulbricht gegen die Umbenennung seiner „Deutschen Akademie" in die „Akademie der Landwirtschaftswissenschaften der DDR" mit den Worten „wieso, es heißt ja auch Deutsche Demokratische Republik" widersetzt hat (Dathe 1990); während eines Symposiums in Gatersleben, dem ich beiwohnte, beteiligte er sich an einem herrlichen Abend, wo nur politische Witze aus den osteuropäischen Ländern zum Besten gegeben wurden (danach fragte mein bulgarischer Kollege traurig, was denn aus dem Sozialismus werden solle, wenn alle darüber nur lachen). Seine große Kunst der Führung und Betreuung des Institutspersonals beschränkte sich nicht auf die „klassischen" Bereiche: Es gelang ihm 1953 (Aufstand in der DDR), einen Mitarbeiter aus dem Gefängnis herauszuholen oder 1961 (Mauerbau) einige weitere vor der politisch motivierten Entlassung zu schützen (Hagemann 1999).

Dass die Gestapo in Stubbe einen Marxisten sah, wurde bereits erwähnt. Heute ist es auch möglich zu erfahren, was der Staatssicherheitsdienst der DDR von diesem „Marxisten" hielt. Auf meinen Antrag sandte mir kürzlich die Birthler-Behörde aus Berlin Teile von Stubbes Stasi-Akte zu (MfS AOP 2414/63 und MfS SAP 10908/62), aus der ich hier nur ausgewählte Zitate wiedergeben möchte.

In einem Dokument der Hauptabteilung III des Ministeriums für Staatssicherheit der DDR vom 21. Dezember 1955 steht über Stubbe: „Seine politische Zuverlässigkeit ist dieselbe wie bei Becker"; Prof. Gustav Bekker war Stubbes Vizepräsident in der Akademie und wurde im gleichen Schreiben wie folgt charakterisiert: „[Er wird] als getarnter Gegner der DDR und Reaktionär bezeichnet." Natürlich wurden in Stubbes Umgebung, genau wie im Dritten Reich, Spitzel installiert: So z.B. meldete GI (Geheimer Informator) „Franz" (Klarname: Hans-Wilhelm Feil, damals 25 Jahre alt und wissenschaftlicher Refetent in der Akademie) im Dezember 1958 Inhalte von Gesprächen, die über Stubbe in Westdeutschland geführt wurden; im April 1959 hat GI „Inge" (Klarname: Gerhard Reihel, damals 29 Jahre alt und persönlicher Referent des Akademiepräsidenten), zusammen mit einem Stasi-Mitarbeiter, konspirativ Stubbes Korrespondenz mit einem „republikflüchtigen" Professor, der nun in Kiel tätig war, fotografiert; im Januar 1960 lieferte „Inge" der Stasi eine „Charakterisierung von Prof. Stubbe", wo u.a. steht: „Politische Gespräche vermeidet er gern. Seine wirkliche Haltung unserem Staat gegenüber kann man nur schwierig einschätzen. Er ist viel zu intelligent, um sich leicht durchschauen zu lassen. Vorsichtig möchte ich sagen, daß er in bestimmten Fragen 'links' steht (soziale Fragen, Unterstützung der Wissenschaftler), in einigen Fragen eine Mittelstellung bezieht (Leitung der Landwirtschaft) – natürlich dort, wo er noch rechts steht, sich nicht einfach erkennen läßt." Nach der plötzlichen, von der Partei- und Staatsführung heimlich vorbereiteten

Zwangskollektivierung der restlichen Privatbauernhöfe im Frühjahr 1961, lieferte GHI „Ruth“ (geänderter Deckname des GI „Franz“, der nun zum „Geheimen Hauptinformator“ aufgestiegen war) der Stasi interne Informationen aus einer Sitzung des Präsidiums der Akademie: „Stubbe wäre sehr erbost über die katastrophalen Zustände in der Praxis gewesen, die nach seiner Ansicht auf die überstürzte Sozialisierung der Landwirtschaft zurückzuführen seien. Die Akademie hätte aus diesem Grunde gegen die überstürzte Sozialisierung der Landwirtschaft protestieren müssen. Stubbe hätte in diesem Zusammenhang insbesondere auf die Rostocker Ordentlichen Mitglieder geschimpft, daß sie ihn und das Plenum nicht rechtzeitig über die Art und die Folgen der überstürzten Sozialisierung aufmerksam gemacht hätten (Rostock als erster Bezirk voll sozialistisch). Nun sei der Zeitpunkt zum Protest verpaßt worden.“

In einem Stasi-Bericht vom 11. November 1958 (also noch vor dem Bau der Berliner Mauer) steht aber auch, dass Stubbe versuchte, mit hohen DDR-Instanzen konstruktiv mitzuwirken: Während einer Unterredung mit dem Minister für Land- und Forstwirtschaft Hans Reichelt „sprach [er] davon, daß die Organe der Staatssicherheit die Hauptschuld an der Republikflucht im Bereich der Akademie tragen“ (es ging um die Anwerbung von Stasi-Spitzeln). „Stubbe schlug in dieser Besprechung vor, daß die Organe der Staatssicherheit weder zu den wissenschaftlichen noch zu technischen Mitarbeitern der Institute Verbindung aufnehmen.“ Der Bericht endet mit dem Satz, dass sich der Genosse Mückenberger, SED ZK-Sekretär für Landwirtschaft, „in dieser Angelegenheit an Genossen Minister [für Staatssicherheit der DDR] Mielke wenden will.“ Offenbar hat jedoch dieser kluge Rat nichts genutzt, da „Inge“, „Ruth“ (s.o.) und andere auch nach diesem Gespräch fleißig weiter ihre Spitzeltätigkeit betrieben haben.

Die Stasi kontrollierte auch Stubbes Westpost und notierte in einem „Auskunftsbericht“ vom 15. Februar 1962, wie er dort beurteilt wurde: „In verschiedenen Schreiben westdeutscher Wissenschaftler wurde St[ubbe] als 'Kommunist' bzw. als 'unter der Knute der sogenannten Regierung Stehender' bezeichnet.“ Mehrere Dokumente enthalten Informationen über Stubbes zahlreiche Westkontakte. In einem Aktenvermerk vom 14. Juni 1962 steht z.B.: „Am 25.5.62 wurde er von einem Prof. M. Delbrück, amerikanischer Staatsbürger, aufgesucht und ging mit ihm zu einem gemeinsamen

Zur Sache:

Prof. St. hat umfangreiche Verbindungen mit Wissenschaftlern des kapitalistischen Auslandes und Westdeutschlands und unterliegt demzufolge außerordentlich negativen Einflüssen.

St. ist gegen die Lehren von LYSSENKO und MITSCHURIN eingestellt. In der Zeitschrift "Der Züchter", Westdeutschland (St. ist Mitherausgeber dieser Zeitschrift) wird von "faschistischem Rassenwahn und sich revolutionär gebärdender Lyssenkoismus" gesprochen.

Abb. 55. Noch 1962 registrierte die Stasi mit Argwohn Stubbes Ansichten zu der sowjetischen „neuen Genetik" (Fragment eines „Auskunftsberichts" der Stasi-Hauptabteilung III/3/J vom 15.2.1962).

Theaterbesuch." (Dass es sich um einen Nobelpreisträger handelte, ist der Stasi entgangen). Aus zwei Dokumenten (15.2.1962 und 5.2.1963) geht hervor, dass Stubbes Überwachung u.a. zum Zweck hatte, ihn vor dem negativen politisch-ideologischen Einfluss des kapitalistischen Auslands zu schützen (Abb. 55). Persönlich glaube ich nicht daran, dass dies nötig war bzw. dass die Stasi dies leisten konnte; dennoch war ich überrascht, als ich kürzlich las (Heim 2002: 37, auch Fußnote 150), dass der US-Geheimdienst ebenfalls eine Stubbe-Akte führte (am Rande: mit z.T. falschen Informationen über ihn). Wie gut, dass die Stasi dies nicht erfahren hat …

Dies waren überlieferte Ausschnitte aus dem Leben des Prof. Stubbe in den turbulenten Zeiten des 20. Jahrhundert. Nach meiner Überzeugung berechtigen sie zu der Feststellung, dass er seinen Drang zur wissenschaftlichen Forschung und zur Lenkung von Wissenschaftlern verantwortungsbewusst in die Strukturen der Nazi- und der kommunistischen Periode eingebettet hat; auch sein menschlich-moralisches Verhalten lässt den Schluss zu, dass es ihm trotz widriger Umstände gelang, seinen Idealen treu zu bleiben. Diese meine Feststellungen stehen jedoch nicht im Einklang mit Forschungsergebnissen mancher Historiker der Gegenwart: Die historisch versierte Wissenschaftsjournalistin Alison Abbott (2000) behauptet in der renommierten Zeitschrift „Nature" (unter dem Zwischentitel „vom Labor zum Konzentrationslager"!!), Stubbe (1) „scheint ein Opportunist gewesen zu sein, rücksichtslos jedem Weg folgend, der behilflich sein konnte, seine Forschung und seine Karriere zu befördern", (2) dass „er mit der SS beim Raub wertvoller Sammlungen von Wild- und Kulturpflanzen nach der Eroberung Russlands kollaborierte" und (3) „sich sogar darum bemüht habe, der SS beizutreten, um seine Arbeit zu erleichtern". Die deutsche Historikerin Susanne Heim (2002) glaubt diese Verkündigungen dokumentiert und belegt zu haben, nach meiner Ansicht sind jedoch ihre Ausführungen in keinem der drei Fälle dazu geeignet, die Vorwürfe zu bestätigen. Eine Anmerkung zu dem zweiten Vorwurf (da in der Formulierung der Journalistin bezüglich „Raub" eine Verleumdung mitschwingt): Meiner Überzeugung nach hat die Rote Armee in der letzten Phase des Krieges deutsche Kunstschätze in den meisten Fällen gerettet, u.a. vor dem Wandalismus eigener Soldaten, und nicht geraubt (dass Russland diese „Beutekunst" nicht zurückgeben will, ist ein anderes Problem). Der gleiche Maßstab darf (ausnahmsweise) auch gegenüber den sowjetischen botanischen Schätzen angewandt werden. Begründung: Sowohl Stubbe als auch Wawilow waren Dissidenten der politischen Regime, unter denen sie lebten (Wawilow zumindest seit 1938); sie waren miteinander befreundet und entschiedene Gegner der destruktiven Lyssenko-Tätigkeit; Stubbe war bereits vor dem Angriff der deutschen Truppen auf die Sowjetunion über die Lage der Genetik dort informiert und erfuhr in den letzten Kriegsjahren, dass Wawilow verhaftet worden war und im Lager starb. Ich bin überzeugt, dass Stubbe im Sinne Wawilows gehandelt hat! Einen Diskussionsbedarf sehe ich an einer anderen Stelle: Warum setzen sich heute russische und deutsche Kulturpflanzenforscher nicht zusammen, um das, was durch Raub oder Rettung erhalten wurde, einer sinnvollen Nutzung am richtigen Ort zuzuführen? (Dass Stubbe die wenigen in Gatersleben vorhandenen russischen Wild- und Kulturpflanzenbestände 1951 nicht an Lyssenko übergeben hat, ist verständlich.) Es könnte ein lohnenswertes Gespräch sein, denn in den westdeutschen Instituten müssten noch weitere, von der SS „gerettete" Bestände vorhanden sein.

Nun aber zurück zum eigentlichen Thema dieser Biografie, zu Stubbes Verdiensten für die Vogelkunde bzw. die Zoologie und für den Naturschutz in der sowjetischen Besatzungszone Deutschlands und in der DDR. In die landwirtschaftliche Politik der Nachkriegsjahre, auf die er bereits damals Einfluss nahm, integrierte er seine Vorstellungen des ökologisch begründeten Naturschutzes. 1948 legte er den Behörden eine Denkschrift zum Thema Naturschutz vor und verlangte von der sowjetischen Militäradministration die Respektierung des Schutzstatus der früher ausgewiesenen Naturschutzgebiete (Stubbe, M. 2002: 111-119). Er war einer der erstn, die den Konflikt zwischen der Landwirtschaft und dem Naturschutz erkannten, seiner

Initiative ist die Gründung des Institutes für Landschaftsforschung und Naturschutz in Halle zu verdanken (das nach der Wiedervereinigung leider geschlossen wurde); sein besonderes Interesse galt dem ornithologischen Bestandteil des Naturschutzes, er sicherte den Fortbestand der Berlepschen Vogelschutzwarte Seebach und förderte die angewandte ornithologische Forschung u.a. durch Gründung der Stationen in Steckby, Neschwitz und Serrahn. Eine Anzahl ostdeutscher Ornithologen war dort tätig und sehr viele Amateurornithologen beteiligten sich an den Arbeitsprogrammen dieser Stationen. Sie alle trugen zu den Erfolgen bei, den die ostdeutsche Ornithologie zu verzeichnen hat. Rutschke (1998) würdigte ausführlich alle diese Verdienste. Stubbe war auch ein passionierter Jäger und befasste sich nebenberuflich mit der Wildbiologie; die Tätigkeit der von ihm 1956 gegründeten Arbeitsgemeinschaft für Jagd- und Wildforschung basierte auf ökologischen Grundlagen und berücksichtigte auch stark die Problematik des „Federwildes" (er bewirkte, dass der Konflikt zwischen Jagd und Naturschutz im Osten Deutschlands nicht die aus dem Westen bekannte Schärfe und Zuspitzung erreichte). Er förderte zoologische Forschungsprojekte, auch außerhalb der Institute, die ihm unterstanden; in einer Laudatio zu seinem 60. Geburtstag steht: „Sie haben für die Zoologie mehr getan als mancher Zoologe." (S. auch Stubbe, M. 2002: 88-108.) Es würde hier zu weit führen, auch auf die wichtige Vermittlerrolle Stubbes zwischen den Wissenschaftlern aus Ost und West in der Periode des Kalten Krieges zu berichten (ein Bereich, in dem man heute mühsam versucht, weiterzuarbeiten); erwähnt werden müssen jedoch die durch ihn angeregten zahlreichen Expeditionen in die Mongolei, deren Ergebnisse das ferne Land der naturkundlichen Weltgemeinschaft näher gebracht haben.

Mir hat Stubbes Persönlichkeit imponiert und sie hat mich beeinflusst. Anfang 1972, auf einer Winterfahrt mit ihm aus Berlin nach Gatersleben in einem Wolga (ein Petroleumofen stand in der Mitte des Autos, wir waren in Decken gehüllt – wie in einer Kutsche!) sprachen wir hauptsächlich über die Kunst. Er war ein klassischer Ordinarius im besten Sinn: Seine vielen Funktionen und Vorhaben hatte er „voll im Griff", war vielseitig gebildet und interessiert, gekennzeichnet durch innere Ruhe, mit der er auch andere anstecken konnte. Als ich in Berlin in das Brecht-Theater gehen wollte, riet er mir ab mit den Worten: „Gehen sie nicht, heute wird 'Woyzeck' gespielt, es ist zu traurig."

Aus meiner Sicht waren Engagement und Verantwortung die Hauptmerkmale von Stubbes Tätigkeit während der Zeit der beiden deutschen Diktaturen; daraus resultierte gezwungenermaßen auch eine gewisse Anpassung, die ihm jedoch erlaubte, vielerorts und bei diversen Gelegenheiten, mutig Widerstand zu leisten. Insbesondere trifft dies auf die Periode seiner Akademie-Präsidentschaft zu. So wage ich zu behaupten, dass Stubbe den wenigen Akademikern zuzurechnen ist, die es mit ihren kritischen Initiativen wagten, auch die Grenzen des für das DDR-Regime Zumutbaren zu überschreiten. Erstaunlich viel ist ihm gelungen! Dafür verdient er hohen Respekt und Dank.

* * *

Einen ungewöhnlichen Höhepunkt für die biologischen Wissenschaften, insbesondere jedoch für die Ornithologie, stellte die Verleihung des Nobelpreises an **Prof. Konrad Lorenz (1903 - 1989)** dar, den er zusammen mit Nikolaas Tinbergen und Karl von Frisch im Jahre 1973 erhielt. Lorenz war Mitglied der Deutschen Ornithologen Gesellschaft seit 1927, im Jahre 1950 wurde er zum Ehrenmitglied ernannt.

Abb. 56.
Dr. Konrad Lorenz mit zahmen Kolkraben im Garten des Elternhauses in Altenberg (1932).

Der wissenschaftliche Werdegang dieses großen Biologen des vergangenen Jahrhunderts begann in den 1920er Jahren sehr gewöhnlich: Er hielt in Altenberg bei Wien zahme Rabenvögel und beobachtete deren Verhalten! Sein wohlhabender Vater (Adolf Lorenz, Mitbegründer der Orthopädie) war nicht sehr erfreut über solche Neigungen des Sohnes und schickte ihn zum Medizinstudium nach New York; bald kam Konrad jedoch nach Österreich zurück und studierte Medizin in Wien, das Beobachten der Vögel gab er aber nicht auf: Weiterhin hielt er Rabenvögel, später wurden Gänse und Enten Objekte seiner Studien, nebenbei auch Aquarienfische. Was er sah, verstand er präzise zu beschreiben; nicht nur das: Seine wissenschaftlichen Publikationen waren auch für Laien verständlich. Erst jetzt wurde deutlich, dass Lorenz eine ungewöhnliche Beobachtungsgabe hatte, er konnte nicht nur alles das sehen, was für viele „gewöhnliche Beobachter" nicht erfassbar war, er verstand es auch, das unterschiedliche Verhalten diverser Arten analytisch zu vergleichen. So wurde der begnadete Vogelbeobachter bereits in den 1930er Jahren zum Begründer eines neuen Zweiges der Biologie: Der vergleichenden Verhaltensforschung (Burkhard 2001)!

Lorenz war von Anfang an ein „besessener Forscher", auch widrige Umstände (der Zweite Weltkrieg oder die sowjetische Gefangenschaft) haben seine wissenschaftliche Nachdenklichkeit und Arbeit kaum unterbrochen. Bis zum Lebensende hat er das Konzept seiner neuen Lehre entscheidend mitgestaltet, vertieft und ausgeweitet. Im September 1940 wurde er Ordinarius für vergleichende Psychologie in Königsberg, also ein später Nachfolger von Immanuel Kant! Aus seiner Feder stammen auch wichtige Publikationen aus dem Bereich der Kant-Lehre (evolutionäre Erkenntnistheorie), Philosophie, Zivilisationsethik und Humanethologie; deshalb erhielt er den Nobelpreis für Medizin und Physiologie, also menschenbezogen (im Bereich der Biologie bzw. Zoologie werden keine Nobelpreise verliehen). Mit zunehmendem Alter engagierte er sich in der Umwelt- und Naturschutzbewegung, aber die vogelkundlichen Interessen ziehen sich wie ein roter oder besser grüner Faden durch sein gesamtes langes Leben (Gwinner 1989, Hassenstein 1989, Wuketits 1990, Würdinger 1991, Festetics 2000).

Natürlich gibt es auch Kritiker seiner Wissenschaft (s. hierzu u.a Kotrschal et al. 2001). Die kritischen Schriften zeichnen sich jedoch zumeist durch Respekt vor den Grundideen Lorenz' aus und bilden oft einen

Beitrag zur Präzisierung und weiteren Entwicklung oder Korrektur seiner Befunde. Die vergleichende Verhaltensforschung ist bereits zum festen Bestandteil der Biologie geworden und hat auch eine rasche Ausweitung und Anerkennung in der ganzen Welt erfahren, nicht nur bei den Ornithologen. Der große Julian Huxley (1963) befürwortete schon frühzeitig, noch vor der Nobelpreisvergabe, die neue Wissenschaft. Auch ich hatte die Gelegenheit, die Wertschätzung Lorenz' durch legendäre Persönlichkeiten der ihm nahestehenden Wissenschaft zu erfahren: 1973-1974 war ich im englischen Slimbridge tätig, als Lorenz dort den Wildfowl Trust (den weltgrößten „zoologischen Garten" für Entenvögel) besuchte; zusammen mit Sir Peter Scott, dem berühmten englischen Wasservogelforscher und Begründer des Trusts, wanderte er am Tage durch die große Anlage und diskutierte begeistert mit Sir Peter, am Abend studierten die beiden das auf Filmen festgehaltene Verhalten der Enten und Gänse. Im Juni 1978 sah ich während des 17. Internationalen Ornithologen-Kongresses in Berlin Lorenz, unzertrennlich diskutierend mit dem damals 88-jährigen Jean Delacour (vgl. S. 162-171), einem der erfahrensten Kenner und Züchter von Wasservögeln. Es war sichtbar und unbestreitbar: Lorenz war ein Genie und glücklicher Mensch in einer Person.

Es gab aber auch eine politische Dissonanz wegen einiger Publikationen und Aussagen des großen Biologen. Nach der Verleihung des Nobelpreises entbrannte in den Medien eine polemische Diskussion über sein Verhältnis zum Nationalsozialismus, Auslöser waren einige Veröffentlichungen zum Thema Domestikation und Rassenproblematik bei Mensch und Tier (Lorenz 1940a, s. auch 1940b und 1943); in dem Artikel in der Zeitschrift „Der Biologe" schrieb er u.a. (S. 29): „Im besonderen hängt gegenwärtig die große Entscheidung wohl von der Frage ab, ob wir bestimmte, durch den Mangel einer natürlichen Auslese entstandene Verfallserscheinungen an Volk und Menschheit rechtzeitig bekämpfen lernen oder nicht. Gerade in diesem Rennen um Sein oder Nichtsein sind wir Deutschen allen anderen Kulturvölkern um tausend Schritte voraus." Simon Wiesenthal, Leiter des Jüdischen Dokumentationszentrums in Wien, forderte damals Lorenz auf, den Nobelpreis abzulehnen! Lorenz seinerseits meinte, dass er missverstanden wurde. Er beschwerte sich: „man darf nicht einmal die Worte 'minderwertig' und 'vollwertig', auf Menschen angewandt, gebrauchen, ohne sofort verdächtigt zu werden, man plädiere für die Gaskammer." Er bedauerte jedoch „zutiefst, daß [er sich] überhaupt jemals der Terminologie dieser Zeit bedient hatte." Die ganze Auseinandersetzung endete wie das „Hornberger Schießen" und kam zum Stillstand.

Wie war es aber wirklich? Heute lässt sich diese Frage genauer beantworten als damals, Material aus mehreren Archiven, u.a. deutschen, österreichischen, US-amerikanischen und russischen steht zu Verfügung; gründliche Studien wurden publiziert (Deichmann [1992], 1995: 279-302, Sokolow & Baskin 1992, Föger & Taschwer 2001 u.a.).

Es gab tatsächlich eine Zeitspanne, in der Lorenz dem Nationalsozialismus stark zugeneigt war: Bereits am 28. Juni 1938, also gut drei Monate nach dem „Anschluss" Österreichs, beantragte er die NSDAP-Mitgliedschaft, und begründete dies wie folgt: „Ich war als Deutschdenkender und Naturwissenschaftler selbstverständlich immer Nationalsozialist und aus weltanschaulichen Gründen erbitterter Feind des [konservativ-katholisch geprägten, österreichischen] Regimes (nie gespendet oder geflaggt) und hatte wegen dieser auch aus meinen Arbeiten hervorgehenden Einstellung Schwierigkeiten mit Erlangung der Dozentur. [...] Schließlich darf ich wohl sagen, dass meine ganze wissenschaftliche Lebensarbeit, in der stammesgeschichtliche, rassenkundliche und sozialpsychologische Fragen im Vordergrund stehen, im Dienste nationalsozialistischen Denkens steht." In dieser Zeit stand Lorenz' Ernennung zum „Dozenten neuer Ordnung" an der Wiener Universität bevor, keineswegs sind jedoch diese überschwänglichen Worte Ausdruck eines bloßen Opportunismus: Schon 1937 bescheinigte ihm Prof. Fritz v. Wettstein (anlässlich eines Finanzierungsantrages an die DFG), dass er „in Österreich aus seiner Zustimmung zum Nationalsozialismus niemals ein Hehl gemacht" habe. An Prof. Stresemann, der kein NSDAP-Mitglied war, schrieb er in einem privaten Brief am 26. März 1938: „Ich glaube, wir Österreicher sind die aufrichtigsten und überzeugtesten Nationalsozialisten überhaupt!"; auch antijüdische Aussagen enthalten dieser und andere Briefe an Stresemann (z.B. „raffgierige und unsoziale Geier"). Der österreichische Antisemitismus, viel älter als die NS-Ideologie, muss in Lorenz' Denkweise verankert gewesen sein, da Föger & Taschwer (2001: 82-95) einige weitere solcher Äußerungen anführen. Die Monatszeitschrift „Der Biologe", zu deren Sachbearbeiter Lorenz ernannt wurde und wo er auch publizierte, war damals auch schon nicht mehr eine „normale" wissenschaftliche Zeitschrift: Seit 1939 (Band 8) wurde sie von der Lehr- und Forschungsgemeinschaft

„Ahnenerbe" der SS mitbetreut. Der neue verantwortliche Redakteur, Dr. Walter Greite, trug damals den Grad eines SS-Hauptsturmführers, später avancierte er zum Sturmbannführer. Und noch etwas: In einem umfangreichen „Vorschlag zur Ernennung" des Dozenten Konrad Lorenz zum ordentlichen Professor in Königsberg vom 1. Februar 1941 steht in Spalte 11, dass dieser „Mitarbeiter d. Rassenpolitischen Amtes mit Redeerlaubnis" war. Er hat aber auch gegen den Stachel gelöckt: In dem oben genannten „Vorschlag" gab er an, dass seine Glaubensrichtung evangelisch sei (ganz treue Parteianwärter schrieben an dieser Stelle, entsprechend der Erwartung der Partei, „gottgläubig").

Während der hitzigen Debatte nach der Nobelpreisverleihung waren nur einige dieser Fakten bekannt. Lorenz selbst leugnete eine aktive Zusammenarbeit mit der NSDAP, z.B. „... ich habe mich ja auch vor aller Politik gedrückt [...] ich hatte keine Zeit dazu" (Brügge 1988). Das bestätigen auch andere Wissenschaftler der 1930er Jahre (Deichmann [1992], 1995: 284-285). Es scheint also so, als ob Lorenz ein verblendeter, nur geistig engagierter Mitläufer gewesen wäre, der „im Geiste der damaligen Zeit" ideologieträchtige Worte (siehe u.a. Kalikow 1980) zu Papier brachte; schlimm genug, ihnen folgten jedoch zunächst keine Taten.

Nach Lorenz' Tod wurde aber Neues zu seinem Lebenslauf entdeckt (Deichmann [1992], 1995: 295-299): Im Oktober 1941, nachdem er in die Wehrmacht einberufen wurde, schickte man ihn nach Posen (okkupiertes Polen), wo er zunächst als Heerespsychologe und ab Mai 1942 bis April 1944 als Neurologe und Psychiater in einem Posener Reservelazarett tätig wurde. In dieser Zeit war die grausame Praxis der nationalsozialistischen Ideologie nirgendwo so deutlich zu sehen wie gerade in Posen und dem sogenannten „Wartheland"; wer über eine nur bescheidene Beobachtungsgabe verfügte, konnte hier alles sehen und erkennen! Lorenz muss dies nicht gesehen haben wollen, denn er nahm Kontakt auf zu dem aus dem Baltikum stammenden Dr. Rudolf Hippius, Dozent für Psychologie an der Reichsuniversität Posen (die 1941, am Geburtstag des Führers, gegründet wurde) und beteiligte sich ehrenamtlich an „eignungspsychologischen und charakterologischen Wertigkeitsuntersuchungen an deutsch-polnischen Mischlingen und Polen"! Die Arbeit wurde durch die Reichsstiftung für Deutsche Ostforschung, deren Präsident der Gauleiter und Reichsstatthalter im Warthegau, SS-Obergruppenführer Arthur Greiser war, gefördert. Die

Abb. 57. Prof. Konrad Lorenz (zweiter von links) mit der Belegschaft des Reserve-Lazaretts der Wehrmacht in Posen (um 1942).

personalen Untersuchungen, jeweils an 12 bis 15 Stationen, umfassten 877 deutsch-polnische „Mischlinge“ und Polen. Sie wurden durch ein Team von zehn Psychologen durchgeführt (zwei davon waren hauptamtlich); in Spezialfragen standen ihnen u.a. SS-Hauptsturmführer Dipl. Ing. Schmidt und SS-Sturmbannführer Dr. H. Strickner zur Seite. Bereits 1943 konnten die Ergebnisse des Vorhabens von einem Stuttgarter Verlag in Prag veröffentlicht werden und zwar dank der Finanzhilfe der Reinhard Heydrich-Stiftung. Die Studie geht von der Existenz einer polnischen und einer deutschen Erbsubstanz aus (aus der Sicht der Genetik ein Unfug!). Es wurde festgestellt, dass sich die deutsche und die polnische Grundstruktur weitgehend ausschließen. Die charakterologischen Merkmale der Polen seien minderwertig und die deutschen Merkmale der Mischlinge seien weitgehend verloren gegangen (Hippius et al. 1943). Das Vorhaben wurde im Rahmen eines „Arbeitskreises für Eignungsforschung“, also mit dem Ziel der Umsetzung in die Praxis, durchgeführt.

Mich hat diese Episode in Lorenz' Leben schockiert. Er hat sich in späteren Jahren niemals zu dieser Posener Tätigkeit geäußert und insbesondere dieses Schweigen wirkt belastend. Allerdings sagte er in einem ZDF-Interview (Müller-Hill 1984: 110), dass er gerade in Posen zum ersten

Mal Transporte mit Zigeunern gesehen habe und es ihm erst damals klar geworden sei, dass die Nazis Mord meinten, wenn sie von „Ausmerzen" oder „Selektion" sprachen; ihm seien „die Haare zu Berge gestanden", davor sei er „so naiv, so blöd, so gutgläubig" gewesen. Die Transporte soll er erst 1943 gesehen haben, also nachdem die Studie über die „Mischlinge" bereits im Druck bzw. publiziert war; so bleibt die Frage unbeantwortet, ob er seine „wissenschaftliche Mitarbeit" im Falle einer früheren Entdekkung des grausamen Zigeunerzuges abgebrochen hätte. Auch ist unklar, ob Lorenz die Mitarbeit mit Hippius freiwillig eingegangen war. Es gibt eine Aussage seiner Tochter, die ihn in Posen besuchte und fragte, wie man Untersuchungen an menschlichen Mischlingen durchführen könne; die wütende Antwort des Vaters begrenzte sich auf die Worte, sie „solle keine dumme Fragen stellen" (v. Cranach 2001: 69). Er wusste also, dass er an etwas Unwissenschaftlichem und Schlimmem beteiligt war …

Mein Dilemma besteht darin, dass ich ein unverbesserlicher Verehrer des Ethologen, des gereiften Philosophen und des späteren Moralisten und Kriegsgegners Lorenz bin, deshalb habe ich versucht, zumindest Milderndes aufzudecken: Die ethnischen Verfolgungen der Polen, einschließlich Vertreibungen, Verschickung zu Zwangsarbeiten, Exekutionen und Morde im Wartheland (wo ich damals wohnte) wurden von Greiser schon im Herbst 1939 angeordnet und in den darauffolgenden Jahren massiv betrieben; bis 1942 war die „Hauptarbeit" bereits geleistet. Die oben geschilderten Untersuchungen gaben also nicht den Anstoß zu diesen Taten und Verbrechen, vielmehr stellten sie eine nachträgliche, pseudowissenschaftliche Begründung für sie dar, es handelte sich also um eine Art Feigenblattforschung. Ich muss aber zugeben: Es ist ein schwaches Argument. Diese Schwäche erblickten auch Föger & Taschwer (2001: 152-153): Sie gaben mir Recht in Bezug auf den „Warthegau", wiesen jedoch darauf hin, „dass der Überfall auf die Sowjetunion 1941 weiteren Planungsbedarf in Sachen 'Umvolkung' mit sich brachte. So schreibt Hippius in der Einleitung zu seiner Studie, dass sie 'legale wissenschaftliche Prognose der Auswirkungen von Lenkungsmaßnahmen ermöglicht'. Und so mag es auch kein Zufall sein, dass der von Heinrich Himmler in Auftrag gegebene 'Generalplan Ost', der die rassenpolitische Neuordnung Europas wissenschaftlich legitimieren sollte, am selben Tag abgesegnet wurde, an dem auch Hippius' Untersuchungen in Polen begannen."

Im Laufe der Jahre nahm Lorenz zu seiner NS-Vergangenheit auf doppelte Weise Stellung: Mehrere der früher publizierten, umstrittenen Thesen hat er umformuliert, merzte den terminologischen und inhaltlichen Bezug zu der nationalsozialistischen Ideologie aus, grundsätzlich hielt er sie jedoch weiterhin für vertretbar; zu konkreten kritischen Vorwürfen politischer Natur pflegte er ausweichend und verteidigend zu antworten. Eine tiefere, selbstkritische Stellungnahme zu seiner Vergangenheit hat er leider nicht hinterlassen. Ich vermute den Grund dafür in den äußeren Umständen der damaligen Zeit: Die restaurative gesellschaftlich-politische Stimmung in Westdeutschland (wo Lorenz die meisten Nachkriegsjahre verbrachte) verleitete ihn zu dieser Zurückhaltung. Erst Jahre später machte er Aussagen, die eine absolute Abkehr von seiner NS-Vergangenheit bezeugen.

Eine neuere russische Publikation (Sokolow & Baskin 1992) scheint jedoch den Beleg zu liefern, dass der Abkehrprozess früher, bereits in der sowjetischen Gefangenschaft, begann. Den beiden Autoren gelang es, Lorenz' Kriegsgefangenenakte in einem Moskauer Archiv zu finden (Prof. Wladimir E. Sokolow war einer der führenden sowjetisch-russischen Biologen, er weilte des Öfteren in Deutschland, wo er auch Lorenz traf). In der Akte befinden sich u.a. zwei Fragebögen mit Lorenz' Antworten, versehen mit seiner Unterschrift. Danach geriet er am 28. Juni 1944 bei Witebsk in Gefangenschaft und weilte in verschiedenen sowjetischen Gefangenenlagern bis Dezember 1947 (Abb. 58). Zunächst war er als Arbeiter in einer Fabrik (oder an einer Baustelle) tätig, später als Lagerarzt. In der Befragung vom 14. Februar 1945 gab er an, er sei Österreicher, Muttersprache – Deutsch, Nationalsozialist und gläubig; in der vom 5. Februar 1947 dagegen: „Kandidat der national-sozialistischen Partei" und ohne Bekenntnis. Aus anderen Quellen ist bekannt, dass Lorenz während seines Aufenthaltes in einem Gefangenenlager im sowjetischen Armenien in offensichtlich guter Beziehung zu seinem Chef stand, dem Major und Arzt Josip Gregorian (dieser war Orthopäde und wusste über den Beitrag Adolf Lorenz' zur Entwicklung dieses Zweigs der Medizin). So wurde Lorenz auch erlaubt, während seiner Gefangenschaft Vorträge zu halten und ein wissenschaftliches Manuskript zu verfassen. Am 19. September 1947, kurz vor der Übersiedlung in das letzte Lager (mit mildem Regime in Krasnogorsk bei Moskau, wo u.a. Antifaschisten untergebracht waren),

Abb. 58. Konrad Lorenz, fotografiert in sowjetischer Gefangenschaft (1947).

erstellte die Lagerverwaltung in Armenien eine „Charakteristik" seiner Person, wo u.a. steht: „Der Kriegsgefangene Lorenz wird positiv charakterisiert, er ist diszipliniert, seine Arbeit erfüllt er gewissenhaft, politisch ist er entwickelt, nimmt aktiv an der antifaschistischen Arbeit teil, zeichnet sich durch Glaubwürdigkeit und Autorität bei den Kriegsgefangenen aus. Die von ihm gehaltenen Vorlesungen und Vorträge werden von den Kriegsgefangenen gerne gehört. [...] Er verfügt über einen großen Horizont in theoretischen Fragestellungen und orientiert sich auch in der Politik richtig [im russischen Original „prawilno" = richtig im Sinne des Lagerleitung]. Er tritt in Erscheinung als Agitator der Lager-Abteilung, führt unter den Kriegsgefangenen deutscher und österreichischer Nationalität massenagitatorische Arbeiten durch. [...] Über kompromittierendes Material zu Lorenz verfügen wir nicht." In Lorenz' Akte befinden sich auch zwei Exemplare (wahrscheinlich Kohlepapierkopien) seines auf Deutsch verfassten Schreibmaschinen-Manuskripts, dessen Text er, samt dem handschriftlichen Original, bei der Entlassung in die Heimat Anfang 1948 mitnehmen durfte; der Titel lautet: „Einführung in die vergleichende Verhaltensforschung".

In der Nachkriegszeit beschrieb Lorenz ausführlicher die Geschichte des „Russischen Manuskripts" und die der Einwilligung, es nach Österreich mitnehmen zu dürfen (u.a. Lorenz 2003: 82-85). Seine „antifaschistische"

Abb. 59. Der schwedische König Karl XVI. Gustav überreicht Prof. Konrad Lorenz den Nobelpreis (10. Dezember 1973).

Arbeit im Lager schildert er jedoch 1973 (Föger & Taschwer 2001: 171) etwas anders: „Ich hatte [dort] die Gelegenheit, die offensichtlichen Parallelen zwischen den psychologischen Auswirkungen der nationalsozialistischen und der marxistischen Erziehung zu beobachten. Damals begann ich auch, das Wesen der Indoktrination als solches zu verstehen."

Welche dieser z.T. widersprüchlichen Aussagen enthalten nun die Wahrheit? Die „Charakteristik" scheint mir teilweise ein Gefälligkeitsgutachten zu sein, das der sowjetischen Ideoligie angepasst wurde. Als ehrlich (leider zu knapp formuliert) betrachte ich die Aussage Lorenz' aus dem Jahre 1973 (Vergleich zweier Erziehungssysteme), was er behutsam auch in den zwei Fragebögen andeutet: 1945 – noch immer „Nationalsozialist" (sic!), 1947 – nur noch „Kandidat der Nationalsozialistischen Partei".

Nach der Rückkehr in die österreichische Heimat setzte Lorenz sofort seine publizistische und wissenschaftliche Arbeit fort. Die Max-Planck-Gesellschaft stellte ihm 1951 ein Institut in Deutschland zur Verfügung. Intensive Forschungsarbeit, Betreuung Dutzender von Doktoranden und Schüler füllten jeden Tag seines Nachkriegslebens; er schrieb neue Bücher, die stets Stoff zum Nachdenken und zu intellektueller Debatte lieferten. Der Nobelpreis und Lorenz' Emeritierung im Jahre 1973 haben seiner wissenschaftlichen und publizistischen Tätigkeit keinen Abbruch getan. Jetzt folgten Jahre eines starken gesellschaftlichen Engagements. Seine Schriften wurden in viele Sprachen übersetzt, er reiste auch ins Ausland;

in die Sowjetunion wollte er jedoch nicht fahren: Prof. Sokolow erzählte mir, dass er Lorenz 1977, als die russischen Ausgaben seiner Bücher ihn auch dort sehr bekannt gemacht hatten, in die UdSSR einlud, jedoch die etwas nachdenklich klingende Absage erhielt: „Ich weilte doch bereits in ihrem Land ..."

1978 hatte ich die Gelegenheit, den großen Gelehrten persönlich zu sprechen, er hat in mir einen bleibenden Eindruck hinterlassen. Ich sprach auch mit einigen seiner langjährigen Doktoranden, einer von ihnen (er war 15 Jahre bei Lorenz tätig!) versicherte mir glaubwürdig, dass Lorenz auf keinen Fall (in den Nachkriegsjahren) in die Nähe des Antisemitismus gebracht werden dürfe. In Kreisen der Ökologen und Naturschützer erreichte der alte Mann Ende der 1970er Jahre und in den 1980er Jahren den Grad eines hymnisch verehrten Umweltpapstes (Amberg 1977, Weinzierl & Lötsch 1988, Wuketits 1990: 210). Jetzt nahm er wieder Stellung zur Politik, z.B. zur Demokratie: „Im Grunde ist diese Regierungsform eine erbärmliche, unbefriedigende Lösung, aber unter allen möglichen, bekannten Regierungsformen noch die allerbeste, die uns zur Verfügung steht" (Lorenz/Mündl 1991: 218); zu Diktaturen: „Mit Gewalt geht gar nichts, wie man weiß. Da entsteht immer ein kontradiktorischer Effekt, und mit einer Schreckensherrschaft wären wir wieder bei Adolf Hitler" (ebd.: 222); zum Krieg: Lorenz warnte vor dem weitgehenden Verlust der natürlichen, inneren Hemmschwelle beim modernen Menschen, da er dadurch die „künstlichen", d.h. technisch neuartigen Waffen gegen seinesgleichen einsetzen und damit die gesamte Menschheit bedrohen könne.

Für mich sind diese Aussagen glaubwürdig. Lorenz war nicht nur klug, er war auch ein Mensch, der fatale Irrtümer beging. Er hat aber im Laufe seines Lebens hinzugelernt; viele haben gerade das nicht geschafft!

Lorenz' Lebensgeschichte liefert Stoff zu wichtigen Fragen aus dem Bereich der Humanethologie: Warum sind die meisten von uns nicht in der Lage, Denk- und Verhaltensirrtümer früherer Lebensphasen ehrlich und offen zuzugeben und diese zu analysieren? Selbst die Klügsten von uns nicht? Er gibt die Antwort darauf: „Der menschliche Geist schafft Verhältnisse, denen die natürliche Veranlagung des Menschen nicht mehr gewachsen ist" (Lorenz 1983: 13).

* * *

Posen ist die Heimatstadt eines für die polnische Zoologie, insbesondere für die Vogelkunde, sehr verdienten Gelehrten: **Prof. Jan Sokołowski (1899 - 1982)**. Er war, genau wie Lorenz, seit 1927 Mitglied der Deutschen Ornithologischen Gesellschaft, wissenschaftlich arbeitete er in diversen Bereichen der Ornithologie (u.a. 2 Bände „Vögel der polnischen Lande"), war aber auch ein ausgezeichneter Pädagoge, publizierte viele populärwissenschaftliche Schriften und sprach oft im Rundfunk, was maßgeblich zur „Ausbreitung" der Ornithologie in Polen beigetragen hat. Daneben war er ein begabter Tierfotograf und Maler (in den Jahren 1917-1918 studierte er in München bei Prof. Heinrich von Zügel, dem Mitbegründer des Münchner Sezessionismus und Impressionisten, der oft Tiere malte); als Musikkenner und -liebhaber, kannte Sokołowski auch alle Vogelstimmen und konnte sie nachahmen. Das Biologie-Studium beendete er 1925 an der Universität Posen, und hier verbrachte er die meisten Jahre seines Lebens und seiner Arbeit. Zu Hause hielt er sein ganzes Leben lang Vögel, pfeifend führte er Konversationen mit den gefiederten Volierenbewohnern (was zur Folge hatte, dass er kaum an Tagungen und Kongressen teilnahm). Dies führte zwangsläufig zur Erweiterung seines Interesses an der Verhaltensforschung; Sokołowski befasste sich auch mit der Ethologie der Enten, u.a. untersuchte er die Verhaltensmuster der Schellente *(Bucephala clangula)*, die Lorenz in seiner bahnbrechenden Studie über vergleichende Bewegungsabläufe von

Abb. 60.
Prof. Jan Sokołowski aus Poznań/Posen (um 1950).

Enten (1941) nicht berücksichtigt hatte, da diese Art damals in Österreich noch nicht vorkam. Er wäre also ein idealer Gesprächspartner für Konrad Lorenz gewesen. Leider war er in der Zeit des Lorenz'schen Aufenthaltes in Posen bereits seit September 1939 aus seiner Stellung entlassen, im Januar 1940 enteignet und in das sogenannte Generalgouvernement ausgesiedelt. Dort wurde er einer Oberförsterei zur Arbeit zugeteilt (Szczepski 1974, Bereszyński & Wrońska 2002). 1941 war er noch als Mitglied der Ornithologischen Gesellschaft im Vereinsorgan, dem „Journal für Ornithologie", aufgeführt, jedoch ohne Adresse …

Sokołowski unterhielt vor dem Kriege enge Kontakte zu den führenden deutschen Ornithologen: Oskar Heinroths Buch „Vögel Mitteleuropas" war für ihn eine Art vogelkundliche Bibel, seine anatomischen und histologischen Forschungsarbeiten konsultierte er mit Stresemann. Bereits im Frühjahr 1927 fuhr er auf Einladung Hans v. Berlepschs nach Schloss Seebach in Thüringen, propagierte erfolgreich den „wissenschaftlichen Vogelschutz" in Polen, patentierte einen von ihm konstruierten Nistkasten für Vögel und ließ sogar die Berlepschen „Bruthöhlen" in den Werkstätten eines polnischen Gefängnisses nachbauen. Als ich noch Student war, erzählte er mir mit strahlenden Augen, wie er in der 1. Klasse eines D-Zuges durch Deutschland gereist war und wie wunderbar die Begegnung mit dem alten v. Berlepsch gewesen sei.

Die Ereignisse des Krieges und der Okkupation haben ihn stark verbittert. Er überlebte aber und kam Anfang 1945 in seine Arbeitsstelle in Posen zurück. Eine seiner ersten Nachkriegsbücher, erschienen 1950, war das Werk „Z biologii ptaków" (Aus der Biologie der Vögel), das eine neue Generation von Nachkriegsornithologen prägen sollte; auch ich unterlag dem Reiz dieses Buches. Es enthält u.a. Informationen über das Verhalten der Vögel. Die neue politische Situation im Staat spiegelt auch die dort zitierte Literatur wieder: Sokołowski listete mehrere russische und sowjetische Publikationen auf. Er druckte aber auch seitenweise Übersetzungen der Texte von Heinroth und Stresemann ab. An einer Stelle sind (neu gezeichnete) Abbildungen aus Lorenz' „Instinkthandlungen der Graugans" (Ztschr. f. Tierpsychologie 1938) wiedergegeben, jedoch ohne Angabe der Autorenschaft! Sokołowski wusste, dass Lorenz in Posen tätig gewesen war, und obwohl es heute völlig unverständlich ist, wurden damals Wissenschaftler, die mit den Nazis kollaboriert hatten und in Polen tätig gewesen waren, nicht zitiert. Nicht die Zensur, die Autoren selbst bewirkten das. Wie sehr sich die Stimmung seither geändert hat, dokumentiert die Tatsache, dass die jüngere Generation polnischer Ornithologen die fachlichen Inhalte der Arbeit von Niethammer über die Vögel von Auschwitz (vgl. S. 78, 86) wie eine „normale" Publikation ausgewertet und zitiert hat (z.B. L. Tomiałojć: „Ptaki Polski" 1990 und A. Dyrcz et al. „Ptaki Śląska" 1991).

Doch die Zuneigung zu den deutschen Vogelkundlern blieb bei Sokołowski im Verborgenen erhalten, davon zeugt eine kuriose Begebenheit, bei der offensichtlich persönlicher Ehrgeiz (wer von uns hat ihn nicht?) eine Rolle gespielt hat. Neben dem schon alten und kranken Prof. J. Domaniewski war Sokołowski nach den Kriege in Polen der einzige aktive Ornithologe mit Professorentitel. Wohl deshalb wandte sich das Krakauer Gericht 1947 an ihn mit der Bitte um ein Gutachten über Niethammer (vgl. S. 74-88). In seiner entlastenden Stellungnahme schrieb Sokołowski u.a., dass er ihn persönlich nicht kannte, jedoch: „Im Jahre 1936 erhielt ich einen privaten Brief von G. Niethammer mit der Bitte um einige wissenschaftliche Informationen. Meine Antwort wurde von Niethammer in seinem Werk 'Handbuch der Deutschen Vogelkunde' mit Angabe meines Namens verwendet". Die Richter in Krakau haben es wohlwollend zur Kenntnis genommen …

* * *

Hier lohnt es noch, kurz auf das Schicksal eines weiteren polnischen Tierpsychologen einzugehen: **Prof. Roman Wojtusiak (1906 - 1987)** aus der Jagiellonen-Universität in Krakau (Harmata 1989, Wojtusiak 1978, Seyfarth & Pierzchała 1992). Er war einer der ersten, die sich bereits in den 1930er Jahren mit der experimentellen Erforschung des Orientierungsvermögens der Vögel, Fledermäuse und Insekten befassten. Als junger Wissenschaftler weilte er viel im Ausland, u.a. arbeitete er 1931 - 1932 in Göttingen bei Prof. Alfred Kühn und in München bei Prof. Karl v. Frisch.

Der Ausbruch des Krieges unterbrach 1939 seine Forschungsarbeiten. Schon bald aber, bereits unter deutscher Okkupationsverwaltung, passierte Schlimmeres. Der Gestapo-Chef von Krakau, Dr. Bruno Müller, ordnete für den 6. November 1939 eine Versammlung aller wissenschaftlichen Mitarbeiter der Krakauer Hochschulen an, auf der er einen Vortrag über

Abb. 61.
Prof. Roman Wojtusiak
aus Kraków/Krakau (1964).

das „Verhältnis des Dritten Reiches und des Nationalsozialismus zur Wissenschaft“ angekündigt hatte. Etwa 200 Wissenschaftler, darunter auch der damalige Dozent Wojtusiak, folgten diesem Aufruf; anstatt des Vortrages erfolgte jedoch die Mitteilung, dass alle Anwesenden verhaftet seien, SS-Soldaten betraten den Saal und brachten auf bereitstehenden Lastwagen alle 183 männlichen Teilnehmer der Versammlung in ein Gefängnis in Krakau und drei Tage später nach Breslau (u.a. waren 22 Biologen in dieser Gruppe). Fast alle wurden kurz danach in das bereits überfüllte KZ Sachsenhausen bei Berlin eingeliefert. Die Nachricht erreichte aber auch das freie Ausland, englische, französische, schweizerische und australische Zeitungen berichteten ausführlich darüber; einige Wissenschaftler aus Italien, aber auch aus Deutschland (u.a. Nobelpreisträger Max von Laue und Otto Hahn) intervenierten bei den Behörden in Berlin. Ein Teil der Verhafteten wurde daraufhin (bis auf die bereits verstorbenen) entlassen, Wojtusiak kam jedoch Anfang März 1940 in das KZ Dachau bei München.

Jetzt wandte sich die in Krakau verbliebene Ehefrau Wojtusiaks um Hilfe an seine vielen Fachkollegen in Deutschland. Geantwortet hat nur einer – Prof. Karl v. Frisch aus München (wohl noch nicht ahnend, dass auch er bald verfolgt werden würde), und er fand auch einen Weg, um Hilfe zu leisten: Er verständigte Prof. Alfred Kühn in Göttingen, dessen

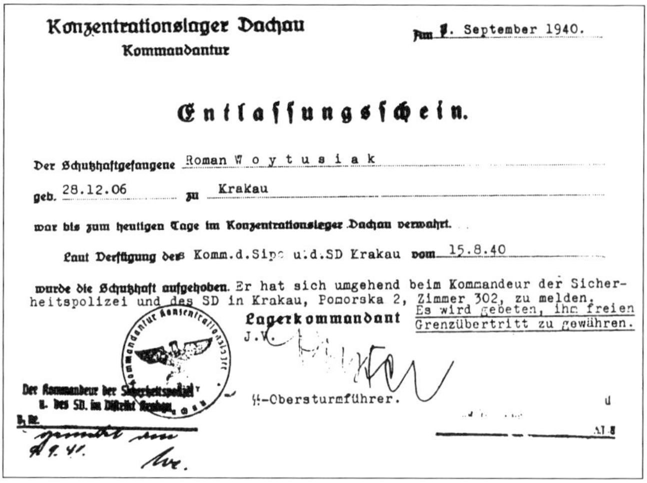

Konzentrationslager Dachau
Kommandantur

Am . September 1940.

Entlassungsschein.

Der Schutzhaftgefangene Roman W o y t u s i a k
geb. 28.12.06 zu Krakau
war bis zum heutigen Tage im Konzentrationslager Dachau verwahrt.
Laut Verfügung des Komm.d.Sipo u.d.SD Krakau vom 15.8.40
wurde die Schutzhaft aufgehoben. Er hat sich umgehend beim Kommandeur der Sicherheitspolizei und des SD in Krakau, Pomorska 2, Zimmer 302, zu melden.
Es wird gebeten, ihm freien Grenzübertritt zu gewähren.

Lagerkommandant
J.V.
SS-Obersturmführer.

Der Kommandeur der Sicherheitspolizei u. des SD. im Distrikt Krakau

Abb. 62. Seltenes Dokument: Entlassungsschein Dr. Wojtusiaks aus dem Konzentrationslager Dachau.

früherer Schüler, Dr. Walter Greite, inzwischen in München zum Leiter der „Forschungsstätte Biologie" in der vom Reichsführer der SS gegründeten Forschungs- und Lehrgemeinschaft „Ahnenerbe" aufgestiegen war (Näheres über Dr. Greite – s.o. unter Lorenz). Dem Doktorvater gelang es, den SS-Offizier Greite zu überreden, bei der Kommandantur des KZ Dachau persönlich vorzusprechen. Das führte zum überraschenden Erfolg: Wojtusiak (und auch einige weitere polnische Wissenschaftler) wurden im September 1940 aus Dachau entlassen (Abb. 62)! So etwas konnte nur einmal passieren, denn die Publicity und die vielen Interventionen hatten den Generalgouverneur in Polen, Dr. Hans Frank, empört; in seinem Diensttagebuch (s. Präg & Jacobmeyer 1975) notierte er im Mai 1940 zusammenfassend seine Ansprache an Polizeioffiziere so: „Was wir mit den Krakauer Professoren an Scherereien hatten, war furchtbar. Hätten wir die Sache von hier aus gemacht, wäre sie anders verlaufen. Ich möchte Sie daher dringend bitten, niemanden mehr in die Konzentrationslager des Reiches abzuschieben, sondern hier die Liquidierung vorzunehmen oder eine ordnungsgemäße Strafe zu verhängen" (und tatsächlich wurden schon im Juli 1941, nach der Besetzung von Lwów/Lemberg, 21 Professoren, darunter auch Biologen, an Ort und Stelle erschossen).

Nach der Entlassung aus Dachau musste sich Wojtusiak regelmäßig bei der Sicherheitspolizei und dem SD in Krakau melden. Er dankte Prof.

v. Frisch, der ihm jedoch die Adresse Dr. Greites mit dem Rat sandte, sein Dankschreiben dorthin zu senden. Wojtusiak tat dies mit der Frage, wie er sich für die Hilfe revanchieren könne. Er wurde jetzt Kustos im Naturkundemuseum, illegal las er aber Zoologie an der Krakauer Untergrunduniversität. Nach dem Kriege wurde Wojtusiak Professor an der Jagiellonen-Universität. Leider gab er die ornithologische Forschung auf und befasste sich, wohl unter dem Einfluss seines Retters, Prof. v. Frisch, mit Insekten.

Erst 1946 kam aus Deutschland eine Antwort auf Wojtusiaks Dankbrief an Dr. Greite: Seine kranke, in einem Dorf bei Göttingen wohnende Frau, die das sechste Kind erwartete, bat ihn um Hilfe: Ihr Mann wurde nämlich Ende August 1946 von britischen Okkupationsbehörden verhaftet! Auch Prof. v. Frisch, jetzt an der Universität Graz tätig, wandte sich an Wojtusiak. Dieser schrieb sofort eine ausführliche Stellungnahme und mehrere Briefe: An den polnischen Konsul in Braunschweig, an das Außenministerium in Warschau und an den britischen Kommandanten des 3. Internierungslagers in Fallingbostel (wo Greite eingeliefert wurde). Die Revanche war jedoch komplizierter und zeitraubender als die „Befreiungsaktion" vor sechs Jahren: Erst im April 1948 erhielt Prof. Wojtusiak ein Schreiben der Polnischen Militärmission für die britische Besatzungszone in Bad Salzuflen mit der Mitteilung, daß Dr. Greite am 30. Januar 1948 aus dem Lager entlassen worden war. Die Briten stellten ihn im Januar vor Gericht und verurteilten ihn zu drei Monaten Haftstrafe unter Anrechnung der eineinhalbjährigen Untersuchungshaft ...

* * *

Wenn von Verhaltensforschern die Rede ist, darf auch der Name von **Prof. Bernhard Grzimek (1909 - 1987)** nicht fehlen. Auch er war von Jugend an Vogelkundler: Schon als Pennäler, in seiner Geburtsstadt Neisse in Oberschlesien, züchtete er erfolgreich die seltenen Antwerper Bartzwerghühner und als junger Vetärinärmediziner war er seit Anfang 1933 im Preußischen Landwirtschaftsministerium in Berlin für die Durchführung der Eierverordnung zuständig. Diese Beschäftigung war für ihn weder enttäuschend noch langweilig: Er hat es fertiggebracht, dieses Thema auch wissenschaftlich anzupacken und schrieb drei Bücher über Geflügel und Hühnereier!

Aber erst Grzimeks Nachkriegsarbeit in Afrika führte zur Vertiefung seiner Beschäftigung mit wild lebenden Säugetieren und Vögeln. 1951 trat er der Deutschen Ornithologen-Gesellschaft, 1954 auch der Gesellschaft für Säugetierkunde bei. (S. seine 1974 erschienene Autobiografie sowie u.a. Anonymus 1987, Helbok 1987, Klös 1988.)

Ich habe schon als Student Grzimeks spätere Bücher (auch auf Polnisch) mit Bewunderung gelesen und während des Aufenthaltes in der DDR seine Fernsehsendungen öfters gesehen. Persönlich habe ich ihn erst 1969, während eines Wildbiologenkongresses in Moskau, kennengelernt und war angenehm überrascht, als er mich, während einer Fachexkursion nach Sibirien, abends an seinen Tisch des Hotelrestaurants in Irkutsk einlud. Gerade war eines seiner Bücher ins Russische übersetzt worden und er versuchte das beträchtliche, aber nicht konvertierbare Rubel-Honorar im Hotelrestaurant loszuwerden. Er war polonophil, erzählte mir über seine zahlreichen Grzimek-Verwandten, auch über die, die in Polen lebten und plauderte mit viel Sympathie über seine Erlebnisse während diverser Aufenthalte in diesem Land; anläßlich eines Polen Besuchs traf er den Krakauer Professor Jerzy Grzimek, sie beide stellten fest, dass ihr gemeinsamer Ur-Ur-Urgroßvater 1683 bei Wien gegen die Türken gekämpft hat (Złotorzycka et al. 1988). 1939 glaubte er nicht daran, dass es zu einem Krieg kommen würde, musste aber als Soldat nach Polen einmarschieren. In Sibirien hat er mich zu einem Vortrag nach Frankfurt eingeladen und wir setzten in seinem Zoo und zu Hause unsere Debatte fort.

Fasziniert haben mich Grzimeks antikonventionellen Denkansätze und seine Ideenvielfalt; streckenweise war er ein „Querdenker", stets jedoch bedacht, daraus konstruktive Schlussfolgerungen für seine Vorhaben zu ziehen. Eine Art höflicher Hartnäckigkeit half ihm das meiste durchzusetzen. Seine Schilderungen im direkten Gespräch waren spannender als die im Fernsehen. Seinen ungewöhnlichen Fleiß erklärte er mir sehr einfach: Er brauche nur wenig Schlaf. Parteipolitisch wollte er sich niemals engagieren, hatte aber seit seiner Jugend eine klare und „gesunde" Einstellung zur Politik. In den preußischen Staatsdienst gelangte er in den letzten Monaten der Weimarer Republik, u.a. durch die Unterstützung eines Kanonikus aus Breslau, der Reichstagsabgeordneter war, was ihm schon bald, nach der Machtergreifung, Schwierigkeiten bereitete. Die Gestapo hat sich seiner angenommen, er verstand es aber, während der Verhöre, alles geschickt abzuwimmeln. Seine schon zu Beginn der 1930er Jahre errungene Popularität half ihm natürlich auch, politische Klippen zu umgehen; er schrieb mehr als zehn Jahre lang systematisch Tierartikel für die viel gelesenen Wochenzeitschriften die „Grüne Post“ und später für das „Illustrierte Blatt“. Schon früh war er ein Pferdenarr, so testete das Oberkommando der Wehrmacht nach den vielen Siegen der ersten Kriegsjahre, ob er für die Armee nützliche Forschungen durchführen könnte. Diesen Vorschlag griff er mit Eifer auf (obwohl er im Inneren ein heimlicher Pazifist war) und malte den Vorgesetzten seine Ideen aus: Das Heimkehrvermögen der Pferde müsse erforscht werden, um während der künftigen Kämpfe in den weiträumigen Steppen Südrusslands die Verlustrate der Armeepferde zu reduzieren. Er bekam den Auftrag, solche Untersuchungen in dem polnischen Gestüt Janów Podlaski durchzuführen. Mir sagte er, dass er von Anfang an nicht an den „Endsieg“ geglaubt habe und auch gewusst habe, dass Pferde nicht in der Lage seien, aus weiten Entfernungen heimzukehren (das war auch das Ergebnis seiner Untersuchung), aber er bewahrte damit das wertvolle Arabergestüt und schützte einen Teil des polnischen Personals (noch lange Zeit nach dem Kriege pflegte er gute Kontakte zu den Freunden in Janów). Als ihm der Reichsführer der SS das verlockende Angebot machte, eine Professur an der Reichsuniversität Posen zu übernehmen, um dort das Verhalten von Kampfhunden zu erforschen, lehnte er jedoch ab.

Abb. 63.
Prof. Bernhard Grzimek in Afrika (1950er Jahre).

Herrlich waren Grzimeks Schilderungen über seine Arbeit in Afrika. Weniger bekannt sind aber seine Verdienste in Mittel- und Osteuropa (er selbst hat sie wohl unterschätzt). Die Isolationspolitik des damaligen „Ostblocks" führte dazu, dass Grzimeks Bücher und Filme für viele naturkundlich interessierte Menschen dort die „Entdeckung der restlichen Welt" darstellten! Einen ganz eigenartigen Beweis dafür lieferte gerade der Moskauer Wildbiologenkongress: Ein sowjetischer Funktionär bat Grzimek um Ausleihe des von ihm vorgeführten Films über afrikanische Tiere, um ihn in einer privaten Vorführung der Familie des damaligen sowjetischen Parteichefs Breschnew zeigen zu dürfen. Der Autor selbst verstand es stets, in seinen Werken politische Themen zu meiden bzw. sie so darzustellen, dass die Zensurämter keine Einwände gegen Übersetzungen und Filmvorführungen erhoben. Er „schmuggelte" dadurch die in den sozialistischen Ländern in so offensiver Form noch nicht vorhandene Idee des Naturschutzes in den Osten. Gerade in den 1960er Jahren öffnete sich die UdSSR vorsichtig für die Naturschutzkooperation mit dem Westen; möglicherweise hat auch die Filmvorführung in Breschnews Wohnung in Moskau dazu beigetragen? Dass er dort ein hohes Ansehen genoss, bezeugt auch die Tatsache, dass ihn die Moskauer Universität einige Jahre später zum Gastprofessor ehrenhalber ernannt hat. Lorenz bezeichnete Grzimek einmal zu Recht als „einen der wichtigsten Prediger des Naturschutzes".

Grzimek spielte auch eine wichtige Rolle im deutsch-deutschen Dialog. Ein markantes Beispiel: Als wir in dem großen Hotelrestaurant in Irkutsk „sowjetischen Champagner" tranken (Prof. Rutschke war auch dabei), sang plötzlich ein Studentenchor aus der DDR das „Gaudeamus igitur" als Dank dafür, dass man ihm hier persönlich begegnete! (In Irkutsk fand gerade eine „Kulturwoche der DDR" statt.) Auch in der DDR wurde er geschätzt: Die Humboldt-Universität verlieh ihm 1960 die Ehrendoktorwürde und seine Zeitschrift „Das Tier" war eines der wenigen westlichen „Druckerzeugnisse", das nach Osten eingeführt werden durfte. Dies wurde nur deshalb genehmigt, weil der Kulturminister der DDR Hans Bentzin unerlaubterweise stets seine Filme im Westfernsehen sah!

Grzimek verstand es auch, seine Erfolge zu genießen: Neben den 13 Bänden „Grzimeks Tierleben" stand in seinem Haus der erste „Oscar" für einen Dokumentarfilm, der an einen Deutschen verliehen wurde (1959, für den Film „Serengeti darf nicht sterben"). Ich durfte die vergoldete Statuette in meine Hände nehmen, während er strahlend erzählte, dass damals alle nominierten Kandidaten nach Hollywood eingeladen wurden, aber erst während der Feier verkündet werden sollte, wer die begehrten Preise erhalten hatte. Als ein Fernsehjournalist sein noch vertrauliches Regiepapier studierte und einen Kollegen fragte, „wie dieser Name ausgesprochen wird“, wusste er, dass auch er dabei war!

Sein Lebensweg bereitete ihm aber auch Kummer: 1947 stand Grzimek vor einem amerikanischen Militärgericht, weil er in einem Fragebogen nicht angegeben hatte, dass er 1937 der NSDAP beigetreten war. Damals tat er es teils unter Druck, teils um sich vor Belästigung seitens der Gestapo zu schützen, nicht aus Überzeugung. Er hielt sich für einen „Anwärter“, nicht für ein Mitglied. Aber den Amerikanern war in München die Mitgliederkartei der NSDAP in die Hände gefallen, dort stand auch sein Name. Anfang 1947 erschien auf amerikanische Anweisung im „Börsenblatt für den deutschen Buchhandel“ eine Warnung an Verlage und Zeitungsredaktionen, sie sollten Grzimeks Bücher und Artikel nicht drucken! Das Gerichtsurteil fiel jedoch milde aus: Eine Reichsmark Strafe. Der Angeklagte wurde mit der Begründung entnazifiziert, auch im Widerstand tätig gewesen zu sein. Mir sagte er dazu: „So stimmt es nicht, zwar habe ich vielen Menschen geholfen, war aber kein Held; ich hatte Angst um mein Leben.“

Abb. 64. Grabstätte Prof. Bernhard Grzimeks und seines Sohnes Michael am Rande des Ngorongorokraters in Tansania (1998).

Als wir zufällig auf das Thema des Todes kamen, erzählte mir Grzimek, dass er verfügen würde, seine Leiche in der afrikanischen Savanne für die Raubtiere auszulegen. Nur ein Teil dieses Wunsches wurde erfüllt: Man beerdigte ihn am Rande des Ngorongorokraters, einem der schönsten Plätze Afrikas, neben dem Grab seines 1959 verunglückten Sohnes Michael.

* * *

Frappierend war das Leben von Naturwissenschaftlern, die weniger Schreibtisch- bzw. Laborgelehrte waren, sondern vornehmlich entdeckerische Geländeuntersuchungen betrieben. In der ersten Hälfte des 20. Jahrhunderts waren es insbesondere Ornithologen. Für einige von ihnen war Europa bereits zu klein, sie gingen nach Asien. Einen solchen Vogelkundler traf ich 1957 in der ornithologischen Abteilung des Zoologishen Museums in Berlin: **Prof. Hans Christian Johansen (1897 - 1973)** aus Dänemark, den Autor der „Vogelfauna Westsibiriens" (deren Fortsetzung er damals noch schrieb). Es war ein bescheidener Mann, der da die Vogelbälge untersuchte, ich dachte zunächst, er sei ein Besucher aus Russland; ich habe mich nur wenig geirrt, denn obwohl Däne, ist Johansen in seinem Inneren stets ein „Sibirjak" (wie Russen es sagen) gewesen. Hier nur eine Skizze seines ungewöhnlichen Lebensweges, der einer Passionsgeschichte gleicht (Löppenthin 1974, Palmer 1975, Gebhardt 1980: 26-27, Wolff 1981).

Zur Welt kam Johansen in der lettischen Stadt Riga, die damals innerhalb der Grenzen des russischen Imperiums lag, in einer hier ansässigen dänischen Familie. Im estnischen Reval (jetzt Tallinn) besuchte er ein deutsches Gymnasium, danach wollte er Naturkunde an der St. Petersburger Universität studieren, jedoch entsprachen all diese herrlichen Städte des Baltikums nicht seiner Vorstellung vom Lebens- und Wirkungsraum eines Biologen. So zog er 1916 in die alte russische Stadt Tomsk, um an der ältesten sibirischen Universität Student zu werden. Hier fand er einen väterlichen Betreuer in der Person des deutschstämmigen Professors Hermann Johansen (nicht verwandt!), eines vergleichenden Anatomen, der sich vornehmlich mit der Vogelkunde befasste. Das bloße Studium war ihm zu wenig, er ging auch auf ornithologische Expeditionen, als Erstes 1917 auf eigene Rechnung in die Barabasteppe zwischen Ob und Irtysch. Aber schon bald wurden die Zeiten schwieriger, die Revolution und der Bürgerkrieg schnitten Tomsk vom europäischen Russland und dem Ausland ab. Von den Eltern kamen keine Briefe und auch kein Geld mehr, so musste er es selbst verdienen; Johansen jobbte jetzt als Korrepetitor, Garderobenaufpasser oder Baumfäller. Aber noch im Februar 1918 wurde auf seine Initiative die Tomsker Ornithologische Gesellschaft gegründet. Im gleichen Jahr näherte sich der Region jedoch die Rote Armee, es wurde unruhig. Johansen verkaufte seine gesamte Habe und ging in die Altaiberge, wo er seine ornithologische Arbeit fortsetzen wollte. Dies gelang nur teilweise, da er sich für ein Jahr den Roten Partisanen angeschlossen hatte. Einfach war das Leben hier nicht, denn es herrschte ein erbarmungsloser ideologischer Kampf zwischen den „Weißen" und den „Roten"; Zuträger schrieben Denunziationen an die Behörden, doch Johansens Studienfreund Boris, der hier Bürgermeister war, fing alle diese Schriften ab und warnte bzw. schützte ihn! Die Härte der Geländearbeit schreckte Johansen nicht, er hatte sich bereits alle Überlebensstrategien der Sibirier in der Taiga angeeignet; so z.B. übernachtete man auch im Winter unter freiem Himmel: Gegen Abend wurde ein Lagerfeuer angezündet, an dem die Abschlussbesprechung des Tages stattfand und danach wurden auf dem erwärmten Boden die Schlafplätze eingerichtet. Auch unter diesen Umständen brauchte man jedoch etwas Geld; dieses verdiente Johansen als Dorflehrer, dann als Hirte von Yaks und Pferden, bei einer anderen Gelegenheit als Tischler oder Buchhalter, bis er auf eine geografisch-naturkundliche Expedition Moskauer Wissenschaftler traf, der er sich als Zoologe anschließen durfte. So weit es ging, sammelte er die ganze Zeit über Vogelbälge.

Zuletzt gelangte er in die Stadt Bijsk, wo er die naturkundliche Abteilung des lokalen Museums aufbaute und betreute. Hier besuchte ihn 1920 ein gut gekleideter Herr, der sich als dänischer Diplomat vorstellte und mitteilte, dass er im Auftrage seines in Estland lebenden Vaters komme (Estland war inzwischen unabhängig geworden), um Johansen zu helfen, Russland zu verlassen; er war etwas erstaunt, als dieser es ablehnte. Grund: Johansen glaubte, dass die neuen Machthaber die Wissenschaft mehr unterstützen würden als das alte Regime und sah seine Zukunft in Sibirien. Und tatsächlich, noch im gleichen Jahr erhielt er die Aufforderung, nach Tomsk zurückzukehren, wo er auf Staatskosten weiter studieren sollte. Anfangs ging alles gut, die Anzahl der Mitglieder der Ornithologischen Gesellschaft stieg, die wissenschaftliche Arbeit schritt voran, die Vogelsammlung wuchs auf etwa 3000 Bälge an und man begann jetzt auch mit der Vogelberingung. Aber die materiellen Verhältnisse wurden immer schwieriger, der harte Winter verschärfte die Lage noch.

Als die Sowjetmacht ein Dekret erließ, wonach Ausländer das Land auf Staatskosten verlassen durften, ergriff Johansen diese Möglichkeit und gelangte nach einer strapaziösen Reise über Moskau und Petrograd (neue Bezeichnung für St. Petersburg) nach Estland. 1921 war er wieder zurück in Tallinn/Reval, in der Stadt seiner Jugend. Es war aber lediglich eine kurze Erholungspause, denn bald wurde er Student in München. 1923 schrieb er sich als lebenslängliches Mitglied der Deutschen Ornithologischen Gesellschaft ein und promovierte 1925 mit einer Dissertation über den Baikalsee (das beste Thema, das Sibirien einem Naturkundler zu bieten hat!).

In der Münchener Zeit nahm Johansen auch Kontakt zu Stresemann auf, der den jungen Studenten ermutigte, an der Ornis Sibiriens, insbesondere an deren Unterartsystematik, weiter zu arbeiten. Nötig war das nicht, denn in München erkannte Johansen, dass er stark vom „sibirischen Bazillus" infiziert war und kehrte noch im gleichem Jahr, mit dänischem Pass, nach Tomsk zurück. Die vor vier Jahren in Sowjetrussland verkündete „Neue Ökonomische Politik" (NEP) hatte das Land stabilisiert, Ausländer waren gefragt. An der Tomsker Universität wurde er Assistent und später Dozent für Zoologie. Auf seinen Vorschlag wurde, nach dem Vorbild des deutschen „Journal für Ornithologie ", die Zeitschrift „Uragus" gegründet. Intensive pädagogische und organisatorische Arbeit konnte ihn auch jetzt nicht von Expeditionen, gezielt in ornithologisch noch unerforschte Regionen Sibiriens, abhalten. So arbeitete er 1926 im Ussuriland, 1927 in den Niederungen der Flüsse Ob und Tom, sowie (zusammen mit dem Studenten Skalon) weiter nördlich bei Narym. Die Ornithologische Gesellschaft blühte auf, der „Uragus" publizierte zahlreiche Arbeiten der Mitglieder. Ein Studienaufenthalt im Zoologischen Museum in Leningrad (so wurde jetzt Petrograd umbenannt) markiert den Beginn der Bearbeitung des Balgmaterials aus Westsibirien.

Aber die gute NEP-Periode ging zu Ende, die verschärfte Stalin-Politik erreichte nun auch Sibirien, und Johansen musste 1928 die Universität verlassen! Die Ornithologische Gesellschaft wurde 1929 aufgelöst, der „Uragus" geschlossen. Er ging jetzt als Konsultant der Pelztierjäger auf die nordpazifischen Kommandeurinseln, wo er natürlich auch weiter Vögel untersuchte und sammelte. Hier nutzte er die Gelegenheit und besuchte die Grabstätte des dänischen Seefahrers und Entdeckers Vitus Bering (gest. 1741), worüber er auch publizierte. Anfang 1930 erreichte ihn in der Einöde ein Telegramm mit der Todesnachricht von Prof. Hermann Johansen und der überraschenden Einladung zur Übernahme des verwaisten Lehrstuhls. Dem Ruf folgte er im Jahre 1931; die vielfältigen Universitätsaufgaben erlaubten ihm nicht mehr, Expeditionsarbeiten zu führen, er sandte nun seine Studenten in die Taiga, um die ornithologische Sammlung zu erweitern. In späteren Jahren konnte auch er kurz an den Expeditionen teilnehmen und sich in den Sommerferien nach Leningrad begeben, um die Bearbeitung des Balgmaterials fortzusetzten. Mit aller Kraft versuchte er, die vogelkundliche Arbeit wieder aus den Trümmern zu heben. Dann kam aber erneut eine Zeit verstärkter politischer Repressalien, die auch Professor Johansen trafen: 1937 erhielt er ganz überraschend die schriftliche Anweisung, die Sowjetunion binnen 10 Tagen zu verlassen; ein Ausländer an einer sowjetischen Universität konnte nicht mehr geduldet werden! Bitt-Telegramme des Rektors nach Moskau blieben ohne Antwort. Da die Reise bis zur Grenze damals 5 bis 6 Tage dauerte, begab sich Johansen nun Richtung Estland, um Schlimmerem zu entgehen. Sein wissenschaftlicher Schatz, die Sammlung der Vögel Westsibiriens und seine Bibliothek, blieben in Russland; seine Notizen und Manuskripte konnte er aber mitnehmen.

Von Estland aus siedelte Johansen nach Riga um (d.h. in das unabhängig gewordene Lettland), wo er eine Anstellung als Professor am dortigen Herderinstitut erhielt (private deutsche Hochschule mit vier Fakultäten). Es dauerte aber nicht lange, da wurde im August 1939 der Hitler-Stalin-Pakt unterzeichnet und der Zweite Weltkrieg brach aus; das Institut und er selbst wurden nach Königsberg umgesiedelt. Hier erhielt er einen vierjährigen Arbeitsvertrag im Institut für Ostforschung, das mit seinem Fach nur wenig Gemeinsames hatte, er hoffte jedoch im Rahmen der Freundschaft des Dritten Reiches mit der Sowjetunion auf eine Kooperationsmöglichkeit mit den Leningrader Ornithologen. Als im Juni 1941 die deutschen Truppen die Sowjetunion überfielen, bekannte er, „naiv gewesen zu sein mit seinem Glauben, daß Hitlers Beistandspakt mit Rußland aufrichtig gemeint war.“ In der Kriegszeit publizierte er im „Journal für Ornithologie“ und in der ungarischen „Aquila“; wo es ging, half er auch russischen Zwangsarbeitern und Kriegsgefangenen und geriet so ins Visier der Nazi-Behörden. Jetzt

Abb. 65.
Prof. Hans Christian Johansen aus Kopenhagen (1961).

strebte er an, in das okkupierte Dänemark „zurückzukehren" und erreichte dies im Mai 1944: Er erhielt eine Anstellung am Zoologischen Museum der Universität in Kopenhagen.

Gleich nach dem Krieg fing Johansen an, sich um die Rückgabe seiner Vogelsammlung aus der Sowjetunion zu bemühen, was ihm, dank der Hilfe dänischer Diplomaten und russischer Kollegen, wirklich gelang: 1948 kamen etwa 5000 seiner Vogelbälge und Eier nach Kopenhagen und 1957 auch fast 600 seiner Bücher! Jetzt konnte er weiter an der „Vogelfauna Westsibiriens" arbeiten; hier blieb er nun bis zu seiner Pensionierung im Jahre 1967.

Bei einem Menschen wie Johansen stellt sich natürlich auch die Frage nach seiner eigenen Familie. Dieser Bereich war ebenso „zerrissen" wie sein ganzes Leben: Er war dreimal verheiratet, alle Ehen wurden geschieden bzw. aufgelöst. Die erste Ehe schloss er bereits 1918, noch als Student im Altai-Gebiet, eine Tochter kam zur Welt; sie reiste später nach Estland aus, ging auf Schulen in Lettland, siedelte 1939 über Schweden nach Dänemark um und betreute den Vater in seinen letzten Lebensjahren. Die zweite Ehe, aus der Zeit von Johansens Professur in Tomsk, wurde durch ein sowjetisches Dekret, das Ehen mit Ausländern verbot, annulliert; dieser Verbindung entstammt eine Tochter, die der Vater nie gesehen hat. Die dritte Ehe, geschlossen 1955 in Dänemark, endete mit gerichtlichen Sanktionen wegen Bigamie, da nach dänischen Gesetzen das sowjetische Dekret (s.o.) rechtswidrig war …

Johansen lebte nach dem Kriege zwar in Dänemark, litt keine Not, hatte keine Probleme mehr, doch zufrieden war er nicht! Das „zivilisierte" Europa war ihm fremd. Zu vieles erschien ihm überflüssig, er kleidete sich anders als seine Mitbürger, sogar sein Dänisch hatte einen fremden Klang. Die innere Unruhe kaschierte er durch Teilnahme an Expeditionen und mit Auslandsreisen, z.B. 1949 nach Spitzbergen, zweimal nach Lappland und an die Eismeerküste Norwegens. Dänemark war ihm zu eng; er kaufte sich ein Motorrad und raste damit nicht nur durch das ihm noch unbekannte Land, sondern auch durch Kopenhagen (wie ehemalige Studenten erzählen). Seine Sehnsucht nach Russland „entlud" er Ende der 1940er Jahre durch die Niederschrift seines gesamten Wissens über die russisch-sowjetische Ornithologie für die englische Zeitschrift „Ibis" (Vol. 139/1952). 1955 wurde Johansen zum korrespondierenden Mitglied der Deutschen Ornithologen-Gesellschaft ernannt. Die größte Freude brachte ihm jedoch erst die „Tauperiode" des Jahres 1956 in der Sowjetunion: Seine Freunde, z.T. ehemalige Studenten, luden ihn zu einer Ornithologentagung nach Leningrad ein. Die jüngeren sowjetischen Wissenschaftler, hungrig nach Kontakten mit dem Westen, pirschten sich nur vorsichtig an den perfekt russisch sprechenden Ausländer heran, aber die tiefe innere Verbundenheit seiner älteren Freunde erreichte den Höhepunkt während des feierlichen Banketts im Hotel „Astoria": Johansen wurde von seinem Stuhl erhoben und mehrere Male bis an die Spiegeldecke des Festsaales hochgeworfen, ein Jubel brach aus; das war die herzliche Seite Russlands!

1960 verbrachte Johansen ein halbes Jahr in New York und Kanada, vielleicht auf der Suche nach der Ähnlichkeit der Nearktis mit Sibirien. Aber schon 1961 fuhr er wieder nach Lappland, in die „himmlische Tundra" (wie er sagte). Dr. Gisela Eber, seine Begleiterin auf dieser Reise, erinnerte sich: „Die Tage in Lappland waren, durch seine Erzählungen und Erfahrungen wie man sich in die Landschaft und ihre Tierwelt als kleiner Mensch einpassen kann, ohne sie zu stören, einmalig und unwirklich. Ich hatte das Gefühl, in einer anderen Welt zu leben, nämlich in der Ära eines großen Naturforschers, der eins geworden ist mit der Natur und sie deshalb so gut erfaßt".

Ein zweites Mal holte ihn im September 1965 sein Tomsker Student Igor A. Dolguschin, nun Professor, in die Sowjetunion zu einer Ornithologentagung nach Alma-Ata. Die Tagung wurde zur Nebensache, da er die meiste Zeit mit den alten Freunden verbrachte: Die feuchtfröhlichen Abende und Nächte, die Ausflüge in die Steppe und in das nahe Gebirge, die Erinnerungen an die „gute, alte Zeit" waren wichtiger (Prof. Skalon, sein ehemaliger Student, war ebenfalls dabei). Johansen war hier noch immer eine sehr lebendige sibirische Legende. Auch die schlimmen Erlebnisse in Russland hinterließen keine Verbitterung. Ich habe auch an der Tagung in Alma-Ata teilgenommen und sehe noch sein strahlendes Gesicht, als er mir erzählte, wie schön Sibirien sei, wie gut es seine Kollegen hier haben und welche Sehnsucht er nach dieser weiten Landschaft verspürte …

Nach der Beendigung der „Vogelfauna Westsibiriens" fing Johansen an, in weite Regionen der Erde zu reisen: Nach Ecuador, Chile, Tierra del Fuego, nach Ostafrika, dann nach Sri Lanka, Nepal, später nach Hongkong und nach Mexiko. Jetzt wurde die Vogelfauna der südlichen Hemisphäre zu seiner Passion. Aber 1972 reiste er wieder (das letzte Mal) nach Leningrad.

Bereits 1952 kaufte Johansen ein großes Grundstück mit einem Haus auf der einsamen Insel Läsö im Kattegat, wo er nach der Pensionierung lebte. In einem der letzten Briefe an seinen russischen Schüler und Freund, Prof. Sawwa M. Uspenski (1978), schrieb er von dort: „Ich verbringe jetzt viel Zeit auf dieser menschenleeren Insel und bin hier glücklich, da ihre Natur mich irgendwie an das meinem Herzen so nahe Sibirien erinnert." Das Haus und das Grundstück auf Läsö vermachte Johansen der Kopenhagener Universität, junge Studenten absolvieren hier Praktika (s. Münster-Swendsen 1997) und wundern sich immer wieder über den Lebensweg des Stifters.

* * *

Im September 1969 reiste ich in die Mongolei und machte unterwegs Station im sibirischen Irkutsk, wo ich u.a. die Landwirtschaftliche Akademie besuchte. Es war ein Zufall, dass ich hier dem ehemaligen Tomsker Studenten von Prof. Johansen, jetzt einem erfahrenen und geschätzten Wissenschaftler, **Prof. Wasilij Nikolajewitsch Skalon (1903 - 1976)** begegnete. Er war in der Akademie Leiter des Bereiches Wildbiologie und Jagdwesen, seine wissenschaftlichen Interessen waren jedoch vielseitig, vor allem wurde er als hervorragender Kenner Sibiriens und dessen Vogel- und Säugetierfauna bekannt. Der Name Skalon war mir schon früher aus dem

Abb. 66.
Prof. Wassilij N. Skalon aus Irkutsk (um 1970).

Geschichtsunterricht begegnet: Ein General im Dienste des russischen Zaren, Georgij A. Skalon, war zu Beginn des 20. Jahrhunderts Generalgouverneur von Warschau; u.a. schlug er den Aufstand von 1905 blutig nieder. Er war Wasilij Nikolajewitsch Skalons Verwandter!

Personen solcher Herkunft hatten nach der Revolution in Russland nur selten die Chance zu studieren, geschweige denn später Professor zu werden. Da stellte sich die Frage, wie mein neuer Bekannter aus Irkutsk es geschafft haben mochte? Er sagte mir dazu lediglich, dass er zu einem Nomaden geworden war, der die Kunst beherrschte, rechtzeitig vor dem Zugriff des NKWD zu fliehen (s. auch Stilmark 1978). Erst viele Jahre später haben mir seine Kinder, Andrej und Barbara, erzählt, wie dies vonstatten ging.

Sein Vater, Nikolaj Wasiljewitsch Skalon, besaß große Ländereien im Gouvernement Orenburg, 1918 wurde er von Soldaten der 5. Roten Armee verhaftet und erschossen (NB: Einer der politischen Kommissare dieser Armee war Jaroslav Hašek, der später weltberühmte tschechische Schriftsteller). Der 15-jährige Wasilij Nikolajewitsch floh daraufhin mit seiner Mutter und den Geschwistern nach Nowonikolajewsk (jetzt Nowosibirsk). Er meldete sich zur „Weißen" Armee des General Koltschak, wurde aber als zu jung abgelehnt. Anfangs verdiente er Geld als Laufbursche und Präparatorgehilfe, später als einfacher Arbeiter, nebenbei erlangte er aber auch das Abitur. Familiäre Seilschaften ermöglichten es ihm, 1922 das Studium der

Naturwissenschaften an der Universität Tomsk zu beginnnen. Aber schon 1924 wurde die Universität von „nicht-proletarischen Elementen" gesäubert. Skalon „flüchtete" jetzt mit einer Expedition in das Altaigebirge, danach wurde er Pflanzenschutz-Beauftragter von Kolchosen in der sibirischen Provinz. 1926 gelang es ihm jedoch, das Studium in Tomsk wieder aufzunehmen (die Wachsamkeit der Partei ließ nach) und es 1928 abzuschließen.

Bereits 1926 begann Skalon, die Ergebnisse seiner Forschungsarbeit und seine Beobachtungen aus diversen Regionen Sibiriens (über Wirbeltiere, Ökologie, Ethnographie u.a.m.) zu publizieren; bis zu seinem Lebensende erschienen fast 500 gedruckte Arbeiten und mehr als 200 Zeitungsartikel (Gagina 1973). Die Zeit vom Studienabschluss bis zum Ausbruch des deutsch-sowjetischen Krieges 1941 war für den jungen Wissenschaftler eine lange Fluchtperiode: In diversen Eigenschaften (als Teilnehmer von Expeditionen, Pestbekämpfer, agrarischer Pflanzenschützer, Mitarbeiter in Naturschutzgebietverwalungen) verbrachte er diese Jahre an der Angara, im Altai, in den Sajanen, in Jakutien, an der Ochotskischen Küste, in Transbaikalien und in der Mongolei, in der Taimyr-Tundra (wertvolle ornithologische Arbeiten aus Taimyr publizierte er in Frankreich), an der Konda hinter dem Ural und an anderen Orten. Nur einmal geriet er in ernste Gefahr: Im Jahre 1938 (Periode des NKWD-Terrors gegen die sibirische Intelligenz) wollte er seinen Urlaub in Irkutsk verbringen, wo er auf der Straße der Frau eines bereits verhafteten Professors begegnete; „Sie leben noch ?" – rief sie erstaunt. Nachdem sie ihm die Lage in der Stadt geschildert hatte, verschwand Skalon mit Hilfe seiner Moskauer Freunde in der Taiga des Hinterurals. Seine Lebenskraft büßte er jedoch nie ein: 1938 verlieh ihm die Moskauer Universität aufgrund seines Gesamtwerkes (bis dahin ca. 90 publizierte wissenschaftliche Arbeiten) den Grad des Kandidaten der biologischen Wissenschaften.

1941 wurde Skalon in die Rote Armee einberufen und mit einer Anti-Pest-Einheit in die Mongolei abkommandiert. Dort arbeitete er auch mit dem bekannten sowjetischen Mongolei-Erforscher, Prof. Andrej G. Bannikow zusammen (Lobačev 1989). Dieser wollte nach dem Kriege sofort nach Moskau zurückkehren, da man nun dort Karriere machen konnte. Er war Parteimitglied und politisch „stark", es war ihm also ein Leichtes, den parteilosen Skalon, trotz „falscher Herkunft", zu seinem Nachfolger und Inhaber des Lehrstuhls für Zoologie an der Universität von Ulan-Bator zu krönen. So konnte dieser auch 1946 an der Moskauer Universität den Grad des Doktors der Wissenschaften erlangen (Dissertation über die Biber Nordsibiriens), um Professor werden. Mit seinem Wissen und organisatorischen Talent widmete sich Wasilij Nikolajewitsch jetzt voll der Universitätsarbeit: Vorlesungen, Praktika, z.T. auch Geländearbeit mit Studenten in den weiten Steppen. An der Universität der mongolischen Hauptstadt baute er das Zoologische Museum auf. Die Regierung der Mongolischen Volksrepublik zeichnete ihn mit einer Lobesurkunde aus, es schien, als ob sich sein Leben nun stabilisiert hätte. Der Krieg war vorbei, eine Periode des Friedens schien für ihn hier, im Herzen Asiens, Raum zur Entfaltung wissenschaftlicher Arbeit und persönlicher Ruhe zu bieten. Diese Hoffnung war jedoch trügerisch: Der Friede bot der herrschenden Partei erneut die Möglichkeit, die „sozialistische Ordnung" herzustellen. Seit 1947 wurde Skalon für die politischen Instanzen der Mongolei (die Macht lag hier in den Händen der sowjetischen „Berater") unerträglich; einer Verhaftung zuvorkommend, reiste er nach Irkutsk, wo er erneut Spezialist für Pestbekämpfung wurde. Seine „fixe Idee" war aber, eine wildbiologische Fakultät an der Landwirtschaftlichen Akademie der Stadt zu gründen. Es war ein hoffnungsloses Unterfangen, Freunde rieten ihm, „ruhig zu sitzen"; er missachtete jedoch die Ratschläge, schrieb Briefe nach Moskau mit der Begründung, dass Wildbiologie und Jagdwesen (russisch: Ochotowedstwo) ein für die Sowjetunion wichtiger Wissenschaftsbereich sei und zumindest an einer Hochschule gelehrt werden müsse. Die Hauptverwaltung des zuständigen Unionsministeriums in Moskau (Leiter war ein Genosse Rubanow) lehnte es ab. Er wagte einen Artikel an die Moskauer „Prawda" zu schicken, von dort kam aber ebenfalls eine Ablehnung mit der Begründung, dass 16 kompetente Spezialisten den Text geprüft hätten und zu dem Schluss gekommen seien, dass es keinen eigenständigen Wissenschaftszweig Ochotowedstwo gebe, dieser werde von der Zootechnik und anderen Biologiebereichen abgedeckt. Auch dieses Urteil hat Skalon nicht akzeptiert, er beschloss jetzt, „alleine gegen alle" zu kämpfen und flog (auf eigene Rechnung) nach Moskau. Hier wollte er den Genossen Rubanow persönlich sprechen, dieser empfing ihn jedoch nicht. Zufällig traf er in der Hauptstadt einen guten Bekannten aus Irkutsk, der ihm einen ungewöhnliche Rat gab: Er solle doch zu dem Abgeordneten der Irkutsker Region im Obersten Sowjet (Parlament) gehen, dem Marschall der Roten

Armee Michail P. Worobjew, der ein passionierter Jäger sei; vielleicht könne der helfen ... Skalon folgte dem Rat, nach einer Vorbesprechung im Vorzimmer des hohen Offiziers erhielt er einen Besuchstermin und erlebte einen Tag später Ungewöhnliches!

Das Gespräch mit dem Marschall fand nachts statt (Stalin arbeitete nachts, viele hohe Funktionäre taten deshalb das Gleiche). Wasilij Nikolajewitsch hat die Begegnung schriftlich dokumentiert (hier Zitat nach Stilmark 1996: 231): „nun sitzen wir im Kriegsministerium, es ist ein Uhr nachts. Gewaltige, halbbeleuchtete Korridore, nirgends ist eine Seele zu sehen oder eine Einzelfigur anzutreffen. Wir gelangten in das Vorzimmer. Ein riesiger Raum, in dem ein junger Offizier sitzt. Er war vorinformiert. Jetzt hat er uns angemeldet und kam sofort zurück. 'Der Marschall erwartet sie' – sagte er und öffnete eine massive Tür. Das Kabinett entpuppte sich als ein großer, pompös ausgestatteter Saal mit Teppichen auf dem Fußboden. An der Wand gegenüber, hinter einem kolossalen Schreibtisch, saß, wie ich zuerst dachte, eine kleine und alte Frau mit einer sehr großen Brille. Dies war aber der Marschall, er grüßte freundlich, wir nahmen Platz in wunderbaren bequemen Sesseln und er bat zu erzählen worum es geht. In kurzen Worten habe ich die Situation erläutert.

Der Marschall hörte aufmerksam zu und unterbrach nicht. Er lächelte, danach brach er in ein heiteres, gutmütiges Lachen aus. 'Also wie, es gibt wirklich dieses Spezialgebiet – Ochotowedy? Das wusste ich nicht ... Nun, wenn dies notwendig ist, warum machen die da in der Glawka [Hauptverwaltung] solche Dummheiten?' Er hörte noch eine Weile zu und sagte, er werde morgen Kliment Jefremowitsch [Woroschilow, ebenfalls Marschall und passionierter Jäger, Stalins treuer Helfer] treffen und ihm das alles vortragen. 'Ich bin überzeugt, dass er all den Bürokraten dort einen Zunder geben wird [auf Russisch klingt es schöner – es heißt 'eine Drossel verpassen']. Rufen sie morgens hier telefonisch an.'

Ich rief um neun Uhr morgens an, eine junge Stimme antwortete: 'Genosse Marschall befahl, ihnen mitzuteilen, dass alles in Ordnung sei. Gehen sie zu der Glawka.'

In der Glawka hatte man bereits an der Eingangstür gewartet und führte mich freundschaftlich zu Rubanow. Er begrüßte mich wie einen heimgekehrten, lieben Bruder: 'Wo warst du denn? Ich suche dich schon lange'..." usw.

Jetzt ging alles schnell und reibungslos: Skalon zog „auf einem grauen Schimmel" als Professor und Inhaber des Lehrstuhls für Wildbiologie und Jagdwesen (Ochotowedstwo) in die Akademie ein.

Der Rest seines Lebens verlief „normal", er genoss die poststalinistische „Freiheit". Mitte der 1950er Jahre begann auch in Wasilij Nikolajewitschs Privatleben eine neue Phase; nach zwei gescheiterten Ehen heiratete er seine Assistentin, Tatjana Nikolajewna Gagina (Dissertation über die Vögel Ostsibiriens, später Professorin an der sibirischen Universität Kemerowo). Aus jeder seiner Ehen entstammen zwei Kinder. Alle sechs erhielten eine solide Ausbildung, zwei Söhne wurden Biologen, einer ist Schriftsteller.

Skalons abenteuerliche Erlebnisse lieferten in Kreisen russischer Naturforscher Stoff zu Erzählungen, die ganze Abende füllten; nach dem Zusammenbruch der Sowjetunion wurde seine Lebensgeschichte auch veröffentlicht (u.a. Stilmark 1996).

Zum Abschluss nur noch eine Episode: Skalon war einer der ersten, die bereits in den 1950er Jahren die Verschmutzung des Baikalsees durch den Bau eines Zellulosekombinats scharf verurteilten. Die Behörden stellten ihm daraufhin ein Ultimatum: „Entweder du hörst auf zu kritisieren, oder wir schließen die Fakultät und schicken deine Studenten nach Hause." Er musste sich für die Studenten entscheiden. Als Kritiker in Sachen Baikal hat er aber inzwischen viele Nachfolger, nicht nur in Russland; auch im Ausland, u.a. in Deutschland, gibt es Proteststimmen und Hilfsangebote.

* * *

Eine markante Persönlichkeit unter den Ornithologen der DDR war **Dr. Wolfgang Makatsch (1906 - 1983)** aus Bautzen. Er war einer der produktivsten deutschen Wissenschaftler seines Fachgebiets: Außer 30 Büchern veröffentlichte er etwa 180 wissenschaftliche Arbeiten und populärwissenschaftliche Schriften; diese Zahlen sind jedoch nicht so wichtig wie die Tatsache, dass ein Teil seiner Bücher (die fast alle in der DDR gedruckt wurden) ungewöhnlich hohe Auflagen erreichte. Makatsch war ein Meister in der Auswahl von Themen, die viele Menschen interessierten, er verstand seine Bücher in einem Stil zu schreiben und so gut zu bebildern, dass sie Käufer zu Tausenden anlockten. Insgesamt sind etwa 100 Auflagen seiner Bücher in weit über einer Million Exemplaren verkauft worden! Es ist unbestreitbar, dass er zu dem kleinen Kreis von Fachautoren gehört, die in der Nachkriegszeit zu einer rasanten Entwicklung des Interesses an der Vogelkunde im gesamten deutschsprachigen Raum und weit darüber hinaus beigetragen haben (mehrere der Bücher wurden ins Holländische, einige ins Schwedische, Norwegische, Tschechische, Ungarische und Polnische übersetzt).

Dem Forscher und Autor wurde jedoch auch ein ebenfalls erstaunlich hoher Grad an Kritik und Ablehnung, sogar an Hass entgegengebracht, vorwiegend seitens Vogelkundlern seiner Generation in Deutschland. Grund dafür waren nicht so sehr Makatschs Publikationen, sondern seine wichtigste wissenschaftliche Betätigung: Die Brutbiologie der Vögel sowie die Oologie und die damit verbundene Beschaffung von Vogeleiern für die eigene private wissenschaftliche Sammlung. Ich persönlich kannte Makatsch nur oberflächlich und ließ mich durch die Negativurteile anderer beeinflussen. Als ich Anfang der 1980er Jahre einen besseren Zugang zu ihm fand und er mich zu einem Besuch in Bautzen einlud, war es zu spät, um mein Urteil zu korrigieren: Er starb plötzlich, bevor ich die Reise antreten konnte. Auch nach Makatschs Tode hörte ich des Öfteren bissige, aufregende Berichte über ihn (mit der Zeit sogar in veränderten, „bereicherten" Varianten). Zunehmend hatte ich das Gefühl, dass die abneigenden Gefühle der Kritiker das wahre Bild des Mannes überdeckten, was mich zu Nachforschungen in Archiven und zur Befragung von Zeitzeugen brachte. Das Ergebnis war noch aufregender als das, was über Makatsch bis dahin kolportiert wurde, ich habe es unter dem Titel „Der Fall Makatsch" auf fast 40 Druckseiten beschrieben (Nowak 2002d). Makatsch war wirklich ein Wissenschaftler gewesen, der in einer Welt voller Gefahren lebte und wirkte. Sein Lebenslauf muss um ganz ungewöhnliche Ereignisse, die bisher völlig unbekannt waren, ergänzt werden. Das Alte und das Neue über ihn soll hier nochmals zusammengefasst werden.

Zunächst das, was man im Leben eines deutschen Naturwissenschaftlers in 20. Jahrhundert zwar als ereignisreich, aber nicht ganz ungewöhnlich bezeichnen könnte.

Nach dem Studium in München und Leipzig wurde Makatsch 1931 Lehrer. Bis dahin hatte er sich bereits profunde ornithologische Kenntnisse angeeignet, publizierte auch wertvolle Beiträge aus dem vogelkundlichen

Bereich. Schon 1919, als 13-jähriger, hatte er angefangen, Vogeleier bzw. ganze Gelege zu sammeln. Um nach der Machtergreifung als Lehrer bestätigt zu werden, trat er in die NSDAP ein; das half ihm auch, 1938 eine Anstellung als Lehrer an der Deutschen Schule in Saloniki zu erlangen, wo er seine umfangreichen wissenschaftlichen Aktivitäten, u.a. das Sammeln von Vogeleiern und -bälgen, fortsetzte. Der Angriff Italiens auf Griechenland bewirkte zwar im November 1940 die Ausweisung Makatschs (und aller deutscher Staatsbürger) aus dem Lande der Hellenen; als jedoch die deutschen Truppen Griechenland im Frühjahr 1941 besetzten, bemühte er sich, mit Unterstützung des Reichsinstituts und Museums A. Koenig in Bonn, dorthin als Soldat mit einem Forschungsauftrag zurückzukehren. Dies stieß zunächst auf Ablehnung, da ehemalige Parteigenossen von der Deutschen Schule in Saloniki den Militärstellen ihre Unzufriedenheit über Makatschs ideologisch-politisches Verhalten während seiner Lehrertätigkeit dort meldeten: Er sei nicht bereit gewesen, aufrichtig an den Zielen und Aufgaben „der Deutschen Volksgemeinschaft mitzuarbeiten"; Makatschs NSDAP-Ortsgruppe hatte ihn damals sogar bei der Gestapo angezeigt. Der kritischen Stellungnahme folgte eine klare Empfehlung: „Eine Wiederausreise [nach Griechenland] wäre bis auf weiteres zu verhindern." Makatschs Hartnäckigkeit führte jedoch zum Erfolg: Nicht als Soldat mit zusätzlichen Forschungsaufgaben, sondern als Mitglied einer Wehrmacht-Propagandastaffel landete er im Sommer 1942 in Saloniki. Für die Vogelkunde hatte er nur wenig Zeit übrig, aber auch das sollte sich bald ändern: Auf Intervention von Prof. Stresemann aus Berlin, den er um Hilfe bat, wurde ihm im Oktober 1942 von der Propagandastaffel befohlen, sich ausschließlich der Vogelkunde zu widmen und u.a. einen „Führer durch die Vogelwelt Macedoniens" für deutsche Soldaten in Nordgriechenland zu verfassen. Der weitere Kriegsverlauf durchkreuzte zwar diese Publikationspläne der Militärpropagandisten, Makatschs wissenschaftliche Arbeit war jedoch so erfolgreich, dass er die Ergebnisse im Juni 1943 der Universität in Saloniki in Form einer Dissertation vorlegte und den Doktortitel erlangte! In der letzten Phase des Krieges musste er sich mit der Malariabekämpfung in der Nähe von Saloniki befassen, daneben hatte er jedoch Zeit, weiterhin vogelkundliche Forschungen zu betreiben (das Gesamtergebnis publizierte Makatsch 1950 in dem in Leipzig erschienenen Buch „Die Vogelwelt Macedoniens").

Nach einer kurzen Kriegsgefangenschaft in einem englischen Lager in Österreich kehrte Makatsch Ende 1945 nach Bautzen zurück, also in die sowjetische Besatzungszone Deutschlands. Wegen seiner NSDAP-Zugehörigkeit wurde er nicht mehr als Lehrer in den Schuldienst übernommen. Seine Auswanderungsversuche nach Griechenland bzw. nach Jugoslawien scheiterten. Es gelang ihm aber, am Aufbau einer neu gegründeten Vogelschutzwarte in Bautzen mitzuwirken und einige Zeit später dort eine Anstellung zu bekommen. Sein Wissen, seine Erfahrung und sein Organisationstalent widmete er dieser neuen Aufgabe, weiterhin baute er jedoch seine private Eiersammlung aus (die inzwischen beachtlich angewachsen war). Das führte zur Verstimmung bei vielen naturschützerisch engagierten Fachgenossen, wohl auch bei den Vorgesetzten. Als eine amtliche Prüfung Buchungsfehler in den Akten der Vogelschutzwarte entdeckte, erhielt Makatsch Ende 1951 die Kündigung …

Diese persönlich prekäre Lage wurde jedoch zum Glücksfall für die Vogelkunde: Makatsch wurde gezwungenermaßen zum erfolgreichen Privatwissenschaftler! Als solcher arbeitete er mit enormem Fleiß und ungewöhnlicher Selbstdisziplin. Seine Frau, Ilse Makatsch, war eine begnadete Naturfotografin und unermüdliche Helferin, auch bei seiner fachlichen Tätigkeit. Nach den heutigen Maßstäben würde man Makatsch als Top-

Abb. 67.
Dr. Wolfgang Makatsch aus Bautzen (um 1970).

manager bezeichnen: Zusammen mit seiner Frau hat er in der Bautzener Wohnung eine Art Forschungsinstitut, ein oologisches Museum, eine ornithologische Großbibliothek, ein Labor für wissenschaftliche Fotografie, einen Teil einer Verlagsanstalt, ein wissenschaftliches Archiv und eine Art von Reisebüro betrieben. Etwa die Hälfte seines Arbeitsjahres verbrachte er auf Reisen (Forschung und Sammeltätigkeit im Gelände, u.a wieder in Griechenland, sowie Vorträge, insbesondere in Westdeutschland), in der anderen Hälfte war er ab drei Uhr morgens an seinen Schreibtisch gefesselt. Alles war präzise geplant, u.a. mittels umfangreicher Korrespondenz (er schrieb zumindest 1000 Briefe pro Jahr!). Jeder, der noch eine Ahnung davon hat, wie der Sozialismus im Osten Deutschlands funktionierte, kann sich vorstellen, wie schwierig dies war. Er schaffte es aber mit Bravour! Auch hohe Anerkennung wurde ihm zuteil, jedoch nur im Ausland: Im Jahre 1960 wählte die britische Jourdain Society (eine elitäre Vereinigung der Oologen) Makatsch zu ihrem Ehrenmitglied! In späteren Jahren war er auch ein gern gesehener Gast in der Sowjetunion. In einem englischen Nachruf auf Makatsch steht: „Seine Kontakte zu englischen und russischen Freunden beschafften ihm eine unikale Stellung zwischen den so unterschiedlichen Welten …"

Die vielen Auslandsreisen und die zahlreichen Aufenthalte in der damaligen Bundesrepublik bildeten allerdings bei manchen deutschen Ornithologen in West und Ost einen weiteren Anlass zur Kritik (die auch heute noch zu hören ist): Man verdächtigte Makatsch, mit dem Staatssicherheitsdienst der DDR zusammengearbeitet zu haben („nur so konnte er ja die vielen Reisegenehmigungen erhalten …").

An so etwas wie „Ruhestand" dachte Makatsch niemals. Im Februar 1983, kurz vor seinem 77. Geburtstag, flog er zu einer wissenschaftlichen Tagung nach Indien. Diese Reise wurde ihm leider zum tödlichen Verhängnis: Sein Koffer mit Herzmedikamenten, die er bereits seit Jahren einnehmen musste, ging verloren; die Krankheit zwang ihn zum vorzeitigen Rückflug in die Heimat. Es war aber zu spät: Er starb am 23. Februar 1983 im Krankenhaus in Bautzen.

Makatschs oologische Sammlung wurde nach der Wende vom Staatlichen Museum für Tierkunde in Dresden gekauft. Sie umfasst um die 32000 Eier von etwa 1200 Vogelarten (vorwiegend aus der Paläarktis) und ist eine der wissenschaftlich wertvollsten in Europa.

Dies war das „Gewöhnliche" aus Makatschs Biografie. Der größte Teil des Quellenmaterials, das ich über ihn aus sechs verschiedenen Archiven erhielt, stammt jedoch von der Gauck-Behörde (Bundesbeauftragter für Statssicherheit-Unterlagen) in Berlin, die mir Kopien von 213 Blättern aus seiner (insgesamt ca. 550 Blätter umfassenden) Stasi-Akte zusandte. Dort ist penibel das Ungewöhnliche, ja – Aufregende aus Makatschs Leben dokumentiert worden. Die Lektüre der Dokumente ist spannend. Ein echter Spionagethriller! Bevor ich aber den Inhalt zusammenfasse, will ich die Stasi-Verdächtigungen seiner Kritiker dementieren: Makatsch war kein Stasi-Agent! Im Gegenteil: Ohne Grund stand er viele Jahre unter dem Verdacht, zeitweise sogar unter dringendem Verdacht, Spionage für England, später auch für die USA bzw. Frankreich zu betreiben; ihm drohten Verhaftung, Strafverfahren und Gefängnis. Und noch eines: Sowohl in den Jahren, in denen gegen ihn mit allen erdenklichen Mitteln und Methoden ermittelt wurde und auch später (bis zu seinem Tode), als der DDR- Statssicherheitsdienst nur passiv ein Auge auf ihn richtete, hat er nicht gewusst, welche Gefahr ihm drohte. Seine Rettung und die Fortsetzung seiner Arbeit verdankt er seiner intelligenten Geradlinigkeit, seiner Charakterstärke, seiner Courage und nicht zuletzt auch seinen publizistischen und wissenschaftlichen Erfolgen.

Der Spionageverdacht gegen Makatsch war eine „Nebenerscheinung" seiner oologischen Leidenschaft und wurde durch sträflichen Leichsinn eines ornithologisch und jagdkundlich versierten Mitarbeiters des britischen Auslandsnachrichtendienstes SIS (Secret Intelligence Service), Simon Holcombe Jervis Read, verursacht, der seit 1959 im Britischen Hauptquartier in Berlin-West tätig war. Beigetragen dazu haben englische Eiersammler, die z.T. pensionierte Offiziere waren, mit denen Makatsch Vogeleier getauscht hatte. Dieser Tausch gestaltete sich damals etwas umständlich, denn die Engländer mussten für ihre Sendungen behördliche Genehmigungen beschaffen und Makatschs Sendungen gingen durch die beschwerliche britische Zollkontrolle. Als Read, der Mitglied der Britischen Ornithologen-Union war, aus Teheran (wo er offensichtlich erfolgreich spionierte) nach Westberlin versetzt wurde, bat ihn ein Kollege aus Kent, ein früherer Offizier, um Vermittlung: Seine Pakete mit Vogeleiern wollte er per militärischer Dienstpost nach Berlin-West senden, wo sie Makatsch abholen sollte (die Mauer stand damals noch nicht), dort konnte dieser auch seine

Sendungen für die englischen Tauschpartner abgeben. Eingeleitet wurde dieses Verfahren im April 1960 mittels eines Briefes, den Read aus Berlin-Ost (um die befürchtete Stasi-Briefkontrolle zu umgehen) an Makatsch nach Bautzen absenden sollte. Da er aber aus Sicherheitsgründen den Ost-Sektor der Stadt nicht betreten durfte, bat er einen seiner Spione aus der DDR, mit dem er sich in Westberlin traf, den Brief mitzunehmen und im Osten in einen Briefkasten zu werfen. Leider wusste Read nicht, dass sein Spion als Doppelagent tätig war, und zwar ausgerechnet für den Staatssicherheitsdienst der DDR (dort trug er den Decknamen „Grünberg", Klarname: August Kliebenstein, Kellner in einem Ostberliner Restaurant). „Grünberg" übergab den Brief natürlich seinem Führungsoffizier in der für Spionageabwehr zuständigen Hauptabteilung II/2 (weiter HA II/2) der Stasi. So verlockend es auch war, hat die Stasi den Umschlag nicht geöffnet: Man befürchtete, dass die Briten durch den Adressaten des Briefes (der natürlich ab sofort der Spionage für England verdächtigt wurde – Abb. 68) über die Öffnung und die Manipulationen am Brief informiert werden könnten. Man fotografierte lediglich den adressierten Umschlag und überließ ihn samt Inhalt der Post.

Sofort gingen jedoch schriftliche Weisungen der Berliner HA II/2 an die Stasi-Bezirksverwaltung in Dresden (weiter BV) und an die Kreisdienststelle in Bautzen (KD) mit der Bitte um Durchführung ausführlicher Ermitt-

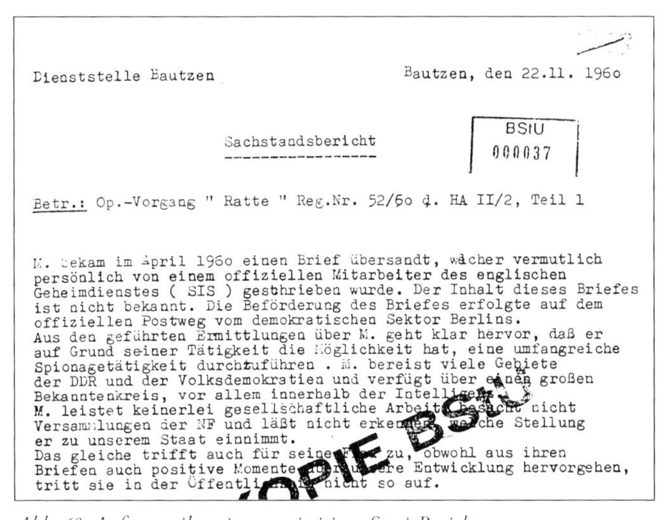

Dienststelle Bautzen   Bautzen, den 22.11. 1960

Sachstandsbericht

Betr.: Op.-Vorgang " Ratte " Reg.Nr. 52/60 d. HA II/2, Teil 1

M. bekam im April 1960 einen Brief übersandt, wächer vermutlich persönlich von einem offiziellen Mitarbeiter des englischen Geheimdienstes (SIS) geschrieben wurde. Der Inhalt dieses Briefes ist nicht bekannt. Die Beförderung des Briefes erfolgte auf dem offiziellen Postweg vom demokratischen Sektor Berlins.
Aus den geführten Ermittlungen über M. geht klar hervor, daß er auf Grund seiner Tätigkeit die Möglichkeit hat, eine umfangreiche Spionagetätigkeit durchzuführen . M. bereist viele Gebiete der DDR und der Volksdemokratien und verfügt über einen großen Bekanntenkreis, vor allem innerhalb der Intelligenz.
M. leistet keinerlei gesellschaftliche Arbeit, besucht nicht Versammlungen der NF und läßt nicht erkennen, welche Stellung er zu unserem Staat einnimmt.
Das gleiche trifft auch für seine F[illegible] zu, obwohl aus ihren Briefen auch positive Momente [illegible]ere Entwicklung hervorgehen, tritt sie in der Öffentli[illegible] nicht so auf.

Abb. 68. Anfangszeilen eines zweiseitigen Stasi-Berichts mit der Begründung des Spionage-Verdachts gegen Dr. Makatsch.

lungen über Makatsch. Einen Monat später erhielt die HA II/2 den ersten Bericht, wo u.a. steht: „Bei besonderen Staatsfeiertagen hält er [also Makatsch] es nicht für notwendig, eine Fahne herauszuhängen und schmückt auch nicht seine Fenster aus [sic!]. Er besucht keine Versammlungen, die von Seiten der NF [Nationalen Front] und anderen Organisationen veranstaltet werden. In Gesprächen mit ihm erkennt man nicht, welche Stellung er zu unserem Arbeiter-und-Bauern-Staat einnimmt. [...] In moralischer Hinsicht konnte nichts negatives festgestellt werden. Sein Familienleben ist geordnet. Bei den meisten Fahrten die er unternimmt, fährt seine Frau mit. [...] Für seine Fahrten im Gebiet der DDR benutzt er meistens sein eigenes Motorrad. Er lebt in guten finanziellen Verhältnissen. Da er jedoch die meiste Zeit im Jahr unterwegs ist, konnte nicht festgestellt werden, ob er über seine Verhältnisse lebt. [...] Ob der M. Verbindungen nach Westberlin hat, konnte nicht in Erfahrung gebracht werden." Aufgrund von Akten wurde aber rasch eine Liste von Makatschs vielen Auslandsreisen erstellt, was zu einer aktenkundigen Einschätzung führte: „[Es] ist klar erkennbar, daß M. auf Grund seiner umfangreichen Verbindungen im In- und Ausland sowie durch seine unkontrollierbare Tätigkeit äußerst gute Möglichkeiten zur Durchführung von Spionage besitzt." Zusätzlich wurde festgestellt, dass sich Makatsch kürzlich ein Auto, einen VW-Käfer, in Westdeutschland angeschafft und in die DDR (legal) eingeführt hatte. An die Ermittler in Dresden erging bald eine weitere Anweisung: „Aufklärung persönlicher Verbindungen in der DDR; Erlangung von Informationen über Briefpartner Makatschs mittels Postkontrolle; Überprüfung, in welchen Gebieten der DDR Makatsch seine wissenschaftlichen Studien durchführt und welche technische Ausrüstung er dazu benutzt; Aufklärung seiner Leidenschaften und derjenigen seiner Frau, seines Lebenswandels und desjenigen seines Verwandtenkreises."

Die inzwischen durchgeführten Kontrollen der zahlreichen Post des Verdächtigten erbrachte jedoch nichts Belastendes: „[Sie] trägt durchweg den Charakter einer Korrespondenz zwischen Berufskollegen bzw. zwischen Menschen mit dem Interessengebiet der Ornitologie", wurde mit orthographischem Fehler in Makatschs Akte notiert. Jetzt wurde beschlossen, einen Spitzel auf ihn anzusetzen. Aus der großen Zahl konspirativer Stasi-Zuträger wurde ein geeigneter Kandidat ausgewählt: Der GI (Geheimer Informator) „Heinz" aus Sohland/Spree (Klarname: Gerhard Hornuf).

Dieser war Rassengeflügelzüchter, passionierter Jäger und guter Vogelkenner. Als weitere Maßnahme wurde beschlossen, Makatschs Gespräche in seiner Wohnung zu belauschen. Hierzu wurde ein älteres Ehepaar, das unterhalb Makatschs Wohnung lebte, schriftlich dazu verpflichtet, die „Arbeit" eines Stasi-Spezialisten zu ermöglichen.

Am 15. Februar 1961 besuchte der GI „Heinz" Makatsch in seiner Wohnung in Bautzen. Sein Bericht brachte jedoch den Ermittlern nichts Neues, eher stellte er eine Erzählung über Plaudereien zweier weltfremder Vogelkundler dar. Hornuf erzählte Makatsch u.a., dass er als Kollektivjäger die Gelegenheit hatte, ein weißes Rotkehlchen zu beobachten und sein Gastgeber wollte wissen, ob der Tannenhäher in seinem Wohngebiet Standvogel sei. Ich habe den Eindruck, dass Herr Hornuf die Bösartigkeit der Absichten seiner Auftragsgeber erkannt hatte, innerlich die Partei des „Gegners" ergriff und mit seinem Bericht indirekt eine Absage an die Aktion signalisieren wollte.

Auch die Lauschbemühungen der Stasi scheinen versagt zu haben: In den Akten sind keine Ergebnisse notiert, nur Schwierigkeiten, z.B. wurde versucht, während der Abwesenheit der Familie Makatsch in ihre Wohnung einzubrechen (wahrscheinlich um dort „Wanzen" zu installieren), die Spezialisten aus Dresden stellten jedoch fest, dass sie „nicht in der Lage [seien, das] Zeiß-Jena-Schloß der Wohnung des M., ohne dekonspirierende Spuren zu hinterlassen, zu öffnen."

Es scheint, als ob Makatsch inzwischen etwas von diesen ungewöhnlichen Aktivitäten gemerkt hatte (ich nehme an, dass ihm die Postkontrolle aufgefallen war). Couragiert wie er war, ging er zunächst auf Erkundung in die „Höhle des Löwens", in die Stasi-Dienststelle Bautzen. Unverfänglicher Grund: Er brauchte eine Garage für sein neues Auto; sie wurde ihm von einem Nachbarn angeboten, als dieser jedoch „Republikflucht" beging, blieb die Lage ungeklärt. Der Besuch erfreute die Stasi-Offiziere sehr, ein Protokollant der Begegnung notierte, dass sich dadurch „evtl. die Möglichkeit ergeben [könnte], mit M. weiterhin offiziellen Kontakt zu halten." Aus anderen Dokumenten ist zu schließen, dass man bereits zu dieser Zeit nicht die Absicht hatte, Makatsch wegen seiner „feindlichen Tätigkeit" vor Gericht zu stellen, sondern ihn „umzudrehen" und gegen den SIS einzusetzen. So wurde die Garagenangelegenheit, als eine Art Vorschuss, zu Makatschs Gunsten geregelt. Auch Makatsch war über die freundliche Stimmung seiner neuen Gesprächspartner erfreut: Als erfolgreicher Fachschriftsteller stand er zwar auf der Liste der Reisekader der DDR, es war ihm aber bewusst, dass seine Reisen stets einer neuen Genehmigung der Stasi bedurften. So stellten diese ersten Begegnungen, geprägt durch so unterschiedliche Interessen und Erwartungen, den Beginn eines fast zehn Jahre dauernden Katz- und-Maus-Spiels der beiden so ungleichen Parteien dar.

Im Frühjahr 1961 begaben sich Makatsch und seine Frau wieder auf eine längere Forschungsreise nach Griechenland, u.a. entdeckten sie dort eine Brutkolonie der seltenen Korallenmöwe (man ließ sie fahren, um in dieser Zeit zu versuchen, die „operative Technik" in ihrer Wohnung einzubauen). Bevor die beiden ihre Rückreise antraten, passierte jedoch ein Ereignis von historischer Bedeutung: Am 13. August 1961 wurde Westberlin abgeriegelt, mit dem Bau der Berliner Mauer wurde begonnen, die Reisen in die Bundesrepublik und in den Westen wurden drastisch eingeschränk. Um diese Zeit befiel die Stasi-Ermittler die Sorge, dass sich der „Spion" nach Westen absetzen würde. Dies geschah jedoch nicht: Ende August kehrten Makatsch und seine Frau in die abgeriegelte DDR zurück!

Die neue politische Wirklichkeit stellte für Makatschs künftige Arbeit, die mit vielen Reisen, auch in das „nicht sozialistische Ausland", verbunden war, eine Katastrophe dar. Jetzt war er froh über die gute Beziehung (wie er glaubte) zur Stasi und nahm Kontakt zu einem der freundlichen Herren auf, den er noch vor der Reise nach Griechenland kennen gelernt hatte (dieser trat unter dem Decknamen „Kaplan" auf, darunter verbarg sich der Stasi-Hptm. Otto von der HA II/2 in Berlin). In den Gesprächen bat Makatsch fordernd um Hilfe für eine Reisegenehmigung nach Westberlin und in die Bundesrepublik, wo er für Ende des Jahres 1961 etwa 25 Dia-Vorträge vereinbart hatte; „Kaplan" wollte aber von ihm erfahren, zu welchen Persönlichkeiten in Griechenland und anderswo er Kontakte unterhalte, u.a. fragte er nach Verbindungen zu „englischen Offizieren, die die Ornithologie als Hobby betreiben." Die Stimmung des Gesprächs steigerte sich so, dass Hptm. Otto beinahe offen das Geschäft „Reisegenehmigung gegen Informationen" vorschlug. Makatsch verhielt sich ablehnend, in einem schwachen Moment stellte er jedoch die „Erstellung einer Liste aller ausländischer Wissenschaftler, mit denen er in Verbindung steht" in Aussicht. Letztendlich, trotz „Kaplans" Nachfragen und Drängen, hat er sie jedoch nicht geliefert und erhielt auch keine Reisegenehmigung. Es war der erste harte Schlag für beide …

Der enttäuschte Makatsch versuchte Ende 1961 und zu Beginn 1962 für seine Tätigkeit die Unterstützung des DDR-Ministeriums für Kultur (Hauptabteilung für Literatur und Verlagswesen) und der Deutschen Akademie der Wissenschaften zu Berlin zu erlangen. Seit Jahren kannte er persönlich drei führende Wissenschaftler, Mitglieder der Akademie: Prof. H. Stubbe, Prof. K. Mothes und Prof. E. Stresemann. Alle drei haben sich für ihn eingesetzt (u.a. ging es um eine erneute Reise nach Griechenland zwecks Untersuchung der Brutbiologie der Korallenmöwe), jedoch kaum etwas erreicht. Im Gegenteil: Die Stasi erfuhr mittels der Postkontrolle bzw. anderer Methoden alles über diese Verbindungen und fand rasch heraus, dass zwei dieser Professoren (Stubbe und Mothes) verdächtige Gespräche mit Westausländern während ihrer Aufenthalte im Ausland geführt hatten. In einem Stasi-Dokument wurde daraufhin die Vermutung festgehalten, dass „darin Zusammenhänge zu Dr. M. bestehen [könnten], wenn dieser feindlich tätig ist."

Die Kontrollen von Makatschs Korrespondenz führten auch dazu, dass viele für ihn bestimmte Bücher und wissenschaftliche Zeitschriften aus dem Westen beschlagnahmt wurden. Er protestierte dagegen schriftlich bei dem Leiter des Hauptpostamtes in Bautzen, als dies jedoch keinen Erfolg brachte, besuchte er im Juli 1962 wieder persönlich die Stasi-KD Bautzen und schlug dort Krach. Das zeigte Wirkung: Nach einiger Zeit erhielt er die vermissten Schriften!

Zu Beginn des Jahre 1963 ergriff die Stasi erneut die Initiative, ein Major Klippel hatte einen Plan für eine gegen Makatsch gerichtete „operative Kombination" ausgearbeitet: Ein Stasi-Provokateur (getarnt als westdeutscher Patriot, der zur Frühjahrsmesse nach Leipzig kam) sollte Makatsch aufsuchen und ihn zu einem Geständnis verleiten oder der Stasi zu seiner Verhaftung (wegen der Kontakte zum SIS in Westberlin) verhelfen. Das erhoffte Endergebnis: „Dr. Makatsch für uns zu gewinnen bzw. [zu] überwerben." Ungünstige Umstände verhinderten, Gott sei Dank, die Durchführung dieses teuflischen Planes.

Das Jahr 1964 brachte jedoch eine neue Bedrohung für Makatsch: Die Stasi-BV Leipzig hatte bisher unbekannte, belastende Informationen über ihn gefunden und an die HA II/2 in Berlin geliefert: Ein politischer

Häftling und ein GI „Stilp“ (Klarname: Dr. Franz Prögler, Apotheker aus Leipzig) wussten zu berichten, dass Makatsch vor dem Mauerbau des Öfteren in einem Feinkost- und Lebensmittelgeschäft in Westberlin weilte, das dem US- und dem französischen Geheimdienst als KW (konspirative Wohnung) diente! Jetzt setzte die Stasi die Besitzerin des Geschäftes auf die Fahndungsliste, um sie zu verhaften, falls sie einmal nach Ostberlin kommen sollte. Von ihr hoffte man, endlich eindeutige Beweise für Makatschs Spionagetätigkeit zu erhalten.

Der ahnungslose Makatsch bemühte sich aber Anfang 1965 erneut um eine Reisegenehmigung nach Griechenland, noch immer wegen der Korallenmöwe. Angesichts der neuen Spionagehinweise und der Befürchtung, dass sich der „Spion“ nach Westen absetzen könnte, hat ihm die Stasi die Reise verweigert (Abb. 69). In der mündlichen Begründung hieß es jedoch scheinheilig, dass Reiserestriktionen nach Griechenland erlassen werden mussten, weil die griechische Regierung Walter Ulbricht und seiner Begleitung das Überflugrecht zu einem Staatsbesuch in Ägypten verweigert hatte. Das brachte Makatsch auf den kühnen Gedanken, sich direkt beim Staatsratsvorsitzenden und Ersten Sekretär der SED zu beschweren! Die Abschrift dieser etwa 100 Zeilen langen Beschwerde erhielt die Stasi von der Postkontrolle, noch bevor sie den Adressaten erreichte; die Wirkung

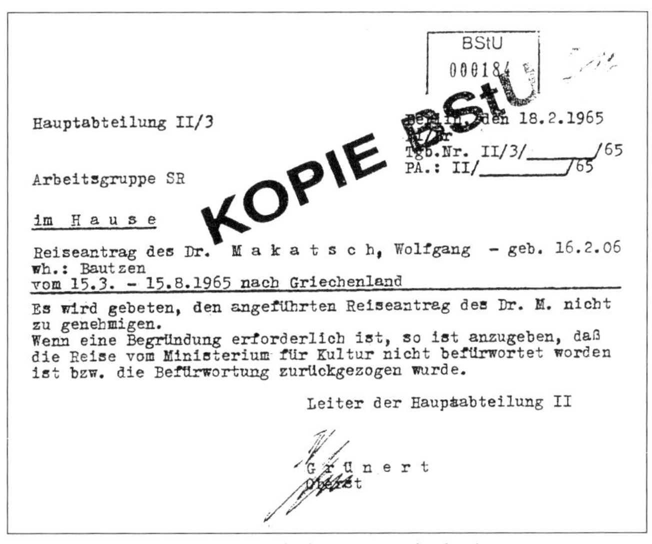
BStU
000184

KOPIE BStU

Hauptabteilung II/3

Berlin, den 18.2.1965
Tgb.Nr. II/3/______/65
PA.: II/______/65

Arbeitsgruppe SR

im Hause

Reiseantrag des Dr. M a k a t s c h, Wolfgang - geb. 16.2.06
wh.: Bautzen
vom 15.3. - 15.8.1965 nach Griechenland

Es wird gebeten, den angeführten Reiseantrag des Dr. M. nicht zu genehmigen.
Wenn eine Begründung erforderlich ist, so ist anzugeben, daß die Reise vom Ministerium für Kultur nicht befürwortet worden ist bzw. die Befürwortung zurückgezogen wurde.

Leiter der Hauptabteilung II

G r ü n e r t
Oberst

Abb. 69. Stasi-Anweisung zur Ablehnung einer beabsichtigten Reise Dr. Makatschs nach Griechenland.

war überraschend: Am 6. Juni wurde beschlossen, „daß Dr. M. wieder ins Ausland reisen kann." Das war ein großer Sieg! Die Brutperiode der seltenen Möwe war aber bereits fast verstrichen, so fuhren die Eheleute Makatsch in die Tschechoslowakei und nach Ungarn und gegen Ende des Jahres zu einer langen Vortragsreise nach Westdeutschland!

Anfang 1966 glaubte die Stasi endlich einen wichtigen Erfolg erzielt zu haben: Die Besitzerin des Feinkostladens aus Westberlin kam zu Besuch in den „demokratischen Sektor" der Stadt und wurde hier verhaftet! Sie bestätigte, dass Dr. Makatsch, gelegentlich auch seine Frau, ihr Geschäft aufgesucht hatten, um dort einzukaufen. Auf die wichtigste Frage des Vernehmungsoffiziers antwortete sie jedoch: „Mir ist nicht bekannt, daß Dr. M. Verbindung zu Geheimdienststellen oder ähnlichen Organisationen unterhielt." Jetzt begann es den Stasi-Fahndern allmählich zu dämmern, was für einen Unsinn sie jahrelang betrieben hatten. Endlich erlaubten sie Makatsch, rechtzeitig zu seiner Korallenmöwen-Kolonie in der Ägäis zu fahren.

Es vergingen noch gut zwei Jahre, bis die HA II im Februar 1969 offiziell vorschlug, „das Material [d.h. Makatschs Akte] gesperrt im Archiv der Abteilung XII [Auskunft, Speicher, Archiv] zur Ablage zu bringen." Begründung: „... die bisherige operative Bearbeitung des Dr. M. [hat] keinerlei Hinweise auf eine Feindtätigkeit des M. erbracht."

Inzwischen waren Makatschs Bücher zum Kassenrenner des staatlichen DDR-Buchhandels geworden, auch das Ministerium für Kultur unterstützte jetzt seine Tätigkeit. Dennoch war die Stasi über seine vielen Westkontakte beunruhigt (z.B. steht in einem Dokument: „Bekanntgeworden sind Briefverbindungen nach Griechenland, Dänemark, Oesterreich, England, Frankreich, Neuseeland, Belgien, der Schweiz, den USA sowie zu Personen die in 38 verschiedenen Städten WD [Westdeutschlands] wohnen"). So hat ein Stasi-Prüfer im Mai 1968 vorgeschlagen, Makatschs Antrag auf eine Reise nach Jugoslawien abzulehnen, ein anderer Offizier schrieb jedoch dazu: „Da es uns nicht möglich ist, eine Ablehnung der Reise dem M. gegenüber entsprechend zu begründen, kann trotz vorhandener negativer Momente der Reiseantrag des Dr. M. von uns nicht abgelehnt werden." Das war ein erneuter großer Sieg! Erst im August 1969, also nach mehr als neun Jahren, wurde ein Beschluss zur Einstellung der Ermittlungen gefasst, jedoch mit dem Vermerk: „Dr. Makatsch wird durch die Abt. XX der BV

Dresden in das Absicherungs- und Kontrollsystem des MfS [Ministerium für Staatssicherheit] einbezogen."

Makatschs Name blieb, trotz Bedenken, auf der Liste der Reisekader der DDR. Fast jedes Jahr fuhr er nun ins Ausland, seinen zu frühen Tod verschuldeten jedoch letztendlich auch die politischen Instanzen der DDR: Auf die Reise nach Indien wollte er seinen Hausarzt und persönlichen Freund, Dr. Wolfgang Gneuß, mitnehmen, das lehnten jedoch die „zuständigen Organe" ab …

Noch ein Wort zu Makatschs oologischer Betätigung: Zweifellos hat er oft Eier ohne rechtliche Genehmigung den Nestern entnommen und das muss ihm als eine artenschutzwidrige Sünde angekreidet werden! Er hat dies aber mit fachlicher Umsicht betrieben, seine Sammlung nach wissenschaftlichen Kriterien aufgebaut und ein wertvolles oologisches Werk auf dieser Grundlage veröffentlicht („Die Eier der Vögel Europas". 2 Bände, 1974 und 1976. Radebeul). In vielen seiner Bücher hat er den Naturschutz propagiert, insbesondere rief er zum Schutz und zur Erhaltung von Lebensräumen der Vögel auf. In Griechenland, wo er wohl die meisten Eier gesammelt hat, wirkte er aktiv an Bemühungen mit, Vogelschutzgebiete auszuweisen. So darf er doch nachträglich als rehabilitiert angesehen werden …

Die vielfältige Kritik an Makatsch, die seine Fachgenossen übten (und die nur begrenzt berechtigt war) wird bei mir von dem Gedanken überlagert, ob der Stasi-Staat seine Stärke nicht schon früher eingebüßt hätte, wenn sich mehr DDR-Bürger bereits in den 1960er Jahren so kämpferisch wie er verhalten hätten!

* * *

Biografien vieler Naturwissenschaftler beginnen oft mit der Schilderung ihrer Jugend, manchmal sogar der Kindheit: „Schon damals zeichnete ihn das Interesse an Tieren, Pflanzen oder speziell Vögeln aus", heißt es („Prägung" - würde Lorenz sagen). Zumindest in einem Falle war das aber ganz anders: **Prof. Cheng Tso-hsin (1906 - 1998)**, der Vater der modernen chinesischen Ornithologie und Förderer des Naturschutzes in kontinentalem China entschloss sich für das Biologiestudium erst nach dem Eintritt in die Universität („wegen der Tomate") und für die Erforschung der Vogelwelt

Chinas kurz vor Universitätsabschluss (anlässlich der Besichtigung eines ausgestopften Goldfasans ...).

Cheng wurde in der „westlichen Welt" vor allem durch die Veröffentlichung einer monumentalen Übersicht über alle in China vorkommenden Vogelarten berühmt (1987, auf Englisch, seit 1947 erschienen jedoch einige Vorläuferausgaben auch auf Chinesisch). Mit diesem Werk schloss er eine brennende Lücke in der Erforschung der paläarktischen und orientalischen Fauna und trug zur Entwicklung der Tiergeografie bei (er hat den Grenzverlauf zwischen der paläarktischen und orientalischen Region neu definiert). In seinem Land war Cheng jedoch bereits seit den 1930er Jahren als hervorragender Universitätsprofessor bekannt, der Biologie, Wirbeltierzoologie, Ökologie u.a.m. lehrte; viele Hundert Studenten und später Dutzende Doktoranden hat er betreut. Eine bedeutende Anzahl chinesischer Zoologen waren seine Schüler. Noch früher wurde er bereits in den Vereinigten Staaten bewundert: 1930 erlangte er, mit nur 23 Jahren, den Doktortitel an der Universität Michigan; niemals zuvor (wahrscheinlich auch bis heute nicht) hat diese *Alma Mater* einen so jungen Menschen promoviert! Bis auf einige Studienaufenthalte und Kongressbesuche im Ausland verbrachte er sein ganzes Leben im kontinentalen China; das bedeutet: Er arbeitete unter diversen politischen Systemen, überlebte Kriege und Revolutionen, auch die berüchtigte chinesische „Kulturrevolution". Wie auch die Welt um ihn herum gestaltet war, er hatte nur eines im Kopf: Forschungsarbeit für sein Land.

Ich habe Cheng Mitte der 1950er Jahre als einen fröhlichen, hilfsbereiten Menschen kennengelernt, stets fleißig an der Arbeit, voller Pläne für weitere Vorhaben, die er mit einem überzeugenden Optimismus schilderte. Meine Kollegen aus Peking berichteten mir, dass dies seine Charaktermerkmale bis in die letzten Jahre seines Lebens waren; und Berichte über seine Studienzeit und über die erste Phase seiner noch im republikanischen China begonnenen Karriere besagen das Gleiche! Die Bilanz seiner Publikationstätigkeit ist gewaltig: 16 Monographien (darunter einige Vogelbände in der „Fauna Sinica"), etwa 50 Fachbücher (u.a. akademische Handbücher, eines davon erreichte acht Auflagen, auch in Taiwan), 130 Forschungsarbeiten und etwa 250 populärwissenschaftliche Schriften. Das meiste erschien in seiner Muttersprache und besteht aus etwa 10 Millionen chinesischen Schriftzeichen.

Wir Europäer können einen solchen Menschen nur beneiden. Seine Biografie (zumindest aus unserer Sicht) begründet seine Lebenseinstellung und seinen Erfolg nicht unbedingt. Sie soll hier nachgezeichnet werden (Yang Qun-rong 1995, z.T. auch Archibald 1998, Garson 1998, Howman 1998 und Zang Zeng-wang 1998).

Zur Welt kam Cheng in einem ländlich geprägten Vorort der großen Hafenstadt Fuzhou, Verwaltungszentrum der in Südostchina gelegenen Provinz Fujian (gegenüber der Insel Taiwan). Sein Vater gehörte zu den damals wenigen Chinesen mit höherer Ausbildung und perfekter Kenntnis der englischen Sprache; die Mutter starb an Tuberkulose, als der junge Cheng nur vier Jahre alt war. Die Betreuung der Kinder übernahm die Großmutter, der Vater (der beruflich viel unterwegs war) überwachte jedoch drei Erziehungsbereiche des bald in der Schule als begabt erkannten Sohnes: Er hielt ihn an, fleißig und systematisch zu lernen, Gymnastik und Sport zu betreiben sowie die englische Sprache zu erlernen.

Als Cheng etwa 1 000 chinesische Schriftzeichen beherrschte, begann er viel zu lesen, vor allem die klassische chinesische Literatur. In der Mittelschule zeichnete er sich nicht nur durch Aufmerksamkeit, sondern auch durch penible Ordnung aus: Seine Bücher, Schulhefte, Notizen, Gegenstände – alles hatte seinen festen Platz und sein Zimmer erinnerte bereits damals an ein Wissenschaftlerkabinett. Der Junge kränkelte jedoch, war physisch schwach; sein Vater ordnete deshalb noch mehr körperliche Betätigung und Sport an, was er als Voraussetzung für eine gute Gesundheit ansah. Der Sohn folgte diesem Rat, wanderte jetzt viel im nahen Gebirge, spielte Tennis, erreichte sogar den 1. Platz im 100-m-Lauf während eines Schulwettbewerbs. Seine naturkundlichen Interessen trugen in dieser Zeit vornehmlich kulinarischen Charakter: Von seinen Ausflügen in die Berge und an die Küste brachte er „Meeresfrüchte" und andere essbare tierische und pflanzliche Produkte mit, aus denen die Großmutter das Abendessen bereitete. Die Mittelschule in Fuzhou umfasste normalerweise sechs Schuljahre, der fleißige Cheng erhielt sein Abschlusszeugnis aber schon nach vier Jahren, er war damals 15.

Die Familie beschloss, ihn an die örtliche Universität, damals eine der renommiertesten Hochschulen Chinas, zu schicken – sie war englischsprachig und hieß (bis Anfang der 1950er Jahre) Fujian-Christian-University. Nun gab es aber Probleme mit dem Alter des Studienbewerbers, die jedoch nach einer strengen Aufnahmeprüfung überwunden wurden. Biologie und Chemie sollte Cheng studieren. In einer Vorlesung fragte der englische Biologieprofessor, welche Frucht die meisten Vitamine enthalte? Alle gaben eine falsche Antwort, bis Cheng die Tomate nannte (Tomaten gab es damals in China noch nicht, er hatte aber darüber gelesen). Der Engländer wurde dadurch auf ihn aufmerksam und förderte ihn, was zu der Entscheidung führte, Biologie als Hauptfach zu wählen. Man war auch viel im Gelände, der junge Student begriff, dass „Lernen auch Forschung bedeutet" (wie er später oft sagte). Nach nur sieben Semestern, 1926, erhielt er das Bachelor-Diplom.

Cheng wollte Biologie in Amerika weiterstudieren, das Geld fehlte jedoch. Jetzt schaltete sich die Großfamilie ein: Ein Onkel, der in Fuzhou Arzt war, stiftete die Reisekosten. Man entschied sich für die Universität Michigan in Ann Arbor, weil dort ein Vetter lebte und die Universität nur niedrige Studiengebühren verlangte. Cheng bestand die Aufnahmeprüfung und wählte Zoologie als Hauptfach. Den Unterhalt verdiente er selbst, auf amerikanische Art: Als Glaswäscher in einem Krankenhaus, dann als Laborant an der Universität und später als Hilfsassistent mit fester Bezahlung. Auch in Amerika blieb er aber Chinese: Neben dem Studium betrieb er stets chinesische Gymnastik, spielte aber auch Tennis. Für seine Dissertation befasste er sich mit der embryologischen Entwicklung eines amerikanischen Ochsenfrosches (*Rana cantabrigensis*), die Arbeit wurde in Deutschland publiziert (Ztschr. f. Zellforschung u. mikroskop. Anatomie, 1932, Vol. 16: 497-596). Im Juni 1930 erhielt der nun 23-jährige sein Doktordiplom und die Biologische Fakultät würdigte ihn mit einer besonderen Auszeichnung: Dem „Sigma Xi-Schlüssel-Preis" (Urkunde und ein Schlüssel aus Gold in einem Brokatetui); der Schlüssel symbolisiert die Öffnung des Tores zur Wissenschaft durch den Besitzer. Cheng wurde auch eine Wissenschaftlerstelle in den USA angeboten.

Der junge Doktor hatte aber bereits andere Pläne im Kopfe. Noch als er an seiner Dissertation arbeitete, erholte er sich des Öfteren in den Räumen des Naturkundlichen Museums der Universität; da stand u.a. ein Goldfasan (*Chrysolophus pictus* Linneus, 1758). Politisch war Cheng nicht engagiert (auch in seinem späteren Leben nicht), in ihm steckte aber eine tief verwurzelte patriotische Ader: „Wieso sind alle in der modernen Zeit in China entdeckten Tierarten von Ausländern beschrieben worden?" fragte er sich. Er kannte die klassische chinesische Literatur, da gab es bereits vor 3000 Jahren ein Buch, in dem etwa 100 Vogelarten genannt waren, und auch später gab es einige weitere Bücher, die Vogelbeschreibungen enthielten. Der in Wildform nur in China vorkommende Goldfasan sei eine der schönsten Vogelarten der Welt! Cheng schlug das amerikanische Angebot aus, beschloss nach China zurückzukehren und sich dort mit der Ornithologie zu befassen.

Die Einladung aus der Fujian Christian University lag bereits vor, als er im September 1930 die Rückreise antrat, trotz der kriegerischen Auseinandersetzungen im Norden Chinas (in Fujian herrschte noch Frieden). Fast zwanzig Jahre war er als Professor für Biologie an dieser Hochschule tätig. Akademische Didaktik und diverse Funktionen konnten ihn nicht von vogelkundlichen Expeditionen in die Umgebung abhalten. Bei abendlichen Märschen zum Tennisplatz lernte er seine spätere Frau, Cheng Jiajang (von Ausländern Lydia genannt), kennen. Wegen der Ausweitung der japanischen Aggression Richtung Süden siedelte die Universität 1938 nach Shaowu (etwa 250 km NW) um; Cheng zog mit. Auch jetzt untersuchte er die Vogelfauna dieser Bergregion. Im April 1945 flog er, im Rahmen eines Wissenschaftleraustausches zwischen China und den USA, als Gastprofessor nach Amerika. Hier fing er mit der Arbeit an seiner Gesamtübersicht der chinesischen Vogelfauna an: In mehr als zehn amerikanischen Universitäten und Museen im Osten der USA untersuchte er in den Vogelsammlungen Exemplare aus China (insbesondere Typen-Bälge) und studierte die für China relevanten, in der Heimat nicht zugänglichen Publikationen. In dieser Zeit endete in der Alten Welt der Zweite Weltkrieg, die „kommunistische Gefahr" zeichnete sich auch für China ab, und die Michigan Universität lud ihn ein dort zu bleiben. Im September 1946 flog Cheng jedoch nach Fuzhou, wohin seine Universität nach der Vertreibung der Japaner zurückgekehrt war; nicht nur zu seiner Familie kehrte er zurück, auch in sein China, egal wer das Land regierte …

Aber 1947 erreichte der Bürgerkrieg (Mao-Kommunisten gegen die Kuomintang) auch seine Heimatprovinz. Lehre und Forschung waren nicht mehr möglich. Cheng siedelte jetzt nach Nanjing um, wo er zunächst an der Universität tätig wurde; auch hier fing er wieder an, die Vogelfauna der Region zu untersuchen. Ende 1948 zeichnete sich aber der Sieg von Maos Befreiungsarmee ab, viele Menschen, auch von der Universität, flohen nach

Taiwan; Cheng wurde ebenfalls dazu aufgefordert. Er hatte keine Sympathien für das Kuomintang-Regime, Tschiang Kai-scheks Truppen begingen schreckliche Taten und die Behörden waren korrupt. Über die Kommunisten wusste er wenig, so fragte er eines Tages einen hoch geschätzten Institutskollegen, Mitglied der verbotenen KP, wie denn die Kommunisten zur Wissenschaft stünden? Dieser antwortete, dass „die Kommunistische Partei die Wissenschaft und viele Wissenschaftler brauche!" Das befriedigte Cheng jedoch nicht, er fragte weiter, ob die Partei auch Ornithologen brauche. Die positive Antwort bestärkte ihn in der Absicht, bis zur Eroberung durch die Mao-Truppen in der Stadt zu bleiben. Nachdem dies erfolgt war, trat er der Kommunistischen Partei bei ... Nun stand er erneut vor einer Entscheidung: Sollte er den dringenden Einladungen zur Rückkehr nach Fuzhou folgen oder in Nanjing bleiben? Das Dilemma entschied die Kommunistische Partei: 1950 wurde Cheng in die Hauptstadt, nach Peking, an die Chinesische Akademie der Wissenschaften versetzt.

In Peking war Cheng zuerst Direktor des Büros für Wissenschaftliche Publikationen und Übersetzungen der Academia Sinica, aber schon 1953 trat er die Stelle des Leiters, d.h.Kurators, der Ornithologischen Abteilung des Zoologischen Institutes der Akademie an (von hier aus regte er u.a. an, das Buch von J. Steinbacher „Vogelzug und Vogelforschung" ins Chinesische zu übersetzen). Hier blieb er für den Rest seines Lebens, hier wurde er zum Schöpfer der modernen chinesischen Ornithologie, doch hier musste er auch die schlimmsten Monate und Jahre seines Lebens ertragen ...

Es begann aber zunächst gut: Ein nationaler Plan zur Durchführung zahlreicher zoologischer Expeditionen wurde erarbeitet, die auch angewandte Aspekte zu berücksichtigen hatten. Bereits 1953 fuhr die erste Expedition in die Provinz Hobei (auch Cheng war beteiligt), um die insektenvertilgenden Vögel zu untersuchen. Nebenbei wurde die gesamte Vogelfauna erkundet, auch Bälge wurden gesammelt. 1955 erschien auf Chinesisch der erste Band des Werkes, an dem Cheng jahrelang gearbeitet hatte: „Verzeichnis und Verbreitung der Vögel Chinas" (Band 2 erschien 1958). Eine zweite Expedition führte 1955 in den südlichen Teil der Provinz Yunnan. An der Arbeit haben in den Jahren 1956-1957 auch sowjetische Zoologen teilgenommen. Bereits 1955 durfte eine große biologische Expedition aus der DDR im Nordosten Chinas arbeiten (s. R. Piechocki in Abh. u. Ber. Mus. Tierkunde Dresden, 1958, Vol. 24: 105-303).

Seit dem Winter 1955 störte jedoch eine Initiative der Regierung die begonnene Arbeit: Auf Vorschlag des Landwirtschaftsministeriums wurde eine landesweite Kampagne zur Bekämpfung von „vier Plagen" ausgerufen: Sperlinge, Mäuse, Fliegen und Mücken sollten vernichtet werden! Millionen von Menschen töteten sie überall und mit allen nur denkbaren Mitteln; in den Ortschaften erzeugten alle Bewohner so lange Lärm, bis die „Spatzen" (andere Singvögel waren natürlich auch dabei) erschöpft vom Himmel fielen. Cheng war dagegen, musste entsprechende Untersuchungen durchführen, aber erst 1959 führten seine Gutachten zum Erfolg: Die „Sperlinge" der Bekämpfungsaktion wurden durch Wanzen ersetzt und die Kampagne lief weiter. Bis dahin aber hatte die chinesische Lebensmittelindustrie sogar Konservendosen mit Spatzenfleisch produziert, die auch nach Europa exportiert wurden!

Die Kooperation mit den Akademien der Wissenschaften der sozialistischen Staaten gab Cheng erneut die Möglichkeit, ins Ausland zu reisen: Im Mai 1957 wurde er für drei Monate in die DDR geschickt. Wegen der Antispatzenkampagne fuhr er zu der Vogelschutzwarte in Seebach (Dr. K. Mansfeld, der noch 1950 über die „wissenschaftlichen Grundlagen der Sperlingsbekämpfung" publizierte, war damals Leiter). Die meiste Zeit verbrachte er jedoch im Zoologischen Museum der Universität in Berlin bei Stresemann (Abb. 70). Ich war hier damals Student und durfte ihm in der Vogelsammlung und in der Bibliothek helfen. Seinen Fleiß konnte nichts bremsen; mit Akribie untersuchte er alle Bälge aus China und ergänzte seine

Abb. 70. Prof. Tso-hsin Cheng (links) mit Prof. Stresemann in Berlin (1957).

vogelkundliche Bibliografie. Stresemann begründete damals den „Atlas der Verbreitung der paläarktischen Vögel“, im Sommer 1957 fand unter seiner Leitung eine Besprechung statt, an der u.a. Prof. L. Portenko (Leningrad), Dr. Ch. Vaurie (New York), Prof. G. Niethammer (Bonn) und natürlich auch Prof. Tso-hsin Cheng teilnahmen; ein ungewöhnliches Treffen, mitten im Kalten Krieg, dem Stresemann die Bezeichnung „Atlanten-pazifische-Konferenz“ (in Anspielung an die heftigen NATO-Debatten dieser Jahre) verliehen hat. Wir meinten damals, dass die Lebensbedingungen in China katastrophal seien und befragten während der Tee-Stunde im Museum den Gast danach. Cheng klagte jedoch nicht: Er habe gute Arbeitsmöglichkeiten und ihm persönlich gehe es besonders gut, erzählte er, weil er wegen seiner amerikanischen Ausbildung wie „ausländische Kader“ bezahlt werde und auch eine große Wohnung zugeteilt bekommen habe. Nach einer Weile gab er lediglich einen Nachteil an: Seine Frau, die in der familienplanerischen Bewegung engagiert sei, müsse oft viele Monate in fernen Regionen des Landes arbeiten (Kampagne der Barfußärzte). Stresemann pflegte prominente Gäste zum Abendessen nach Hause in Westberlin einzuladen, aber obwohl die Mauer damals noch nicht stand, sagte Cheng die Teilnahme mit Bedauern ab; er musste die Instruktionen der chinesischen Botschaft in der DDR penibel beachten. Zum Auftakt der erhofften Kooperation erarbeiteten Cheng und Stresemann eine gemeinsame Publikation („Journal für Ornithologie“ 1961, Vol. 102: 152). Auf Stresemanns Vorschlag wurde der Gast als Korrespondierendes Mitglied in die Deutsche Ornithologen-Gesellschaft aufgenommen.

Unterwegs nach China besuchte Cheng noch kurz das Zoologische Museum der Universität in Moskau und das Zoologische Institut der Akademie der Wissenschaften in Leningrad, wo er wieder viel chinesisches Material fand; 1958 weilte er erneut einige Monate in der Sowjetunion, um dort seine wissenschaftliche Ausbeute zu vervollständigen.

Bald sollte es aber zu einem ideologischen Bruch der Volksrepublik China mit der Sowjetunion kommen, der der Kooperation mit den Ostblockstaaten ein Ende setzte. Ich konnte mich davon persönlich überzeugen: Anfang März 1960 war ich zwei Tage in Peking (unterwegs nach Vietnam) und wollte Prof. Cheng im Zoologischen Institut besuchen; trotz mehrerer Versuche war es aber nicht möglich, eine Erlaubnis oder auch nur ein Taxi für diesen Zweck zu bekommen.

Aber die chinesischen zoologischen Expeditionen in diverse Regionen des Landes wurden (wie später zu erfahren war) laut Plan fortgesetzt. Erst die von Mao Tse-tung 1966 ausgerufene „Große proletarische Kulturrevolution" setzte der Arbeit ein vorläufiges, aber schreckliches Ende!

Die wissenschaftliche Tätigkeit im Zoologischen Institut wurde ausgesetzt, Chengs Vogelsammlung, die Bibliothek u.a.m. wurden geschlossen und jegliche Publikationen untersagt. Jeden Tag fanden kritische, pseudopolitische Diskussionen statt, auch in der schriftlichen Form der Wandzeitungen. Ausgerufen wurde die Losung „Je mehr Wissen du besitzt, desto mehr kommst du als Reaktionär in Betracht"! Cheng selbst wurde schnell als „Krimineller" entlarvt, weil er sich der Bekämpfung der Sperlinge widersetzte und damit den Vorsitzenden Mao kritisierte. „Vögel sind Stubentiere des Kapitalismus", hieß es, „deren Studium im Sozialismus bedeutet Revisionismus und führt zum Ruin des Staates!" Prof. Cheng, auch viele andere Wissenschaftler, mussten ein Schild mit der Inschrift „Reaktionäre Autorität" tragen und wurden zur Umerziehung durch körperliche Arbeit abkommandiert, wozu u.a. das Fegen der Korridore und Putzen der Toiletten gehörte. Prof. Cheng wurde auch einer „Fachprüfung" unterzogen: Er sollte die Artzugehörigkeit eines ausgestopften Vogels bestimmen, der aus diversen Präparaten zusammengebastelt worden war und einen Balg aus einer ihm vorgelegten toten Taube erstellen (Tauben haben eine sehr zarte Haut, die beim Präparieren reißt); er fiel durch. Seine Entlohnung wurde auf ein karges Minimum abgestuft. Danach wurde er für ein halbes Jahr in einem Kuhstall zwecks Überprüfung und selbstkritischer Einschätzung isoliert. Schon im August 1966 durchsuchten die „Roten Garden" seine Wohnung und konfiszierten fast den gesamten Besitz: Einen Teil der Möbel, das Klavier, den Fernseher, Anzüge, Wäsche, persönliche Papiere einschließlich seines Doktordiploms; am meisten schmerzte Cheng, dass auch seine neue Schreibmaschine auf das Lastauto geladen wurde (seine Frau tröstete: „Für das erste Geld, das wir bekommen, kaufen wir wieder eine!"). Er musste Doktormantel und -hut anziehen, wurde auf den Balkon des Hauses geführt und vom Mob auf der Straße verspottet. 1967 besetzten die „Roten Garden", ausgerüstet mit dem berühmten kleinen Buch „Worte des Vorsitzenden Mao Tse-tung", das „reaktionäre" Zoologische Institut der Academia Sinica und wandelten es in eine sich selbst verwaltende Kommune mit der Bezeichnung „Revolutionäre Rebellengruppe" um.

Erst 1968 wurden die „Roten Garden" auf Maos Befehl pazifiziert (die Armee griff ein), aber der revolutionäre Spuk dauerte noch ein paar Jahre.

Zu Beginn der 1970er Jahre, als etwas Normalität in das Institut einkehrte, fing Prof. Cheng an, nach seinem erweiterten Manuskript für die zweite Ausgabe des Buches „Verzeichnis und Verbreitung der Vögel Chinas" zu fahnden, das er kurz vor dem Ausbruch der Kulturrevolution dem Verlag übergeben hatte (er war froh, dass er es nicht zu Hause aufbewahrt hatte, denn seine beschlagnahmte Habe wurde ihm niemals zurückgegeben). Die erste Auflage des Werkes hatte einen Zuwachs neuer Daten bewirkt, nicht nur die Ausbeute der Studienaufenthalte in Berlin, Moskau und Leningrad waren in die neue Fassung eingearbeitet, sondern auch seine eigenen Forschungsergebnisse zur Unterartensystematik, insbesondere der Fasane. Er erschrak, als er vom Verlag erfuhr, dass das Manuskript auf Anforderung der „Revolutionäre" bereits vor längerer Zeit an das Institut „zur Prüfung" zurückgesandt worden war. Zehn Jahre hatte er daran gearbeitet! Sollte seine Arbeit umsonst gewesen sein? Niemals war Cheng so glücklich wie an dem Tage, als ein Mitarbeiter des Institutes ihm die Nachricht überbrachte, dass in einem verstaubten Lagerraum u.a. ein Berg von Papieren herumliege, die vielleicht sein Manuskript sein könnten; er rannte dorthin, es war tatsächlich sein Buch, nur einige Tabellen und Verbreitungskarten fehlten. Das Werk wurde dann 1978 (mit dem Datum 1976) gedruckt. Mao Tse-tungs Gedanken galten aber noch immer, so hat der Verlag dem Buch ein in Rot abgedrucktes Vorblatt mit einem längeren Mao-Zitat hinzugefügt.

Abb. 71. Prof. Tso-hsin Cheng mit seinen Doktoranden im Zoologischen Institut der Akademia Sinica in Peking (1980).

Für viele Ornithologen Europas war der Beginn der 1970er Jahre durch die Problematik der Erforschung der Wasservögel und Erhaltung der Feuchtgebiete geprägt. Die Ramsar-Konvention (Übereinkommen über Feuchtgebiete, insbesondere Lebensräume für Wasser- und Watvögel von internationaler Bedeutung) wurde 1971 in Ramsar, Iran, verabschiedet. Überall wurde im Winter die internationale Wasservogelzählung durchgeführt; auch die Sowjetunion hat sich an diesen Initiativen beteiligt. Als ich 1973 in den Zeitungen las, dass die Lage in China „normaler" wurde, sandte ich eine Einladung zur Kooperation an Cheng (ich verwaltete damals das IWRB – Internationales Büro für Wasservogelforschung – in Slimbridge, England). Prompt kam eine Antwort: Sehr freundlich, in persönlichem Ton verfasst, zur Zusammenarbeit hieß es aber lediglich: „Der Problematik der internationalen Forschungsprojekte an Feuchtgebieten, insbesondere der Wasservogelhabitate, widmen alle relevanten Forschungsinstitute unseres Landes besondere Aufmerksamkeit. Unser Institut ist ebenfalls eine der daran interessierten Institutionen." Im Klartext: Für eine Öffnung war es noch zu früh. Auch stand in dem Brief kein Wort oder auch nur eine Andeutung darüber, was Cheng vor kurzem hatte erleben müssen (auch später, bei Begegnungen mit ausländischen Fachkollegen, klagte er niemals).

Die Nachricht, dass Cheng die Kulturrevolution überstanden hatte und wieder auf Briefe antworten durfte, verbreitete sich rasch; eine Gruppe der Vogelkundler hat sie jedoch mit besonderem Interesse aufgenommen: Die Fasanenforscher! Nach Maos Tod (1976) wurde beschlossen, Cheng zu einem internationalen Symposium der World Pheasant Association (WPA) einzuladen. Und er kam im November 1978 wirklich für zwei Monate nach England! Man wählte ihn zum Vizepräsidenten der WPA. Die Korrespondenz mit Slimbridge hat er auch nicht vergessen: Er besuchte Sir Peter Scott und Prof. G.V.T. Matthews, war vom Wildlife Trust und dem IWRB begeistert. Die meiste Zeit verbrachte er jedoch wieder in Museen in Tring und London, wo er fleißig nach Daten über chinesische Vögel suchte. Unterwegs in die Heimat besuchte er noch Frankreich. Nun durfte er wieder seine wissenschaftliche Tätigkeit entfalten, genoss jetzt die volle Unterstützung der Academia Sinica, mit ungebremstem Eifer versuchte er die verlorenen Jahre nachzuholen. Die Geländearbeit und die Erweiterung der Vogelsammlung wurden fortgesetzt (unter Chengs Leitung

Abb. 72. Prof. Tso-hsin Cheng an seinem Arbeitsplatz im Zoologischen Institut in Peking; im Hintergrund das von B. Faust gemalte Bild der wahrscheinlich ausgestorbenen Schopfkasarka, Tadorna cristata (1993).

wuchs die Sammlung des Zoologischen Instituts auf 60 000 Bälge an). Die Arbeit an dem für 14 Bände geplanten Teil „Aves" der „Fauna Sinica" begann. Mehrere Auslandsreisen folgten: 1980 – Japan, USA, Australien; 1981 – erneut USA (hier eine Preisverleihung in Michigan), später wieder Sowjetunion; 1986 – Thailand (hier wurde er zum Präsidenten der WPA gewählt). Zu Beginn der 1980er Jahre trug er auch dazu bei, dass in China die Beringung der Vögel zwecks Erforschung ihrer Wanderungen begann (s. „Vogelwarte" 1986, Vol. 33: 295-308). Jetzt wurde Cheng auch mit nationalen und weiteren internationalen Preisen überhäuft. Er schaltete sich aktiv in meine Aktion zur Wiederentdeckung der verschollenen Schopfkasarka *(Tadorna cristata)* ein: „Falls sie die Existenz dieser Entenart in Ostchina entdecken", schrieb er mir im Mai 1981, „leisten Sie einen großen Beitrag zu der chinesischen Ornithologie". Auf seine Initiative hin wurde 1986 die Chinesische Ornithologische Gesellschaft gegründet, deren Ehrenpräsident er wurde. Nicht ohne sein Zutun trat China 1992 der Ramsar-Konvention bei, seinem Drängen ist die Unterschutzstellung zahlreicher Feuchtgebiete in diesem Lande zu verdanken. Seit Jahren arbeitete Cheng auch wieder an einer aktualisierten, bereits 3. Fassung seines Werkes „Verzeichnis und

Verbreitung der Vögel Chinas", diesmal auf Englisch; das monumentale Werk (1223 Seiten, 828 Verbreitungskarten) erschien 1987 in Kooperation mit dem deutschen Parey Verlag.

Auch in den letzten Lebensjahren, als er schon herzkrank war, schonte er seine Kräfte nicht: Täglich marschierte er am frühen Morgen (Ersatz für die Gymnastik der Jugendperiode) in sein Institut; seine Vorgesetzten versuchten ihn zu schützen, indem der Wache untersagt wurde, Cheng an Sonn- und Feiertagen in das Gebäude hereinzulassen! Der Arzt verordnete Schonung, er antwortete ihm jedoch: „Wenn ich nicht arbeiten darf, brauche ich doch nicht länger zu leben." Die vielen Gelder, die er als Preise und Belohnungen erhielt, zahlte er in eine von ihm gegründete Stiftung zur Auszeichnung junger chinesischer Ornithologen ein.

Im Jahre 1992 feierten die Chengs das goldene Hochzeitsjubiläum. Tso-hsin schenkte seiner ihm stets behilflichen Ehefrau das Teuerste was er hatte – den goldenen Schlüssel aus Michigan (er hatte ihn vor den „Roten Garden" versteckt) und sie ihm – einen goldenen Bleistift, ein Werkzeug, das er jeden Tag benötigte. Er konnte ihn noch mehrere Jahre nutzen, bis ein Herzinfarkt seiner Arbeit ein Ende setzte.

* * *

5. Zwischen innerer Emigration und Anpassung

Ein typisches menschliches Verhalten unter diktatorischen oder autoritären Staatsystemen ist die innere Emigration. Besonders häufig erfolgt diese „Flucht" in Betätigungsbereiche (Nischen), die „wenig politisch" sind. So hat sich z.B. in der DDR eine breite naturkundliche Bewegung entwickelt, in der berufliche und ehrenamtliche Naturschützer und Ornithologen engagiert waren (am Ende wurden sie aber als regimebedrohend gefürchtet, da sie die Versäumnisse des Staates im Bereich des Umweltschutzes anprangerten). Auch unter den Wissenschaftlern der Sowjetunion und anderer Ostblockstaaten, aber nicht nur dort, gab es zahlreiche innere Emigranten.

Sie alle versuchten die Notwendigkeit ihrer partiellen Anpassung unterschiedlich zu bewältigen, kaum einer von ihnen hatte es aber leicht. Die Lebenswege und Verdienste nur einiger von ihnen sollen hier dokumentiert werden.

* * *

Ein typischer innerer Emigrant, der sich in diversen ideologiefreien „Wissenschafts-Nischen" auslebte, war mein bulgarischer Kollege, **Dr. Nikolaj Boew (1922 - 1985)**. Seine Naturwissenschaftler-Seele formte sich in der Herrschaftsperiode des von ihm hoch geschätzten bulgarischen Königs, der im Lande als Zar tituliert wurde, seine gesamte wissenschaftliche Tätigkeit fällt jedoch in die Zeit des strengen kommunistischen Regimes dieses Balkanstaates. Da ich mich damals mit der Ausbreitung der Türkentaube in ganz Europa befasste, suchte ich Kontakt zu ihm, dem damals besten Kenner dieser faszinierenden Vogelart; ich traf ihn einige Male im Ausland und besuchte ihn auch in Sofia. Er verstand es, packend Fachthemen zu diskutieren, mit viel Humor und Sarkasmus Geschichten zu erzählen oder auch mit Wehmut über die verflossene, monarchistische Zeit zu berichten. Dazu gab es einen fachlich-vogelkundlichen Anlass: Die zwei letzten Könige Bulgariens, Ferdinand I. (1861 - 1948) und sein Sohn Boris III. (1894 - 1943), waren „nebenberuflich" Ornithologen!

Abb. 73. Dr. Nikolaj Boew aus Sofia (um 1975).

Nikolaj Boew kam in der ostbulgarischen Kleinstadt Ajtos zur Welt, wo sein Vater eine Buchhandlung und einen kleinen Verlag im Zentrum des Ortes führte, die Mutter war Lehrerin für Französisch und Russisch. Man lebte in bescheidenem Wohlstand und konnte es sich leisten, Nikolaj auf ein gutes Gymnasium in der Stadt Warna zu schicken (Boew 1997, Golemanski & Boschkow 1997: 157-164, Nankinow 1987). Die Eltern waren hoch geschätzte Bürger seiner Geburtsstadt, seit Beginn der 1930er Jahre gab der Vater eine lokale Zeitung, „Nowi Ajtos", heraus; das Blatt diente auch der Belebung des Geschäftsleben der Stadt, außer Sachartikeln enthielt es zahlreiche Anzeigen, u.a. deutscher Firmen. Das bulgarische Königshaus war seit Anfang des 20. Jahrhundert deutscher Abstammung (Haus Sachsen-Gotha-Coburg), die engen Beziehungen zu Deutschland, auch in der NS-Zeit, fußten mehr auf dieser dynastischen Verwandtschaft und Wirtschaftsinteressen, als auf ideologischer Übereinstimmung.

Während des Zweiten Weltkriegs, im Jahre 1941, wurde Nikolaj in die Königliche Bulgarische Armee einberufen, er diente zunächst in der Stadt Schumen, danach wurde er nach Sofia abkommandiert. Seit seiner Jugend interessierte er sich für die Tierwelt (schon als 8-Jähriger kletterte er in Ajtos in eine Baumkrone, um am Nest einer Türkentaube ihr Brutverhalten zu beobachten, schlief jedoch ein und fiel herunter ...); während des Militärdienstes verbrachte er alle Urlaubstage und Freigänge im Königlichen

Naturhistorischen Museum der Hauptstadt. Schon damals war er ein versierter Vogelkundler, er stand im freundschaftlichen brieflichen Kontakt mit dem italienischen Ornithologen Edgardo Moltoni aus Mailand (dieser schickte ihm alle Sonderdrucke seiner vogelkundlichen Arbeiten und wurde so quasi zu seinem Lehrer).

Das Naturhistorische Museum in Sofia (später Zoologisches Institut und Museum genannt) ist ein Produkt des bulgarischen Königshauses: Es wurde von Prinz Ferdinand im Jahre 1889 gegründet und arbeitete auch fachlich unter seiner persönlichen Aufsicht (Stresemann 1936 und 1948, Gebhardt 1964: 90-91, Korn 1999); bereits seit 1874 war der Prinz Mitglied der Deutschen Ornithologischen Gesellschaft. Eigentlich wollte er Naturwissenschaften studieren, aber durch die damalige Politik Bismarcks musste er andere Pflichten übernehmen und wurde im Jahre 1908 als Ferdinand I. zum König der Bulgaren ausgerufen (s. auch Stresemann 1948). Seine vogelkundlichen Interessen und Kenntnisse übertrug er auch seinem Sohn, der 1918 die bulgarische Krone als Boris III. übernahm. Auch dieser König unterstützte das Museum und beteiligte sich an dessen fachlicher Arbeit; insbesondere vergrößerte er, auf Kosten der königlichen Schatulle, die ornithologische Sammlung in Sofia. Seine königlichen Verpflichtungen erlaubten ihm nicht, der ornithologischen Abteilung des Museums viel Zeit zu widmen (auch sein Vater zog sich nach der Abdankung nach Coburg zurück, wurde jedoch 1924 zum Protektor der DOG ernannt); so empfahl Boris III. Ende der 1920er Jahre einem tüchtigen bulgarischen Zoologen, Pawel Patew, der sich bis dahin einen Namen als Protozoologe erworben hatte, auf vogelkundliches Gebiet umzusteigen und die wissenschaftliche Vogelsammlung des Museums zu betreuen. Dieser wurde tatsächlich zum Begründer der modernen bulgarischen Ornithologie! (Boew 1991).

Den amtierenden Zaren traf Nikolaj Boew, noch als Soldat in Sofia, einmal persönlich im Museum; seine Verbundenheit zu dem Monarchen kam am stärksten zum Ausdruck, als er mir mit Wut und Trauer über die letzten Lebensjahre des Herrschers erzählte: 1941 wurde Bulgarien gezwungen, an der Seite der Achsenmächte (Deutschland, Italien, Japan) in den Krieg einzutreten. Aus historischen Gründen waren aber die Bulgaren sehr Russlandfreundlich, die Kriegserklärung galt deshalb nicht der Sowjetunion. Als jedoch die deutsche Ostfront zusammenbrach und die sowjetischen Truppen im Vormarsch waren, wurde klar, dass eine Neutralität gegenüber der Sowjetunion keinen Schutz vor der Besetzung des Landes durch die Rote Armee bieten würde, der König wollte deshalb das Militärbündnis mit Deutschland kündigen. Im August 1943 flog er nach Berlin, wo eine dramatische Aussprache mit Hitler stattfand. Kurz nach dem Rückflug nach Sofia, am 28. August 1943, starb er aber überraschend und Bulgarien blieb Deutschlands Verbündeter! Die Umstände des Todes wurden bis heute nicht eindeutig geklärt, Nikolaj versicherte mir aber mit fester Überzeugung, dass der Monarch von den Deutschen vergiftet worden sei! Das wisse er von Patew, der ihm in den Nachkriegsjahren erzählte, dass Boris III. sich guter Gesundheit erfreut habe, jedoch nach der Rückkehr aus Berlin im Ausdruck und Verhalten so verändert gewesen sei, dass nur eine Vergiftung als Ursache seines plötzlichen Todes infrage komme. Der 6-jährige Sohn des verstorbenen Herrschers wurde damals als Simeon II. zum König ausgerufen; die Regierungsgeschäfte führte ein Regentschaftsrat.

In dieser Zeit wurde Nikolaj Boew aus der Armee entlassen und trug sich im Herbst 1943 als Student an der Naturkundlichen Fakultät der Universität in Sofia ein. Er erhielt ein Stipendium und konnte jetzt seine Hobby-Interessen wissenschaftlich untermauern. Dies dauerte jedoch nicht lange: Nach einem Semester fielen auf Sofia die ersten Bomben der Westalliierten (mit denen sich Bulgarien im Kriegszustand befand); die Studenten wurden für einige Zeit nach Hause geschickt, auch Nikolaj begab sich nach Ajtos. Noch in Sofia erfuhr er, dass Patew an einer Monographie der Vogelfauna Bulgariens arbeitete, aus eigenen Beobachtungen sandte er ihm eine kommentierte Liste von 30 für das Land neu nachgewiesenen Arten! Patew bedankte sich für diesen wichtigen Beitrag und übernahm die meisten Daten des jungen Studenten in sein Werk, womit eine solide Grundlage für die künftige Zusammenarbeit mit dem führenden Ornithologen des Landes gelegt wurde. Bald kehrte Nikolaj wieder nach Sofia zurück, aber schon Anfang September 1944 bewirkte die Frontverschiebung neue Probleme: Die Sowjetunion erklärte Bulgarien den Krieg! Bis Ende Oktober besetzte die Rote Armee das ganze Land, die Macht ergriff eine kommunistisch gesteuerte Regierung der „Vaterländischen Front Bulgariens“ (1946 erfolgte die Umbenennung des Landes in eine von der KP regierte Volksrepublik; der nun 9-jährige Simeon II. musste das Land verlassen). Jetzt wurde das Leben und Lernen schwieriger: Nikolaj wurde das Stipendium entzogen, da die lokale Behörde der „Nationalen Front" in Ajtos sich weigerte, ihm eine schriftliche Empfehlung zum Weiterstudium auszustellen; sein Vater war dort, als privater Geschäftsmann, in Ungnade gefallen. Es sollte aber noch schlimmer kommen: Der Vater wurde verhaftet und wegen „Betreibens faschistischer Propaganda" in den 1930er und Anfang 1940er Jahre für gut ein Jahr ins Gefängnis gesteckt. Als Beweismaterial dienten die deutschen Geschäftsanzeigen in seiner Zeitung! Nikolaj durfte längere Zeit nicht mehr studieren. Auch die früher engen Kontakte zu Moltoni in Italien und die Träume, sich dort vielleicht weiterbilden zu können, hatten keine Chance mehr, da die Beziehungen zu dem sog. kapitalistischen Ausland für Privatpersonen unterbunden wurden. Als sich die Lage etwas normalisierte, wurde er aber wieder zum Studium in Sofia zugelassen und erlangte 1947 das Universitätsdiplom.

Der bereits als versierter Vogelkenner geschätzte Nikolaj Boew erhielt jetzt die Stelle eines Laboranten am Zoologischen Institut und Museum in Sofia; seine erste Aufgabe war, die durch Bomben der Kriegszeit beschädigten wissenschaftlichen Sammlungen zu ordnen. 1949 stieg er zum Assistenten auf. Patew, mit dem er in den Nachkriegsjahren eng zusammenarbeitete, erkrankte in dieser Zeit schwer, konnte aber seine Avifauna Bulgariens noch abschließen. Nikolaj war ein begnadeter Zeichner, er erstellte die meisten Abbildungen für das Buch und beteiligte sich an den redaktionellen Druckvorbereitungen. Die Druckerei lieferte gerade die ersten Korrekturfahnen, als Patew im März 1950 starb; der Asisstent legte ein Exemplar der Abzüge in den offenen Sarg des Autors. Nun übernahm Nikolaj persönlich die Betreuung der wissenschaftlichen Vogelsammlung des Museums in Sofia.

Zur Sicherung der eigenen wissenschaftlichen Karriere im Sozialismus war es spätestens zu diesem Zeitpunkt angebracht, in die herrschende Partei einzutreten, daran aber dachte der unverbesserliche Monarchist überhaupt nicht. Das Fundament für seine Zukunft sollten sein Können und seine Arbeit sein: Das war sein Lebensplan, wie es am Ende seines Weges deutlich wurde …

Zunächst aber einige kurze Skizzen zu unseren persönlichen Begegnungen. 1959 traf ich Nikolaj das erste Mal, während einer ornithologischen Konferenz in Moskau. Er hielt dort einen viel beachteten Vortrag über die Biologie der Türkentaube, auch in weiteren Abendgesprächen konnte ich meinen Wissensdurst über diese Vogelart zur Genüge stillen. Natürlich bot der Aufenthalt in der Sowjetunion auch Anlass zu politischer Dispute. Nachdem wir festgestellt hatten, dass es den Bürgern des Mutterstaates des Kommunismus nicht besser ging als uns, erzählte Nikolaj über den bulgarischen Zaren Boris III., der nicht nur den Doktortitel der Naturwissenschaften erlangte und zum Mitglied der Bulgarischen Akademie der Wissenschaften gewählt wurde, sondern auch seit 1922 der Deutschen Ornithologischen Gesellschaft und seit 1933 der Britischen Ornithologen-Union als lebenslanges Mitglied angehörte; lange Zeit betreute er die vogelkundliche Sammlung des Museums in Sofia und nahm persönlich die systematische Bestimmung der Neueingänge vor. Der Zar hatte auch ein zweites Hobby: Er war ein großer Kenner von Lokomotiven, das Volk war begeistert, wenn sich der Herrscher in seiner Freizeit als Lokomotivführer von fahrplanmäßigen Zügen betätigte (während eines Aufenthaltes in England durfte er auch dort einen Zug führen)! 1965 traf ich Nikolaj erneut während einer Wasservogeltagung im holländischen Kampen (er hatte bereits eine Familie gegründet, seine fachliche Position war gefestigt, so durfte er auch ins westliche Ausland reisen); wir wohnten gemeinsam in einem Hotelzimmer und führten lange, nächtliche Gespräche. Der polnische Sozialismus war inzwischen „aufgeweicht", wir tauschten unsere Erfahrungen über die unterschiedlichen Varianten des Systems in den Ostblockstaaten aus. Über die bulgarische Variante klagte Nikolaj sehr: Sein persönlicher Aufstieg zum selbstständigen wissenschaftlichen Mitarbeiter sei aus politischen Gründen blockiert (es ging um die Vergangenheit seines Vaters und seine eigene politische Einstellung); er nähme aber diese Kränkung gelassen hin, da er viel schreibe und publiziere, was ihm nicht nur Freude bereite, sondern auch Anerkennung erzwinge. „So ist es nun mal" – war sein Kommentar. 1974 besuchte ich Nikolaj in Sofia, er führte mich durch das Zoologische Institut und Museum und zeigte mir die architektonischen Sehenswürdigkeiten der Stadt. Bei sich zu Hause präsentierte er mir eine Mappe mit bissigen Karikaturen, die er seit Jahren gezeichnet und gesammelt hatte (er scheute nicht, auf diese Weise auch seine Gegner an den Pranger zu stellen). Inzwischen avancierte er zum selbstständigen Wissenschaftlichen Mitarbeiter des Instituts, jedoch erst, nachdem ein einflussreiches Akademiemitglied mit einem Fachgutachten die Parteiinstanzen übertrumpft hatte; als man ihn aber zum Mitglied des Wissenschaftlichen Beirats des Instituts und Museums ernannte, wurde er einige Zeit später, ohne Begründung, durch einen weniger qualifizierten Wissenschaftler, der Parteigenosse war, ersetzt. Er hatte jedoch inzwischen einen festen Platz in der Wissenschaft, nur die materielle Situation wurde, den ständigen Ankündigungen der Machthaber zum Trotz, immer prekärer. Das trat während seiner Teilnahme am 18. Internationalen Ornithologen-Kongress 1982 in Moskau zutage: An dieser wichtigen wissenschaftlichen Tagung wollte er unbedingt teilnehmen, nach viel Mühe erlangte er die Zustimmung seiner Arbeitsstelle, bezahlt wurde ihm aber nur der Flug, ohne Spesen. Das Paradoxe am Sozialismus war, dass man das eigene Privatgeld (bulgarisches oder anderes „osteuropäisches") nicht wechseln konnte, er musste deshalb seinen Aufenthalt in Moskau durch Verkauf von Waren, die er mitbrachte, finanzieren. So waren die Zeiten …

Als ich Nikolaj das letzte Mal begegnete, sah er nicht mehr gesund aus, die Arbeitswut hatte ihn aber nicht verlassen. 1984 ließ er sich pensionieren, im Ruhestand wollte er sich verstärkt seiner publizistischen Tätigkeit widmen; im November 1985, während der Korrekturarbeit an seinem großen Buch über die Ziervögel der Welt, ereilte ihn ein Herzinfarkt, die Ärzte konnten ihn nicht mehr retten …

Erst nachträglich verstand ich, worauf sich Nikolajs steter Optimismus und seine Gelassenheit gründeten: Er hinterließ insgesamt um die 700 Publikationen! Sie behandeln außer ornithologischen Themen auch die Problematik des Natur- und Tierschutzes, der Ökologie und Ethologie, der Museumskunde, der Wildbiologie und des Jagdwesens. Die inhaltliche Bandbreite dieser Texte fängt mit strikt wissenschaftlichen Arbeiten an und endet mit naturkundlichen Märchen für Kinder. Die Liste seiner Publikationen (nur z.T. zusammen mit anderen Autoren) umfasst 50 wissenschaftliche Arbeiten, drei Schul- bzw. akademische Handbücher, 27 wissenschaftliche und populärwissenschaftliche Bücher, zehn Einleitungen zu Büchern anderer Autoren und einige hundert populärwissenschaftliche und andere Schriften (darunter einige Gedichte). Vieles wurde in Fremdsprachen übersetzt. Nikolaj verfasste auch zehn Drehbücher für naturkundliche Filme und übersetzte mehrere ausländische Bücher ins Bulgarische.

Eine stolze Bilanz also und eine reiche Saat, aus der bereits eine neue Generation von Naturwissenschaftlern heranwächst. Die hohen Instanzen, die ihm so oft „Sand in die Schuhe" gestreut hatten, sahen sich gezwungen, ihn mehrmals auszuzeichnen; zum 60. Geburtstag wurde ihm sogar der Orden des „Roten Banners der Arbeit" verliehen!

Nikolaj Boew starb zu früh; er konnte nicht mehr erfahren, dass 1986 die Leitung der vogelkundlichen Abteilung des Zoologischen Institus und Museums in Sofia seinem Sohn, Professor Zlatozar Boew, übertragen wurde und dass sein Land seit 2001 von dem im Kindesalter zum König ernannten Simeon II., der unter dem bürgerlichen Namen Simeon Sakskoburggotski nach Bulgarien zurückkehrte, regiert wird …

* * *

In der zweiten Hälfte der 1950er Jahre besuchte ich die Vogelwarte Hiddensee auf der gleichnamigen Insel in der Ostsee und konnte einige Male mit dem Leiter dieser Einrichtung, **Prof. Hans Schildmacher (1907 - 1976)** sprechen. Er spielte eine wichtige Rolle in der fachlichen und organisatorischen Entwicklung der Vogelkunde in der DDR, da er Vorsitzender des Zentralen Fachausschusses für Ornithologie und Vogelschutz des Kulturbundes war. Der Kulturbund wurde im Osten Deutschlands bereits im Juni 1945 von der sowjetischen Militäradministration gegründet (damals unter der Bezeichnung Kulturbund für demokratische Erneuerung Deutschlands) und verstand sich in der DDR als eine Art „Globalvereinigung", die alle gesellschaftlichen Aktivitäten, sei es im Bereich der Kultur oder Wissen-

Abb. 74.
Prof. Hans Schildmacher,
Leiter der Vogelwarte Hiddensee (1966).

schaft, unter einem Dach verband; der Zweck dieser „Rationalisierung" war natürlich ein politischer: Alle Interessengruppen wurden angehalten, ihre Tätigkeit auf der Basis der damals geltenden ideologischen Richtlinien zu betreiben. Die zentrale Beeinflussung, Lenkung und Kontrolle wurden durch diese organisatorische Struktur gesichert; die Fachgruppen „da unten" hatten zwar einen weitgehenden Gestaltungsfreiraum für ihre Tätigkeit, der politische Rahmen sollte jedoch nicht überschritten werden.

In einer später verfassten Kurzbiografie wird Schildmacher wie folgt charakterisiert (Gebhardt 1980: 52-53): „Er war als eine nicht nur gegen sich selbst kritisch eingestellte, nach innen blickende Persönlichkeit viel auf der Suche nach den Gründen der Verworrenheit seiner Zeit. Gedankenaustausch war ihm trotz stets wacher Lern- und Lehrfähigkeit nicht unbedingtes Bedürfnis. Er konnte schweigen."

Es sind grundsätzlich zutreffende Sätze, wie ich auch während späterer Begegnungen mit Schildmacher und bei der Lektüre seines Lebenslaufs (Archiv der Ernst-Moritz-Arndt-Universität Greifswald) feststellen konnte. Nach dem Studium in Halle erlangte er 1931 den Doktortitel bei Stresemann in Berlin und war in der NS-Zeit mehrere Jahre als Assistent an der Vogelwarte Helgoland tätig. Seine stille wissenschaftliche Tätigkeit unterbrach der Zweite Weltkrieg, an dem er als Frontsoldat in Belgien und Frankreich und danach in der Sowjetunion teilnahm; nach einer Verwundung wurde er als militärischer Malariabekämpfer nach Südosteuropa abkommandiert, dem folgte englische Gefangenschaft. Ende 1945 kehrte Schildmacher zu seiner Familie in ein mecklenburgisches Dorf bei Hagenow, also in die sowjetische Besatzungszone Deutschlands zurück und musste hier das tägliche Brot als Waldarbeiter verdienen. Mit Fachvorträgen in der Kulturbund-Ortsgruppe Hagenow fing er an, wieder Fuß in der Wissenschaft zu fassen. Er hatte Glück, denn ein örtlicher SED-Funktionär setzte sich dafür ein, dass man ihn 1948 mit dem Aufbau der Vogelwarte Hiddensee beauftragte (1949 wurde er Dozent und später Professor an der Greifswalder Universität). Insbesondere beim Aufbau der Vogelwarte hat sich Schildmacher in dieser schwierigen Zeit große Verdienste erworben, verstand es aber, trotz Eintritt in die SED, Distanz zur Politik zu halten. Das obligatorische Pensum an gesellschaftlichen Aktivitäten investierte er in naturschützerische und vogelkundliche Arbeit: 1950 war er Mitorganisator der 1. Zentralen Ornithologen-Tagung der DDR in Leipzig; kurz danach übernahm er den Vorsitz des Zentralen

Fachausschusses für Ornithologie und Vogelschatz (weiter ZFA) des Kulturbundes, den er bis zu seiner Pensionierung im Jahre 1972 leitete.

Nun war aber der Kulturbund, wie bereits erwähnt, keine ganz unpolitische Betätigungsnische. In einem der Gespräche auf Hiddensee vertraute mir Schildmacher eine Begebenheit, die bildlich bezeugt, wie seine Einstellung zu der damals geltenden Politik war: Als Funktionär des Kulturbundes nahm er an einem großen Bankett teil (es muss wohl im Jahre 1952 gewesen sein), wo nach einer politischen Rede plötzlich jemand laut rief „es lebe der Genosse Stalin, der Vater aller Werktätigen der Welt", worauf die Teilnehmer ihre Gläser hochhielten und Sekt tranken. Dies wollte er nicht mitmachen, aber die Menge um ihn herum trank bereits, er musste also das gleiche tun. „Wissen sie, wie ich mich aus dieser Situation gerettet habe?" – fragte er mich lächelnd. Ich wusste darauf keine Antwort. „Ich habe ein Bein hochgehalten – dann gilt der Toast nicht!" Nur teilweise ist also die Behauptung von Schildmachers Biografen richtig: Mir gegenüber war er sehr offen (sein Vertrauen beruhte wohl auf der Tatsache, das wir beide bei Stresemann studiert hatten). Während dieses Gesprächs hatte ich den Eindruck, dass er mir verborgene Gedanken mitteilte in der Hoffnung, dass ich sie, wenn die Zeit reif sei, weitererzählen würde.

Nicht immer konnte Schildmacher jedoch in seiner Tätigkeit als hoher Kulturbund-Funktionär politische Fragen umgehen. Die verschärfte politische Situation nach dem Bau der Berliner Mauer forderte ihren Zoll: Während der 8. DDR-Ornithologentagung 1962 in Güstrow (an der auch ich teilnahm) musste er sich zu der Mauer bekennen (Schildmacher 1963: 4): „[…] bis schließlich unsere Regierung gezwungen war, u.a. jene Maßnahmen des 13.8.1961 zu ergreifen, durch die ein für alle Male ein Ausbluten unserer Wirtschaft verhindert und der Frieden gerettet wurde" . Symptomatisch jedoch: Er sprach nicht von dem „antifaschistischen Schutzwall" (so die offizielle DDR-Bezeichnung), sondern vom „Ausbluten der Wirtschaft" (woran damals tatsächlich sehr viele DDR-Bürger glaubten). Ansonsten befasste sich der gut einstündige Vortrag mit strikt fachlichen Themen.

Es war aber auf keinen Fall so, dass Schildmacher die durch die DDR-Führung betriebene Abgrenzungspolitik gegenüber dem Westen befürwortet hätte. Außer seiner Kulturbund-Fachgruppen (die damals etwa 3 000 Mitgliedern zählten) existierte ja noch die Deutsche Ornithologen-Gesellschaft (DO-G), die sich als gesamtdeutsch verstand und der viele DDR-Vogelkundler angehörten. Schildmacher war bereits 1924 dieser Vereinigung beigetreten und ließ sich 1950, als sie nach dem Kriege wieder begründet wurde, in deren Beirat wählen; sein Doktorvater Stresemann wurde in dieser Zeit Vorsitzender der Gesellschaft. Sie beide haben offensichtlich nach dem Bau der Mauer über die Aufrechterhaltung der Kontakte der Vogelkundler aus Ost und West konferiert, da in einem ZFA-Sitzungsbericht vom November 1964 zu lesen ist (Berger 1965: 30): „Prof. Dr. H. Schildmacher konnte mitteilen, daß die auf der Zentralen Tagung in Weimar konzipierte Übereinkunft zwischen dem Zentralen Fachausschuß Ornithologie und Vogelschutz und der Deutschen Ornithologen-Gesellschaft über die Zusammenarbeit inzwischen von ihm als Vorsitzenden des ZFA und vom Präsidenten der DO-G, Nationalpreisträger Prof. Dr. E. Stresemann unterzeichnet wurde." (Stresemann erhielt 1955 den DDR-Nationalpreis.) Diese Bemühungen Schildmachers erbrachten jedoch keinen Erfolg: Die Übereinkunft wurde niemals veröffentlicht und eine Vertiefung der Zusammenarbeit mit der DO-G hat auch nicht stattgefunden. Nicht nur das: 1970 erließen die DDR-Behörden eine Anordnung, wonach alle DDR-Bürger aus der DO-G (und auch noch anderen gesamtdeutschen Verbänden) austreten mussten! Auch in der von Schildmacher geleiteten Vogelwarte wurde seit 1964 die Abgrenzungspolitik zunehmend sichtbar: Vogelringe mit der Aufschrift „Deutsche Demokratische Republik" wurden jetzt verwendet (als Ersatz für die nun verbotenen Ringe der westdeutschen Vogelwarten).

Das alles muss Schildmacher im Inneren geschmerzt haben, denn bei einer späteren Begegnung erzählte er mir vertrauensvoll die Geschichte der Einführung der DDR-Ringe: Zu Beginn der 1960er Jahre ging ein hoher Parteigenosse in der Schorfheide auf die Jagd und erlegte einen kapitalen Damhirsch; bei näherer Betrachtung entdeckte er im Ohr des Tieres eine Metallmarke mit einer Nummer und der Aufschrift „Göttingen". Der Genosse glaubte nun, eine wissenschaftliche Entdeckung gemacht zu haben (Damwild wandert auf weiten Strecken). Sein junger Begleiter, ein Wildbiologe, verneinte dies jedoch mit der Mitteilung, dass man in der DDR keine eigenen Ohrenmarken habe und deshalb Marken aus Göttingen benutze. Zur Begründung fügte er hinzu, dass in der DDR auch für die Vogelberingung jedes Jahr Tausende westliche Ringe verwendet würden! Dies war zuviel für den Genossen. Von „Oben" kam bald die Anordnung zur raschen Herstellung von Ringen, die die Souveränität des zweiten deutschen Staates auf den Zugwegen der Vögel demonstrieren sollten. Die Vogelwarte Hiddensee erhielt nun den Status einer nationalen Zentrale für wissenschaftliche Vogelberingung der DDR (s. auch Rutschke 1998: 122-123).

Vom „stillen Humor“ berichtet auch Schildmachers Kurzbiograf; dieses kann ich aus meinen ersten Besuch auf Hiddensee bestätigen: Während der Besichtigung des Hauses der Vogelwarte in Kloster auf Hiddensee erzählte er mir u.a., dass das Gebäude vor dem Kriege eine renommierte Ferienpension beherbergte, in der auch berühmte Persönlichkeiten ihren Urlaub verbrachten. Noch vor 1933 erholten sich in diesem Hause Albert Einstein und Thomas Mann, der eine im Parterre, der zweite eine Etage höher. Er wisse von der Besitzerin der Pension, dass die beiden sich oft gezankt hätten und zwar wegen der Toilette, die für beide Parteien im Treppengang zwischen den Etagen lag. Es war erfrischend zu erfahren, dass auch Genies mit Verhaltensmerkmalen ausgestattet sind, die dem einfachen Menschen nicht fremd sind …

Zwei frühere enge Mitarbeiter Schildmachers haben Nachrufe über ihn publiziert. Der eine (Rautenberg 1977) ging noch vor dem Mauerbau nach Westen und bescheinigte, dass die 1934 auf Hiddensee gegründete Station „erst unter der Leitung von Schildmacher eine Bedeutung, die die anspruchsvolle Bezeichnung ‘Vogelwarte’ rechtfertigt“ erlangte und dass sein Lehrer bestrebt war, „die Vogelwarte Hiddensee als ein Bindeglied zwischen Ost und West zu etablieren.“ Der zweite (Siefke 1977) blieb in der DDR, wurde Leiter der Vogelwarte und schrieb im Auftrage des Kulturbundes über seinen Vorgänger: „[…] viele Ornithologen in unserer Republik und ihrer Nachbarländer werden seiner noch lange gedenken, denn er prägte über Jahrzehnte als Forscher, Lehrer und leitender Funktionär unserer Organisation das Gesicht unseres Fachbereiches.“

In verworrener Zeit, nach innen blickend, aber doch erfolgreich …

* * *

Während der Fachtagungen der 1960er bis 1980er Jahre in der Sowjetunion stieß das Auge auf einen in dieser Runde etwas ungewöhnlich gekleideten Mann, der stets einen schwarzen Anzug und ein weißes Hemd mit Fliege trug; und wenn am Abend die Tagung in ein „gemütliches Beisammensein“

Abb. 75.
Dr. Oleg I. Semenow-Tjan-Schanskij aus dem Lappland-Naturschutzgebiet (um 1980).

mündete, fielen noch weitere Absonderlichkeiten auf: Er trank keinen Alkohol und rauchte keine Zigaretten. Es war **Dr. Oleg Ismailowitsch Semenow-Tjan-Schanskij (1906 - 1990)**. Russische Kollegen nannten ihn noch zu Lebzeiten „Patriarch des Lappländischen Biosphärenreservats und Chronist der Natur des russischen Nordens". Mit seinem Tod erlosch in Russland das Geschlecht der Semenow-Tjan-Schanskijs. (Berlin 199[illegible] s 1991, Klaus & Bergmann 1991).

Oleg Ismailowitsch war ein hervorragender Ökologe; Vogel- und Säugetierkunde waren Spezialbereiche seiner Forschung und er verfügte auch über ausgezeichnete botanische Kenntnisse. Fast das gesamte Leben als Wissenschaftler, von 1930 bis zu seinem Tode, verbrachte er im russischen Lappland auf der Halbinsel Kola. Faszinierend sind nicht nur die Ergebnisse seiner wissenschaftlichen Arbeit, noch mehr gilt das für sein Lebensweg. Eines dürfte einmalig sein: Er hat niemals eine „ordentliche" Schule oder Universität besucht!

Um seine Geschichte zu erzählen, muss man aber noch weiter zurückholen, zu seiner genealogischen Herkunft, auch um den etwas ungewöhnlichen Nachnamen zu erläutern.

Olegs Stammbaum reicht bis zum Ende des 14. Jahrhunderts zurück: Sein ferner Vorfahre Jakow Karkadyn, Untertan der Goldenen Horde, ging in der Phase des Zerfalls dieses mächtigen asiatischen Staates auf die russische

Seite über, nahm bei der Taufe den Namen Simeon an und wurde Chef der persönlichen Garde eines Fürsten. Die Familie wurde geadelt (Bojaren) und diente unter dem Namen Semenow auch später den Moskauer Zaren: Ein Moltschan Semenow-Karkadynow wurde Ataman (Kosakenführer) der Don-Region, ein Wasilij Wasiljewitsch Semenow war Truchsess am Hofe und setzte 1613 seine Unterschrift auf die Ernennungsurkunde des Zaren Michail Romanow, ein Wasilij Grigoriewitsch Semenow war Ende des 17. Jahrhunderts hoher Duma-Beamter der Regentin Sofija Alexejewna; im 19. Jahrhundert entstammten der Familie eine viel gelesene Dichterin, ein Dramaturg und Schriftsteller sowie ein Übersetzer der römischen Dichtungen Horaz'; auch zwei Naturkundler zieren die Ahnentafel: Oleg Ismailowitschs Onkel, Benjamin Petrowitsch Semenow, Herausgeber eines vielbändigen Werkes über die Geografie Russlands und sein Großvater, Peter Petrowitsch Semenow – ein vielseitiger Wissenschaftler, Kunstsammler und geografischer Entdecker, der u.a. das Tjan-Schan-Gebirge untersuchte aber auch Mitglied des Senats war (im Senat setzte er sich für die Abschaffung der Leibeigenschaft in Russland ein, ein Gemälde von I.J. Repin in der St. Petersburger Ermitage erinnert an diese Senatssitzung. In der Eremitage befindet sich heute auch ein Teil seiner umfangreichen Kunstsammlung, vornehmlich holländischer Maler). Für seine wissenschaftlichen Verdienste verlieh Zar Nikolaj II. dem Großvater im Jahre 1906 den vererbbaren Ehrenzusatz zum Familiennamen – „Tjan-Schanskij"!

Oleg Ismailowitsch Semenow-Tjan-Schanskij kam in St. Petersburg zur Welt, im Jahre der Ehrung seines Großvaters – ein Zufall, aber auch eine wegweisende Vorsehung für sein weiteres Leben. Olegs Vater war Meteorologe (er leitete die erste russische Arbeitsgruppe, die mit Hilfe von synoptischen Landkarten Wetterprognosen voraussagte), die Mutter war Tochter eines angesehenen Moskauer Arztes.

Schon nach der Februar-Revolution 1917 zogen Oleg und ein Teil seiner Familie nach Petrowka im Gouvernement Tambow, dem familiären Landsitz. Sein Vater gründete dort eine meteorologische Station, deren Betreuung er dem damals 11-jährigen Sohn übertrug. Schulunterricht erhielt Oleg zu Hause, mit Akribie notierte er meteorologische und phänologische Daten, daneben sammelte er Insekten, später auch Vogelbälge und war schon damals ein begeisterter Fotograf; die ländliche Umgebung wurde zu seinem naturkundlichen Studienlabor. Er verreiste nie; ein „Fenster nach Russland" waren lediglich der häufige Briefwechsel und die gelegentlich eintreffenden Zeitungen. Seit dieser Zeit (72 Jahre lang!) führte er sein Tagebuch (Berlin 1998, Stilmark 1999a).

In der ländlichen Idylle, weit von Petrograd und Moskau entfernt, war damals noch lange nicht entschieden, ob „die Roten" oder „die Weißen" Oberhand erlangen würden. Zunächst war auch nicht ganz klar, welche der um die Herrschaft kämpfenden Gruppierungen die bessere sei. Der Untergang des zaristischen Russlands, der Bürgerkrieg und die Machtergreifung durch die Bolschewiken wurden in der Provinz nur langsam spürbar und das Neue drängte erst allmählich auch in den dörflichen Petrowka-Palast: Bodenabgabe an die Bauern, Beschlagnahme eines Teiles des lebenden Inventars, wachsende Antagonismen mit der Dorfbevölkerung, Raubüberfälle, Einquartierung von Soldaten, Mangel an Lebensmitteln und dem Notwendigsten, Durchsuchungen nach versteckten Deserteuren, administrative und politische Einschränkungen; am Ende verließ auch die Haushälterin den allmählich verfallenden Palast. Man war aber bemüht, sich selbst zu helfen: Das restliche Stück Boden und der Garten lieferten Essbares, Pilze wurden gesammelt, man ging auf die Jagd, Brot wurde zu Hause gebacken, aus Zuckerrüben wurde Zucker produziert, die restlichen Haustiere wurden geschlachtet. Oleg schrieb jetzt sein Tagebuch mit einer angespitzten Krähenfeder. Seit 1929 („Jahr des großen revolutionären Umschwungs" im Sowjetstaat) war aber das Weiterleben in Petrowka nicht mehr zu ertragen. Die Familie zog nach Leningrad, wo der Vater noch immer als Meteorologe tätig war. Oleg verließ aber die Stadt bereits Anfang 1930 und nahm die Stelle eines „wissenschaftlichen Beobachters" in der meteorologischen Station Chibiny auf der Halbinsel Kola an.

Noch ein Wort zu Oleg Ismailowitschs Namen: Der russische Adel wurde bekanntlich durch die Sowjetmacht arg diskriminiert; in Leningrad fand sogar eine große Aktion zur Umsiedlung des adligen Bevölkerungsteiles in die Provinz statt. Doch der von dem Zaren verliehene Ehrenzusatz zu einem Nachnamen galt nicht als Adelstitel und durfte auch in der Sowjetzeit getragen werden. Zum Teil konnte der „Wissenschaftsadel" des alten Russlands dadurch überleben …

Kurz nach der Ankunft in Chibiny traf Oleg Ismailowitsch während einer Wanderung in den Bergen Hermann Michailowitsch Kreps (1896 - 1944); dieser hatte den behördlichen Auftrag, ein großes Naturschutzgebiet (Sapowednik) im sowjetischen Lappland zu gründen. Ein Glücksfall für beide: Während Kreps um die Lösung unzähliger organisatorischer Schwierigkeiten kämpfte, übernahm Oleg mit Elan die Facharbeit. Es gibt wohl keinen Flecken Lapplands, den seine Füße nicht betreten hätten. Zuerst widmete er sich dem Schutz der Westpopulation der Rentiere (Lebensmittelmangel zwang die Bevölkerung nach der Revolution zu massenhafter Wilderei), und bereits Ende der 1930er Jahre wuchs der Bestand im Schutzgebiet auf das Zehnfache! Er hat hier den Biber wieder eingebürgert (aber auch die umstrittene Bisamratte ausgesetzt – damals modischer Zwang in der Sowjetunion), untersuchte die Ökologie des Elches und hat die komplexe ökologische Erforschung des Sapowedniks initiiert (Schestakow 1995). In dieser Zeit verfasste Oleg Ismailowitsch, z.T. zusammen mit H.M. Kreps, monographische Publikationen, die als die besten im sowjetischen Schutzgebietssystem bewertet wurden. In Moskau erkannte man sein Talent und seinen Fleiß, eine hohe staatliche Kommission erlaubte ihm 1940, als Externem, die Prüfung für den Grad des Kandidaten der Wissenschaften (im Westen: Doktortitel) abzulegen; dies war in der Geschichte der sowjetischen Wissenschaft der einzige Fall, wo jemandem, der kein Gymnasium und keine Hochschule besucht hatte, eine solche Erlaubnis erteilt wurde!

In der schweren Zeit nach dem Überfall der Roten Armee auf Finnland (Winter 1939/40), und später der Wehrmacht auf die Sowjetunion (Sommer 1941), lag das Schutzgebiet in der Frontzone. Oleg Ismailowitsch sorgte auch jetzt, soweit es möglich war, um Einhaltung der Schutzvorschriften. Für seine Verdienste wurde er 1941 mit einem Orden und einer Medaille ausgezeichnet. Aber 1942 wurde er mobilisiert und diente als Meteorologe im Stabe der 32. Roten Armee an der finnischen Front. Auch hier führte er sein phänologisches Tagebuch weiter; 1947 erschien seine Publikation über den Vogelzug in Karelien. In seiner Freizeit gab er sogar Englischunterricht für sowjetische Offiziere, da die britische Kriegsmarine Rüstungsgüter für die sowjetischen Truppen nach Murmansk lieferte. Er redigierte auch die Frontzeitung für Soldaten.

Nach der Demobilisierung zog Oleg Ismailowitsch nach Leningrad und wurde hier Mitarbeiter des Zoologischen Instituts der Akademie der Wissenschaften. Zusammen mit seiner Frau (Ichthyologin) ging er auf Expeditionen, von denen insbesondere eine erwähnenswert ist: Er besuchte Rossitten auf der Kurischen Nehrung mit der Absicht, die ehemalige deutsche Vogelwarte wieder zu beleben. Nach eingehender Prüfung der Lage verwarf er jedoch den Plan; mir wurde erzählt, dass nicht nur die hier damals chaotischen Zustände, sondern auch die administrativen und politischen Erschwernisse der Grenzzone ein unüberwindbares Hindernis darstellten (erst 1956 wurde das Vorhaben durch Prof. Belopolski in die Tat umgesetzt – vgl. S. 52-59).

Bald jedoch verspürten Oleg Ismailowitsch und seine Frau Sehnsucht nach Lappland, 1949 zogen sie beide in den Sapowednik zurück. Er übernahm jetzt die Leitung des personell stark ausgebauten wissenschaftlichen Bereichs. Mit ungewöhnlicher Energie wurde die Forschungsarbeit fortgesetzt, mehrere Publikationen erschienen. Ein Merkmal der „stalinistischen Zeitperiode" wirkte sich jedoch auch hier nachteilig aus: Die erschwerten bzw. verbotenen Kontakte zum Ausland; persönliche Begegnungen mit Ausländern waren nicht denkbar, auch westliche wissenschaftliche Publikationen waren schwer zugänglich. Aber schon im August 1951 gab es eine neue böse Überraschung: Auf Beschluss des Ministerrates in Moskau wurden zahlreiche große Naturschutzgebiete aufgelöst und der normalen Bewirtschaftung übergeben, darunter auch der Lappland-Sapowednik. Die Forstwirtschaft fing sofort mit der Waldrodung an! Auch das wissenschaftliche Personal musste den Sapowednik verlassen, Oleg Ismailiwitsch verbrachte einige Jahre in einem Naturschutzgebiet im Ural.

Jetzt nahm er den hoffnungslosen Kampf um die Erhaltung des Lappland-Sapowedniks auf: Ein langes persönliches Gespräch mit dem Autor des Erlasses in Moskau führte zu keinem Kompromiss, auch nicht die vielen energischen Interventionen namhafter sowjetischer Wissenschaftler. Nach Stalins Tod ergriff er nochmals die Initiative und schrieb 1954 eine Petition an den damals neuen Parteichef Nikita S. Chruschtschow, was zunähst auch keine Wende brachte. Erst im November 1957 wurde dem Gebiet erneut der Schutzstatus verliehen.

In diesen Jahren widmete sich Oleg Ismailowitsch insbesondere der Erforschung der Ökologie und Physiologie der Rauhfußhühner, er wurde wohl zum besten Kenner dieser Vogelgruppe. 1960 erschien in Moskau seine fundamentale Monographie über die „Ökologie der Tetraoninae", die in Schweden ins Deutsche übersetzt und auf diese Weise einem breiten Kreis ausländischer Forscher zugänglich gemacht wurde. 1962 promovierte er zum Doktor der Wissenschaften (entspricht etwa der deutschen Habilitation). Seine Publikationen, insbesondere über das Auerhuhn, fanden große Beachtung auch im Ausland (siehe u.a. Klaus et al., Neue Brehm Bücherei Nr 86/1986, 1989). Im Jahre 1967 erlaubte man ihm, für ein paar Tage zu einer Fachtagung nach Finnland zu reisen. Jetzt durfte er auch den Einladungen seiner Fachkollegen aus Jena folgen und im Jahre 1974 die DDR besuchen; enge fachliche und persönliche Kontakte entstanden, er reiste wieder nach Ostdeutschland und in die Tschechoslowakei. Diese Aufenthalte gaben ihm nicht nur die Möglichkeit zum wissenschaftlichen Meinungsaustausch (er konnte hier auch westliche Literatur studieren); er besuchte auch Museen und Kulturstätten, unternahm Reisen in die reizvollen Landschaften Sachsens und Thüringens sowie in die Umgebung von Prag. Insbesondere die DDR war für viele sowjetische Besucher bereits eine Begegnung „mit dem Westen“. Ja, die DDR leistete in dieser Hinsicht – ungewollt – auch Positives: Sie war in der Zeit des Kalten Krieges für den Osten Europas ein wichtiger Vermittler und Kontaktpartner zum Westen. Lappland stellte für Ausländer nach wie vor eine verbotene Zone der UdSSR dar, Gegenbesuche seiner DDR- und ČSSR-Kollegen dorthin waren daher nicht möglich (nur zwei finnische Botaniker durften einmal, aufgrund der „besonderen Beziehungen“ zwischen Finnland und der Sowjetunion, das Lappland-Biosphärenresevat besuchen). Man traf sich aber in Leningrad, wo die privaten und wissenschaftlichen Dispute fortgeführt wurden.

Die letzten zehn Jahre Oleg Ismailowitschs Lebens markiert sein Kampf gegen die Umweltverschmutzung der Halbinsel Kola durch die Industrie, insbesondere durch die giftigen Abgase des metallurgischen Kombinats „Nord-Nikel“. 1980 gelang es ihm, einen sachlichen und kämpferischen Artikel zu diesem Thema in der Moskauer „Prawda“ zu veröffentlichen; auch später erhob er bei jeder Gelegenheit seine Stimme. Noch einige Jahre vor seinem Tode, in der Periode der sowjetischen „Glasnost“ und „Perestroika“ schrieb er, dass auch die Sanatorien in Sotschi die Gesundheit der russischen Kinder nicht retten würden, solange sie gezwungen seien, zu Hause Schwefelgase einzuatmen! Die neuen Freiheiten der untergehenden Sowjetunion erlaubten ihm im Juni 1990, noch einmal Finnland zu besuchen. In Helsinki lebte sein Onkel (vor der Revolution war Finnland eine Provinz des Russischen Imperiums); die Reise wurde somit auch zu einem großen familiären Erlebnis!

Nur einige Monate vor seinem Tode erhielt Oleg Ismailowitsch, aufgrund eines Erlasses des neuen Staatspräsidenten Michail Gorbatschow, eine der höchsten Auszeichnungen der Sowjetunion. Eine neue, bessere Zeit schien vor ihm zu liegen. Es war aber zu spät, denn ein plötzliches Herzversagen am 21. September 1990 beendete sein Wirken.

Im postsowjetischen Russland hat sich die Umweltsituation auf der Halbinsel Kola nicht gebessert. Das Werk, das der letzte Semenow-Tjan-Schanskij hier begonnen hat, braucht Nachfolger und Nachahmer seines Formats.

* * *

Prof. Alexander Bogdanowitsch Kistiakowskij (1904 - 1983) aus Kiew habe ich während einer Ornithologen-Tagung in den 1960er Jahre in der Sowjetunion kennen gelernt. Auch er war in der Masse der Teilnehmer stets leicht zu finden und zu erkennen, da er einen Kopf größer war als die meisten anderen angereisten Gäste aus verschiedenen Regionen des Riesenreiches. Kistiakowskij war der Nestor der ukrainischen Ornithologie, zurückhaltend und zumeist schweigsam. Erst bei fachlichen Gesprächen lockerte sich seine Zunge und er verstand es, interessant und klug über seine Forschungsarbeit zu erzählen. Die Themen solcher Unterredungen

*Abb. 76.
Prof. Alexander B. Kistiakowskij aus Kiew (1956).*

konnten sehr unterschiedlich sein, denn sein Fachinteresse umfasste eine breite Themenpalette: Wirbeltiere, Ökologie, Tiergeografie, Philogenese, Naturschutz, Wildbiologie u.a.m. Ornithologische Aspekte dieser Bereiche standen ihm am nächsten. Einen herzlichen Kontakt zu Alexsander Bogdanowitsch erlangte ich jedoch erst in seinen letzten Lebensjahren, als er schon die Forschung zur Seite gelegt hatte und sich als Rentner mit Eifer und Akribie der … Philatelie widmete. Ich schickte ihm französische Briefmarkenkataloge und erhielt dafür rare russische Bücher aus seiner wissenschaftlichen Bibliothek.

Kistiakowskij kam in einem typisch ukrainischen Dorf (Hatki, Gouvernement Poltawa), das ein Teil der Latifundien seiner Vorfahren war, zur Welt. Dieses bildete auch den materiellen Hintergrund, der es erlaubte, bereits im 19. Jahrhundert mehreren jungen Mitgliedern der Familie eine gute Ausbildung zu gewähren. Im alten Russland kam das öfter vor, die Kistiakowskijs schafften jedoch mehr: Einige Namen dieser Familie haben inzwischen Eingang in die russischen, ukrainischen und u.a. in die US-amerikanischen Enzyklopädien gefunden!

So war der Großvater des Zoologen und Ornithologen Kistiakowskij, Olexandr, an der Universität zu Kiew Professor für Kriminalrecht; er publizierte akademische Handbücher und fundamentale Werke über das Rechtssystem der Ukraine. Drei Söhne des Juristen wurden ebenfalls bekannte Wissenschaftler. Der jüngste von ihnen, Igor, war Dozent für Zivilrecht an den Universitäten zu Kiew und Moskau, jedoch nahm er in der kurzen Zeit der Existenz der von den Deutschen geförderten unabhängigen Ukraine im Jahre 1920 den Posten des Innenministers in Kiew an; noch vor der kommunistischen Machtergreifung verließ er das Land und wurde in den Reihen der „Weißen Emigration" aktiv tätig. Der älteste Sohn, Wolodimir, wurde Physiko-Chemiker und Professor in St. Petersburg; hier machte er bedeutende wissenschaftliche Entdeckungen, wurde später zum Mitglied der sowjetischen Akademie der Wissenschaften gewählt und blieb bis zu seinem Tode in der Stadt (die nun Leningrad hieß). Der dritte Sohn, Bogdan, Jurist, Soziologe und Philosoph (Vater unseres Ornithologen), wurde Professor an der Universität zu Kiew; unter seinen zahlreichen Publikationen befinden sich auch mehrere ukrainisch-nationale und pro-revolutionäre Schriften. Über seine sehr gebildete und emanzipierte Frau ist bekannt, dass sie noch einen Schritt weiter ging: Sie war am Ende des Ersten Weltkrieges in der linken revolutionären Bewegung engagiert. Bogdan starb 1920, seine Frau kurze Zeit später (die Todesursachen waren nicht mehr zu ermitteln).

Die Familie von Bogdan Kistiakowskij zählte drei Söhne, von denen zwei (der dritte starb tragisch in Polen, nach der Flucht vor den Bolschewiken) Wissenschaftler wurden. Der älteste, Jurij, floh vor den Kommunisten nach Deutschland und studierte hier, wohl unter dem Einfluss seines Onkels, Physik und Chemie. 1926 emigrierte er in die Vereinigten Staaten, wurde Professor an der Harvard Universität und später Mitglied der Amerikanischen Akademie der Künste und Wissenschaften. Nach dem Ausbruch des Zweiten Weltkrieges stieg er noch höher: 1940-1944 war er Mitglied des amerikanischen Verteidigungsrates, 1944-1945 Leiter der Abteilung für Sprengstoffe in dem berühmten Atomlabor in Los Alamos und 1957 wurde er von Präsident Dwight Eisenhower zu seinem Berater für Wissenschaft und Technologie berufen.

Das war der familiäre Hintergrund des jüngsten Sohnes aus dem revolutionären Elternhaus in Kiew, der für sein ganzes Leben bestimmend war.

Alexander Bogdanowitsch Kistiakowskij war erst Gymnasiast bzw. Abiturient, als seine Eltern starben. Seine Brüder hatten die Ukraine rechtzeitig verlassen, er nicht, möglicherweise nur deshalb, weil die Grenzen des Sowjetreiches inzwischen hermetisch verschlossen waren. Aber auch ein anderer Grund hat ihn gewiss im Lande gehalten: Schon mit 15 Jahren hatte er ernste naturkundliche Interessen, er sammelte Vogelbälge und Insekten, wurde Laborant am Zoologischen Museum der Akademie der Wissenschaften in Kiew; die gebildete Atmosphäre und der damalige Wohlstand des Hauses machten dies möglich. Bald brach aber die von den neuen Machthabern verursachte erste grausame Hungerperiode in der Ukraine aus (1921-1922); er überlebte sie dank der Teilnahme an naturkundlichen Expeditionen in ferne Regionen Russlands. Noch unter dem Einfluss seiner Mutter fing er 1922 an, Volksbildung zu studieren, brach jedoch das Studium ab. Als Waise lebte er in Kiew in der reich ausgestatteten Wohnung seiner Eltern (Bilder berühmter Maler, antike Möbel, Silber, Porzellan), war aber bitterarm; in der sowjetischen NEP (Neue Ökonomische Politik)-Periode gab es in Kiew wieder Spielkasinos, er spielte auf dem Kreschtschatik (Kiews Prachtstraße) sogar Roulette und gewann Geld. Im Zoologischen Institut der Akademie untersuchte er die Federlinge *(Mallophaga)*, nahm aber auch an weiten Expeditionsreisen des Museums teil. Die Fortschritte seines autodidaktischen naturkundlichen Studiums riefen jetzt seinen schon berühmten Onkel Wolodimir auf den Plan: Er holte den Neffen nach Leningrad, wo der Amateurzoologe in den Jahren 1928-1930, als Externer, das Universitätsdiplom erlangte; darauf wurde er Oberlaborant am Zoologischen Museum in Kiew. Der zweiten Hungerperiode in der Ukraine (1931-1932, Millionen Menschen verhungerten!) entkam er wieder in einer Expedition, die im Nordkaukasus die Methoden der Pestbekämpfung untersuchte. Als er später wissenschaftlicher Mitarbeiter der Kiewer Universität wurde, profilierte er sich mit Arbeiten über biologische Schädlingsbekämpfung in der Landwirtschaft sowie mit ornithologischen Untersuchungen im Pamirgebirge, an der Schwarzmeerküste, im Wolga-Delta und 1941 in den Ostkarpaten. An der östlichen Flanke der damaligen Sowjetunion, in den Ostkarpaten, überraschte ihn im Juni 1941 der Überfall Deutschlands auf sein Land.

Alexander Bogdanowitsch wurde sofort in die Rote Armee einberufen und blieb bis zum Ende des Krieges Soldat einer Pioniereinheit der 2. Ukrainischen Front. Später veröffentlichte er einen Teil seiner Memoiren, in denen er eine Episode des Krieges eindrucksvoll schildert: Schon auf dem Vormarsch der Sowjets im Jahre 1943 befehligte er ein Pionierbataillon, das heimlich, in den Nachtstunden, eine Pontonbrücke über den Dnepr, südlich von Kiew, baute; hier beabsichtigte die Rote Armee, von den Deutschen unbemerkt, einen Brückenkopf an der anderen Seite des Flusses zu erkämpfen, um Kiew zu umzingeln und so die Stadt zu befreien. Seine Enttäuschung war groß, als die deutschen Flieger die Brücke zerstörten. Er erhielt jedoch mehrere militärische Auszeichnungen. Erst spät nach dem Kriege wurde bekannt, dass seine Einheit den Befehl vorbildlich ausgeführt hat: Der Bau der südlichen Brücke diente lediglich als Täuschungsmanöver und wurde den Deutschen sogar absichtlich verraten, da die eigentliche Überquerung des Flusses nördlich der Stadt geplant war und dort auch erfolgte.

Nach dem Kriege kehrte Kistiakowskij nach Kiew zurück und wurde 1946 an der Universität tätig, wo er sich mit Eifer der wissenschaftlichen und didaktischen Arbeit widmete. Im privaten Bereich hinterließ der Krieg jedoch schmerzliche Spuren: Seine Frau, die während der Okkupation in Kiew lebte, hatte den Besitz seiner Eltern (u.a. Bilder europäischer Expressionisten) verscherbelt, z.T. an die deutschen Besatzer. Er ließ sich scheiden! Der Krieg verursachte auch wissenschaftliche Verluste: Druckreife Manuskripte über seine Vorkriegsexpeditionen, insbesondere „Die Vögel

Pamirs", wurden vernichtet (1946 schrieb er das Werk auf der Grundlage erhaltener Notizen und Bälge erneut). Einige Jahre später heiratete er seine Universitätsmitarbeiterin, die beiden lebten nun in einer kleinen Ein-Zimmer-Wohnung. Aber die wissenschaftliche Arbeit schritt voran, ab 1947 war er auch für das Zoologische Institut der Akademie tätig; erneut konnte er Expeditionsarbeiten durchführen (oft weilte er im Fernen Osten Russlands). Die Aufenthalte in Kiew füllten Universitätsvorlesungen, die Arbeit im Labor und am Schreibtisch. 1958 veröffentlichte Kistiakowskij seine hervorragende Dissertation mit dem Titel „Geschlechtliche Auslese und Arterkennungsmerkmale bei Vögeln". Die Arbeit stützt sich auf seine langfristigen Untersuchungen, die bis in die Vorkriegsjahre reichen, und berücksichtigt u.a. die in dieser Hinsicht wenig erforschten Kampfläufer *(Philomachus pugnax)*. Sie enthält neue Erkenntnisse über die Gefiederfärbung der Vögel als wichtiges Artmerkmal und trägt zur Deutung der Mechanismen der Geschlechtsauslese bei; somit behandelt sie ein im Bereich der Evolutionslehre vernachlässigtes Thema (beinahe eine Lücke in Darwins Theorie). 1956 wurde Alexander Bogdanowitsch zum Dozenten, 1961 zum Professor und kurz danach zum Leiter des Lehrstuhls für Wirbeltierzoologie an der Schewtschenko-Universität zu Kiew ernannt. Er war ein exzellenter Pädagoge, widmete seinen Studenten viel Zeit, sowohl bei der Abfassung von Diplomarbeiten als auch während der zahlreichen Fachexkursionen. Im Gelände, so berichten seine Schüler, herrschte eine lockere Stimmung, es fehlte nicht an Humor (nur Scherze über ihn selbst waren nicht zugelassen); er wagte es sogar politische Witze zu erzählen, was damals nicht ungefährlich war.

Über die Vielfalt seiner wissenschaftlichen Forschungen, seiner Lehre, Publikationen und Expeditionsarbeiten berichten seine Biografen (Atemasowa & Kriwizkij 1999: 116-120, Melnitschuk 1994, Smogorschewskij 1974), hier soll aber auch auf einige weitere, nicht-wissenschaftliche Aspekte seines Lebens und Wirkens eingegangen werden: Der Kommunistischen Partei ist Prof. Kistiakowskij nicht beigetreten, gegenüber Studenten und Vorgesetzten vertrat er stets gradlinig und offen seine eigene Meinung; „die Oben" hatten das nicht gerne, entschlossener, eigener Wille war damals nicht gefragt. So musste er nach vielen Jahren die Leitung des Lehrstuhls abgeben, blieb jedoch für Studenten und junge Wissenschaftler die zentrale moralische, menschliche und wissenschaftliche Autorität.

In dem Gefüge des Sowjetstaates fühlte sich Prof. Kistiakowskij als stiller, ukrainischer Patriot, sein ausgeprägtes Geschichtsbewusstsein bildete jedoch eine breite Brücke zu Russland. In seiner wissenschaftlichen Tätigkeit als Berater und Gutachter war er weniger im gesamtsowjetischen Bereich tätig, er konzentrierte sich auf die Problematik der Ukraine. Sein „Gefühl" diktierte ihm, wann er auf Russisch publizieren musste oder auf Ukrainisch durfte (in diversen Perioden der Geschichte der Sowjetunion war das „nationale Bewusstsein" der Ukrainer entweder untersagt oder aber erlaubt; „Nationalismus" war dagegen stets verboten, u.a. durfte man in den Gartenanlagen niemals gelbe und blaue Blumen nebeneinander pflanzen, da sie die Farben der unabhängigen Ukraine darstellten!). An den diversen, von der Partei angeordneten Aktionen wirkte er wahlweise mit, z.B. hielt er populärwissenschaftliche Vorträge vor Arbeitern in Fabriken und Betrieben (warum auch nicht?); andere Veranstaltungen „schwänzte" er, soweit es ging, indem er u.a. mit seinem Einbaum(-boot) auf dem Dnepr fuhr, Vögel beobachtete und dabei Fische für das Abendessen angelte.

Zu Beginn der 1960er Jahre, als die UdSSR unter Nikita Chruschtschow aktive Kontakte zu den USA aufnahm, besuchte eine hochrangige amerikanische Wissenschaftlerdelegation Moskau. Ihr gehörte auch Prof. George Kistyakovsky an, der Bruder Alexander Bogdanowitschs. Bereits in Washington durften die Amerikaner ihre Programmwünsche der sowjetischen Botschaft mitteilen. George wünschte sich u.a., Kiew besuchen zu dürfen. Dies hatte überraschende Folgen: Prof. Kistiakowskij und seine Frau bekamen den Besuch eines Beamten; dem hatte offensichtlich die mit Büchern vollgepackte Ein-Zimmer-Wohnung nicht gefallen, denn nur kurze Zeit später erhielten die beiden von der Stadtverwaltung ein Schreiben über die Zuteilung einer neuen, schönen Drei-Zimmer-Wohnung! Am Vortag des amerikanischen Besuches erschien im neuen Domizil der Direktor eines „Spez-Magazins" (Geschäft mit „Defizitprodukten" für hohe Funktionäre und Ausländer) mit dem Angebot, ein Bankett für den Gast zu organisieren. Man verzichtete darauf, denn als George Kistyakovsky tatsächlich nach Kiew kam, fuhren die beiden Brüder in die nostalgische Landschaft der Jugendjahre, wo sie gemeinsam Fische angelten; nach mehr als 40 Jahren, wieder zusammen …

Nun lud der Amerikaner seinen sowjetischen Bruder in die USA ein. Der „Papierkrieg" um die Reisedokumente dauerte lange (auch das US-

Konsulat hat sich maßgeblich daran beteiligt), endete aber erfolgreich. Alexander Bogdanowitsch saß schon in der Passagierkabine eines Schiffes im Hafen von Odessa, als die Grenzorgane ihn nochmals zur Kontrolle riefen und erklärten, dass seine Dokumente „nicht in Ordnung" seien. Die Beziehungen zu den USA hatten sich inzwischen abgekühlt oder jemand hatte plötzlich den Verdacht geschöpft, dass der Professor „die Freiheit" wählen würde. So schaffte es das KGB gerade noch, die Reise zu stoppen. Der stolze Mann schwor, niemals mehr eine Auslandsreise zu beantragen.

Als jedoch die beiden Brüder in den Ruhestand traten, wuchs die Sehnsucht auf beiden Seiten. Zu schön waren die Plaudereien beim gemeinsamen Angeln gewesen. George bat Alexander, ihn zu besuchen, er habe eine gute Pension und könne alle seine Wünsche erfüllen. Alexander konterte mit einer Gegeneinladung und der Anmerkung, dass seine Rente nicht sehr groß sei, er aber ein Zusatzeinkommen vom Biefmarkenverkauf habe, das zur Befriedigung der Wünsche des Amerikaners reichen würde … Am Ende siegte die Neugier, Amerika doch einmal persönlich zu erleben. Unter dem schon betagten Partei- und Staatsschef Leonid Breschnew wurden gerade die Passvorschriften gelockert: Man durfte reisen, insbesondere wenn man Rentner war. Im Herbst 1981 brachte die Aeroflot Alexander Bogdanowitsch zu seinem Bruder nach Amerika. Er genoss den Aufenthalt in den Staaten und sein Bruder George wusste auch genau, mit welchen Freunden er ihn bekannt machen sollte. In einem Brief zu Weihnachten 1981 schrieb mir Prof. Kistiakowski begeistert aus Kiew: „Ich bin in die USA gereist und habe dort drei Wochen gelebt. In Cambridge war ich zum five-o'clock tea bei Professor Ernst Mayr eingeladen!"

Der letzte Wunsch von Prof. Kistiakowskij war (für osteuropäische Verhältnisse) ganz ungewöhnlich: Er bat, seine Asche in den Dnepr zu streuen. Man wusste nicht recht, wie man das machen sollte. So haben Freunde einen großen Kranz aus Zweigen und Blumen geflochten, die Asche aus der Urne darauf gestreut und ihn vorsichtig auf das fließende Wasser gelegt. Die kleine Gruppe engster Vertrauter und Freunde schaute zu, wie die vom Wind getriebenen Wellen des Riesenflusses die Asche allmählich versenkten; einige beteten. Auf dem Friedhof wurde lediglich die Urne beigesetzt.

* * *

Eine der neueren Freizeit- und Bildungsattraktionen Berlins ist der Mitte der 1950er Jahre im Stadtbezirk Friedrichsfelde (damals im Ostsektor der geteilten Metropole, also in der Hauptstadt der DDR) entstandene, großräumige Tierpark. Der Begründer des Tierparks war **Prof. Heinrich Dathe (1910 - 1991)**, der zu einer der bekanntesten und hoch geschätzten Persönlichkeiten der DDR wurde. Nicht nur das: Fachleute aus vielen Ländern der Welt besuchten seine Einrichtung, u.a. um die Ostberliner Erfahrung nachzuahmen. Mitten im Kalten Krieg war das natürlich nicht nur ein Erfolg Dathes, für die politischen Machthaber der DDR war es vornehmlich eine Errungenschaft des Sozialismus, ein Vorzeigeobjekt, das auch als Reklame des Systems dienen musste. Dathe selbst war jedoch politisch kaum engagiert, er lehnte es ab, der regierenden SED (oder einer der „Blockparteien") beizutreten. Seine Wesensmerkmale waren: Hingabe an seine wissenschaftlichen Interessengebiete (Tiergärtnerei, Ornithologie, Säugetierkunde), Organisationstalent, unermüdlicher, fast fanatischer Arbeitsfleiß und … Freude am Erfolg. In der Kette von guten Lebensjahren gab es jedoch zwei Einschnitte, bedingt durch den Zusammenbruch des Dritten Reiches und den Untergang der DDR. Der Zufall wollte, dass Dathe in der Zeit der Vereinigung Deutschlands starb.

Nur wenige Jahre trennen uns von diesem Datum, doch lohnt es, auf dieses Leben zurückzublicken. Die noch immer andauernde, z.T. kontroverse Diskussion um die Periode der deutschen Zweistaatlichkeit bewirkt, dass auch Dathes Leben unterschiedlich bewertet wird. Hier soll der Versuch einer sachlichen Schilderung seines arbeitsamen Lebensweges unternommen werden (s. auch Nowak, im Druck/2005).

Zur Welt kam Dathe in der sächsischen Kleinstadt Reichenbach, wo er bereits als Schüler mit dem Opernglas der Oma auf Exkursionen ging, um Vögel zu beobachten. Als er 1930 in Leipzig das Abitur erlangte, war für ihn klar, dass er für sein Studium die Naturwissenschaften zu wählen hatte. Obwohl ihn auch die gesellschaftlich-politischen Wirren der Endphase der Weimarer Republik interessierten, galt seine ganze Liebe der Zoologie. Frühzeitig trat er ornithologischen Vereinigungen bei, 1931 auch der Deutschen Ornithologischen Gesellschaft. Dathes Lebenserinnerungen (2002) ist zu entnehmen, dass er menschlich und fachlich zwei seiner akademischen Lehrer hoch schätzte: Prof. Georg Grimpe, einen Meereszoologen, dessen vogel- und säugetierkundlichen Vorlesungen dem Studenten besonders gut gefielen (und der völkische bzw. nationalsozialistische Ansichten vertrat) und den Ordinarius für Zoologie, Prof. Johannes Meisenheimer (der eher ein Gegner der Nazi-Bewegung war). Bei der Suche nach Material für seine Dissertation entstanden enge Kontakte zu Prof. Karl Max Schneider, dem Direktor des Leipziger Zoologischen Gartens. Dieser spannte den begabten und fleißigen Doktoranden bereits 1934 zur Mitarbeit im Zoo ein; noch kurz vor der Promotion 1936 stellte er ihn als wissenschaftlichen Assistenten an.

Bevor Dathe im September 1939 zum Militär eingezogen wurde, war er bereits ein anerkannter Wissenschaftler und Tiergärtner. Prof. Schneider schätzte das Talent und die Energie des Assistenten, förderte ihn wohlwollend, mit der Ernennung zu seinem Vertreter stellte er die Weichen für Dathes Zukunft, wobei er an seine eigene Nachfolge dachte.

Der Krieg unterbrach für mehr als acht Jahre die so vielversprechend beginnende Karriere. Als aber Dathe in Italien in englischer Gefangenschaft weilte, nutzte er seine oratorisch-pädagogischen Fähigkeiten, um sein zoologisches Wissen an andere weiterzugeben. Ende 1947 kehrte er über Westdeutschland nach Sachsen zurück. Jetzt musste er sich und seine Familie (er heiratete 1943, zwei Kinder kamen inzwischen zur Welt) mit Gelegenheitsjobs über Wasser halten. Die Ornithologie begleitete ihn aber weiter als eine tröstende Beschäftigung. Viel Zeit widmete er der Leipziger Arbeitsgruppe Ornithologie des in der sowjetischen Besatzungszone entstandenen Kulturbundes zur demokratischen Erneuerung Deutschlands.

Erst Anfang Juli 1950 erhielt Dathe seine alte Stelle als Assistent bei Prof. Schneider, der wieder den Leipziger Zoo leitete. Der Zoo Leipzig und sein Direktor bildeten um diese Zeit das wichtigste fachliche Zentrum der Tiergärtnerei in der (1949 proklamierten) DDR, so war es nicht verwunderlich, dass sich die Ostberliner Behörden hierher wandten, als die Absicht geboren wurde, in der Hauptstadt einen neuen Tierpark aufzubauen. Während der Beratungen in Berlin hatte man schnell erkannt, dass Schneiders Assistent gut dafür geeignet wäre, diesen Plan zu verwirklichen. Der Chef ließ ihn nur ungerne gehen, doch wohl wissend, dass Dathe es schaffen würde …

Der Zeitpunkt der Bekanntmachung des Gründungsbeschlusses, Ende August 1954, liegt in der Periode der weit fortgeschrittenen Trennung und Entfremdung der damaligen beiden deutschen Staaten und tief im bereits tobenden Kalten Krieg. Wie einheitlich jedoch die Zoo-Fachleute damals noch dachten und wirkten, zeigt die Tatsache, dass der nominierte Aufbaudirektor des Tierparks, in Begleitung seines Leipziger Ziehvaters, kurz vor der Veröffentlichung des Beschlusses durch die DDR-Medien bei der Direktorin des (West-) Berliner Zoos, Dr. Katharina Heinroth erschien, um mit ihr über die Neugründung zu sprechen. Sie war davon nicht überrascht, da bereits kurz nach Kriegsende (als die Alliierten die Stadt noch quasi gemeinsam regierten) zwei sowjetische Veterinär-Offiziere bei ihr mit dem Vorschlag erschienen waren, einen Tierpark im Stadtteil Treptow zu gründen (Heinroth 1979: 155); im Übrigen war der Bedarf und der Plan für einen zweiten Zoologischen Garten kein Novum, solche Absichten wurden schon in den 1920er Jahren in Erwägung gezogen. So gab es auch keine Bedenken seitens der West-Direktorin. Die neue Situation hatte sogar Vorteile für West und Ost: Beiden zoologischen Einrichtungen in einem administrativ und politisch geteilten Berlin bot sich die Möglichkeit, ihre Anträge auf finanzielle Zuwendungen bei den Stadtverwaltungen damit zu begründen, dass „die da drüben etwas aufbauen, was auch wir haben müssen …“ (und das funktionierte gut, bis zum Mauerbau).

Abb. 77. Feierliche Eröffnung des ersten Teilabschnitts des Tierparks Berlin-Friedrichsfelde: DDR-Präsident Wilhelm Pieck, Oberbürgermeister Friedrich Ebert, Dr. Heinrich Dathe (in der Mitte) sowie Berliner Bevölkerung (2. Juli 1955).

Bereits am 2. Juli 1955 fand die feierliche Eröffnung des ersten Bauabschnitts des Tierparks statt. DDR-Präsident Wilhelm Pieck, der Ostberliner Oberbürgermeister Friedrich Ebert und Prof. Schneider aus Leipzig nahmen u.a. daran teil. Zoo-Direktoren aus dem Westen durfte Dathe nicht einladen, von den eingeladenen aus den „Bruderländern" kam nur der Zoo-Chef aus Sofia ... In den feierlichen Reden sprach man viel von einer neuen Kultureinrichtung für breite Schichten der Bevölkerung, auch über den Frieden, jedoch mit verurteilendem Akzent über die Wiederbewaffnung Westdeutschlands. So ist es nicht verwunderlich, dass die Westseite der Stadt sich mit kritischen und politischen Kommentaren nicht zurückhielt: In Westberlin war man u.a. der Meinung, dass der Zweck des Tierparks darin liege, die Bewohner des Ostens davon abzuhalten, den westlichen Teil der Stadt aufzusuchen! Die westlichen Journalisten scheuten auch nicht davor zurück, im Tierpark nach Negativem zu suchen oder ihn sogar zu verspotten: Es hieß, dass das einzige Tier in „Deutschlands größtem Zoo" der Hund des Direktors Dathe sei, der ununterbrochen belle. Als Dathe mit Frau Heinroth einen Eselhengst gegen Maskenschweine tauschte (heimlich, da die politische Lage bereits so feindlich war, dass die „Oberen" dies nicht wünschten), fanden dies Westjournalisten heraus und veröffentlichten einen Artikel unter dem Titel „Westesel gegen Ostschwein". Dennoch blieb der Kontakt zwischen Frau Heinroth und Dathe vertrauensvoll: Noch 1956, als im Westberliner Zoo der Amazonenpapagei „Putzi" verschwand und dank Rundfunkdurchsagen im Osten der Stadt gefunden wurde, hat Dathe alle Formalitäten für den „Rückexport" des Vogels in das „Westberliner Ausland" erledigt.

Ende 1956 wurde Frau Heinroth, etwas überraschend für sie, als Zoo-Direktorin (mit 59 Jahren) emeritiert. Zuvor wurde ihr jedoch erlaubt, Vorschläge für die Nachfolge zu machen. Sie nannte vier Namen, an erster Stelle Dathe. Ihn akzeptierte der Zoo-Aufsichtsrat nicht, die zwei weiteren lehnten dankend ab, der vierte, Dr. Heinz-Georg Klös, nahm den Ruf an und wurde zum Direktor ernannt (Heinroth 1979: 268).

Jetzt unterblieb der vertrauensvolle Kontakt. Der neue, junge Zoo-Chef stammte aus dem „fernen" Westen, und Dathe fehlte nun die Unterstützung seines Leipziger Lehrers und Vorbilds, der bereits 1955 verstarb. Äußerlich pflegten die beiden zwar freundliche Beziehungen, diese wurden jedoch durch die Zwänge des Ost-West-Konfliktes überlagert. Nachträglich sagte

Prof. Klös (1991: 199): „Daß die politische Wirklichkeit im gespalteten Vaterland dieses wissenschaftlich wie unternehmenspolitisch kluge Konzept [des Tierparks] ein Stück weit konterkarierte, gehört zu den Dingen, die uns beiden das Leben über viele Jahre schwer gemacht haben." Und Dathe (1991: 215) antwortete: „… es gab da und dort natürlich Anstände, Reibereien hats eigentlich nie gegeben, und wir hatten uns ja, obwohl wir ja nur 12 Kilometer auseinander lebten, immer mehr auf Begegnungen in Sri Lanka oder in Venezuela eingerichtet, und da haben wir uns ausgiebig gesehen." Zu einer echten Kooperation, z.B. zum umfangreichen Austausch von Tieren, ist es während der deutschen Zweistaatlichkeit nicht gekommen. Wie paradox sich der Konflikt zwischen den politisch getrennten Stadtteilen auf die Arbeit der beiden Zoo-Einrichtungen auswirkte, mag das folgende Beipiel belegen: Der Westberliner Zoo hatte 1964 die Nachzucht indischer Gaur-Rinder an eine Tierhandelsfirma in Hannover für 4000 DM verkauft; von dort kaufte sie der Ostberliner Tierpark für 5500 DM (West). Gelegentlich berichteten Westberliner Medien weiterhin, auch kritisch, über den Tierpark, kaum jedoch über Dathe; er war ja ein ausgezeichneter Fachmann. Die Ostzeitungen lobten dagegen den Tierpark als eine wichtige Errungenschaft des Sozialismus und berichteten oft über den erfolgreichen Direktor.

Da platzte eine Bombe, und zwar aus einer ganz unerwarteten Ecke: Seit 1958 publizierte ein in Westberlin wirkender „Untersuchungsausschuß Freiheitlicher Juristen" eine Broschüre mit dem Titel „Ehemalige Nationalsozialisten in Pankows Diensten". In der dritten, ergänzten Ausgabe dieser Publikation (1960), sind 220 Personen namentlich aufgeführt, darunter auch, nebst einem Foto aus dem Jahre 1934, „Professor Heinrich Dathe, Direktor des Tierparks Berlin-Friedrichsfelde", mit dem NSDAP-Beitrittsdatum 1.9.1932 und der Partei-Nr. 1318207. Die Broschüre (auch ihre zwei weiteren Ausgaben bis 1965) wurde in großer Zahl nach Osten geschmuggelt und trotz Konfiszierungen durch die DDR-Organe vielerorts bekannt. Es ist nicht überliefert worden, ob diese Enthüllung auf amtlicher Ebene für Dathe Konsequenzen hatte; eher nicht, da er in seinem Nachkriegslebenslauf die NSDAP-Mitgliedschaft nicht verschwiegen hatte. Ansonsten hatte die DDR bereits zu Beginn der 1950er Jahre ihre Politik gegenüber der sog. „bürgerlichen Intelligenz" (damit waren auch ehemalige NSDAP-Mitglieder gemeint) geändert: Es hieß, auch sie solle nun für den Aufbau der neuen Gesellschaft gewonnen werden. Ideologische Probleme, die aus dieser

Wende (und den späteren Enthüllungen der „Freiheitlichen Juristen“) für die DDR resultierten, waren eher gering, da die wirklich belasteten Nazis, zusammen mit vielen Unschuldigen, bereits nach dem Kriege von den Sowjets verhaftet und in ostdeutschen bzw. sowjetischen Lagern eingesperrt worden waren oder sich längst gen Westen abgesetzt hatten …

Dathe selbst stellt in seinen Lebenserinnerungen seine NSDAP-Mitgliedschaft etwas verharmlosend dar: Die patriotische Rede eines Offiziers in der Endphase der Weimarer Republik und wohl auch die Ansichten des von ihm hoch geschätzten Leipziger Professors Grimpe hätten ihn, als erst 21-jährigen, dazu bewogen. Dokumente des Bundesarchivs bestätigen die Angaben der westlichen Broschüre, verraten aber etwas mehr: In einem von Dathe 1938 unterzeichneten Personalbogen gibt er an, vor 1933 Propagandist der NS-Bewegung gewesen zu sein, danach war er „Blockleiter“ und „politischer Leiter“; seit August 1937 leitete er die NSDAP-Ortsgruppe im Zoo Leipzig.

Wie es auch war: Aus heutiger Sicht ist es schwer, Verständnis für den NS-Abschnitt seines Lebensweges aufzubringen. Interessant ist ein Archivdokument, das belegt, dass Dathe im August 1937 dem Reichskolonialbund beigetreten war; dies lässt die Vermutung zu, dass er durch seine politischen Aktivitäten hoffte, einmal in exotische Länder zu gelangen, um seinen wissenschaftlichen Neigungen nachgehen zu können (in seinen Lebenserinnerungen schrieb er: „Ich wollte niemals Tiergärtner werden, ich hatte ganz andere Rosinen im Kopf. Ich wollte […] am besten reisender Forscher [werden]“). Über Dathes Verhalten in der NS-Zeit gibt es auch beinahe entlastende Aussagen glaubwürdiger Zeitzeugen: Mitarbeiter des Leipziger Zoologischen Instituts, u.a. der schon ältere technische Assistent Hermann Müller, sagten etwa 1946, dass Dathe „umgänglich und harmlos“ war (pers. Mitt. Prof. K. Senglaub); Kurt Gentz, politisch durch die linke sozialdemokratische Jugendbewegung geprägt und in der Nazizeit verfolgt, in der DDR Redakteur der ornithologischen Zeitschrift „Der Falke“, erzählte mir in den 1960er Jahren über Dathes NS-Vergangenheit („er lief in Parteiuniform herum“), schätzte ihn aber trotzdem. Der Gerechtigkeit halber muss hier auch vermerkt werden, dass Dathe für seine NSDAP-Mitgliedschaft gebüßt hat: Nach seiner Entlassung aus der Kriegsgefangenschaft durfte er seine Assistentenstelle am Leipziger Zoo nicht mehr antreten; erst Mitte 1950 wurde ihm das erlaubt.

Nun aber zu Dathes Nachkriegstätigkeit in der DDR, also zu seiner Arbeit „in Pankows Diensten". Ich halte es für einen Wahnsinn, ihn für den Aufbau des Tierparks Berlin zu kritisieren. Urteile zahlreicher Fachleute, auch aus West- und Ostdeutschland (u.a. Dittrich 1991a und b, Seifert 1991) sowie aus dem Ausland, enthalten viel Lobendes. Bis zur Wende empfing der Tierpark fast 70 Millionen Besucher und war eine der beliebtesten Kulturstätten der Stadt! Dem Vorwurf, Dathe hätte damit die Ostbevölkerung von Besuchen in Westberlin abgehalten, ist zu entgegnen: Er hat den Westberlinern die Gelegenheit geboten, den Ostteil der Stadt zu besuchen, wo sie persönlich auch das andere System begutachten und Verwandte treffen konnten. Es ist nicht seine Schuld, dass politische Instanzen der DDR seine Leistung grob einseitig interpretierten, z.B.: „Prof. Dathe hat sowohl in der theoretischen Ausarbeitung der Hauptaufgaben eines modernen Tiergartens im sozialistischen Staat als auch in ihrer praktischen Erfüllung Maßstäbe für die Tiergärten nicht nur in der DDR, sondern aller sozialistischen Staaten gesetzt. In seiner Eigenschaft als leitendes Mitglied der IUDZG (Internationale Union von Direktoren Zoologischer Gärten) hat er sich seit Jahren mit großem Erfolg für die immer stärkere Präsenz der sozialistischen Mitgliedstaaten eingesetzt. [...] Durch seine bis heute aktive Einflußnahme auf die Entwicklung tiergärtnerischer Projekte in sozialistischen Bruderländern (z.B. Moskau) und befreundeten jungen Nationalstaaten (z.B. Zoo Algier) hat er einen erheblichen Anteil an der steigenden internationalen Anerkennung unserer Republik." (Aus der Begründung zur Verleihung des „Vaterländischen Verdienstordens" in Gold, 7.10.1980).

Nach den obigen Ausführungen ist es angebracht, kurz auch politische Themen, die Dathe während seiner Tätigkeit in der DDR tangierten, anzusprechen.

Es steht außer Zweifel, dass er aus seiner früheren Vergangenheit Lehren gezogen hat und aus echter Überzeugung die NS-Vergangenheit verurteilte. In seiner Position als Tierparkdirektor hat sich Dathe, zwangsläufig, weitgehend dem Regime der DDR angepasst. Aufgrund seiner hohen Stellung, des für die Politik doch etwas exotischen Berufes und der volkstümlichen Popularität (um die ihn viele Funktionäre beneideten), genoss er viel mehr Freiheiten als die „normalen" DDR-Bürger. Diese nutzte er gerne, was ihm manchmal den Blick auf die Realität verdeckte. Seine Treue oder Loyalität zur DDR hatte aber an manchen Stellen Grenzen; insbesondere war er mit der zunehmenden Abgrenzung zu der (damaligen) Bundesrepublik nicht ganz einverstanden. Zwei Beispiele hierzu: Nach der Einführung von Beschränkungen beim postalischen Empfang westlicher „Druckerzeugnisse" vermittelte sein Tierpark die Versendung ornithologischer und anderer Fachzeitschriften in der DDR; als ich ihm 1979 meinen frisch veröffentlichten Vogelartenkatalog „... der Länder der Europäischen Gemeinschaft" schenkte (in dem die EU-Grenze das Gebiet Deutschlands trennt), guckte er mich schief an und fragte, ob man jetzt solch ein Buch auch für die DDR samt Oststaaten verfassen sollte?

Ein eher heiteres Kapitel der „politischen Geschichte" von Dathes Tierpark stellt die Tatsache dar, dass aus dem Bronzedenkmal Stalins, das lange Zeit an der Ostberliner Stalinallee stand, noch zu DDR-Zeiten einige der schönen Tierplastiken gegossen wurden, die bis heute den Tierpark schmücken ...

Ein Kapitel für sich stellte die Mitgliedschaft der DDR-Bürger in gesamtdeutschen (d.h. gerichtlich in der Bundesrepublik registrierten) Verbänden dar, was von den politischen Instanzen mit Argusaugen beäugt wurde. Auch viele ostdeutsche Vogelkundler, die Mitglieder der Deutschen Ornithologen-Gesellschaft (DO-G) waren, betraf dieses Problem. Anfang der 1960er Jahre erfuhr Dathe auf ministerieller Ebene, dass solche Mitgliedschaften geduldet würden, falls „wir in den Verbänden, denen Bürger aus der DDR angehören, auch die entsprechende Position im Vorstand einnehmen und sozusagen als Gleichberechtigte anerkannt werden." Um Schwierigkeiten für die östlichen Vogelkundler zu beseitigen, bemühte er sich um das Amt des Vize-Präsidenten der DO-G (mag sein, dass auch etwas Ehrgeiz ihn dazu drängte). Sein Ziel erreichte Dathe, mit sehr hoher Stimmenzahl auf der DO-G-Jahresversammlung auf Helgoland im September 1967. Der Erfolg erfreute beide Seiten.

Diesen gesamtdeutschen Bestrebungen ist auch eine Art DDR-Patriotismus, den Dathe ebenfalls demonstrierte, gegenüberzustellen. Ein Beispiel erlebte ich während eines Ganges durch den Tierpark mit ihm in den 70er Jahren, als er mir einen Monolog über die Überheblichkeit westlicher Wissenschaftler hielt, die allzu oft meinten, dass der Osten „nichts Vernünftiges auf die Beine stellen kann" und konterte: „Ich habe hier gezeigt, dass es doch möglich ist!"

Abb. 78. Prof. Heinrich Dathe und Frau Dr. Katharina Heinroth während der 100-Jahrfeier der Gründung des Zoos in Dresden (10. Juni 1961).

Beruflich bedingt unterhielt Dathe Kontakte oder freundschaftliche Verbindungen zu mehreren „Machtpersönlichkeiten" der DDR. Diese nutzte er erfolgreich für den Ausbau des Tierparks, aber sein Ehrgeiz brachte ihn auch manchmal dazu, einen Schritt zu weit zu gehen. So z.B. gab es Ende der 1950er Jahre bis 1961 zwischen ihm und Prof. Stresemann eine Auseinandersetzung um die fachliche Leitung der von der Akademie der Wissenschaften zu Berlin gegründeten Zoologischen Forschungsstelle an seinem Tierpark: Die wissenschaftlichen Gremien der Akademie, die die Forschungsstelle voll finanzierte, hatten Stresemann für den Posten des wissenschaftlichen Leiters nominiert, auf ungeklärten Wegen gelang es Dathe jedoch, die Leitung an sich zu ziehen. In einem Brief an seinen Freund Dr. Rudolf Kuhk in der Vogelwarte Radolfzell bekennt er sich dazu (24.4.1961): „Ich konnte mich dann doch durchsetzen." Für diesen Zweck nutzte er erfolgreich die „Hilfe ausgezeichneter Freunde", wie es weiter in dem Brief heißt. Wer diese Freunde waren, bleibt ungeklärt. Stresemann wirkte danach als Kuratoriumsvorsitzender der Forschungsstelle, die Reibereien mit Dathe zwangen ihn jedoch zum Rücktritt. So schlug die denkbar fruchtbare Zusammenarbeit der beiden Wissenschaftler um in eine Feinschaft für den Rest ihres Lebens ...

Dathes „ausgezeichnete Freunde" erwarteten von ihm eine loyale Haltung zu dem DDR-Staat, was ihn stellenweise zum Gefangenen des Regimes machte. Dazu gibt es ein paradoxes Beispiel vom Ende der 1960er Jahre, als die DDR-Behörden verstärkt die Souveränität des ostdeutschen Staates auf allen Ebenen demonstrierten und ihre Bürger nun zum Austritt aus gesamtdeutschen wissenschaftlichen Vereinen drängten. Als viele Ornithologen die DO-G „freiwillig“ nicht verlassen wollten, wurde beim Staatlichen Komitee für Forstwirtschaft der DDR, das zugleich die Oberste Naturschutzbehörde des Landes war, ein „Arbeitskreis Ornithologie und Vogelschutz“ gebildet, dem sowohl Fachleute, als auch politisch engagierte Behördenvertreter angehörten und deren Vorsitzender Dathe wurde; während einer Sitzung am 4. Februar 1970 fasste das neue Gremium einen amtlichen Beschluss, der alle Verweigerer dazu verpflichtete, schriftlich den Austritt zu erklären (s. auch Rutschke 1998: 120-121).

Dathe war sich aber in diesem Falle darüber im Klaren, welche schreckliche Rolle ihm zugefallen war. Noch Ende 1969 empfing er in Berlin Dr. Rudolf Kuhk aus der Vogelwarte Radolfzell, der als Bote des DO-G-Vorstands mit ihm ganz vertraulich die anstehenden Probleme besprach. In einem Brief an den DO-G-Präsidenten, Prof. Niethammer in Bonn, mit dem er noch aus der Leipziger Studentenzeit befreundet war, schrieb Dathe jedoch nicht ohne Recht (7.9.1969): „Ich bedauere sehr, daß sich keine andere Entwicklung ergeben hat, aber diese ganze Situation ist natürlich letztlich eine Folge des eingeschlagenen Adenauerkurses“ (es ging um den Anspruch der Bundesrepublik, ganz Deutschland international allein zu vertreten, um die „Hallstein Doktrin“).

Nach der freiwillig/unfreiwilligen Aufgabe des Amtes des DO-G-Vizepräsidenten und der Mitgliedschaft in dem gesamtdeutschen Verband wurde Dathe zum „Chefornithologen“ der DDR berufen: Ende 1972 übernahm er, als Nachfolger Prof. Schildmachers (vgl. S. 268-272), die Leitung des Zentralen Fachausschusses Ornithologie und Vogelschutz des Kulturbundes (ZFA). Damals zählten die Fachgruppen des ZFA bis zu 4000 vogelkundlich interessierte Mitglieder! Dathes Energie, sein Fachwissen und auch seine langjährige Mitgliedschaft im Präsidialrat des Kulturbundes, weckten die Hoffnung auf eine starke Belebung der Arbeit und auf eine Stärkung des Einflusses der DDR-Ornithologen auf einige Bereiche der Tagespolitik.

In Dathes Amtszeit haben die Mitglieder der Fachgruppen mit viel Erfolg landesweit koordinierte, faunistische Erhebungen durchgeführt; die aktivsten dieser Gruppen brachten regionale avifaunistische Monografien heraus. Als die DDR-Behörden die Zusammenarbeit der ostdeutschen

Abb. 79.
Prof. Heinrich Dathe während der Zentralen Tagung Ornithologie und Vogelschutz in Karl-Marx-Stadt/Chemnitz (April 1975).

Ornithologen mit Dr. Glutz von Blotzheim, dem schweizerischen Herausgeber des „Handbuchs der Vögel Mitteleuropas" infrage stellten, hat sich Dathe stark engagiert und Zugeständnisse erreicht. Dathes unzählige Fachvorträge während diverser Tagungen enthielten kaum ideologische oder politische Aussagen (was eigentlich von ihm erwartet wurde). Im Gegenteil, er verstand in Tagungsprogramme auch Themen und Personen einzubinden, die den DDR-Genossen suspekt waren. Dank seiner Initiative wurde es z.B. möglich, während drei Brehm-Tagungen (1984, 1987, 1989) nicht nur den Zoologen Alfred Brehm, sondern auch seinen Vater, den vogelkundigen Renthendorfer Pfarrer Christian Ludwig Brehm zu ehren (Feindschaft zwischen Religion und Wissenschaft gehörte zum Dogma der DDR-Ideologie!). Während der ersten Tagung durfte der Brehm-Fachmann Hans-Dietrich Haemmerlein, da amtierender evangelischer Pfarrer, keinen Vortrag halten, was, wohl nicht ohne Dathes Zutun, bei der zweiten Tagung möglich wurde.

In der Arbeit der vogelkundlichen Fachgruppen gewann seit Ende der 1970er Jahre zunehmend die Problematik des Natur- und Umweltschutzes einen breiten Raum. Weitgehende Forderungen (gegen die ökologische Ausräumung der kollektivierten landwirtschaftlichen Flächen, gegen die Anwendung persistenter Pestizide, gegen Wasser- und Luftverschmutzung u.a.m.) wurden an die staatlichen Stellen gerichtet. Die Reaktion der Behörden mag das folgende Beispiel verdeutlichen: 1984 meldete der Biologe Dieter Saemann aus Karl-Marx-Stadt (Chemnitz) für die Zentrale Fachtagung in Jena einen Vortrag über „Das Waldsterben im Erzgebirge" an; zunächst wurde ihm vorgeschlagen, auf das Thema zu verzichten und über den 100. Geburtstag von Dr. h.c. R. Heyder zu sprechen ... Als er dies ablehnte, musste er den vollen Text des Vortrags nach Berlin zur Prüfung übersenden. Am Rednerpult übte er zwar Selbstzensur, zeigte jedoch alle (in Berlin nicht geprüften) Diapositive, die das Problem in voller Deutlichkeit präsentierten.

Nicht verwunderlich, dass viele Fachgruppen-Mitglieder enttäuscht waren, dass die Leitung des ZFA die meisten ihrer Forderungen nicht durchsetzen konnte. Rutschke (1998: 127) schrieb diesen Mangel in krasser Form auch Dathe zu: „Die Sitzungen des ZFA wurden vom Leiter dominierte unterhaltsame Veranstaltungen, die er mit Anekdoten und ornithologischen und anderen Erinnerungen anreicherte und füllte." Rutschke versuchte die Arbeit des ZFA auf eine kämpferische Bahn zu lenken, stieß jedoch auf Unmut des Leiters.

Offensichtlich überschätzte man Dathes Einfluss auf die Funktionäre, die ihn zwar für eigene Zwecke benutzten, jedoch kaum bereit waren, auf seine Forderungen einzugehen. Eine Rolle spielte hierbei gewiss auch Dathes überzogener Ehrgeiz (in seinen Lebenserinnerungen bekannte er offen, „nicht gerne zweiter Sieger" zu sein). Dies zwang ihn dazu, „an vielen Hochzeiten zu glänzen", aber schon aus purem Zeitmangel konnte er nur an manchen Stellen echter Sieger werden. Bei vielen, insbesondere jüngeren Vogelkundlern, die das DDR-Regime kritisch sahen, entstand nun auch zu Dathe eine ablehnende Haltung; einer von ihnen schrieb mir: „Er [Dathe] war in meinen Augen ein ganz und gar aufgeblasener, sich selbst überschätzender und mit den DDR-Bonzen paktierender Mensch."

Es kommt leider oft vor, dass prominente Persönlichkeiten auch mit unbegründeten Vorwürfen konfrontiert werden. So auch im Falle Dathe: Mir haben einige Personen erzählt, dass er auch der SA angehörte, Träger des goldenen NSDAP-Ehrenzeichens war und dass ihm der Titel *doctor scientiae naturalium* „von Ulbricht geschenkt wurde". Erst nach zeitraubenden Archivrecherchen, dem Studium von Quellenliteratur und Konsultationen mit Historikern erwies sich, dass dies alles nicht der Wahrheit entspricht!!

Obwohl nur als Randbemerkung, dürfen im Falle Dathe sein Witz und seine humoristischen Fähigkeiten nicht unerwähnt bleiben. Mit dieser Gabe würzte er den Verlauf von Tagungen, die mit Vorträgen überladen waren und verstand Beratungsgespräche aufzulockern, aber auch lästigen Fragen auszuweichen; in einer ihm vertrauten Gesellschaft scheute er nicht, auch politische Witze zum Besten zu geben; gefürchtet waren jedoch seine sarkastischen, oft verletzenden Bemerkungen über Personen in seinem Umkreis.

40 Jahre dauerte die Existenz und Arbeit der Fachgruppen Ornithologie und Vogelschutz des Kulturbundes, davon fast 18 Jahre unter Dathes Leitung; im Februar 1990 trat er als Vorsitzender des ZFA zurück. Allmählich erfolgte die Integration der aktiven Vogelkundler der DDR in die Verbandsstrukturen der vereinten Bundesrepublik Deutschland. Aber in Sachsen, seiner Heimat, hat er geholfen, den nach dem Kriege aufgelösten Verband Sächsischer Ornithologen neu zu gründen.

Zurück jedoch zum Tierpark, Dathes Meisterwerk und Vorzeigeobjekt der DDR: Direktor Dathe hatte einen guten Nachfolger für die Leitung seines Tierparks, Wolfgang Grummt, erzogen, zögerte jedoch viel zu viele Jahre mit der Übergabe seines Amtes; er konnte sich von seinem Lebenswerk nicht trennen. Noch in der fortschreitenden Zeit der Wende war er, bei voller geistiger und geschäftlicher Präsenz, amtierender Direktor. Den

Abb. 80. Prof. Heinrich Dathe im Tierpark (5. November 1990, kurz vor seinem 80. Geburtstag).

Rücktritt hatte er zwar für seinen 80. Geburtstag (7.11.1990) angekündigt, diesen Beschluss jedoch noch vor diesem Datum revidiert. Dazu bewog ihn die ungewöhnlich rasche politische Entwicklung im Lande, die bereits am 3. Oktober 1990 zum Beitritt der DDR zur Bundesrepublik Deutschland führte, also auch zur Einheit der Stadt Berlin. Die Welle der Reformen begann. Bei Dathe und vielen seiner Mitarbeiter entstand der Eindruck (trotz gegenteiliger Bekundungen einiger Politiker), dass der Tierpark zu einem Anhängsel des Westberliner Zoos werden sollte, man hielt sogar eine Abwicklung für denkbar. Zahlreiche Medienberichte verstärkten diese Befürchtung. Es war auch klar, dass ein 80-jähriger Direktor ohne marktwirtschaftliche Erfahrung in der neuen Wirklichkeit nicht weiter auf seinem Posten bleiben konnte. Dathe war jedoch anderer Meinung und beschloss, sich nochmals den Problemen zu stellen: Unter Berufung auf seinen Einzelarbeitsvertrag blieb er weiterhin im Amt, um für den Erhalt des Tierparks und der Arbeitsplätze seiner zahlreichen Mitarbeiter persönlich zu kämpfen. Genau das wollten jedoch die neuen Amtsinhaber in der Stadtverwaltung Berlins nicht, Dathes Rücktrittsabsage provozierte eine harte Gegenattacke: Ein Funktionär des Berliner Magistrats sprach am 7. Dezember 1990 (Freitag) dem Direktor, der in dieser Zeit im Urlaub war, eine schriftliche Kündigung mit der Anordnung aus, am 10. des gleichen Monats (Montag) die Amtsgeschäfte niederzulegen und bis Ende des Monats auch die Dienstwohnung zu räumen. Zwei Welten stießen aufeinander! Auch jetzt wollte er aber nicht nachgeben, den rund 450 Mitarbeitern, die bereits in die so genannte „Warteschleife" versetzt worden waren, erklärte er während einer Personalversammlung: „So lange ich da bin, wird hier [...] niemand seinen Arbeitsplatz verlieren." Es war gut gemeint, beide Seiten wollten nicht glauben, dass das Versprechen unrealistisch sein könnte. Die Belegschaft verbrachte zuversichtlich die Weihnachtstage. Aber Dathe ahnte noch nichts von einem unsichtbaren Feind, der bereits seit Monaten gegen ihn wirkte: Einer tückischen Krankheit, die das termingerechte Verlassen der Dienstwohnung verhinderte, seinem Leben jedoch schon am 6. Januar 1991 ein Ende setzte. Noch am gleichen Tage meldete die Berliner Abendzeitung mit riesigen Lettern: „Professor Dathe ist tot!".

Auf welcher Seite die Sympathien lagen, zeigte sich während der evangelischen Trauerfeier am 17. Januar 1991, zelebriert vom Pastor der Berliner Stephanus-Stiftung, zu der sich tausende Menschen, auch viele aus Westberlin versammelten. Das Gedränge war so groß, dass sich nicht alle in die Kondolenzbücher eintragen konnten (ich sichtete sie und zählte etwa 1300 Unterschriften).

Dathes Anhänger waren zu Recht empört, denn die Ängste um den Tierpark und die Form des Umgangs mit dessen Gründer waren für sie unerträglich; es war einer der Skandale, die an einigen Stellen den Vereinigungsprozess begleiteten. Die wirtschaftlichen führten zur Vergeudung von viel Geld, dieser kostete mehr: Durch die Würdelosigkeit der Entlassung eines Mannes, der das triste Dasein vieler Menschen im Osten bereichert und verschönert hatte, wurden die Seelen tausender Mitbürger, bereits zu Beginn einer neuen Ära der deutschen Geschichte, tief verletzt. Eine Entschuldigung der Urheber hat es nicht gegeben; auch die Empörung vieler Medien war nur ein schwacher Trost. Am Rande sei hier anzumerken, dass das „Neue Deutschland" und die PDS sich an dem Protest und der Empörung stark beteiligt haben; bei mir besteht der Verdacht, dass die „Gestrigen" damit nicht nur ihrer moralischen Pflicht Genüge taten, sondern auch noch einmal versuchten, den verdienten Mann vor ihren Karren zu spannen (siehe u.a. Holm 1991, 1994).

Alle zu Dathes Lebzeiten gegen ihn erfolgten Angriffe, auch die Kritik mehrerer DDR-Vogelkundler an ihm, dürfen jedoch nicht darüber hinwegtäuschen, dass er bis ins hohe Alter ein mit voller Arbeitskraft und unbändigem Arbeitseifer ausgestatteter Tiergärtner und Wissenschaftler war. Die Liste seiner Publikationen enthält einige hundert Titel; er war Herausgeber von vier renommierten wissenschaftlichen Zeitschriften; bereits in Leipzig hielt er, nebenberuflich, Vorlesungen an der dortigen Universität, später an der Humboldt-Universität in Berlin (1957 wurde er zum Professor ernannt, die Berliner Universität verlieh ihm die Ehrendoktorwürde in Veterinärmedizin); er nahm Einfluss auf die Kulturpolitik der DDR, u.a. ist ihm zu verdanken, dass das Naumann-Museum in Köthen umfangreich renoviert, erweitert und mit einer umgestalteten Exposition ausgestattet wurde; mehrere wissenschaftliche Gesellschaften und Institutionen ehrten ihn für seine Verdienste. Auch sein „Paktieren mit den DDR-Bonzen" hatte gute Seiten für die Wissenschaft: Prof. Hans Oehme (Mitarbeiter der Zoologischen Forschungsstelle am Tierpark seit 1958) versicherte mir, dass Dathe als Direktor der Forschungseinheit die inzwischen zahlreichen Mitarbeiter von dem in der DDR üblichen „politischen Kram" abgeschirmt und für die Wissenschaftler Freiräume geschaffen habe, die ihnen erlaubten auch Themen zu bearbeiten, die anderswo längst verboten waren.

Außer Schlagfertigkeit und Humor zeichneten Dathe auch Herzlichkeit und Hilfsbereitschaft aus. In seinem Umfeld war der Spruch „fehlt's am Rate, geh zu Dathe" verbreitet; das war unter den Verhältnissen der DDR wichtig, und er nutzte seine Popularität oder „Seilschaften", um anderen zu helfen.

Da drängt sich der Gedanke auf, ob Dathe, falls wirklich dunkle oder graue Flecken in seinem *Curriculum Vitae* vorhanden ein sollten, sich nicht selbst durch sein Lebenswerk rehabilitiert hat ...

Der Tierpark Berlin jedenfalls hat, allen Befürchtungen zum Trotz, die Wende überstanden. Vieles hat sich dort verändert, mehrere Mitarbeiter haben ihre Arbeitsplätze verloren, doch der von Dathe „erzogene" Nachfolger wurde als zweiter Mann an der Seite des neuen, vom Magistrat ausgewählten Direktors eingesetzt. Der Tierpark wird weiter verschönert und ausgebaut. Im Jahre 1995 wurde sogar eine Büste Dathes in dem zu seiner Amtszeit erbauten Alfred-Brehm-Haus feierlich enthüllt. Nicht auszuschließen, dass dies alles auch dem Widerstand in der Jahreswende 1990/91 zu verdanken ist.

Nun: Gab es in seinem Leben zu viel Anpassung an die unrühmlichen Abschnitte deutscher Vergangenheit? Zeigte er zu wenig Treue zu den demokratischen Idealen des westlichen Nachkriegsdeutschland? Ein weiser Sachse beantwortete mir diese Fragen ausweichend: „Statt uns aufs hohe Roß zu setzen, sollten wir lieber dankbar dafür sein, dass wir heute nicht vor solche Entscheidungen gestellt sind, vor denen sich viele Menschen sowohl vor als auch nach 1945 gestellt sahen [...]."

* * *

Ein anderer Biologe der DDR, der sich stets von der Politik fernzuhalten suchte, erreichte ebenfalls wissenschaftliche Erfolge und Anerkennung in der Fachwelt. Es war mein alter Freund, **Prof. Erich Rutschke (1926 - 1999)**, der noch in der Periode des „entwickelten Sozialismus" in Potsdam Hochschullehrer wurde. Er fand seine wichtigste Betätigungsnische im Bereich der Ökologie, des Naturschutzes und der Vogelkunde; damit wurde er so erfolgreich, dass er letzten Endes doch mit der Politik zusammenstieß.

Wir haben uns Mitte der 1950er Jahre kennen gelernt; zwar geschah dies während einer vogelkundlichen Exkursion, zueinander fanden wir jedoch auf Anhieb, mittels politischer Dispute. Es war eine vertrauensvolle, fast ein halbes Jahrhundert währende Freundschaft. Ein langes Gespräch führten wir noch zwei Wochen vor seinem plötzlichen Tode, nicht ahnend, dass dies die letzte Begegnung sein würde.

Über Rutschkes Leben und wissenschaftliches Werk wurde mehrmals publiziert (u.a. Naacke 1998/1999, Kalbe 1999a, 1999b, Wallschläger 1999), deshalb will ich hier lediglich Themen streifen, die weniger bekannt sind, die er mir in mancherlei Gesprächen anvertraute bzw. von denen ich aus seiner Stasi-Akte erfuhr.

Zunächst jedoch ein paar Sätze über die Vorgeschichte des Zoologen und Ornithologen Rutschke in den turbulentesten Zeiten der neueren deutschen Geschichte. Erichs politisch interessierten Vater, Arbeiter in einem Kabelwerk, prägten links-sozialdemokratische bzw. sogar kommunistische Ansichten. Seine Mutter war eher liberal, aber gut evangelisch. Der Sohn ging auf die Dorfschule und sollte Elektriker werden. Als er 10 Jahre alt wurde, verbot ihm der Vater in die Hitler-Jugend einzutreten, die Mutter setzte es aber durch („das Kind soll doch das machen, was alle tun"). Bald zeigten sich auch die Folgen der nationalsozialistischen Erziehung: Erich protestierte, als der Vater noch immer sein Haus mit Rot flaggte (das Hakenkreuz wurde durch Umschlagen der Fahne zugedeckt); als er aber zu Hause die schöne Melodie eines antisemitischen HJ-Liedes summte, gab es Krach und der Vater verpasste dem Sohn eine Portion Prügel! Dies war seine erste, tief sitzende politische Lehrstunde, von der er noch im Alter erzählte …

Der Dorflehrer überredete die Eltern, ihren begabten und intelligenten Sohn auf eine Lehrerbildungsanstalt (LBA) zu schicken, anstatt ihn eine Elektrikerausbildung machen zu lassen. So verließ Erich das kleine Elternhaus im brandenburgischen Neu Golm und fuhr 1940 in das Dorf Paradies bei Meseritz (heute Paradyż b. Międzyrzecz in Westpolen), wo in dem schönen Gebäudekomplex eines säkularisierten Zisterzienser-Klosters eine der brandenburgischen LBA untergebracht war. Die Kosten für die Unterkunft, Verpflegung und Bekleidung trug der Staat; sogar das monatliche Taschengeld wurde zur Verfügung gestellt. Man wohnte in einem schönen Gemeinschaftsheim, wo „die Kraft der nationalsozialistischen

Gemeinschaft und ihrer Lebensordnung in den Dienst der Prägung der künftigen nationalsozialistischen Lehrer gestellt" wurde. Zwanzig Jahre später erzählte mir Erich, er sei im Nachhinein selbst erstaunt, was für ein guter Nationalsozialist er damals gewesen sei ... Das sollte sich jedoch durch ein einschneidendes Erlebnis ändern: Im September 1944 wurde er zur Luftwaffe einberufen, erlebte die Hölle der Ardennenoffensive und wurde im Februar 1945 schwer am Kopf und an den Armen verwundet. Im Lazarett pflegte ihn holländisches Personal, später erzählte er des Öfteren, dass er sich gewundert habe, wie fürsorglich diese „Feinde" ihn behandelt hätten. Auch das war eine politische Lehrstunde ...

Als er wieder auf den Beinen war, wurde ihm Ende 1945 eine Lehrerstelle in einer niedersächsischen Dorfschule bei Oldenburg, d.h. in der englischen Besatzungszone Deutschlands, angeboten; aber zu Weihnachten kam der Vater zu Besuch und überredete den Sohn, in das heimatliche Brandenburg zurückzukehren. Die Mutter erhielt vom Dorfpfarrer den Rat, mit seiner Empfehlung zum Schulrat nach Beeskow zu gehen und so wurde Erich „Neulehrer" (so die Bezeichnung der jungen Lehrer in der sowjetischen Besatzungszone) in Kummersdorf bei Beeskow.

Erich Rutschke hatte jetzt Zeit, sich das neue Leben in dem sowjetisch besetzten Teil Deutschlands genauer anzuschauen. Er fing an, selbstständig zu denken und sein Leben zu planen. Für eine politische Partei ließ er sich nicht werben, vieles war ihm zu widersprüchlich, auch den Ansichten des Vaters widersetzte er sich immer öfter. Da traf er auf einen versierten Vogelkundler (Forstmeister Heinrich Bier), mit dem er auf Exkursionen ging und mit Eifer die lokale Vogelfauna studierte. Er war aber zu zielstrebig, um ewig in der Dorfschule zu bleiben. Wer Pläne hatte und Eigeninitiative entwickelte, kam damals auch ohne politische Unterstützung im Sozialismus weiter. Rutschkes Ziel war es jetzt, Oberstufenlehrer zu werden (das Interesse an der Vogelkunde bestimmte bereits die Fachrichtung), er sättigte seinen Wissensdurst in diversen Kursen und erlangte 1954 an der Brandenburgischen Landeshochschule (später Pädagogische Hochschule) in Potsdam die Lehrbefähigung für Biologie bis zum Abitur. Als er jedoch erfuhr, dass an der Hochschule ein Zoologisches Institut entstand, fragte er bei Prof. Erich Menner, dem Aufbauchef des Institutes, an, ob dieser Mitarbeiter brauche und wurde 1954 sein Assistent. Seit dieser Zeit spielten in seinem Leben Wasservögel (einer seiner künftigen Forschungsbereiche) eine große Rolle. Auf ähnliche Weise ging er auch ein Jahr später vor: Er fuhr nach Berlin zu Prof. Stresemann und fragte, ob er unter dessen Leitung seine Doktorarbeit ausarbeiten könne. Stresemann willigte ein, Rutschke ging mit Fleiß an die Arbeit und erreichte 1958 sein nächstes Ziel mit der Note „sehr gut" (eine der Erfahrungen dieser Zeit war das von Stresemann mit unzähligen Kommentaren und Korrekturen versehene erste Manuskript seiner Dissertation; „es war ein harter Schlag, aber ich habe von ihm das Verfassen wissenschaftlicher Texte erlernt" – sagte er später). Danach folgten noch die Habilitation (1963) und die Berufung zum ordentlichen Professor für Tierphysiologie (1969) an der Pädagogischen Hochschule in Potsdam. Insgesamt führte er 40 Doktoranden zur Promotion!

In den 1960er Jahren war Rutschke bereits ein bekannter Wissenschaftler, insbesondere auf dem Gebiet der Wasservögel und des Naturschutzes hatte er sich einen Namen erworben. Er „verwickelte" die DDR in zahlreiche internationale Aktivitäten. Jetzt war er auch international gefragt und geschätzt, er erhielt Einladungen zu Tagungen im Ausland. Bis zu diesem Zeitpunkt hatte er noch still in seiner von der Politik fast freien Nische arbeiten können; die Bezirksverwaltung (weiter BV) des Staatssicherheitsdienstes der DDR in Potsdam begann sich nun für ihn zu interessieren. Bei der Gauck-Behörde in Berlin lagern fünf Bände von Stasi-Akten (Signatur ZMA PH I 111 a, b, c, d und e), auf Antrag wurden mir daraus 160 (z.T. leider geschwärzte) Blätter ausgehändigt, auf deren Grundlage ich auch einiges über die geheimdienstliche „Betreuung" Rutschkes schildern kann.

Zunächst ging es darum, ob Rutschke auf die Liste der privilegierten Reisekader gesetzt werden sollte, d.h. ob er an wissenschaftlichen Tagungen, auch im „nicht sozialistischen Ausland", teilnehmen durfte. Im Mai 1968 hat die Potsdamer Stasi einen „Objekt-Vorgang" über Rutschke angelegt (14a = Nr. des Blattes aus den o.g. Bänden seiner Stasi-Akte). Dafür wurden Schriftstücke aus seiner Personalakte in der Pädagogischen Hochschule angefordert und vertrauliche Informationen von geheimen Zuträgern der Stasi gesammelt. Bereits am 9. August lag der Abteilung XX der BV Potsdam (verantwortlich u.a. für die Reisekader) die erste Einschätzung des Kandidaten vor (25a): „Die Ermittlung ergab, daß R. keiner Partei bzw. Massenorganisation angehört. [...] In seiner politischen Einstellung stimmt er mit der politischen Entwicklung unseres Staates nicht überein. [...] Im Wohnbezirk leistet er keine gesellschaftliche Arbeit. [...] Es wurde bereits mehrmals versucht, ihn für die gesellschaftliche Arbeit zu gewinnen, in erster Linie zu politischen Höhepunkten (Volksabstimmung als Wahlhelfer), jedoch vergeblich. Zu sagen ist noch, daß R. trotz seiner indifferenten politischen Haltung regelmäßig das ND ['Neues Deutschland' – Parteiorgan der SED] liest." Aus der Personalakte ging jedoch hervor, dass Rutschke ein sehr guter und erfolgreicher Wissenschaftler und Pädagoge war (106a-110a). Schweren Herzens wurde ein positiver Beschluss gefasst.

Viele beneideten ihn um diesen Erfolg, hier muss ich jedoch anmerken, dass diese privilegierte Position keineswegs eine normale internationale Kooperation ermöglichte. Seine Reiseanträge mussten vom Rektor und von dem zuständigen Ministerium in Berlin ausführlich begründet werden, bevor sie von der Abteilung XX der Stasi in Potsdam nochmals geprüft und genehmigt bzw. ohne Angabe von Gründen abgelehnt wurden. Auch wenn der Antrag Monate vor dem Reisedatum gestellt wurde, kam die Antwort zumeist sehr spät, oft erst ein paar Tage vor dem Reiseantritt. Im Falle einer Ablehnung musste er zumeist selbst die einladende Stelle benachrichtigen, jedoch in einer Form, die nicht auf die Urheber der Ablehnung schließen ließ.

Ein Beispiel, das ich hier aufgrund von Rutschkes Erzählung und ein paar Dokumenten aus seiner Stasi-Akte (309b, 310b, 88c) wiedergebe, bezeugt bildhaft diese Schwierigkeiten: Jeden Kontakt mit einem westlichen Fachkollegen (sei es ein Brief, ein Telefonat oder ein Besuch) musste er der zuständigen Dienststelle seiner Hochschule melden; er hielt dies für Unsinn und meldete lediglich das Unumgänglichste. Einmal führte dies zu einer Affäre: Für Oktober 1982 wurde Rutschke von der Universität Göttingen zu einem Seminar eingeladen, wo er vor Wissenschaftlern und Studenten über die Problematik der Ökologie und Ethologie der Wildgänse referieren sollte. Drei Tage vor der Veranstaltung (es gab noch keine Nachricht, ob die Reise genehmigt werden würde) rief bei ihm zu Hause Prof. Antal Festetics, der Veranstalter des Seminars, mit der Frage nach dem Stand der Dinge an. Von der Antwort enttäuscht, ergriff er mit westlichem Elan das Telefon und intervenierte eloquent bei der Ständigen Vertretung der DDR in Bonn; leider intervenierten die DDR-Diplomaten am gleichen Tage in Berlin (Ost) und es kam heraus, dass Rutschke ein wichtiges Telefonat des Klassenfeindes nicht gemeldet hatte. Eine Lawine von Konsequenzen folgte: Mahnung, selbstkritische schriftliche Stellungnahme, Verhör durch die

SED-Parteigruppe und am Ende die Sperrung des Reisekaders Rutschke für zwei Jahre …

Rutschke war aber ein offener Mensch, freizügig äußerte er seine Empörung über diesen Vorgang gegenüber seinen Kollegen, ohne zu ahnen, dass unter ihnen auch Stasi-Zuträger waren. Einer von ihnen, der IME (Inoffizieller Mitarbeiter für besonderen Einsatz) „Tinko" (Klarname: Wolfgang Strauss, damals 51 Jahre alt, SED-Mitglied und Chef des Direktoriats für Auslandsbeziehungen der Hochschule), sprach daraufhin der Stasi drei Stunden lang auf ein Tonband zusätzliche, u.a. Rutschke belastende Informationen (80c-83c). Gerechterweise muss ich hier notieren, dass er die Stasi auch rüffelte: „… aus solchen Fällen produziert man Republikflucht." Hier noch eine erfreuliche Anmerkung zu der Arbeitsweise der Stasi: Die Akten der bespitzelten Personen (auch Rutschkes) waren oft so umfangreich, dass die ermittelnden Offiziere nicht immer in der Lage waren, alle relevanten Dokumente zu finden. So war es auch hinsichtlich des hier geschilderten Falles: Bereits sechs Jahre früher, im Mai 1976, informierte ein Spitzel die Stasi über Rutschkes Kontaktaufnahme zu Festetics, aus der die Zusammenarbeit der beiden Professoren erwuchs (28c): „Durch einen IM aus Eberswalde wurde bekannt, daß während der Jubiläumstagung zum 20-jährigen Bestehen der AG 'Jagd- und Wildforschung' […] in Gatersleben […], Prof. Erich Rutschke, tätig in der PH Potsdam und Leiter der AG Wasservogelforschung, Kontakt zu einem BRD-Bürger aufgenommen hat. Bei dem BRD-Bürger handelte es sich um [hier geschwärzt = Festetics]. Das geführte Gespräch miteinander dauerte ca. 1 ½ Stunden. Über [Festetics] ist dem IM bekannt geworden, daß dieser 1956 aus Ungarn ausgewiesen wurde. [Falsch: Während der Niederschlagung der Revolution in Ungarn floh er in den Westen]. Der Vater des [F.] war in Ungarn Besitzer größerer Ländereien und besaß einen adligen Titel."

Der Inhalt zweier weiterer Schriftstücke aus Rutschkes Akte zeigt die Vielfalt der Interessengebiete der Stasi.

Das erste Beispiel: Im April 1969 empfing die Familie Rutschke in ihrem Privathaus in Potsdam für einige Stunden einen „Westbesuch", der mit dem Auto gekommen war. Das Westberliner Kennzeichen des Wagens wurde von einem Stasi-Spitzel sofort registriert und es wurde ermittelt, dass der Besucher Prof. Stresemann war. Die BV Potsdam forderte daraufhin schriftlich (43a) die „Arbeitsgruppe Sicherung des Reiseverkehrs, Abteilung

2/2, Berlin" auf, ihr alle vorhandenen Informationen über Ein- und Ausreisen dieses „Staatsangehörigen Westberlins" (sic!), und zwar „von 1960 bis laufend", zu übermitteln!

Ein anderer Spitzel (Rutschkes Student) meldete im Sommer 1969 der Stasi (55a), dass sein Professor „in einer Veranstaltung des KB [Kulturbundes] aktiv für die USA Stellung [bezog], indem er durchblicken ließ, daß sie [die Amerikaner], über die besten wissenschaftlichen Methoden verfügen." Weiter beklagt der Student, der SED-Mitglied war, dass es für einen parteilosen jungen Wissenschaftler leichter sei „bei Prof. Rutschke eine Aspirantur zu erhalten," als „für einen Genossen" (womit er offensichtlich versuchte, eine Aspirantur für sich zu erschleichen).

Die Westkontakte des politisch unzuverlässigen Professors „zwangen" Anfang 1970 die BV der Stasi in Potsdam zur Anordnung von Kontrollen von Rutschkes Korrespondenz, die nicht nur mitgelesen, sondern z.T. auch beschlagnahmt wurde; in seiner Akte befinden sich mehrere Originale seiner Briefe, die die Adressaten niemals erreichten und umgekehrt (80a, 113a, 118a, 124a, 157a). Es sind Briefe mit wissenschaftlichen Inhalten, z.B. bedankt sich Prof. Adolf Portmann aus Basel für die Zusendung des Sonderdrucks einer wissenschaftlichen Publikation und lobt deren Inhalt. Rutschke selbst muss gemerkt haben, dass nicht alle ihm zugedachten Sendungen in seine Hände gelangten, denn er bat einige der Westpartner, lediglich seine Dienstadresse (nicht die private) zu verwenden; dieser Bitte konnten jedoch die Adressaten nicht nachkommen, da auch die Briefe in Rutschkes Stasi-Akte landeten. Und wenn sie die Westkollegen erreicht hätten, wäre das auch keine Erfolgsgarantie gewesen, denn in der Akte befinden sich auch Originale von Westbriefen, die an seine Dienstadresse gerichtet waren …

In den 1960er und Anfang der 1970er Jahre unterhielt ich (damals war ich an der Warschauer Universität tätig) engen Kontakt mit Rutschke; er besuchte mich in Polen, ich weilte bei ihm in Potsdam. So planten wir beide auch diverse Vorhaben und Aktionen, um politisch bedingte Schwierigkeiten zu überwinden. Ich befand mich allerdings in einer besseren Situation als Rutschke, denn der polnische Sozialismus war nicht so streng wie der in der DDR, ich konnte öfter als er ins Ausland reisen und wurde gelegentlich sein „Botschafter", Berater und Helfer in schwierigen Angelegenheiten. Über einen solchen Fall will ich hier berichten.

Ende der 1960er Jahre erschienen in der Akademischen Verlagsgesellschaft Frankfurt am Main die ersten drei Bände des epochalen „Handbuches der Vögel Mitteleuropas“ von Bauer und Glutz v. Blotzheim (1966, 1968, 1969), die auch bei den zahlreichen DDR-Ornithologen starkes Interesse fanden. Man war in der Lage und willig, gutes Material für die weiteren Bände an die Herausgeber zu liefern, dem stand jedoch ein politisches Problem entgegen: Die Beschreibungen der Verbreitung der Vogelarten enthielten u.a. jeweils einen Absatz „Deutschland“ in den Grenzen von 1937 (Band 1) bzw. „Ostdeutschland“ und „Westdeutschland“ sowie „Polen und die ehemals deutschen Ostgebiete unter polnischer Verwaltung“ (Bände 2 und 3). Dies blieb den politischen Instanzen der DDR nicht verborgen, sie erwägten eine Weisung zu erlassen, die allen wissenschaftlichen Einrichtungen der DDR eine Kooperation mit den Herausgebern des auf viele weitere Bände angelegten Werkes verbieten sollte. Da auch Polen tangiert war (und polnische Fachkollegen zudem Material an die Herausgeber lieferten), wandte sich Rutschke an mich um Hilfe. Es ging darum, den Oberlandforstmeister Hans Schotte, den mächtigen Chef der obersten Behörde für Naturschutz und Jagdwesen beim Staatlichen Komitee für Forstwirtschaft der DDR in Berlin-Karlshorst, zu überzeugen, dass diese Zusammenarbeit notwendig und für alle Seiten nützlich sei (die Zuständigkeit hierzu ist aus westlicher Sicht etwas eigenartig, so war es aber in der DDR). Schotte war ein sozialistischer Hardliner, Rutschke und ich wussten, dass es kein leichtes Spiel sein würde.

Die erste gute Gelegenheit, Schotte näher kennen zu lernen und Einfluss auf ihn zu gewinnen, ergab sich im September 1968, nach der Internationalen Konferenz über Ressourcen der Wasservögel in Leningrad (Nowak 1998: 333-334). Während einer großen Abschlussparty in einem Jagdhaus in der Nähe der Stadt schlugen Erich und ich den sowjetischen Organisatoren vor, Schotte für seine Verdienste zu würdigen: Nach einer Laudatio, die seine Laune hob, wurde ihm ein Elchgeweih überreicht! Er war so beglückt, dass er uns (und auch Frau Rutschke) zum Nachfeiern in sein Hotel einlud. Wir waren schon der Bruderschaft nahe, als etwas Unerwartetes geschah: Unserem Tisch gesellte sich ein junger, leicht angetrunkener Mann zu, der sich als Ukrainer und Student „der Raketentechnologie“ (wie er sagte) vorstellte; er wollte sich mit den Deutschen unterhalten, mich bat er um Übersetzungsdienste. Als er erfuhr, dass er es mit DDR-Deutschen zu tun hatte, bat er mich freudig zu übersetzen, dass er zwei Jahre als sowjetischer Soldat in der DDR gedient habe und wisse, wie die Deutschen die Sowjets hassen würden … Um eine Katastrophe zu vermeiden, ersetzte ich das „hassen" mit „lieben". Schotte antwortete daraufhin mit Stolz, dass sich sein Sohn in diesen entscheidenden Tagen (Beseitigung Dubčeks und seiner Anhänger in Prag) im geheimen Auftrage in der Tschechoslowakei befinde; meine Übersetzung: „Die Tschechen und Slowaken hegen die gleichen Gefühle". In diesem Stil ging es gut eine halbe Stunde weiter, bis eine schöne Russin Schotte zum Tanz einlud. Jetzt wollte mein Gesprächspartner wissen, ob wir Polen eine unabhängige Ukraine anerkennen würden, wenn diese sich einmal aus der sowjetischen Umklammerung lösen werde; ich musste ihn endlich loswerden und sagte „Nein", da ging er beleidigt davon (NB: Polen war das erste Land, das 1991 die unabhängige Ukraine anerkannte!). Obwohl es ein gefährliches Spiel war (ein Kellner, der offensichtlich auch Deutsch verstand und möglicherweise Spitzel des KGB war, mischte sich bereits ein), endeten meine „Übersetzungsdienste" mit Erfolg: Schotte nannte mich jetzt vertrauensvoll „Genosse Nowak". Wir besprachen auch die Probleme mit dem Handbuch; zunächst ging es um die umstrittenen geografischen Bezeichnungen. Ich teilte Schottes Empörung, jedoch in gemilderter Form: „Die Bezeichnungen sind falsch, aber unser Interesse gilt vornehmlich den fachlichen Inhalten des Werkes, die wir sehr positiv einschätzen." Nach einer kurzen Diskussion beschloss der Gastgeber: „Dann werde ich im Namen der DDR und der Volksrepublik Polen gegen diese revisionistischen Begriffe protestieren." Direkt bei den Herausgebern tat er es nicht, aber seine Mittelsmänner schrieben an Dr. Glutz in der Schweiz (u.a. am 27. Oktober 1968), dass die „Bemühungen […] zu einer offiziellen Mitarbeit nur zu realisieren wären, wenn das Werk die derzeitigen Grenzen- und Staatsbezeichnungen berücksichtigen würde, ohne den Staat, in dem wir leben, zu ignorieren." In den nachfolgenden Monaten zeigte sich leider, dass das Gespräch mit Schotte keinen dauerhaften Erfolg brachte: Den staatlichen Stellen wurde tatsächlich untersagt, nicht veröffentlichtes Datenmaterial in die Schweiz zu senden (privat wirkende Vogelkundler taten dies jedoch zur Genüge).

Zu einer ersten „Normalisierung" der Lage trug der persönliche Besuch Dr. Glutz' in der DDR Ende Oktober 1969 bei (Abb. 81). Seitens der Herausgeber wurde zugesagt, ab Band 4 die geografische Terminologie

Abb. 81. Prof. Erich Rutschke aus Potsdam im Gespräch mit Prof. Urs Glutz v. Blotzheim aus der Schweiz während der Wasservogeltagung in Leipzig (Oktober 1969).

dem mitteleuropäischen *Status quo* anzupassen und Schotte gab seine Zustimmung zur aktiven Kooperation. Das gute Wetter dauerte jedoch auch diesmal nicht lange, nur etwa ein Jahr (der Grund war wieder ein politischer: In den Entwürfen des später als „Ramsar Konvention" bekannten internationalen Naturschutz-Übereinkommens stand die sog. „Wiener Klausel", die der DDR, da kein UNO-Mitglied, den Beitritt versperrte und die Alleinvertretung durch die Bundesrepublik ermöglichte – s. Nowak 2002a: 39-41). Rutschke war verzweifelt! Am 21. September 1971 schrieb er in einem Brief an mich in Warschau: „Es soll zentral festgelegt worden sein, daß die künftige Mitarbeit mit dem 'Handbuch' nicht mehr möglich ist. Ich werde mich zum gegenwärtigen Zeitpunkt in die Sache nicht hineinhängen, weil es noch schwierigere Dinge gibt ... [...] Ich könnte mir denken, daß eine Aktivität von Deiner Seite positiven Erfolg haben könnte, falls sie in irgendeiner Form offiziellen Charakter trägt."

Nun besorgte ich mir einen offiziellen Auftrag der polnischen Naturschutzbehörde; einen Monat später weilte ich in Berlin (Ost) und ging in die „Höhle des Löwen", zu Schotte. Es war ein langes und aufregendes Gespräch. Zunächst sprachen wir über die „Ramsar Konvention", ich verurteilte scharf die „Wiener Klausel" als westlich-politischen Unsinn. Nach einer Weile schaffte ich es, das Gespräch auch auf das Thema des Handbuches zu lenken. Schotte machte mich auf den verschärften ideologischen Kampf zwischen Ost und West aufmerksam und stellte verärgert die Frage, „ob man mit diesen Kapitalisten überhaupt zusammenarbeiten solle". Eine bloße Befürwortung der Zusammenarbeit reichte ihm natürlich nicht aus, auch meine Argumente lehnte er zunächst ab, bis ich die passende Begründung fand: „Eine Ablehnung würde uns kompromittieren, eher sollten wir mitwirken, zugleich aber auch belegen, dass wir Ähnliches oder Besseres auf die Beine stellen können; z.B. könnten wir ein 'Handbuch der Wirbeltiere Osteuropas und Nordasiens' herausgeben." Diesen Vorschlag akzeptierte Schotte! Ich schlug vor, er solle sich an die sowjetischen Zoologen mit der Bitte um die Koordination des Vorhabens wenden. Schotte hielt Wort: Er leitete einen entsprechenden Vorschlag nach Moskau (daraus ist jedoch nichts geworden, was ich von vornherein ahnte) und sagte auch die Freigabe der Kooperation mit dem „Handbuch" zu! Seit dieser Zeit blieben die Turbulenzen aus. Allerdings bin ich mir nicht ganz sicher, ob dies wirklich mein Erfolg war, denn Anfang 1972 quittierte Oberlandforstmeister Schotte den Dienst (er erblindete nach einem Selbsttötungsversuch durch einen Pistolenschuss!) und sein Nachfolger war nicht mehr so orthodox ...

Das letztere, für Schotte so tragische Ereignis, fand auch in Rutschkes Stasi-Akte ein Echo. Zuträger meldeten über ihn wörtlich (42e): „Er äußerte [...], daß er und viele ihm gut bekannte Ornithologen durch den Unfall von Oberlandforstmeister [Name geschwärzt] erleichtert gewesen seien. Er habe immer Angst gehabt, '[von] dort lebend wieder herauszukommen.' Er hätte [geschwärzt = Schotte] für einen typischen Vertreter einer überholten, starren, harten Zeit gehalten." Eigentlich hätten solche Äußerungen damals schlimme Konsequenzen zur Folge haben müssen; die Geheimtuerei hat dies jedoch verhindert: „Die Information kann wegen Quellengefährdung nicht offiziell ausgewertet werden", schrieb am Ende des Berichts der Stasi-Führungsoffizier.

Der gleiche Informant berichtete der Stasi auch, was Rutschke zu den politischen Leitartikeln sagte, die in der vogelkundlichen Monatszeitschrift der DDR seit den 1970er Jahren abgedruckt wurden: „Es sei eine Zumutung für die Ornithologen, ja für alle Leser, was ihnen mit Heft 10/72 der Zeitschrift 'Falke' an Ideologie angeboten worden sei." Auch diese Sünde durfte jedoch offiziell nicht geahndet werden.

Im Jahre 1974 siedelte ich aus Warschau nach Bonn um und ein Jahr später erhielt eine Arbeitsstelle in der Bundesforschungsanstalt für Naturschutz und Landschaftsökologie (auch ein ungewöhnliches Ereignis: Ein Ostblockwissenschaftler an einer verantwortlichen Stelle des westdeutschen öffentlichen Dienstes – Prof. Wolfgang Erz hat sich dafür eingesetzt). U.a. war ich hier als wissenschaftlicher Berater der Bundesregierung bei der Ausarbeitung des Übereinkommens zur Erhaltung der wandernden wildlebenden Tierarten tätig; als dieses 1979 von einer internationalen Regierungskonferenz in Bonn-Bad Godesberg beschlossen wurde (deshalb die Kurzbezeichnung „Bonner Konvention") und ich zum Vorsitzenden des Wissenschaftlichen Rates der Konvention bestimmt wurde, warb ich um Beitritt der Staaten der Welt zu dem Übereinkommen; auch an die DDR-Behörden und maßgebliche Fachleute dort sandte ich Informationsmaterial und eine Einladung zum Beitritt (1974 wurde die DDR in die UNO aufgenommen, das Problem mit der „Wiener Klausel" bestand nicht mehr). Rutschke, den ich in Berlin-Ost bzw. während Auslandstagungen des Öfteren traf, war an dem Beitritt der DDR interessiert, er erhoffte sich u.a. stärkere Unterstützung seiner eigenen Forschungsprojekte. Aber aus Berlin-Ost kam keine Antwort auf meine Schreiben; ich wollte schon eine neue „Papieroffensive" starten, als mir Rutschke vertraulich sagte: „Du brauchst dich nicht mehr zu bemühen, die haben den Text gründlich gelesen und wegen des Artikels V, Absatz 5h, aus politischen Gründen jegliche Mitarbeit strikt abgelehnt." Die beanstandete Passage verpflichtet die Vertragspartner zur „Ausschaltung von Aktivitäten und Hindernissen, die die Wanderung [von Tieren] beeinträchtigen oder erschweren." Dies wurde als Versuch gewertet, die Grenzzäune der DDR zur Bundesrepublik infrage zu stellen … Es vergingen dann nur noch wenige Jahre, bis die Hindernisse, ohne Einwirkung der Bonner Konvention, verschwanden.

In den 1970er und 1980er Jahren wurden „Objekte" wie Rutschke besonders kritisch von der Stasi beäugt (u.a. wegen der „Solidarność"-Bewegung in Polen und des Kriegszustandes dort). Rutschkes Post wurde wieder kontrolliert, mehrere Briefe wurden beschlagnahmt (u.a. fand ich in Rutschkes Akte seine Briefe an mich und meine an ihn) bzw. nur kopiert (technischer Fortschritt, die Sicherheitsorgane erhielten Kopiergeräte!). Wissend um das unsichere Schicksal der aus der DDR abgesandten Post, hat Rutschke gelegentlich Briefe in den Westen während seiner Aufenthalte im Ausland in den Briefkasten gesteckt; ein Beispiel zeigt, wie naiv dies war: Dank der Zusammenarbeit mit den befreundeten Sicherheitsorganen der ČSSR erhielt die Stasi Potsdam die Kopie (93e) eines in Prag aufgegebenen Briefes Rutschkes vom 4. August 1984 an einen westdeutschen Fachkollegen nur zwei Wochen später!

Wieder wurden Spitzel aktiviert. Ein IM „Paul Müller" (es war ein junger Assistent aus dem Fachbereich, in dem Rutschke tätig war) schilderte der Stasi am 6. April 1982 den Inhalt seiner Plaudereien mit Rutschke (für den er die Objektbezeichnung „Segler" bzw. „S." verwendete) mit folgenden Worten (225b): „Aus seinen Erzählungen über Kongresse im Ausland ist zu entnehmen, daß er sich dort sehr unkonventionell benimmt. Z.B. wurde er kürzlich in Ungarn bei einer Tagung von Sir Walter Scott [Fehler, es war Peter Scott!] (Großbritannien) zusammen mit einigen wenigen anderen Teilnehmern auf dessen Zimmer eingeladen um zu feiern und zu singen (S. hat eine sehr gute Stimme). Daraufhin revanchierte sich S. [also Rutschke] und lud diesen Personenkreis an einem anderen Tag zu sich ins Hotelzimmer ein. Er kennt viele der führenden ausländischen Wissenschaftler persönlich und dutzt sich mit vielen." Zwei Jahre später meldete ein anderer Informant (202c), dass Rutschke „aus der Position eines Grünen agiert" und begründete das so: „Jegliche Verletzungen seiner Vorstellungen durch die Landwirtschaft, durch die Melioration legt er dann schon fast

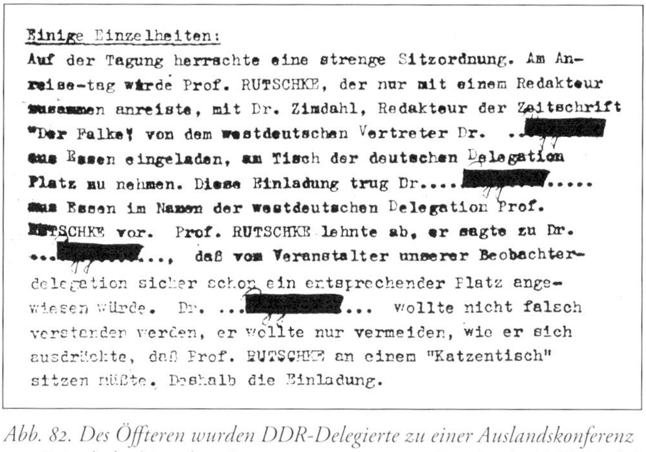

Einige Einzelheiten:
Auf der Tagung herrschte eine strenge Sitzordnung. Am Anreise-tag würde Prof. RUTSCHKE, der nur mit einem Redakteur zusammen anreiste, mit Dr. Zimdahl, Redakteur der Zeitschrift "Der Falke" von dem westdeutschen Vertreter Dr. ..[illegible] zum Essen eingeladen, am Tisch der deutschen Delegation Platz zu nehmen. Diese Einladung trug Dr....[illegible]..... zum Essen im Namen der westdeutschen Delegation Prof. RUTSCHKE vor. Prof. RUTSCHKE lehnte ab, er sagte zu Dr. ...[illegible]..., daß vom Veranstalter unserer Beobachter-delegation sicher schon ein entsprechender Platz angewiesen würde. Dr. ...[illegible]... wollte nicht falsch verstanden werden, er wollte nur vermeiden, wie er sich ausdrückte, daß Prof. RUTSCHKE an einem "Katzentisch" sitzen müßte. Deshalb die Einladung.

Abb. 82. Des Öfteren wurden DDR-Delegierte zu einer Auslandskonferenz von Spitzeln begleitet; hier Fragment eines 5-seitigen Berichts des IME „Tinko" (geschwärzter Name = Przygodda), der Interna über Prof. Rutschkes Teilnahme an der 9. Tagung des Internationalen Rates für Vogelschutz im Mai 1968 in Ungarn an die Stasi lieferte.

gehäßig auf den Tisch, er wird sich darüber beschweren, als gebe es nichts wichtigeres in der Welt als sein Naturschutzgebiet." Diese Beschuldigung kam überraschenderweise Rutschke zugute, wie der nachfolgende, in seiner Stasi-Akte registrierte Vorgang dokumentiert.

Die DDR-Behörden waren in den 1980er Jahren darüber beunruhigt, dass in Westdeutschland mehrere Umweltschutz-Bürgerinitiativen aktiv tätig wurden und sich auch für die Situation in Ostdeutschland interessierten. Man plante, einen Kundschafter (d.h. einen DDR-Spion) an der Quelle, also im Westen zu platzieren. Die Abteilung XV der BV Potsdam suchte für diesen Zweck nach einer Person aus der DDR (207c), „welche u.a. auch auf Grund seiner Persönlichkeit und seiner wissenschaftlichen Ausbildungsrichtung [...] zu einer Persönlichkeit aus dem Bundesverband Bürgerinitiative der BRD Kontakt aufnehmen und halten könnte." Die Abteilung XII (Auskunft, EDV-Speicher) fand heraus, dass ein „Rutschke, Erich" dafür fachlich geeignet wäre. Nun wurde die Abteilung XX (Reisekader u.a.) schriftlich um Prüfung gebeten, ob dieser in seiner „Haltung zu unserem Organ Voraussetzungen dafür [hat]". Offensichtlich wurde festgestellt, dass Rutschke für diesen Zweck höchst ungeeignet sei, denn es gibt keine weiteren Dokumente zu diesem Vorgang in seiner Akte. Schon früher wurde auf seinen Auslandsreisen-Papieren stets vermerkt: „Eine operative Nutzung ist nicht vorgesehen."

Ein mit den kommunistischen Verhältnissen nicht vertrauter Leser könnte an dieser Stelle fragen: Warum hat man Leute wie Rutschke nicht entlassen? Die Antwort ist vielschichtig: Es gab kaum qualifizierten Ersatz mit absoluter ideologischer Treue; die vorhandenen Kräfte genossen Anerkennung in den akademischen und studentischen Kreisen; sie verstanden es, sich in ihrer Tätigkeit soweit zu tarnen, dass man sie letztendlich dulden musste. Dieses Dilemma der Stasi dokumentiert am besten eine „inoffizielle Einschätzung", die ein Stasi-Oberleutnant Schanze im Mai 1981 über Prof. Rutschke zu Papier brachte (179b-181b): „In den Vorlesungen, die er m.E. gerne hält, zeigt er sich immer voller Esprit und fesselt seine Zuhörer durch seinen geschliffenen Vortrag. Seine politischen und philosophischen Äußerungen und Betrachtungen sind nicht staatsgefährdend, wenngleich sie gelegentlich so vorgetragen werden, daß der Zuhörer den Eindruck haben muß, als hätte die marxistisch-leninistische Erkenntnistheorie doch Grenzen und könnte nicht alle – vor allem biologische Fragestellungen – erklären.

Abb. 83.
Prof. Erich Rutschke während eines Vortrages vor der Jahresversammlung des Vereins Sächsischer Ornithologen in Neschwitz (April 1998).

Dabei ist er mit seinen eigenen Äußerungen sehr sparsam und zurückhaltend und überläßt es dem Studenten die entsprechenden – oft zwingenden – Schlußfolgerungen selbst zu ziehen. Er hat ja dann nichts gesagt."

Rutschke, wie auch viele andere Deutsche in Ost und West, glaubte nicht an den baldigen Untergang der DDR. Meinen anderslautenden Prognosen in der zweiten Hälfte der 1980er Jahre stand er skeptisch gegenüber. Die Lage wurde jedoch auch für ihn klar, als wir uns Ende November 1989 in Berlin, noch immer Ost, zu einem Kolloquium anlässlich des 100. Geburtstages von Prof. Stresemann trafen (im Oktober stürzte Honecker, am 9. November wurde die Berliner Mauer „geöffnet"); nicht das „ob" sondern das „wie" beschäftigte ihn. Wird es eine „Konföderation", eine „Vereinigung" oder vielleicht eine „Einverleibung" sein? Die Fähigkeit des kritischen Denkens zeichnete ihn auch jetzt aus: Man hatte ja auf dem Gebiet der Forschung und des Naturschutzes in der DDR viel geleistet, auch mancherlei gute organisatorische Strukturen waren entstanden und hatten sich bewährt; vieles war anders als „drüben", aber doch nicht gegensätzlich. Sollte das alles aufgegeben werden – das waren jetzt seine Sorgen. In den nachfolgenden Monaten beschäftigte ihn der Gedanke der Gründung eines eigenständigen ornithologischen Vereins in der untergehenden DDR. Die Realität der raschen politischen Entwicklung überrollte jedoch diese Bemühungen (Rutschke 1998). Nach dem Beitritt der ostdeutschen Länder in die Strukturen der „alten" Bundesrepublik engagierte sich Rutschke für den nahtlosen Übergang des DDR-Erbes in das Neue. Vieles, wenn auch nicht alles, ist ihm gelungen.

Im September 1991, also im vereinten Deutschland, wurde Rutschke als Professor der Pädagogischen Hochschule (sie wurde später in eine Universität umgewandelt) bestätigt. Jetzt erreichte er aber die Pensionierungsgrenze und wurde einige Monate später Privatwissenschaftler. Das erlaubte ihm, eine noch aktivere naturschützerische und publizistische Tätigkeit zu entfalten.

An dieser Stelle will ich nicht verschweigen, dass ich mir (sowohl vor als auch nach der Vereinigung) einige Male auch kritische Monologe über meinen Freund Erich anhören musste. Ohne hier Namen zu nennen, teile ich diese Kritiker in vier Gruppen auf: Parteitreue, die ihm misstrauten; kompromisslose Kommunismusgegner, die in ihm einen Kollaborateur erblickten; mäßige Fachgenossen, die ihn um seine Erfolge beneideten; und nicht zuletzt auch westliche Fachkollegen, die vieles oder alles, was „DDR-isch“ war, negativ beurteilten. Man könnte diese Kritik als „normal“ in diesen turbulenten Zeiten abstempeln. Berechtigt war sie aber nicht: Aus meiner Sicht hat Erich Rutschke sein Leben und Wirken unter schwierigen Umständen gemeistert und zu einem Erfolg geführt.

Eine langjährige, heimtückische Krankheit raubte ihm am 12. Februar 1999 das Leben. In der Todesanzeige stand ein Satz aus einer seiner späten Publikationen, sein Bekenntnis: „Blicke ich zurück und frage, ob sich der Einsatz über drei Jahrzehnte hinweg gelohnt hat, dann kommt das ‘Ja’ vorbehaltlos.“

* * *

Einen enormen Beitrag zur Kenntnis der paläarktischen Vögel und Entwicklung des Naturschutzes in der Sowjetunion hat **Prof. Georgij Petrowitsch Dementjew (1898 - 1969)** aus Moskau geleistet. Er war u.a. Initiator, Mitherausgeber und Mitautor des 6-bändigen Werkes „Die Vögel der Sowjetunion“ (1951-1954; englische Ausgabe 1966-1970). Dieses Buch ist bis heute von großer Bedeutung für Ornithologen der Alten Welt, da es eine unzählige Fülle von tiergeografischen, systematischen und ökologischen Daten zur Vogelfauna der ganzen damaligen UdSSR (die Hälfte Europas und Nordasien, das fast zweimal so groß wie Europa ist) enthält. Seit den 1930er Jahren hat Dementjew briefliche Kontakte zu den westeuropäischen Forschungszentren unterhalten, schon damals publizierte er auch in Frankreich und in Deutschland. Seit 1933 war er Mitglied der Deutschen Ornithologischen Gesellschaft; in den Nachkriegsjahren besuchte er einige Male

Stresemann in Berlin, 1955 wurde er zum Ehrenmitglied der DO-G ernannt. Stresemann, dessen tiergeografisches Interesse vor allem der Paläarktis galt, schätzte ihn sehr und sagte, Dementjew hätte sich mit dem 6-bändigen Werk bereits zu Lebzeiten ein Denkmal gesetzt. In der wissenschaftlichen Entwicklung Dementjews spielten Stresemanns Publikationen eine große Rolle, er fühlte sich als ein Stresemann-Schüler (Dementjew 1960).

In mehreren Lebensläufen und Nachrufen (u.a. Stephan 1968, Uspenski 1972, Anonymus 1972, Gladkow 1959, Ilitschew 1977, Flint & Rossolimo 1999: 116-126) wurden ausführlich Dementjews Verdienste für die Wissenschaft gewürdigt, zu wenig wurde jedoch darüber berichtet, wie er es schaffte, zahlreiche Hindernisse auf seinem Lebenswege, auch politischer Natur, zu überwinden oder zu umgehen; beim Lesen dieser Publikationen gewinnt man oft den Eindruck, dass die Autoren Selbstzensur geübt haben.

Ich will hier versuchen, aufgrund von Gesprächen mit Zeitzeugen (u.a. mit seiner Tochter, Dr. M. G. Wachramowa und seinem engen Fachkollegen Dr. L.S. Stepanjan), sowie eigener Erfahrung, Dementjews Lebensweg neu zu skizzieren. Leider sind die Ergänzungen sehr dürftig, denn eines seiner Merkmale war Verschwiegenheit, insbesondere in politischen Angelegenheiten.

*Abb. 84.
Prof. Georgij P. Dementjew (rechts) im Gespräch mit Sir Peter Scott während der 5. IUCN-Generalversammlung in Edinburgh (1956).*

Dementjew wurde in Petershof (später in Petrodworez umbenannt) an der Finnischen Bucht geboren. Sein Vater war Arzt (der die zaristische Militärmedizinische Akademie absolviert hatte), die sehr gebildete Mutter beherrschte mehrere Sprachen, zu Hause wurde oft auch französisch oder deutsch gesprochen. Man wohnte im Sommer in Petershof, im Winter in St. Petersburg (Entfernung nur 30 km). Beide Prachtstädte beherbergten Residenzen des russischen Zaren, der Herrscher mit seinem Hofstaat wurde hier oft gesehen, auch an kulturellen Angeboten mangelte es nicht. In der Nähe lebten die Familien der Großeltern, eines renommierten Rechtsanwaltes (mütterlicherseits) und eines Veterinärs (väterlicherseits). Letzterer war Georgijs Hauslehrer, unter seinem Einfluss entwickelten sich die naturkundlichen Interessen seines Schülers: Zunächst befasste sich dieser mit Insekten, rasch wechselte das Interesse zu den Vögeln, insbesondere faszinierten ihn Falken; er muss bereits in seiner Jugend Kontakte zu Falknern unterhalten haben, denn schon mit 13 Jahren verfasste er ein Manuskript über diese Vogelgruppe und über die Falknerei (dieses Thema interessierte ihn das ganze Leben – s. Gutt 1970). 1915 beendete Georgij mit Auszeichnung das Gymnasium in St. Petersburg. Inzwischen verstarb aber sein Vater, so überredete ihn der Großvater (Rechtsanwalt), Jura zu studieren, da die Vogelkunde seiner Meinung nach keine materielle Grundlage für das künftige Leben böte. In dieser Zeit tobte jedoch bereits der Erste Weltkrieg, auch Georgij wurde in die zaristische Armee einberufen, wegen einer Lungenerkrankung bald aber wieder entlassen. Jetzt fingen in Petrograd (so die neue Bezeichnung der Stadt) die revolutionären Unruhen an, die Familie geriet in Schwierigkeiten. Nach der Machtübernahme durch die Bolschewiken verschärften sich die familären Probleme, die Krankheit rettete aber den jungen Dementjew vor der Teilnahme am Bürgerkrieg als Rotarmist. Der Noch-immer-Student musste jetzt einerseits durch vielerlei Jobs Geld für das Überleben verdienen, andererseits war in dieser Periode des Kriegskommunismus, gekennzeichnet durch Repressalien, politische Vorsicht geboten. Die Familie war schon früher politisch wenig engagiert, jedoch betont russisch-patriotisch (kein Mitglied der Großfamilie ging in der Zeit des Umsturzes in die Emigration, aber auch keiner ließ sich in die bolschewistische Bewegung einspannen); das war die Grundlage des weiteren Handelns. Leider sind kaum Einzelheiten aus dieser Zeit von Dementjews Leben überliefert, bis auf eine: Er hat das Jura-Studium in Petrograd erfolgreich beendet.

Im Jahre 1920 siedelte die Mutter mit drei Kindern nach Moskau um; Grund dafür war die fortdauernde Lungenerkrankung Georgij Petrowitschs, die Ärzte hatten als Heilmittel kontinentales Klima empfohlen. Mutter und Sohn fanden Arbeit im Volkskommissariat (Ministerium) für Soziale Angelegenheiten. In dieser Zeit begann die allmähliche Wandlung des jungen Juristen und Hobbyornithologen zu einem Wissenschaftler im zoologischen Bereich.

Georgij Petrowitsch verbrachte jetzt die gesamte Freizeit im Zoologischen Museum der Moskauer Universität. Hier half er beim Ordnen der Sammlungen, fing an, wissenschaftliches Material für eigene Studien auszuwerten, aber auch sein biologisches Wissen durch die Teilnahme an Vorlesungen zu erweitern. Dabei fand er Unterstützung bei Prof. M.M. Menzbier, dem Nestor der Moskauer Ornithologen; dieser sah die Notwendigkeit der Ausarbeitung eines modernen Inventars der Vogelfauna des gesamten Landes, war jedoch bereits zu alt, um diese große Aufgabe selber anzupacken. Wohl mit seiner Unterstützung erhielt Dementjew 1926 eine feste Anstellung im Zoologischen Museum als Betreuer der wissenschaftlichen Sammlungen. In nur wenigen Jahren wandelte sich jetzt der Jurist zum Zoologen, 1931 übertrug ihm die Universität die Leitung der ganzen Ornithologischen Abteilung des Zoologischen Museums. Im gleichen Jahr schlug ihm Sergej A. Buturlin (ebenfalls ein zur Vogelkunde konvertierter Jurist, der oft auf Forschungsreisen nach Asien ging und wertvolle Bälge für das Moskauer Museum brachte), die Zusammenarbeit an dem geplanten Buch „Der vollständige Bestimmungsschlüssel der Vögel der UdSSR“ vor; das Werk erschien in den Jahren 1934-1941 in fünf Bänden! Bereits im Jahre 1936, aufgrund von mehr als 50 bis dahin publizierten wissenschaftlichen Arbeiten, erhielt Dementjew den Doktortitel, 1941 wurde er zum Professor ernannt.

Zurück jedoch zum Jahr 1934, in dem eine neue Welle politischer Repressalien und Verhaftungen begann, auch an der Moskauer Universität. Ängste plagten auch Dementjew, das Zoologische Museum wurde aber verschont, möglicherweise dank der politischen Abstinenz, die Leute wie er geübt haben. In anderen Bereichen der Universität erfolgten jedoch viele Verhaftungen; auch in den Wohnungen der in der Nachbarschaft lebenden Wissenschaftler brannten nachts Lichter (Verhaftungen wurden vornehmlich nachts vorgenommen).

Bereits vier Monate nach dem Angriff deutscher Truppen auf die Sowjetunion, im November 1941, wurde die Moskauer Universität nach Aschchabad in Turkmenien evakuiert; Dementjew fuhr mit, die Reise dauerte zwei Monate (dort ging er u.a. auf Expeditionen und leitete ein vogelkundliches Forschungsprogramm ein). Nur das ältere Universitätspersonal durfte nach Turkmenien übersiedeln (die jüngeren Mitarbeiter wurden in die Armee einberufen), das heiße Klima der Region machte vielen zu schaffen, mehrere ältere Professoren erkrankten, einige starben sogar. Dies war einer der Gründe für die erneute Verlagerung der Universität nach Swerdlowsk (heute Jekaterinenburg) im Ural im Februar 1942; Dementjew erkrankte hier an Thyphus, wurde aber gerettet. 1943 kehrten die Universität und auch er nach Moskau zurück. Es waren schwere Jahre, man war jedoch bemüht, den Studienbetrieb über alle Kriegsjahre hinweg aufrechtzuerhalten. Die durch den Krieg verursachten Schäden waren jedoch groß, auch in Dementjews Arbeitsbereich: Seine zwei jungen Mitarbeiter, Wladimir M. Modestow und Jurij M. Kaftanowskij, die er für begnadete Nachfolger hielt, wurden in die Rote Armee einberufen und fielen an der Front. Das Manuskript seines Buches über den Gerfalken und die Falknerei, ausgestattet mit Farbtafeln des Künstlers Wasilij A. Watagin, ist bei den Kämpfen um Leningrad verschollen (er hat es später neu geschrieben und 1951 publiziert; die deutsche Ausgabe erschien 1960 in der Neuen Brehm-Bücherei Nr. 264). Die ornithologische Sammlung der Universität, die bereits verpackt am Bahnhof zwecks Evakuierung lag, verdankt ihre weitgehende Rettung dem Kriegsglück der Roten Armee, die den Angriff der Deutschen auf Moskau abwehrte.

Bereits vor Kriegsende begann Dementjew mit der von Menzbier angeregten Bearbeitung des Werkes über die gesamte Vogelfauna der Sowjetunion. Sein Arbeitskonzept fasste er jedoch breiter; um die geplante Herkules-Arbeit zu bewältigen, brauchte er Mitarbeiter in diversen Regionen des Landes, dabei half ihm die angeborene Gabe, Menschen für sich zu gewinnen (s. Schilderung Stepanians in Flint & Rossolimo 1999: 127-136). Die Fülle des nun in seine Hände fließenden Materials war so umfangreich, dass er als Herausgeber des Werkes einen Helfer benötigte. Von den Ornithologen, die den Krieg überlebt hatten, war Nikolaj A. Gladkow der geeignetste, dieser durfte jedoch wegen seiner Kriegsvergangenheit (vgl. S. 135-149) nicht an die Universität zurückkehren. Dementjew schaffte das damals Unmögliche: Er erwirkte die Rückkehr seines Fachkollegen an die Universität bereits im Jahre 1947. Er war wohl der Einzige, der die ganze Wahrheit über Gladkows Kriegsvergangenheit kannte, niemals und niemandem hat er jedoch erzählt, auf welche Art und Weise er die Rehabilitierung seines Kollegen erreichte.

Die beiden Herausgeber der „Vögel der Sowjetunion" waren besessene Arbeiter, es gab keine Wochenenden, keinen Urlaub, auch materielle Sorgen und die engen Wohnverhältnisse taten der Arbeit keinen Abbruch. Dies wurde auch belohnt: Bereits 1952, nach dem Erscheinen der ersten drei Bände, wurde das Werk mit dem Stalinpreis ausgezeichnet (später erfolgte die Umbenennung der Auszeichnung in Staatspreis).

Das stärkte Dementjews Position an der Universität. Er selbst blieb jedoch vorsichtig und diplomatisch: Die damals obligatorische Lyssenko-Biologie lehnte er zwar entschieden ab, mied aber jegliche öffentliche Stellungnahme dazu. Dementjews Tochter verriet mir jedoch, dass er Menschen, mit denen er zu tun hatte, in anständige und schlechte einteilte; nicht nur der Grad seiner Offenheit gegenüber Vertretern der ersten oder zweiten Gruppe war unterschiedlich, auch sein Verhalten: Den Ersteren reichte er bei der Begrüßung die Hand, den anderen nicht (Mitarbeiter und Schüler wussten dies und schauten aufmerksam zu, wenn Besuch kam). Seit 1954 durfte Dementjew auch ins Ausland reisen, wo er die Sowjetunion auf Kongressen und Sitzungen von internationalen Organisationen vertrat. 1956 wurde an der Moskauer Universität ein Ornithologisches Labor (dies entspricht einem Institut) für ihn gegründet. Dutzende von Diplomanden und Doktoranden hat er hier betreut. Ein neues Arbeitsfeld fand er im Bereich des Naturschutzes, insbesondere seit den 1960er Jahren beeinflusste er maßgebend den Arten- und Gebietsschutz in seiner Heimat. Im Ausland wurde er verehrt; mit vielen ausländischen Wissenschaftlern verband ihn eine Freundschaft, u.a. mit Prof. Jean Berlioz, Sir Peter Scott und Prof. Stresemann, er hielt Vorträge an der Pariser Sorbonne und an der Universität Edinburgh, mehrere wissenschaftliche Gesellschaften und Akademien wählten ihn zum Ehrenmitglied. Auch die Sowjetische Akademie der Wissenschaften hat ihm eine Mitgliedschaft vorgeschlagen, er verzichtete jedoch darauf zugunsten eines anderen befreundeten Naturwissenschaftlers, dessen Verdienste er höher als die eigenen einschätzte.

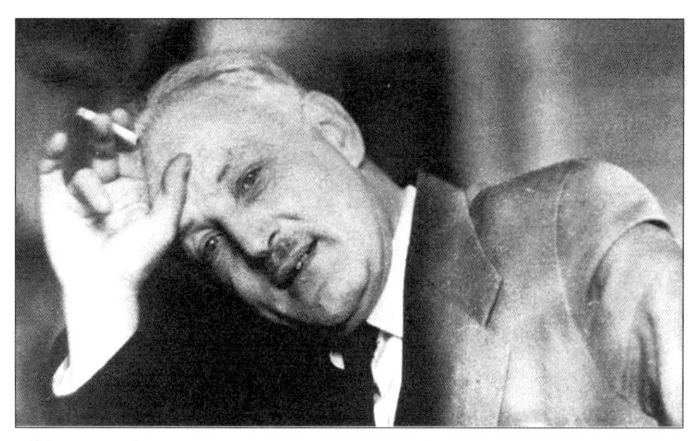

Abb. 85. Prof. Georgij P. Dementjew aus Moskau (um 1959).

Obwohl arbeitsbesessen, konnte sich Dementjew auch entspannen: zu Hause hatte er eine große Sammlung von Schallplatten. Nicht nur im Kreise der Familie wurde Musik gehört, er lud auch Mitarbeiter und Kollegen zu Konzerten in seine Wohnung ein. Verehrt hat er Fjodor I. Schaljapin, noch in seiner Jugend hatte er ein Portrait des berühmten Sängers gekauft, das bis heute die Wohnung der Familie schmückt.

Zum Abschluss noch eine Begebenheit, die davon zeugt, wie umsichtig Dementjew mit seinen (stets vorhandenen!) politischen Ansichten umging: Während der Teilnahme am 12. Internationalen Ornithologen-Kongress 1958 in Helsinki wurde er von finnischen Fachkollegen hofiert, was ihm wohl wegen der noch frischen Erinnerung an den Überfall der Roten Armee auf Finland im November 1939 peinlich war. So erzählte er eines Tages seinen Gastgebern das folgende russische Volksmärchen: „In der großen Taiga lebte ein alter, mächtiger Bär, der eines Tages auf die benachbarten Felder ging und dort einen kleinen Bauern traf. Die beiden kamen ins Gespräch, nach einiger Zeit entstand zwischen ihnen so etwas wie Freundschaft. Für den Bauern wurden in der Taiga Pilze gesammelt, der Bär bekam dagegen die Kräuter, die auf den Feldern des Bauern zu finden waren. Eines Sommers lagen die beiden auf einer Wiese und genossen die warmen Sonnenstrahlen. Der Bauer schlief gerade, als der Bär sah, dass eine große Mücke auf seiner Backe saß. Er hob seine Pranke, um die Mücke zu töten, und zertrümmerte bei dieser Gelegenheit leider auch den Schädel des Bauern …“

* * *

Sir Peter Scott, der britische Zoologe, Künstler und Popularisator des Wissens über die Tierwelt, erreichte in der zweiten Hälfte des vergangenen Jahrhunderts eine große Bekanntheit im englischsprachigen Raum; vergleichbare Verdienste errang auch ein russisch-sowjetischer Naturforscher in seiner Heimat: **Prof. Alexander Nikolajewitsch Formosow (1899 - 1973)**. Beide zeichneten drei Begabungen aus: Sie waren begnadete Naturbeobachter, konnten das Gesehene wissenschaftlich deuten und beschreiben sowie auf meisterhafte Art und Weise zeichnerisch darstellen. Beide haben ein naturkundliches Tagebuch geführt, das mittels knapper Notizen und tausender (sic!) Kleinbilder eine hinreißende Chronik des Gesehenen und Erlebten wiedergab. Beide waren engagierte Naturschützer, zwar unpolitisch, wenn es aber notwendig wurde, mischten sie sich auch in die Politik ein.

Der Schwerpunkt der Arbeit Alexander Nikolajewitschs lag mehr im wissenschaftlichen Bereich. In einem deutschen Nachruf (Klemm 1975) wird über diesen „hervorragenden Zoologen, Zoogeographen, bekannten Kunstmaler und Hochschullehrer" wie folgt geurteilt: „Trotz seiner über 200 grundlegenden wissenschaftlichen Arbeiten, deren Wert für die Fachkollegen ausserhalb der UdSSR nicht hoch genug eingeschätzt werden [kann], allgemein verständlichen Veröffentlichungen und Büchern auf dem Gebiet der Ökologie, Zoogeographie der wildlebenden Wirbeltiere und angewandten Zoologie, die in russisch und in anderen Sprachen erschienen sind, ist sein Name bei uns noch wenig bekannt. Nur wenige Zoologen wissen hier, daß sein Name mit der Entwicklung einer neuen Forschungsrichtung in der Ökologie und Zoogeographie in der Sowjetunion seit Jahrzehnten verbunden ist. Viele bekannte Zoologen gehören zu seinen Schülern und verfolgen seine Arbeitsrichtung." Diese Einschätzung stammt aus einer kompetenten Feder: Der deutsche Biologe Klemm lebte 37 Jahre lang in Russland, bevor er 1921 nach Deutschland umzog.

Die wissenschaftlichen Verdienste Formosows haben im Detail andere Autoren beschrieben (Formosow A.A. 1980, Matjuschkin 1999, Pruitt 1999 u.a.m.), ich will hier deshalb weniger bekannte Themen ansprechen. Über das privat-familäre Leben des Gelehrten berichteten ausführlich seine zwei Söhne: Alexander Alexandrowitsch (1980), ein Historiker und Nikolaj Alexandrowitsch (1997, 1998), ein Biologe; insbesondere die zwei letzteren Publikationen sind aufschlussreich, da sie in der postkommunistischen Zeit, also zensurfrei, verfasst wurden.

Abb. 86.
Vater und Sohn auf der Pirsch (Federzeichnung von A.N. Formosow).

Zunächst die Frage, wie ein junger Mensch im zaristischen Russland, wo es in den Schulen kaum Biologieunterricht gab, eine derartige Zuneigung zur Natur erlangen und einer der berühmten Ökologen seiner Zeit werden konnte? Dies geschah (was im modernen Westen etwas unverständlich sein dürfte) durch die Jagd! Einen solchen Karrierebeginn verzeichnen die Biografien vieler russischen Zoologen. Der junge Schura (Alexander), geboren und aufgewachsen in der Stadt Nischnyj Nowgorod (zur Sowjetzeit Gorki) an der Wolga, begleitete bereits als Kind seinen Vater häufig auf die Jagd (Abb. 86); auch später, als er eine Flinte tragen durfte, war das Beobachten der Natur für ihn wichtiger als das Schießen. Mit 12 Jahren fing er an, alle interessanten Beobachtungen in Wort und Bild in einem Heft zu skizzieren. Rasch hat er sich die Kenntnisse seines Vaters angeeignet, die Aufstockung des Wissens besorgte die Lektüre von Büchern des Kanadiers Ernst Seton Thompson (1860 - 1946), die damals auch ins Russische übersetzt wurden. Die Eltern glaubten jedoch nicht, dass die naturkundlichen Interessen des Sohnes zu einem Beruf werden könnten, der ihn und seine spätere Familie ernähren würde; im Westen Europas tobte gerade der Erste Weltkrieg, in Nischnyj war er zwar nicht sichtbar, aber deutlich spürbar: Alles wurde teurer, das Geld, das der Vater als kleiner Beamter verdiente, reichte kaum zur Ernährung der Familie aus. Als Schura 1917 ein gutes Abitur ablegte, ordnete der Vater an, ein Ingenieur-Studium zu beginnen. Bedingt durch die Kriegswirren im Westen Russlands wurde die renommierte Polytechnische Hochschule von Warschau (ein Teil Polens gehörte damals zu Russland) nach Nischnyj evakuiert, Schura fing hier an, Chemie zu studieren. Daneben musste er aber Geld verdienen: Zeitweise arbeitete er auf einem Wolga-Dampfschlepper, dessen Besatzung die Wasserstraße des Flusses kartierte.

Die bolschewistische Machtergreifung in Nischnyj Nowgorod erfolgte unblutig Ende Oktober 1917. Weder Alexander noch die Familie waren kommunistisch geprägt, mit den sozialen und politischen Zuständen des alten Regimes war man jedoch auch nicht zufrieden gewesen; so stellte das Neue zunächst doch eine Hoffnung dar. Wie unpolitisch der junge Alexander Formosow war, belegt am besten eine Eintragung aus diesen politischen Umbruchstagen in seinem Tagebuch: „Nachts schneite es, bis etwa 7 Uhr morgens. Die Spürschneedecke war nicht tief, weich. [...] Im hügeligen Gelände nahe des Tales des Grafen mehrere Hasen-Fährten, einer ging in das Tal hinunter und weiter durch die Riedgräser des Sumpfes, dann stieg er auf den Hügel hinauf und legte sich in die dichten, gelblichen Gräser. [...] An anderen Stellen auch Spuren von Iltissen, Hermelinen und Mauswieseln. Kleinsäugerspuren nur wenige. Am frühen Morgen sangen die Schneeammern."

Diese Scheinidylle unterbrach jedoch der bereits tobende Bürgerkrieg in Russland! Die freiwillige Kosaken-Armee des „weißen" Generals Denikin bedrohte den Süden des bereits sowjetischen Staates. Die Behörden ordneten die Mobilisierung weiterer Jahrgänge an, auch der 19-jährige Formosow wurde Ende Herbst 1918 Soldat der Roten Armee. Zunächst fand er Verwendung als technischer Zeichner im Armeestab in der näheren Heimat (man hatte seine zeichnerische Begabung entdeckt). Um die Jahreswende wurde er zur Schulung in eine Pioniereinheit nach Moskau versetzt; hier schloss er Freundschaft mit einem talentierten Geiger (auch ein junger Rotarmist), mit dem er oft ins Theater ging. Die Ausbildung dauerte aber nur kurz, Anfang 1919 wurde Formosows Einheit nach Süden, in die Gegend westlich von Saratow verlegt. In seinem Tagebuch steht nichts über den Krieg, ihn faszinierten jetzt wieder Tiere und Pflanzen einer ihm noch unbekannten Region: „Im Winter sah ich auf der Strasse Haubenlerchen-Pärchen. [...] Während der kalten Tage liefen sie, kugelartig aufgeplustert, direkt an den Füßen von Menschen herum, am sonnigen Morgen sangen die Männchen halblaut und so versteckt, dass man sie kaum sehen konnte. [...] Von den vielen Frühlingsblumen waren für mich die Schneeglöckchen neu. Ende April, Anfang Mai lauter Sprosser-Gesang und morgens Rufe der Wiedehopfe. Ich beobachtete einen Steinkauz auf der Windmühle. Im Winter sah ich Wölfe."

Im Mai 1919 wurde Formosows Einheit an die Front bei Zarizyn (später Stalingrad, jetzt Wolgograd) geschickt. Die Kämpfe dauerten hier bis zum Winter, aber sein Tagebuch enthält wieder ausschließlich ökologische Notizen, jetzt aus der Steppenregion: „Noch vor Zarizyn, etwa bei der Station Kotylban, beginnen in der Steppe größere Vorkommen, und später ganze Kolonien von Zieseln, die während der Durchfahrt des Zuges an ihren Bauen ruhig sitzen. [...] Die Vegetation ist hier ganz anders: In der Steppe wachsen Wermut, Zwiebelgewächse (Tulpen, Knoblauch u.a.), Marienflachs sowie eine Menge mir unbekannter Pflanzen. [...] Eine Saatkrähen-Kolonie, in der auch der Rötelfalke und der Rotfussfalke brüten, am Rande der Kolonie Blauracken und Wiedehopfe. Biennenfresser fliegen abends niedrig über dem blühenden Gebüsch, am Tage bilden sie größere Schwärme, fliegen hoch." usw.

In der Erinnerung des späteren Professors blieben jedoch auch die Kriegserlebnisse verankert, er erzählte sie viele Jahre später seinem jüngsten Sohn, Nikolaj Alexandrowitsch Formosow, während der vielen gemeinsamen Jagdausflüge; dieser publizierte sie kürzlich (Formosow, N.A. 1998): Die Soldaten waren in Häusern der deutschstämmigen Kolonisten in der Ortschaft Sarepta einquartiert; sie wurden zwar ohne Sympathie, aber auch ohne Feindschaft aufgenommen. Formosow genoss den Wohlstand dieser Bauern. In einem Brief an seine Eltern (22.5.1919) beschrieb er die Landschaft, die er unterwegs sah: „Was für ein Bild! Ohne Grenzen, ohne Ende. [...] Es ist schwer, sich die ganze Breite und Endlosigkeit der Steppe vorzustellen; [...] die Entfernungen hier, so könnte man sagen, verwischen sich, das Auge sieht weit und führt einen in die grenzenlose Ebene, die unter der Einwirkung der warmen Luft bläulich wirkt und vibriert." Weiter beschreibt der Briefautor auch die Stellen, wo noch vor kurzem Kampfhandlungen zwischen den Kosaken und den „Roten" stattfanden: „Der Krieg hinterließ hier viele Spuren und obwohl die Stadt [Sarepta] noch steht, ist die ganze Umgebung mit Schützengräben durchwühlt, durch Geschosse zerbombt, überall liegen Pferdekadaver, stellenweise ragen aus der Erde zerschmetterte Menschenschädel und entblößte Gebeine der zu flach verscharrten 'Gefallenen in der entscheidenden Schlacht'; in diesem Gewühl wirst du nicht erkennen, wer es war: Ob dieser Knochen schwarz oder weiß ist! Ich wandere durch diese Plätze, wo vier Tage lang gekämpft wurde, schaue auf die herumliegenden Granaten und Geschosse, meine Nase rümpft sich, ich spüre, wie sich der wunderbare Duft des blühenden Schlehdorns mit dem Geruch der verwesten Leichen vermengt. Zu spüren ist er auch auf den Hügeln und an der Bahnstrecke; du gehst aber weiter, in die Steppe – dort herrscht Stille, Ruhe und Demut vor diesem Schrecken – mein Blick in die Natur wirkt irgendwie beruhigend – im Winde bewegt sich wellenartig das Federgras, süß riecht der kleinwüchsige Wermut, weit – weit sind hellgraue Erdhänge sichtbar und munter pfeifende Ziesel verstecken sich in ihren Bauen, verschreckt durch den seltsamen Menschen, der da durch die Steppe wandert. Sie pfiffen bereits genauso, als sie hier die Kinder der Steppe sahen – die Skythen [...] auch wir werden einmal vergehen, aber die Steppe wird weiterhin grün bleiben und der Wermut wird süß riechen ..."

Eines Tages (Sommer 1919) wurde in Formosows Einheit Alarm ausgelöst, die kampfbereiten Soldaten versammelten sich an der nahen Bahnstation. Es dauerte nur kurz, da erschienen am Horizont der Steppe die ersten Reiter der Kosaken-Armee. Das war wohl der einzige Kampfeinsatz Formosows, nur ein paar Stunden später geriet er in Gefangenschaft der „Weißen". Jetzt hatte der junge Rotarmist zum ersten Mal die Gelegenheit, die „Feinde" kennen zu lernen. Er staunte, dass sie alle ordentlich uniformiert waren und Stiefel trugen (die „Roten" trugen z.T. Zivilkleidung, an den Füßen „Obmotki", d.h. Wickelgamaschen; nur die Mütze mit einem Stern und ein langes altes Gewehr, waren ihre Erkennungszeichen). Die Besiegten wurden entwaffnet und der Kosakenführer bot den gefangenen Brüdern (so nannte er sie), ohne vom Pferd zu steigen, Machorka an. Als aber die siegreichen Reiter durch die rückwärtigen Einheiten ersetzt wurden, änderte sich die Lage: Ein kleinwüchsiger, glatzköpfiger Offizier mit unangenehmem, pockennarbigem Gesicht ließ die Gefangenen antreten und befahl: „Kommissare, Juden, Letten und Esten – vortreten!". Als keiner vortrat, wählte er selbst die Juden aus, sie wurden alle gehängt; darunter war auch Formosows Freund, der Geiger, mit dem er in Moskau ins Theater ging ... Die Gefangenen wurden durch die sommerliche Steppe, ohne Wasser und Nahrung, weit hinter die Frontlinie getrieben; wer nicht mithalten konnte, wurde erschossen. Die berittene Wachmannschaft entkleidete die Toten und stapelte die Beute auf den Pferden. Einige der Gefangenen zeigten erst jetzt ihre Kommissare an, auch diese wurden sofort erschossen. Einer kleinen Gruppe gelang es zu fliehen (Formosow gab dem Anführer eine Landkarte, die er in seiner Mütze versteckt hielt). Der Rest erreichte nach Tagen das Ziel und wurde zu Hilfsarbeiten für die Kosaken eingesetzt.

Formosow erzählte seinem Sohn, dass er den Marsch nur deshalb überlebte, weil er als Jäger gewohnt war, tagelang durch die Wildnis zu wandern. Noch wichtiger war aber seine ständige Beschäftigung während des Marsches: die Beobachtung der Tiere und Pflanzen in der ihm noch fremden Steppenlandschaft. In seinem Tagebuch notierte er nachträglich: „Ziesel waren [an der Marschroute] nicht sehr zahlreich, sie kommen nur auf Weideflächen mit Wermut-Vegetation vor. In den Schluchten nahe der Station Nischne Tschirskoje stellenweise Biennenfresser, selten Blauracken. […] Am Tage begleitete uns auf dem gesamten Wege ununterbrochener Klang der Lerchen."

Das Tagebuch enthält auch (später nachgetragene) Notizen aus der Zeit des Arbeitseinsatzes für die Kosaken; ein Vermerk beginnt mit dem Bericht über den Steppenigel (auch Langohrigel genannt): „In der weiträumigen, offenen Steppe, während einer Mondnacht, wanderte das Tier am Rande des Weges herum. In dieser Nacht sah ich auch viele Wüstenspringmäuse vom Wege flüchtend, einige zogen hinter sich Halme des noch nicht reifen Hafers, die sie gierig verzehrten. Im August, an einer Wasserpfütze, weit in der Steppe […] erbeutete ich einen Steppenlemming. Im Oktober fand ich einen toten Lemming, […] er war tief schwarz (wie eine Krähenfeder). […] Am Rande des Weges entdeckte ich Fußabdrücke von Zwergtrappen …" usw.

Ende Herbst 1919 widerfuhr Formosow das, wovor Kriegsgefangene sich am meisten fürchteten: Er erkrankte an Fleckfieber! Er blieb in einem Feldlazarett, als die „Weißen" abzogen, die „Roten" kamen jedoch nicht in die Gegend. Hier im Niemandsland, ohne medizinische Betreuung und ohne Versorgung, regierte der Tod! Der Soldat Formosow beschloss, ihm zu entkommen: Gut 20 km weiter in der Steppe sollte ein Kosaken-Dorf liegen, dieses wollte er erreichen. Drei Risiken enthielt dieser Plan: Schafft der Schwerkranke diesen weiten Weg? Ist das Dorf in der bereits verschneiten Steppe zu finden? Und: Werden die Dorfbewohner (aus denen die „Weißen" ihre Soldaten rekrutierten) dem „roten" Russen helfen wollen? – Er verließ das Lazarett bei Morgengrauen und fand das Dorf, als es dunkel wurde; er klopfte an der Tür einer armen Kate an und … wurde hereingelassen. Nach der „Banja" (Dampfbad) legte man ihn auf den russischen Ofen, dort ereilte ihn der nächste Schub der Krankheit. Die Bauern schafften es aber, mit Hilfe ihrer Steppenmedizin Formosow gesund zu pflegen! Es lag noch Schnee, als die „Roten" das Gebiet wiedereroberten. Er meldete sich bei einer in der Nähe stationierten Einheit, dort wurde er jedoch ... in ein Militärgefängnis eingesperrt. Einen Monat verbrachte er im Kerker, bis ein Wunder passierte: Ein politischer Kommissar, dem er zur Flucht aus der Gefangenschaft verholfen hatte (die Landkarte!), erkannte ihn und teilte ihn als technischen Zeichner dem Stab der Armee zu. Im Frühjahr 1920 gewannen die „Roten" Oberhand. Formosows Dienst im Stab bewahrte ihn davor, den Grausamkeiten „seiner" Armee zusehen zu müssen. Der Stab, in dem er tätig war, wurde Anfang April 1920 nach Jekaterinenburg (später Swerdlowsk) verlegt, wo Alexander Nikolajewitsch wieder sein Tagebuch führen konnte: „In Jekaterinenburg sind Fledermäuse sehr häufig, sie schwärmen noch vor dem Anbruch der Dunkelheit hinaus und fliegen zusammen mit Mauerseglern herum ..."

Nur kurz dauerte der neue Dienst: Der für den Krieg zuständige Volkskommissar Leo D. Trotzkij erließ den Befehl, alle Soldaten, die im Zivilleben im Transportwesen tätig waren, zu entlassen. Formosow war vor dem Bürgerkrieg mit der Kartierung der Wasserwege auf der Wolga befasst, auch er wurde entlassen. Von der Armee erhielt er eine Abfindung: Einen Militärmantel aus gutem Stoff und hochwertige Stiefel, beides englischer Provenienz (erbeutet von den „Weißen"); bevor er das Elternhaus erreichte, wurden ihm jedoch die Stiefel geklaut ...

Formosow zog für sich eine Bilanz der Bürgerkriegsjahre: Das Gute und das Böse sind nicht durch eine klare Linie zu trennen; jeder Mensch kann das Gute stärken; die Liebe zur Natur ist eine rettende Kraft.

Ich habe während meiner Aufenthalte in der damaligen Sowjetunion mehrere Male Alexander Nikolajewitsch Formosow getroffen, wir führten lange Gespräche. Damals kannte ich seine Vergangenheit nicht, jedoch Ton und viele Inhalte unserer Dispute, das fühle ich jetzt, waren durch diese seine Erfahrungen geprägt.

Zurück aber ins Nischnyj Nowgorod des Jahres 1920: Anstatt das Ingenieurstudium fortzusetzen, schrieb sich Alexander Nikolajewitsch an der Biologischen Fakultät der hier neu entstandenen Universität ein. Im Herbst 1922 wechselte er zur Biologischen Fakultät der Moskauer Universität (die Wohnungslage war in der Hauptstadt katastrophal, der Direktor des Darwin-Museums erlaubte ihm aber, in einem Lagerraum des Hauses zu schlafen). Man war ja gewöhnt, unter schwierigen Umständen zu leben und zu arbeiten, das Studium verlief also erfolgreich. Nicht nur das:

1922/23 schrieb Formosow einen Roman für Jugendliche – „Sechs Tage in den Wäldern“, der zu einem großen Erfolg wurde; der Text war reich mit seinen Zeichnungen illustriert. Der Nestor der russischen animalistischen Kunst, W.A. Watagin (der für das Darwin-Museum tätig war) sagte: „Zum ersten Male sehe ich einen Menschen, der so gut mit einer Feder zeichnen kann“ (s. auch Smirin 1999). Formosows ferner Ziehvater aus Kanada, Seton Thompson, bedankte sich für das ihm zugesandte Exemplar des Buches mit den Worten (11.8.1924): „Mein lieber, junger Freund! Gerade erhielt ich Ihr Buch. Der Text [Sprache], oh weh, ist für mich nicht zugänglich, falls er aber so gut ist wie die Bilder, dann handelt es sich um etwas Ausgezeichnetes. Ich sehe die Seele eines begeisterten Naturalisten in jedem Federstrich und das ist mehr als das einfache Interesse eines Freizeitjägers, den ich ebenfalls vom Anfang bis zum Ende des Buches erblicke.“

1925 hatte Formosow sein Studium abgeschlossen und wurde an der Universität Aspirant (Vorbereitung der Doktorarbeit). Jetzt folgten Expeditionen in die Mongolei und in den Fernen Osten Russlands. Seit 1929 war er Dozent, 1935 wurde er zum Professor ernannt (mit 36 Jahren, für sowjetische Verhältnisse sehr früh!). Neben wichtigen wissenschaftlichen Publikationen (1928 erschien in den USA seine Arbeit „Säugetiere in der Biozönose der Steppe“) verfasste er weiterhin populärwissenschaftliche Schriften – das Lob aus Kanada hatte Folgen! Seine Vorlesungen und Feldpraktika zogen Massen von Studenten an (Karasewa 1999, Oliger 1999, Schilow & Schilowa 1999).

Die Universitätskarriere wurde durch den deutschen Überfall auf die Sowjetunion im Sommer 1941 unterbrochen. Zum ersten Male enthält sein Tagebuch Eintragungen, die nicht nur naturkundlicher Art sind (nach Formosow, A.A. 1980: 99): „10. August [1941]: Ich habe Abenddienst [im Gebäude der Universität; Moskau liegt in der Reichweite der deutschen Luftwaffe]. Fledermäuse mittlerer Größe, 5 bis 7 Stück, fliegen über dem Garten im Hof der Universität und fangen Weidenspinner. [...] Um 11 Uhr Alarm. Unheilvoll dröhnen die Sirenen. Heftiges Getrampel der in die Luftschutzkeller eilenden Menschen ... [...] Es ist zwölf, ein, zwei Uhr, immer noch kein Ende der Luftangriffe. Erst nahe drei Uhr wird es ruhig.“

Es waren Jahre der Ängste um die Familie, der Flucht, der Sorge um sein wissenschaftliches und künstlerisches Archiv, um das Schicksal der evakuierten Universität. Aber er überstand dies alles.

In der Nachkriegszeit wurde Formosow Leiter der von ihm gegründeten Biogeografischen Abteilung des Instituts für Geografie der Akademie der Wissenschaften in Moskau. Jetzt erschien sein wichtigstes Werk: „Die Rolle der Schneedecke im Leben der Säugetiere und Vögel" (das Buch wurde bereits vor dem Kriege in einer Leningrader Druckerei gesetzt, durch Kriegsereignisse jedoch vernichtet). Im Westen wurde es ins Englische übersetzt, Charles Elton lobte die Schrift als ein klassisches Werk. Eine wichtige Materialquelle für weitere Arbeiten bildeten Expeditionen in ferne Regionen des Landes. Er leitete effektiv eine Gruppe von Wissenschaftlern, die neue Themen aufgriffen. Privat verfasste Formosow auch weitere populärwissenschaftliche Schriften (erst 1997 gaben seine Söhne einen prachtvollen Sammelband unter dem Titel „Mitten in der Natur" heraus). 1962 übergab er die Leitung der Biogeografischen Abteilung seinem Schüler J.A. Isakow (vgl. S. 59-67), blieb jedoch im Institut als Konsultant tätig. In dieser Zeit hatte auch ich die Gelegenheit, mit ihm die Problematik der Ausbreitung der Areale von Tierarten zu diskutieren, an der ich damals gearbeitet habe; seine Hilfsbereitschaft war uneingeschränkt, sein Wissen enorm. Er fragte auch, ob die Warschauer Polytechnische Hochschule, an der er sein Studium begann, noch existiere; ich wohnte damals in Warschau direkt an dem „Polytechnikum" und konnte seinen Wissensdurst stillen.

Dank seiner politischen Abstinenz überstand Formosow die düsteren und tragischen 1930er Jahre in der Sowjetunion relativ unbehelligt. Ihn plagten jedoch Ängste, da er in seinem Lebenslauf nicht angegeben hatte, dass er seinerzeit Gefangener der „Weißen" war; so erschrak er im Jahre 1937, als er aufgefordert wurde, sich sofort in der Lubjanka (Hauptquartier des NKWD in Moskau mit dem berüchtigten Gefängnis) zu melden. Wie neugeboren fühlte er sich aber, als die Beamten ihm einen toten Wiedehopf mit einem rumänischen Aluminiumring vorlegten und fragten, ob dies das Instrument einer Spionageaktion der Rumänen sei? Er hielt einen längeren Vortrag über die wissenschaftliche Vogelberingung und wurde freundlich verabschiedet nach der verneinenden Beantwortung der letzten Frage des Protokollführers: „Also der Vogel stellt keine Gefährdung der Sowjetunion dar?"...

In der Nachkriegszeit gelang es ihm aber nicht, sich fern des gefährlichen Grenzbereiches zwischen Politik und Wissenschaft zu halten. Zumindest in zwei Fällen geriet er in Schwierigkeiten. Sein gradliniger Charakter trug dazu bei.

Formosow befasste sich u.a. mit der innerartlichen Konkurrenz in Tierpopulationen. Wie bekannt, wurden aber die biologischen Wissenschaften in der Sowjetunion, insbesondere in den 1940er und 1950er Jahren, stark ideologisiert: Trofim D. Lyssenko verkündete eine „neue Genetik" (s. Seiten 183-184 und 195-197), die Evolutionstheorie von Darwin wurde durch den sog. schöpferischen Darwinismus „korrigiert"; u.a. galt, dass es innerhalb einer Population keine Konkurrenz, keinen Kampf, gibt (abgeleitet von der politischen Vorstellung einer sozialistischen Gesellschaft, in der es keine Gegensätze, keinen Kampf geben durfte). Lyssenko verkündete demagogisch: „Der Wolf frisst den Hasen und nicht der Hase den Hasen!" Formosow glaubte aber daran, dass Argumente in einer wissenschaftlichen Diskussion stets zur Findung der Wahrheit führen müssten und organisierte Symposien, publizierte seine Forschungsergebnisse, trug seine Ansichten den Studenten vor. Er äußerte sich auch kritisch über die „neue Genetik" (Formosow, A.A. 1980: 115-116). Dies waren ausreichende Gründe, um ihn als Wissenschaftler „unter Beschuss" zu nehmen. Gezielt hat man Formosow „Steine in den Weg gelegt": Er wurde aus verschiedenen wissenschaftlichen Gremien und Redaktionskollegien entfernt, seine Aufsätze für die Jugend wurden nicht gedruckt, er durfte keine Universitätsvorlesungen mehr halten u.ä. (u.a. Stilmark 1999b). Formosow gehört zu den wenigen Gegnern Lyssenkos, die diese kritische Periode in der sowjetischen Biologie ohne Aufgabe ihrer Überzeugungen relativ gut überstanden haben.

Abb. 87. Prof. Alexander N. Formosow aus Moskau (um 1960).

Der zweite Fall: Als 1951 ein großer Teil der sowjetischen Naturschutzgebiete (Sapowedniks) aufgelöst und der normalen Bewirtschaftung übergeben wurde, votierte Formosow energisch dagegen (vgl. auch Absatz über Semenow-Tjan-Schanskij, S. 272-279). Dieser Regierungsbeschluss wurde aufgrund einer Empfehlung des Ministeriums für Staatliche Kontrolle, das damals von W.N. Merkulow (einem ehemaligen engen Mitarbeiter des berüchtigten, langjährigen NKWD-Chef L.D. Berija) geleitet wurde, gefasst; mit diesem Mann stritt Formosow persönlich und trug ihm seine Argumente vor, natürlich ohne Erfolg. Man warf ihm daraufhin „Antisowjetismus" vor, eine der größten Sünden im Sowjetstaat. Nach Stalins Ableben wurde Merkulow (aus anderen Gründen) zum Tode verurteilt und 1953 erschossen, aber auch jetzt ergaben Proteste keine Wende. Erst 1957 gelang es, vielen Gebieten den Schutzstatus zurückzuverleihen. Doch 1961 hat der neue Partei- und Staatschef N.S. Chruschtschow wieder gegen „zu viele" Sapowedniks gewettert. Formosow verfasste erneut Protestschreiben und Anträge an die höchsten Partei- und Staatsorgane. Erst nach Chruschtschows Entmachtung brachten sie Erfolg (Formosow, A.A. 1980: 128, Stilmark 1999b). Das heutige Netz von großen Schutzgebieten in Russland ist zum Teil Alexander Nikolajewisch Formosow zu verdanken!

Das Image des parteilosen Professors muss bei den politisch-administrativen Behörden schlecht gewesen sein, da er zu wissenschaftlichen Tagungen im westlichen Ausland keine Reisegenehmigungen erhielt (auch, als er zum Vizepräsidenten eines Kongresses in die USA berufen wurde und die Amerikaner seine Teilnahmekosten übernehmen wollten). Er galt als „niewyjesdnyj" (etwa: nicht geeignet für Auslandsreisen). Nur einmal, 1956, als das politische System seines Landes versuchte, sich zu „entstalinisieren", weilte er in Brasilien. Ihn begeisterte die Natur der Tropen, die er in Wort und handgemalten Skizzen festhielt.

Um wichtige Lücken dieser Lebensgeschichte zu schließen, befragte ich kürzlich (März 2001) den jüngsten Sohn des 1973 verstorbenen Professors, Nikolaj Alexandrowitsch Formosow. Auf die Frage, wie sein Vater die politisch bedingten Schwierigkeiten, auf die er so oft stieß bewältigte, sagte er: „Mein Vater litt stets darunter, rettete sich davor durch die Flucht in seine wissenschaftliche und künstlerische Arbeit. Noch mehr belasteten ihn aber Schicksale anderer; eines der schlimmsten Erlebnisse für ihn war der Freitod seines begabtesten Schülers, Alexej Michailowitsch Sergeew."

Abb. 88. Prof. Alexander N. Formosow als Rentner (1970).

(Dieser geriet während des Krieges in deutsche Gefangenschaft, wurde „Hilfsfreiwilliger der Wehrmacht", nach dem Kriege sperrte man ihn in einem sibirischen Lager ein, wo er sich etwa 1947 das Leben nahm.)

Zum Abschluss des Gespräches ging ich noch auf den wohl schwersten Abschnitt Alexander Nikolajewitschs Lebens ein, auf den Bürgerkrieg. Nikolaj war aber der Meinung, dass diese Jahre in vielerlei Hinsicht positiv zu werten seien. Sie wären für die Karriere seines Vaters entscheidend gewesen: Ohne diese kritische Zeit hätte Russland lediglich einen wohl sehr durchschnittlichen Ingenieur mehr gehabt. Gerade die Schrecken und die Erlebnisse des Bürgerkrieges hätten dem Vater aber den Anstoß gegeben, den durch seine Begabung vorbestimmten Weg zu gehen. Dem fügte Nikolaj noch ein Argument hinzu: Der geniale Wladimir Nabokow wäre ohne die Schrecken der russischen Revolution und der dadurch bedingten Emigration möglicherweise Entomologe und nicht Schriftsteller geworden (s. Nabokows Roman „Die Gabe").

Als ich mich verabschieden wollte, hielt mich Nikolaj auf und meinte, er müsse mir noch sagen, dass seinen Vater in den letzten Lebensjahren eine besondere Zuneigung zu den Deutschen prägte. Auf mein „wieso?" erzählte er mir eine Begebenheit, die sich während des 13. Internationalen Entomologen-Kongresses in Moskau, im Jahre 1968 (an dem auch Prof. Formosow teilnahm), abspielte: Als Dr. Michael Klemm aus Berlin seinen auf Russisch gesprochenen Vortrag beendete, trat ein sowjetischer Teilnehmer der Tagung auf das Podium und rief mit bebender Stimme: „Ich habe Sie erkannt! Sie sind derjenige, der mir das Leben gerettet hat, als ich Kriegsgefangener in Deutschland war!" Die beiden umarmten sich lange. Tatsächlich steht in einem Nachruf auf Klemm (Schulz 1984/85): „[Er] setzte sich während des Krieges persönlich für russische Wissenschaftler ein, die in deutsche Gefangenschaft geraten waren."

Die Erfahrung des jungen Rotarmisten Formosow hat sich erneut bestätigt: Das Gute und das Böse sind nicht durch eine klare Linie getrennt.

* * *

Über die verheerenden Auswirkungen des Kommunismus auf das Leben und Wirken von Wissenschaftlern wurde bereits zur Genüge berichtet. Nun will ich aber einen Fall schildern, wo der Einfluss dieses politisch-gesellschaftlichen Systems zunächst als höchst positiv gewertet wurde: **Dr. Pierre Pfeffer (geb. 1927)**, ein französischer Herpetologe, Ornithologe und Theriologe, erzählte mir mit viel Begeisterung über eine Moskauer Grundschule, die er in den 1930er Jahren besuchte und die aus ihm einen Zoologen machte! Das pädagogische Geheimnis dieser Schule lag darin, dass neben dem normalen Unterricht Interessenzirkel existierten, in denen die Schüler viel Zeit verbrachten, weitgehend selbstständig das Arbeitsprogramm gestalteten und dadurch auch gerne die Schule besuchten und zu schülerischen Leistungen angeregt wurden. Es gab dort u.a. Zirkel Junger Ingenieure, Junger Flieger, Junger Biologen u.a.m. Pierre war einige Jahre aktives Mitglied des letzteren, was einen prägenden Einfluss auf sein restliches Leben ausübte.

Das oben Gesagte provoziert jedoch Fragen: Ein junger Franzose, später ein bekannter französischer Wissenschaftler, soll seinen Schulunterricht im Moskau der 1930er Jahre begonnen und auch später noch gelobt haben?

Die Geschichte des Pierre Pfeffers ist so ungewöhnlich, dass ich sie hier „von Anfang an" nachzeichnen muss.

In der Pause einer wissenschaftlichen Konferenz in Bonn im Jahre 1995 wollte ich mit Dr. Pfeffer ein strittiges Thema erörtern und fragte zunächst (wegen seines Namens), ob er auch deutsch spreche; er verneinte dies, fragte jedoch zurück (wegen meines Namens), ob ich polnisch spreche. Als ich dies bejahte, klärten wir rasch das Problem auf Polnisch. Später fand ich die Gelegenheit, in einem guten Pariser Restaurant mit ihm zu speisen, um sein russisch-französisch-polnisches Geheimnis zu lüften.

Die Geschichte begann Anfang des 20. Jahrhunderts mit seiner späteren Mutter, Maria Beylin, einer Polin aus Warschau (damals also russischer Staatsbürgerin), die nach dem Abitur beschloss, Wissenschaftlerin zu werden; einige Jahre zuvor, 1905, wurde die in Frankreich lebende Polin, Maria Skłodowska-Curie, mit dem Nobelpreis ausgezeichnet, was nicht nur ihr den Impuls gab, eine wissenschaftliche Karriere anzustreben. Die Familie Beylin war sozialistisch geprägt und auch politisch engagiert. Maria, die Abiturientin, stand unter dem Einfluss ihres Onkels Maximilian Walecki, eines Mathematikers, der von dem damaligen zaristischen Regime wegen seiner links-revolutionären Tätigkeit für lange Zeit in Gefängnissen eingesperrt war; dieser gab ihr den Rat, nach Frankreich zu fahren, um dort an der Pariser Sorbonne Mathematik zu studieren. Sie beendete das Studium mit Erfolg, als Ausländerin konnte sie jedoch keine Arbeitsstelle in Frankreich finden. Noch vor dem Ausbruch des Ersten Weltkriegs (Skłodowska-Curie erhielt inzwischen das zweite Mal den Nobelpreis) kehrte sie nach Warschau zurück.

Als 1918 die Republik Polen restituiert wurde, war die Familie enttäuscht, dass das Land dem in Russland entstehenden sozialistischen Staat feindlich gegenüberstand. Onkel Walecki, inzwischen Kommunist, emigrierte nach Moskau und arbeitete dort in der Zentrale der 1919 gegründeten 3. Kommunistischen Internationale (Komintern). Er wohnte im Hotel „Lux" und hatte auch oft mit Lenin, dem Gründer des Sowjetstaates zu tun. Auch Maria verließ 1919 Polen und ging, diesmal mit polnischem Pass, erneut nach Frankreich, wo die linke politische Strömung freier als in ihrer Heimat wirken durfte. Das nötige Geld verdiente sie zunächst durch Nachhilfeunterricht (in Mathematik) und Übersetzungen (außer Polnisch, Russisch und Französisch beherrschte sie auch Deutsch, später auch Spanisch, z.T. Englisch). Mitte der 1920er Jahre heiratete sie Adolf Pfeffer, einen deutschen Kunst- und Literaturkritiker, auch Dichter aus den Kreisen des Pariser Montparnasse, der in Frankreich lebte und als freier Journalist u.a. für deutsche Zeitungen schrieb; er entstammte einer deutschen Familie aus der Ukraine, die während der Revolutionswirren in Russland nach Frankreich emigrierte. Frucht dieser Ehe war der 1927 geborene Sohn Pierre, der spätere Zoologe!

Aber Adolf Pfeffer war kein treuer Ehemann, schon kurz nach der Geburt des Sohnes feuerte ihn die selbstbewusste Maria aus der gemeinsamen Wohnung. Jetzt fand sie auch eine gute Arbeitsstelle, und zwar in der amtlichen Presseagentur der Sowjetunion, in der TASS-Filiale in Paris. Ihre engagierte Arbeit fand Anerkennung; hier begegnete sie ihrem späteren Lebensgefährten, dem russischen Aristokraten Sergej Sergejewitsch Lukjanow. Dieser stammte zwar aus den Reihen der „weißen" Emigranten, unterlag jedoch der sowjetischen Propaganda dieser Jahre und bejahte den Aufbau des Sozialismus in seiner Heimat. Auf seine Anregung und mit Unterstützung des nun in Moskau wirkenden Onkel Maximilian, zogen die beiden 1930 in die Sowjetunion. Zunächst wohnten sie ebenfalls im Hotel „Lux", Maria erhielt eine gute Arbeitsstelle in der Moskauer Zentrale der TASS-Agentur. Der dreijährige Pierre wurde unterwegs der Großmutter in Warschau zur Betreuung übergeben.

Im Jahre 1932 zog jedoch Pierre zu seiner Mutter nach Moskau (sie trug jetzt den Namen Speer, es war Sitte, dass die meisten Ausländer hier unter veränderten Namen tätig waren). Die ersten Monate verbrachte auch er mit der Mama im Hotel „Lux", kurz danach erhielten sie eine Wohnung, eine sogenannte „Kommunalka" (dort wohnten gemeinsam einige Familien, getrennt nur durch Stoffvorhänge, mit einer gemeinsamen Küche und Toilette), danach lebten sie beide in einem Zimmer des Hauses der Journalisten. Der junge Pierre, bereits damals durch die Warschauer Verwandtschaft sozialistisch geprägt, war zunächst von der Hauptstadt der Weltrevolution enttäuscht, nicht nur wegen der Wohnung: Überall waren massenhaft verarmte Bauern in ihren Bastschuhen anzutreffen (die Kollektivierung der Landwirtschaft trieb sie in die Städte), Obdachlose, in Fetzen gekleidete Kinder (die während des grausamen Bürgerkrieges ihr Zuhause verloren hatten) standen auf den Straßen; alle bettelten um Essen. Auf kritische Fragen erhielt Pierre die Antwort, es handle sich um „arbeitsscheue Elemente". Ein Jahr später änderte sich jedoch das äußere Bild der Stadt: Alle Bettler verschwanden plötzlich. Pierres Mutter war mit ihrem Dasein zufrieden, sie erläuterte dem Sohn, dass dies erst der Beginn des sozialistischen Aufbaus sei; das jetzt gute Bild der Stadt bestätige auch den Fortschritt (was Pierre damals nicht ahnen konnte: Die Militz säuberte die Straßen durch Umsiedlung der Leute in Lager, in Kolchosen oder in Kinderheime). Von Anfang an ging Pierre in den Kindergarten, wo er auch die russische Sprache lernte. Während seiner Besuche bei der Mutter im TASS-Gebäude durfte er auf sie stolz sein: Auf der großen Tafel mit Fotos der besten Mitarbeiter (Arbeitsaktivisten – „Udarniki") war auch stets ihr Porträt zu sehen. Er litt auch keinen Hunger, da seine Mutter in einem Spezialgeschäft für Funktionäre und Ausländer einkaufen durfte (es war das Jelisejew-Geschäft an der Gorki-Straße, eines der Prachtgeschäfte aus der zaristischen Zeit). Es gab damals auch die sog. „Torg-Sin"-Spezialgeschäfte, in denen sogar normale Bürger gegen Devisen oder Kostbarkeiten (Gold, Silber, Edelschmuck u.a.) einkaufen konnten; als der aufmerksame Pierre dort einmal mit seiner Mutter war, sah er, wie eine alte Frau ihr silbernes Kruzifix gegen ein paar Apfelsinen eintauschte …

Mit acht Jahren wurde Pierre eingeschult. Sprachschwierigkeiten waren dank des Kindergartenbesuchs und der guten Beherrschung der polnischen Sprache rasch behoben (sein Französisch hatte er aber inzwischen fast vergessen). Im Zirkel der Jungen Biologen war er für die Schlangen-Terrarien zuständig; seine noch kindliche Begeisterung für diese Tiere veranlasste ihn einmal dazu, sie mit den im Spezialgeschäft gekauften Bonbons zu füttern (die geduldige Erklärung des Lehrers brachte jedoch neue Erkenntnisse über die Ernährung der Schlangen). In Moskauer Buchhandlungen gab es viele interessante Bücher über Tiere, auch gezielt für Jugendliche verfasst, die sehr billig waren; Pierre konnte sie von seinem Taschengeld bezahlen. Seine Mutter schenkte ihm eine vielbändige, russische Ausgabe von Brehms „Tierleben". Er las die Bücher mit Begeisterung. Natürlich stand die Schule nicht nur auf hohem pädagogischem Niveau, auch die Ideologie wurde den Schülern meisterhaft eingetrichtert (in Pierres Erinnerung blieb u.a. die „heldenhafte" Geschichte des Jungen Pawka Morosow, der so klassenbewusst war, dass er die eigenen Eltern angezeigt hatte, was aber schon damals sein Unbehagen hervorrief). Auch absonderliches Verhalten seiner Mitschüler gab ihm zu denken: „Deine Mutter ist eine Burschujka" (Bourgois), sagten sie zu ihm (Frau Beylin hatte noch schöne Kleider aus Paris und Warschau und legte Wert auf gutes Aussehen). Pierre gewöhnte sich aber an das neue Leben, hatte zahlreiche Freunde. Im Hause der Journalisten unterhielten sich mit ihm Bewohner der benachbarten Wohnzimmer; in bester Erinnerung blieb ihm ein junger, sportlicher und gut aussehender (angeblich) kanadischer Journalist mit dem Namen Jackson, der ihn mit Petia (Peterchen) anredete, sich jedoch wie mit einem Erwachsenen unterhielt.

Zu Beginn der zweiten Hälfte der 1930er Jahre traten jedoch gewisse Schwierigkeiten im Leben der erfolgreichen TASS-Mitarbeiterin auf: Sie erhielt eine Kündigung! Ihr gelang es aber, eine Stelle in der Redaktion des „Le Journal de Moscou" zu erlangen. 1937 geschah aber Schlimmeres: Onkel Walecki wurde verhaftet und kurz danach erschossen, seine Familie wurde nach Sibirien verbannt! Auch Freund Lukjanow wurde verhaftet (über sein Schicksal hat man niemals etwas erfahren). Pierres Mutter wurde im Mai 1937 zur GPU (politische Polizei) bestellt und verhört; ihr wurde mitgeteilt, dass gegen sie nichts Belastendes vorliege, da sie aber im Kreise von Trotzkisten und Verrätern verkehrte, müsse sie schleunigst die Sowjetunion verlassen, sonst wäre man gezwungen, auch sie zu verhaften ...

Frau Beylin/Speer hatte noch immer die polnische Staatsbürgerschaft und den polnischen Pass, so ging sie in das polnische Konsulat in Moskau mit der Bitte um Erlaubnis, in ihre Heimat zurückkehren zu dürfen (die autoritäre Regierung Polens dieser Jahre unterzog Reisen aus und in die Sowjetunion strenger Kontrolle). Der nette Konsularbeamte steckte jedoch ihren Pass in das Schubfach seines Schreibtisches und teilte mit, dass sie ja freiwillig in die Sowjetunion emigriert sei und nun in ihrer Wahlheimat bleiben solle ...

Jetzt war Pierres Mutter staatenlos. Freiwillig ging sie zurück zur GPU mit der Frage, was sie nun tun solle? Dort muss sie ausnahmsweise auf einen humanen Beamten gestoßen sein, denn anstatt sie zu verhaften, riet ihr dieser das Konsulat Frankreichs aufzusuchen, da ihr Sohn französischer Staatsbürger sei. Sie hatte Glück: Für den 10-jährigen Pierre wurde ein französischer Pass ausgestellt und auf der für Eintragung von Begleitpersonen bestimmten Seite des Dokuments trug der Konsul den Namen seiner staatenloser Mutter ein (normalerweise stehen dort die Namen der minderjährigen Kinder des Passinhabers). Die Redaktion des „Journal de Moscou" erklärte sich bereit, für Pierre und seine „Begleiterin" das Ticket 1. Klasse für eine Schiffspassage von Leningrad nach London zu bezahlen. Schleunigst nutzten die beiden das Angebot und bestiegen den sowjetischen Passagierdampfer „Kooperazja" (Zusammenarbeit). Pierre war damals noch immer voller sozialistischer Ideale, denn er erzählte mir, dass er während der Vorbeifahrt an der deutschen Küste eine Flaschenpost ins Meer warf mit einem Kampfappell an die spanischen Verteidiger der Republik (in Spanien wütete der Bürgerkrieg mit sowjetischer Hilfe) und einem Protest gegen die deutsch-nationalsozialistische Unterstützung des Generals Franco. Die Schiffspassage behielt Pierre in bester Erinnerung: Die Wohnkabine war viel besser als die Moskauer „Kommunalka", die Bedienung und das Essen hervorragend (mit Wehmut klagte er während unseres Mahls, dass er damals Kaviar nicht mochte, der in beliebiger Menge serviert wurde).

Erst nach der Überfahrt aus London nach Paris stieß Pierre auf Schwierigkeiten: Er musste die französische Sprache neu erlernen; der strenge und langweilige Schulunterricht, die autoritären Lehrer, das befohlene Pauken und die häufigen körperlichen Strafen hatten in ihm eine Abneigung, sogar Hass auf die Schule erzeugt. Nichts von der erhofften Unterstützung seiner naturkundlichen Interessen ...

Pierres Mutter stieß auf andere Probleme: Sie berichtete offen und empört über die Verhaftungen, Schauprozesse und Hinrichtungen in Moskau. Seitens ihrer Pariser Freunde begegneten ihr jedoch nur Unglaube, sogar Empörung. Einige erblickten in ihr eine Konterrevolutionärin und Verräterin der kommunistischen Ideale. Sie war zwar geläutert, aber noch immer dem „edlen" links-revolutionären Gedankengut ergeben. Jetzt unterstützte sie aktiv die Republikaner im spanischen Bürgerkrieg, und zwar als Vermittlerin bei sowjetischen Waffenlieferungen und dem Rücktransport verwundeter sowjetischer Militärs und Berater.

Der Ausbruch des Zweiten Weltkriegs und die Besetzung Frankreichs durch die deutschen Truppen im Juni 1940 veränderte die Lage abrupt: Frau Beylin trat der kommunistischen Résistance-Bewegung bei, wo die früheren ideologischen Unterschiede zu französischen Genossen durch die Notwendigkeit des Kampfes gegen den Aggressor überdeckt wurden; hier leistete sie, dank ihrer Sprachkenntnisse und journalistischer Erfahrung, unersetzliche Dienste: Sie hörte ausländische Radiostationen ab und verfasste Berichte über die tatsächliche Lage an den Fronten des Krieges. Ende Sommer 1940 erfuhr Pierre Sensationelles von seiner Mutter, als die Zeitungen das Foto des Mörders des verbannten russischen Revolutionärs Leo D. Trotzkij, eines Mannes mit Namen Ramón Mercader veröffentlichten: Es war der „kanadische Journalist", der sich mit Pierre so oft und so nett in Moskau unterhalten hatte! Etwas später begann Frau Beylin in ihrer Wohnung eine deutschsprachige Untergrundzeitung für Wehrmacht-Soldaten mit defätistischen Inhalten zu drucken. Auch Pierre wurde von Anfang an als Kurier in diese Arbeit eingebunden; als aber 1943 die Gestapo auf die Spur der Gruppe kam, musste er untertauchen, er trat einer kommunistischen Kampfgruppe bei. Wegen seiner polnischen Sprachkenntnisse wurde er Verbindungssoldat zu einer polnischen Résistance-Gruppe (die u.a. aus desertierten, oberschlesischen Wehrmacht-Soldaten bestand). Um diese Zeit erreichte ihn auch die traurige Nachricht, dass sein Vater, Adolf Pfeffer, wegen Beleidigung eines deutschen Offiziers in einem Kriegsgefangenenlager erschossen worden war. Mitte 1944 stießen in die Gegend von Toulon, wo Pierres Résistance-Gruppe operierte, die alliierten Truppen vor; jetzt trat er, mit 16 Jahren, in die reguläre französische Armee ein. Er kämpfte im Rhone-Tal, im Elsass und in Süddeutschland, am 8. Mai 1945, dem Tag der Kapitulation, stand seine Einheit in Friedrichshafen.

Das erste Friedensjahr verbrachte Pierre als französischer Besatzungssoldat in Süddeutschland und in Österreich, die Stimmung in der Truppe war gut. Fast alle Soldaten seiner Einheit erlagen dem Charisma ihres Kommandeurs und waren bereit, mit ihm nach Indochina zu gehen, um dort die Rebellion gegen die französische Kolonialmacht zu bekämpfen. Anfang 1947 nutzte Pierre noch schnell seinen Urlaubsanspruch, um sich von der Mutter in Paris zu verabschieden. Sie war glücklich, den Sohn wiederzusehen. Ihre Lage verbesserte sich nach dem Kriegsende: Jetzt wurde sie nicht nur Staatsbürgerin der Französischen Republik und Mitarbeiterin im Ministerium für Information, auch hohe französische Orden wurden ihr verliehen (später auch polnische). Als Pierre ihr jedoch die eigenen Pläne vortrug, gab es scharfen Protest: Du kannst doch nicht im Namen der französischen Kolonialgewalt gegen die Befreiungsbewegung in Indochina kämpfen, hieß es! Pierre sah es ein und trat aus der Armee aus …

Als Résistance- und Armee-Kombattanten stand ihm ein fünfjähriges Schul- bzw. Studienstipendium zu. Er machte in Paris das Abitur und immatrikulierte sich an der Sorbonne. Jetzt erwachten seine naturkundlichen Interessen wieder, er wurde Biologiestudent. Aber nach den turbulenten Kriegsjahren war ihm das so theoretische Studium und das bürgerliche Leben in einer Großstadt teils zu langweilig, teils zu verwirrend. Im Sommer 1949 beschloss er, aus der europäischen Zivilisation auszusteigen und nach Afrika, in die französischen Kolonien zu gehen, wo er mit den Einheimischen auf dem Lande lebte. Hier ging er oft auf die Jagd, beobachtete Tiere in freier Natur. Die damaligen Zustände in den Kolonien führten dazu, dass auch seine ideologische Prägung wieder erwachte, er sprach oft und offen über die Ungerechtigkeiten der Kolonialherrschaft; er ahnte nicht, dass es Spitzel gab, die dies den französischen kolonialen Sicherheitsbehörden meldeten. Die Polizei hat sich seiner angenommen: Verhaftung, Gerichtsverfahren, eine dreitägige Haft waren die Folgen. Mit der Zeit hat sich jedoch das Leben des jungen Aussteigers stabilisiert: Er nahm Kontakt zu dem Pariser Museum für Naturkunde auf, fing an wissenschaftlich zu arbeiten und zu studieren, 1958 erlangte er in Paris das Universitätsdiplom. Pierres reichhaltige Lebenserfahrung „normalisierte" seine politischen Ansichten, vor allem jedoch seine Aktivitäten. Nachdem er Mitarbeiter der Zoologischen Abteilung des Pariser Museums wurde, galt sein Intellekt und sein Fleß der wissenschaftlichen Arbeit. Nun begann eine sehr erfolgreiche wissenschaftliche Karriere: Er nahm teil an Dutzenden von Expeditionen nach Afrika, nach Südostasien (in den 1960er Jahren heiratete er in Kambodscha), dann in die bereits unabhängigen Staaten Afrikas, wo er die Unterstützung seiner alten Freunde genoss. Die Zeit zwischen den Expeditionen füllten die Auswertung und Bearbeitung des gesammelten Materials in Paris: Insgesamt publizierte Pierre weit über einhundert wissenschaftliche Arbeiten und mehrere wichtige Bücher. Viel Zeit und Energie widmete er der Beratung nationaler und internationaler Gremien und der Koordination von Naturschutzprojeketen im Ausland.

Auch dieser Teil seines „normalen" Lebens enthält viel Spannendes, stellenweise jedoch auch Tragisches: Pierres kambodschanische Tochter geriet in der zweiten Hälfte der 1970er Jahre unter die Herrschaft des Pol-Pot-Regimes und wurde Arbeitssklavin des steinzeitkommunistischen „Experiments" in ihrer Heimat (sie überlebte jedoch die grausamen Jahre). Spannend dagegen war eine Reise „in seine Vergangenheit", nach Polen und in die Sowjetunion, die er zusammen mit dem bekannten französischen Ornithologen Robert Etchécopar bereits 1960 unternahm (Abb. 89). In Warschau (dort fand damals die 7. Generalversammlung der Internationalen Naturschutzunion statt) besuchte er auch seine Verwandten und die nostalgischen Spielplätze seiner Kindheit; nach den Moskauer Erfahrungen der 1930er Jahre erschien ihm das damals kommunistische Polen als Hort der Liberalität, mit Tanten und Onkeln führte er freie Dispute. In Moskau fand er leider keinen Schulkollegen mehr, traf aber Universitätsprofessoren seines Faches; einer von ihnen, Prof. A.G. Bannikow, befragte Pierre nach seinen und seiner Mutter Erlebnissen in der Vorkriegszeit, schlug jedoch

Abb. 89. Dr. Pierre Pfeffer (rechts) und Robert Etchécopar im Nationalpark Białowieża/Polen (1960).

vor, das Gespräch während eines Spaziergangs auf der Straße zu führen, er fürchtete noch so viele Jahre nach Stalins Tod, dass jemand mithören könnte. In Alma-Ata (Etchékopar interessierte sich für aride Zonen Asiens) wunderte sich Pierre, dass im Zoologischen Institut der Kasachischen Akademie nur Wissenschaftler russischer Nationalität tätig waren, und fragte, ob dies nicht Kolonialismus sei (als Gegenbeweis führte man ihm einen untertänigen Kasachen vor, der im Institut eine untergeordnete Stelle bekleidete); lachen vor Wut musste er aber, als einer der dortigen Professoren meinte, dass die Polen mit ihrem national-liberalen Weg zum Sozialismus („Gomułka-Periode") den Weltfrieden gefährdeten! Bereits damals also hat Pierrs reiche Lebenserfahrung seine kritische Sicht auf das wahre Wesen des kommunistischen Systems gefestigt …

Im Jahre 1993 wurde Pierre pensioniert. Als ich mit ihm im Januar 2003 in seiner Pariser Wohnung plauderte und den guten französischen Kaffe trank, unterbrach uns ein Telefonat aus Libreville in Gabun; Pierre wurde kürzlich zum Präsidenten des Netzwerkes Zentralafrikanischer Schutzgebiete gewählt (dem acht afrikanische Staaten angehören), die nächste Vorstandssitzung stand bevor. Bereits seit 1971 befasst er sich mit der Schutzproblematik der Elefanten in 14 Staaten Afrikas; er wurde zum Kämpfer um das Verbot des Elfenbeinhandels. Pierre ist wohl der einzige Europäer, der in dieser schwierigen Auseinandersetzung Chancen auf Erfolg hat, da sein vieljähriger Aufenthalt in Afrika und seine Einstellung zu den Afrikanern zur Folge haben, dass auf seinen Rat gehört wird. Man sieht in ihm nicht nur den Wissenschaftler, auch als guter Freund und gerechter Mensch wird er dort hoch geschätzt.

* * *

6. Ein Blick in die Vergangenheit, in die Welt der Spione und in die Gegenwart

Alles, worüber bisher berichtet wurde, darf den Blick auf die weiter zurückliegenden Zeiten nicht verklären, denn bereits unter den Regimen des 19. Jahrhunderts gab es Naturforscher, die schwere, sogar tragische Schicksale erleiden mussten; in diesem Kapitel wird unter anderem über sie berichtet. In einer der vorstehenden Biografien wurde bereits das Thema Spionage und Ornithologie gestreift; dies war nicht der einzige Fall in der Weltgemeinschaft der Vogelkundler, es ist noch Spannenderes vorgekommen, das hier wiedergegeben wird. Die letzte biografische Skizze dieses Kapitels weist leider auch darauf hin, dass der Zerfall eines diktatorischen Systems nicht unbedingt die sofortige Wiederherstellung normaler Lebens- und Arbeitsbedingungen für Wissenschaftler haben muss.

* * *

Die Geschichte der Familie Jankowski soll am Anfang dieses Kapitels stehen. Dieser Name ist jedem Ornithologen, Entomologen oder Botanikern bekannt, da er oft bei der Vergabe von Bezeichnungen für neu entdeckte Arten oder Unterarten verwendet wurde, z.B. für die endemische Jankowskiammer *(Emberiza jankowskii)*, für den ostasiatischen Zwergschwan *(Cygnus bewickii jankowskyi)* und die Elster *(Pica p. jankowskii)*, für den attraktiven Jankowski-Bläuling *(Zephyrus jankowskii)*, für etwa 20 weitere Schmetterlings- und einige Pflanzenarten.

Aus dem Schrifttum ist **Michał Jankowski (1842 - 1912)** als naturkundlicher Explorer im russischen Asien bekannt (Gebhardt 1964: 173, Feliksiak 1987: 226-227); er belieferte zahlreiche Museen mit zoologischem, z.T. auch mit botanischem Material. Seine für die Wissenschaft so erfolgreiche Tätigkeit war Resultat politischer Verfolgung: Als Spross einer polnischen Kleinadelsfamilie (Schlachta) und Student der Agrarwissenschaften nahm er im Jahre 1863 am Januaraufstand gegen die russische Besatzung Polens teil und wurde nach dessen Niederschlagung zu acht Jahren Katorga (Schwerstarbeit) in Sibirien verurteilt. Bis nach Smolensk fuhren die Häftlinge mit der

Eisenbahn, doch die restlichen etwa sieben- oder achttausend Kilometer bis nach Nertschinsk hinter dem Baikalsee mussten sie im bewachten Konvoi, in Ketten, zu Fuß bewältigen. Es ist unvorstellbar, wie dies vonstatten ging. Der amerikanische Journalist George Kennan hat im 19. Jahrhundert das zaristische Verbannungssystem in Sibirien untersuchen dürfen und beschrieb u.a. diese Märsche (sein Buch wurde 1975 in deutscher Übersetzung in der DDR herausgegeben, man wollte damit eine Art Gegendarstellung zu Solschenizyns „Archipel GULAG" schaffen). Einige Fragmente aus der deutschen Ausgabe geben ein getreues Bild dieser Märsche wieder.

Zunächst ein paar allgemeine Anmerkungen über die zu Fuß getriebenen Menschen (Seiten 307-310): „Das ganze Jahr hindurch marschiert Woche für Woche eine 300 bis 400 Mann starke Kolonne von Tomsk ab in Richtung Irkutsk und legt die Strecke von 1040 Meilen in etwa einem Vierteljahr zu Fuß zurück. Die Etappen, das heißt die Marschquartiere der Verbannten, stehen in Abständen von 25 bis 40 Meilen an der Landstraße, und jede Etappe hat ihr 'Transportkommando', das sich aus einem Offizier, dem 'Natschalnik des Transportkommandos', zwei bis drei Unteroffizieren und ungefähr vierzig Soldaten zusammensetzt. [...] Von den Kolonnen werden im Monat Märsche von 500 Werst, das sind 330 Meilen, verlangt; jeden dritten Tag ist vierundzwanzig Stunden Marschpause. [...] Auf diese Weise bewegt sich der Sträflingszug nach und nach vorwärts, monatelang, rastet jeden dritten Tag und wechselt in jedem zweiten Quartier die Wachmannschaft. Jeder Sträfling erhält täglich 5 Cent für seinen Unterhalt und kauft sich sein Essen selbst von Bauern an der Straße, die sich ein Gewerbe daraus machen, es ihm zu beschaffen. Die Sommerkleidung der Verbannten besteht aus einem Hemd und einem Paar Hosen aus grobem, grauem Leinen, Fußlappen aus demselben Material statt Strümpfen, flachen Schuhen oder Pantoffeln, Kati genannt, ledernen Knöchelschützern gegen das Scheuern der Fußfesseln, einer schirmlosen Mütze und einem langen, grauen Mantel. [...] Zwischen gewöhnlichen Sträflingen und politischen Sträflingen wird kein Unterschied gemacht ..." Nach der Bewältigung eines Marschabschnittes rasteten die Sträflinge in einem Etappengefängnis mit großen Schlafzellen (S. 111): „Mitten durch den Raum zog sich die hölzerne Schlafbank, die fast die halbe Raumbreite in Anspruch nahm. [...] Die Häftlinge haben weder Kissen, Decken noch Bettwäsche." In der Zelle waren mehr als viermal so viele Häftlinge untergebracht als ursprünglich vorgesehen. Nach einer Rastpause in einem solchen Etappengefängnis bereitete man die Kolonne zum Weitermarsch (S. 312-313): „... immer lauteres, anhaltendes Kettengeklirr von der anderen Seite der Palisade kündigte an, daß die Sträflinge dabei waren, sich aufzustellen. [...] der Schmied prüfte zusammen mit einem Soldaten die Fußfesseln, ob die Nieten fest saßen und die Ringe nicht über die Fersen gestreift werden konnten; und schließlich teilte der zweite Unteroffizier jedem 10 Cent in Kupfermünzen zu, den Verpflegungssatz für zwei Tage, von einer Etappe zur anderen. Als alle Katorshniki (die zur Zwangsarbeit verurteilten Sträflinge) den Gefängnishof verlassen hatten, stellten sie sich von selbst in zwei paralellen Reihen auf, so daß sie bequem zu zählen waren, und nahmen die Mützen ab, damit der Unteroffizier sehen konnte, ob ihr Kopf zur Hälfte kahlgeschoren war [...]. Endlich war die ganze Kolonne von 350 bis 400 Menschen auf der Straße versammelt. Jeder Häftling trug einen grauen Leinensack, in dem er seine spärliche Habe aufbewahrte; viele hatten einen Kupferkessel an dem Ledergurt hängen, an dem die Kette zu den Fußfesseln befestigt war, und einer der Sträflinge trug in seinen Armen einen kleinen braunen Hund ..." Jetzt marschierten die Häftlinge los (S. 338): „Jeder einzelne ist naß bis auf die Haut vom strömenden Regen [...]. Der Schlamm ist stellenweise fast knietief ..." Eine Abwechslung bot der Marsch durch ein sibirisches Dorf (S. 339-342): „... der Starosta bittet den Transportoffizier um Erlaubnis, das 'Bettellied' singen zu dürfen [...]. Während die Kolonne [singend] langsam durch die verschlammte Straße zwischen den Reihen grauer Häuser entlangzog, erschienen an den Türen Kinder und Bauersfrauen, die Hände voll Brot, Fleisch, Eier oder anderer Eßwaren, die sie in die Mützen oder Beutel der drei oder vier kahlgeschorenen Sträflinge legten, die als Almosensammler fungierten. [...] Beim ersten Priwal, der ersten Marschrast einer Kolonne nach dem Passieren eines Dorfes, wurden die gesammelten Lebensmittel aufgeteilt und verzehrt, und dann setzten die Strafgefangenen etwas gestärkt ihren Weg fort." Viele Häftlinge erkrankten während dieser Märsche (S. 348): „Die meisten erholen sich zwar dennoch wieder, aber immerhin würde sich die Sterblichkeitsziffer in den Verbanntenkolonnen während des Marsches von Tomsk nach Irkutsk jährlich auf 12 bis 15 Prozent belaufen." Flucht war ein hoffnungsloses Unterfangen, zu schnell wurde man gefasst. Es gab aber immer wieder Verzweifelte, die es versucht haben (S. 348): „Auf sie wird sofort geschossen, und meistens werden einer oder auch mehrere zur Strecke gebracht. Bei den Soldaten sagt man: 'Eine blaue Bohne findet den Ausreißer am ehesten', und eine Kugel aus einem Berdangewehr ist immer die erste Botschaft, die man einem Flüchtling nachsendet ..."

Ähnliches muss auf dem Marsch nach Sibirien auch der junge Aufständische Michał Jankowski erlebt haben; sein Weg aus Smolensk nach Nartschinsk dauerte anderthalb Jahre! Er überstand aber den Todesmarsch, der eine Vorstufe zu seiner Katorga darstellte. Nach ein paar Jahren harter Zwangsarbeit, 1868, wurde er vorzeitig amnestiert und durfte selbst seine Beschäftigung in Sibirien wählen und bestimmen. Er wurde jetzt Mitarbeiter des Verbannungsgenossen Dr. Benedykt Dybowski, des Entdeckers der großen Artenvielfalt und der endemischen Fauna des Baikalsees, eines später berühmt gewordenen Biologen (Gebhardt 1964: 79-80, Feliksiak 1987: 142-144). Bei Dybowski lernte er das Sammeln und die vielfältigen Präparationstechniken zoologischer Objekte (in dieser Zeit arbeitete bei Dybowski am Baikalsee auch Józef Kalinowski, ebenfalls ein verbannter Aufständischer, der nach seiner Rückkehr nach Polen ins Kloster ging und im Jahre 1991 vom Papst selig gesprochen wurde). Ich habe kürzlich den Baikalsee auf einem Forschungsschiff bereist und einige Arbeitsplätze der Verbannten aufgesucht; die zauberhafte Schönheit der Gegend kann nicht darüber hinwegtäuschen, welche Schwierigkeiten diese Menschen hier, insbesondere in der Winterperiode, bewältigen mussten. Die Naturforschung faszinierte Jankowski, ihn fesselte aber auch Sibiriens Reichtum; er verließ nach einiger Zeit die Forschergruppe und wurde Goldgräber in der Nähe von Tschita! Über seine Zukunft war er sich noch nicht im Klaren, denn anstatt zu versuchen in die Heimat zurückzukehren, verbrachte er die Jahre 1872-1874 erneut mit Dybowski auf einer Forschungsreise von gut 1000 Kilometern auf dem gewaltigen Fluss Amur bis in den Fernen Osten Russlands. Erst hier fiel die Lebensentscheidung: Keine Rückkehr in die Heimat, keine politisch-nationalen Aktivitäten mehr; stattdessen reich werden, sich selbstständig machen und auch weiterhin naturkundlich arbeiten. Er nahm zuerst die Stelle des Verwalters einer Goldmine auf der Insel Askold südöstlich Wladiwostoks an. Hier fand er auch Zeit, zoologisches Material zu sammeln und an diverse Museen zu verkaufen. Nicht nur das: Er fing an, selbst wissenschaftlich zu arbeiten. Auf der einsamen Insel fand er eine Lebensgefährtin (Witwe eines von Räuberbanden getöteten Soldaten), bald kam ein Sohn zur Welt, die Mutter starb jedoch kurz nach der Geburt. Das Kind, auf den Namen Alexander getauft, brauchte jetzt eine weibliche Betreuung. Jankowski begab sich von der Insel nach Wladiwostok, wo ihm der örtliche Fotograf 15 Fotos heiratswilliger Frauen vorzeigte; die Ausgewählte stimmte zu und bald heirateten die beiden. Diese Verbindung sollte sich später als Glücksfall erweisen.

Jetzt wurden neue Pläne geschmiedet: Jankowski besaß genug Geld, um mit dem Militärgouverneur der Region über den Kauf von 550 ha Land und die Pacht einer kleinen Insel am Sidemi (jetzt Narwa) Fluss südwestlich von Wladiwostok zu verhandeln, wo er eine Siedlung mit Landwirtschaft und einem Pferdegestüt gründen wollte; die russische Armee brauchte dringend Pferde, ein profitabler Absatz war gesichert! Bereits 1879 wurde der Vertrag abgeschlossen. Im raschen Tempo entstanden Gebäude. Nicht nur Pferde, auch Sika-Hirsche *(Cervus nippon)* wurden in der Siedlung mit dem Namen Sidemi (jetzt Beswerchowo) gezüchtet, später entstand hier auch eine Plantage der Ginseng-Pflanze *(Panax ginseng)*. Im Laufe der Jahre kamen vier Söhne und zwei Töchter zur Welt. Ein landwirtschaftliches Mustergut entstand in Sidemi, daneben wurde jedoch auch eine breite naturkundliche Sammlertätigkeit entfaltet.

Zunächst lieferte Jankowski zoologisches und botanisches Material an die wissenschaftlichen Sammlungen in Warschau und Irkutsk. Später verkaufte er einen Teil seiner Ausbeute auch an Museen in St. Petersburg, Berlin und Paris. 1884 engagierte ihn die in Warschau und Paris lebende Familie Branicki als Lieferanten von wissenschaftlichem Material für ihre Privatsammlungen. „Zu Hause" wurde Jankowski zum aktiven Förderer des Primorje-Museums in Wladiwostok und war Gründungsmitglied der Gesellschaft zur Erforschung des Amur-Landes; Museen in Wladiwostok und Chabarowsk wurden ebenfalls mit seinem Material beliefert. Die wichtigste Nebenbeschäftigung des Gutsherren auf Sidemi bildete zwar die Zoologie, er publizierte jedoch auch über die Vorgeschichte des Amur-Landes (Jankowski-Kultur) und zu anderen Themen. Aufgrund des von Jankowski gesammelten Materials haben andere Wissenschaftler mehrere Publikationen über die bis dahin wenig bekannte Region Ostasiens herausgegeben; die wichtigste davon stellt das fundamentale Werk über die Vögel Ostsibiriens dar, publiziert von Władysław Taczanowski in den Jahren 1891-1893 auf französisch in St. Petersburg; französische und polnische

Wissenschaftler publizierten über fernöstliche Schmetterlinge, Hautflügler und Käfer, russische u.a. zu botanischen Themen.

Ein rentables Mustergut in dieser Einöde aufzubauen war nicht einfach, nur jemand, der über Ideen, Ausdauer und harte Lebenserfahrung verfügte, konnte dies bewältigen. Der Enkel des Sidemi-Begründers schildert die Pionierarbeit seines Großvaters so (Jankowski 1990): „Das Wirtschaften dort [am Sidemi Fluss] fing bei Null an. Den Beginn des Pferdegestüts bildeten ein junger russischer Hengst, genannt Ataman und zehn kleine koreanische, mandschurische und mongolische Stuten. Vier von ihnen wurden, zusammen mit ihrem Nachwuchs, bereits im ersten Winter vom Tiger gerissen. Die Pantenfarm begründeten drei aus der Taiga auf die Halbinsel verirrte Sika-Hirsche. Die erste Ginseng-Plantage in Russland entstand aus einer Hand voll Wurzeln und Samen, die die einheimischen Bewohner geliefert haben." Das Leben und die Arbeit auf Sidemi waren nicht nur hart, sondern auch risikoreich, sogar lebensgefährlich: „Die Bewohner des Sidemi-Gutes stießen, wie es sich erwies, von Anfang an auf unüberwindliche Hürden. In den Gründungsjahren wurden die Neusiedler außer von vierbeinigen Räubern – Tigern, Leoparden, Wölfen und Bären – auch von professionellen mandschurischen Banditen – den Hunchusen – beraubt: Die unbewachte Grenze [zu der Mandschurei] lag nur ein halbes Hundert Kilometer entfernt. Während ihres brutalen Überfalls im Juni 1879 wurden die Ehefrau des Nachbarn, Kapitän Heck, seine Hilfsarbeiter und der 6-jährige Sohn getötet. Jankowski kam mit einer Handverletzung davon. Die standhaften Siedler hat dies jedoch nicht entmutigt. Heck heiratete erneut und fuhr weiterhin auf seinem Schoner auf Walfang. Jankowski gab seine Idee, die so geliebten Pferde zu züchten und zu veredeln, nicht auf. Mit nur einem Helfer zog er auf der winterfesten, fünfeinhalbtausend Werst weiten [gut 5000 km] Poststraße nach Westsibirien und trieb zu Fuß von dort, oft unter Lebensgefahr, eine Herde vorzüglicher Zuchttiere der Tomsker Rasse nach Hause, was insgesamt zehn Monate in Anspruch nahm."

Die landwirtschaftliche und züchterische Tätigkeit des Gutsgründers stellte einen musterhaften Beitrag zur Entwicklung des russischen Fernen Ostens dar. Viele hohe Besucher Wladiwostoks wurden damals vom Gouverneur der Provinz nach Sidemi gefahren, wo er ihnen dieses blühende Gut mit Stolz vorzeigte; nicht nur das: Auf Betreiben des Generalgouverneurs des Fernen Ostens hat der Innenminister in St. Petersburg, mit Zustimmung

Abb. 90. Michał (Michail) Jankowski, hier in Wladiwostok (1895).

des allmächtigen Zaren, Jankowski im Jahre 1890 von der polizeilichen Aufsicht befreit (der der polnische Rebell noch immer unterstand). Er wurde nun zum freien Bürger des Russischen Imsperiums!

Olga Lukinitschna, die Gattin des Gutsherren, sorgte nicht nur für die Familie; sie wählte die Hauslehrer für die heranwachsenden Kinder aus und trug zur Bereicherung des geistigen Niveaus der Siedlung bei: Freunde, Bekannte, auch Wissenschaftler und Künstler kamen oft als Gäste nach Sidemi (u.a. der Lyriker Konstantin D. Belmont, der Ethnograf und Schriftsteller Wladimir K. Arsenjew, der Publizist und Buchautor Ferdynand Ossendowski, der Arzt und Zoologe Benedykt Dybowski). Es war keine Einöde mehr, hier pulsierte das Leben.

Mich persönlich interessierte Ostasien vor gut 20 Jahren, als ich versuchte, die seltenste Vogelart der Ostpaläarktis zu entdecken – die Schopfkasarka *(Tadorna cristata)*. Ich wunderte mich damals, dass Jankowski diese Entenart nicht erbeutet hatte. Über meine Suchaktion schrieb ich in diversen Zeitschriften, worauf ich eines Tages einen Brief mit Korrekturen und Ergänzungen aus der Stadt Wladimir in Russland erhielt; der Autor des Briefes war Walerij Jankowski, Enkel des aus Polen verbannten und später russifizierten Explorers! Eine lang andauernde Korrespondenz und Freundschaft entwickelten sich daraus. Ich habe erfahren, dass nicht nur Großvater Michał (inzwischen Michail Janowitsch bzw. Iwanowitsch)

Jankowski naturkundlicher Explorer war, drei Generationen der Familie haben diesen Beruf ausgeübt und jede von ihnen wurde durch politische Umstände geplagt (Nowak 1988, 2000: 487-492)!

Bereits Ende des 19. Jahrhunderts gab Jankowski senior die Explorer-Abteilung des Sidemi-Gutes an die Söhne Alexander und Jurij ab. Im Alter konnte er das fernöstliche Klima nicht mehr vertragen, er zog nach Semipalatinsk, später ließ er sich ein Haus in Sotschi am Schwarzen Meer bauen, wo er 1912 verstarb. Er fühlte sich gut in Russland, von den revolutionären Jugendidealen blieb nur die soziale Ader: Sein Haus in Sotschi vererbte er seinem Kammerdiener und der Haushälterin.

* * *

Die zweite Generation der ostasiatischen Explorer bildeten **Alexander Michailowitsch Jankowski (1876 - 1944)** und sein Halbbruder **Jurij Michailowitsch Jankowski (1879 - 1956)**. Sie haben die Sammleraktivitäten noch weiter entwickelt: Bereits 1895 sammelten sie in Korea Schmetterlinge im Auftrage eines Großfürsten aus St. Petersburg, auch Vögel wurden dort bejagt und präpariert. 1897 erstellten sie ein großes Herbarium für Prof. W. L. Komarow, den späteren Präsidenten der Akademie der Wissenschaften (die Elster *Pica p. jankowskii* und viele Insektennamen sind nach diesen beiden Sammlern benannt worden). Vor der Jahrhundertwende erfasste Alexander, wie früher seinen Vater, das „Goldfieber": Er fuhr nach Klondike in Kanada, es war aber zu spät, das edle Metall war dort nicht mehr zu finden; er reiste nach Panama, um beim Bau des Kanals Geld zu verdienen, aber auch daraus wurde nichts, da die Arbeiten unterbrochen wurden; erst in Alaska fand er etwas Gold. Auch Jurij folgte ihm nach Amerika, studierte einige Semester Agrarwissenschaften in St. Louis, danach absolvierte er mit Begeisterung ein landwirtschaftliches Praktikum als einfacher Cowboy. Beide kamen jedoch bald nach Russland zurück, wobei Jurij auf einem Dampfer aus San Francisco vier vollblütige Rennpferde nach Hause mitbrachte. Jetzt blieb er auf Sidemi und musste zunehmend die Verwaltung des Gutes übernehmen. Alexander war aber ein „unruhiger Geist", er reiste durch Russland, es zog ihn bis nach Kamtschatka. Seine Ehe blieb kinderlos und war nur kurzlebig. Für mehrere Jahre etablierte er sich in Schanghai (China), wo er als Architekt tätig war. Er sammelte hier

Abb. 91.
Jurij. M. Jankowski, hier in Korea (1930er Jahre).

aber weiterhin Insekten, insbesondere Schmetterlinge, die er an diverse Museen und Wissenschaftler verkaufte und publizierte selbst Ergebnisse seiner entomologischen Studien.

Jurij erbte inzwischen das Gut auf Sidemi; seit 1906 war er mit der Tochter eines reichen Geschäftsmannes und Reeders aus Wladiwostok verheitatet, die ihm drei Söhne und zwei Töchter schenkte. In der einsamen Siedlung lebten inzwischen noch zwei weitere Familien mit Kindern; im Sommer kamen auch Gäste zur Erholung aus Wladiwostok. Jedes Jahr kam die reiche Familie Brünner hierher, auch der kleine Sohn Julka, der spätere amerikanische Filmschauspieler Jul Brynner (die Brünners hatten auf der Halbinsel ein eigenes Sommerhaus). Neben allen anderen Arbeiten florierte auf dem Sidemi-Gut auch der Versand des naturkundlichen Materials an diverse Museen. Oft weilte hier der Zoologe Alexander Czerski, Museumskustos aus Wladiwostok. Man ahnte noch nicht, dass ein politisches Gewitter auch dieses entfernte Fleckchen Erde bald erreichen würde …

Anfang der 1920er Jahre war es soweit: Der russische Bürgerkrieg erfasste den Fernen Osten, die Japaner besetzten Teile Ost-Sibiriens und im Herbst 1922 drang die bolschewistische Revolution bis hierher vor. Jurij, reicher Gutsherr auf Sidemi, unterstützte aktiv die „Weißen", um den Einzug der Bolschewiken in den Fernen Osten Russlands zu verhindern; dies gelang jedoch nicht. In letzter Minute zog man Konsequenzen: Die ganze Familie, mit zehlreichem Personal, floh auf einem Dampfkutter nach Korea. Dieses Land stand schon seit Jahren unter japanischer Besatzung, die Japaner nahmen jedoch die russischen Flüchtlinge auf und unterstützten ihre Integration.

Die ersten Jahre in Korea waren sehr schwer, man wohnte z.T. in Zelten, aber allmählich gelang es Jurij, eine feste Bleibe für die Familie zu schaffen: Nahe Ompo, etwa 50 km von der Stadt Chongjin entfernt, wurde Boden gepachtet, z.T. gekauft und eine neue Siedlung namens Nowina (Bezeichnung des Familienwappens) aufgebaut. Einnahmequelle, neben der Landwirtschaft, der Pantenfarm, einer Imkerei, einer Ferienpension und der Betreuung von Großwildjägern, war wieder das Sammeln, Präparieren und der Verkauf von zoologischen und botanischen Objekten; die Kinder wurden jetzt zum Ordnen und Verpacken eingesetzt. Auch Alexander zog aus Schanghai hierher, er war nach wie vor Insektensammler, züchtete aber auch seltene Schmetterlingsarten. Zu den bewährten Abnehmern in Europa und Amerika kamen jetzt Museen und Schulen in Seoul und Japan hinzu. Ein kleines Museum wurde vor Ort aufgebaut. In der Ferienpension logierte wieder die multikulturelle Elite von Künstlern und Intelligenz aus Schanghai, Harbin und Seoul. Ausländische Wissenschaftler besuchten Nowina und nahmen die Hilfe der erfahrenen Explorer und Kenner des Fernen Ostens in Anspruch; u.a. weilten hier der amerikanische Asienforscher Roy Chapman Andrews und der schwedische Zoologe Sten Bergman. Letzterer, der im Auftrage des Stockholmer Museums für Naturkunde längere Zeit Korea bereiste, schrieb in seinem Buch (Bergman 1938; deutsche Übersetzung 1944), dass „kein Europäer unter den Bewohnern des nordöstlichen Korea so bekannt ist wie Jankowski." Auch weitere Wissenschaftler und Jäger weilten noch zu Beginn der 1940er Jahre in Nowina. Alexander erkrankte während einer Jagdexpedition Anfang 1944, ärztliche Hilfe kam leider zu spät, er starb in der Wildnis. Bald sollte aber noch Schlimmeres geschehen …

Im August 1945 brach der sowjetisch-japanische Krieg aus, die Rote Armee besetzte die Mandschurei und den Norden Koreas. Ein Teil der Familie floh nach Amerika und Australien; Jurij Jankowskis Schicksal war zunächst unbekannt. Eine Engländerin, die früher in Korea wohnte und mit der Familie befreundet war, veröffentlichte 1956 in London ein Buch mit der eindrucksvollen Schilderung des Lebens in Nowina (Taylor 1956, deutsche Übersetzung 1958), wo sie u.a. schreibt, dass er von den Sowjets verhaftet wurde und: „Soweit ich weiß, hat seit 1945 kein Mensch mehr etwas über Jurij Jankowski gehört. Keiner weiß, ob er heute noch lebt, oder ob er tot ist." An einer Stelle gibt sie ein Kamingespräch mit Jurij wieder, in dem er über Schießereien mit chinesischen Räubern, Wilddieben und roten

Partisanen erzählte; als sie ihn fragte, wieso er sich solchen Lebensgefahren aussetze, gab er zur Antwort: „Ich bin ein Fatalist und glaube daran, dass wer im Gefängnis sterben soll, nicht vorher erschossen wird und wer von einem Tiger getötet werden soll, nicht vorher ertrinkt." Nach 1945 ergab sich für Jurij keine Gelegenheit mehr, auf Tiger zu jagen oder zu baden. Sein späteres Schicksal konnte jedoch in der Zeit der Entstehung des englischen Buchberichtes durch seinen Sohn Walerij geklärt werden: Er erzählte mir, dass sein Vater die ersten Monate nach dem Einmarsch der Roten Armee abwechselnd auf der Flucht oder in sowjetischen Militärgefängnissen verbrachte, bis er in einem politisch motivierten Schnellverfahren zu 10 Jahren Lagerhaft verurteilt wurde. Sein reicher Besitz wurde beschlagnahmt, wobei „unbrauchbare Gegenstände" (hierzu gehörte ein Teil der Bibliothek und des privaten Archivs) unter militärisch-amtlicher Aufsicht den Flammen zum Opfer fielen. Er selbst wurde im Frühjahr 1947 in ein sibirisches Arbeitslager in der Taiga zwischen Bratsk und Taischet eingeliefert, von wo aus es mehrere Jahre später zu einem Briefwechsel mit dem Sohn Walerij kam. Die Briefe befinden sich noch im Archiv des Sohnes. In einem Artikel (Jankowski 1990) schrieb er über deren Ton und Inhalt: „[…] es waren stille und philosophisch geprägte Briefe. Er berichtete, dass er die letzten fünf Jahre in der Lagerzone als Hoffeger gearbeitet habe und seine Erinnerungen aus dem Primorje-Land, Korea und Amerika schrieb. Für seine Arbeit bekomme er fünf Rubel im Monat (heute 50 Kopeken), dies reiche für Papier und Bleistift aus. Ich überwies ihm 300 'dieser' Rubel. Er bedankte sich und schrieb, dass er jetzt reich wie ein Krösus sei." Walerijs Artikel endet mit den Worten: „Er zog sich eine schwere Erkältung zu und starb im Lager im Mai des Jahres 1956."

Jurij Michailowitsch Jankowski hat also seinen Tod prophetisch vorausgesagt. Die englische Autorin hat das nicht mehr erfahren; mit ihrem Buch hat sie aber ein Denkmal für diesen legendären Mann geschaffen. Ein zweites Denkmal schuf der treue Sohn (s. Jankowski 2000: 254; englischsprachige Ausgabe unter Yankovsky 2001): Auf einer Birke nahe der Bahnstation Tscheschka (etwa hier starb Jurij) wurde 1966 eine Tafel mit der Inschrift „Edelmann Jurij Michailowitsch Jankowski, 1879-1956, Autor des Buches 'Ein halbes Jahrhundert auf der Tigerjagd'" angenagelt.

* * *

Damit ist jedoch die naturkundliche Tätigkeit der Familie noch nicht vollständig beschrieben! Michał Jankowskis Enkel, mein Freund **Walerij Jurewitsch Jankowski (geb. 1911)**, berichtete mir auch über sein eigenes Schicksal.

Vom koreanischen Exil aus schrieb sich Walerij 1924 als Fernschüler am russischen Gymnasium in Harbin (Nordost-China, so genannte Mandschurei) ein und erlangte 1929 das Abitur. In Korea besuchte er zusätzlich Forstkurse. In der Siedlung Nowina wurde er zum wichtigsten Helfer seines Vaters; Bergman (1944) schrieb in seinem Buch: „Jankowskis ältester Sohn, Walerij, dürfte damals der geschickteste Jäger in ganz Korea gewesen sein. Jedesmal, wenn ich ihn begleitete, musste ich seine einzigartige Treffsicherheit und seine Fähigkeit, die Beute ausfindig zu machen, bewundern." Er realisierte auch einen großen Teil der Bestellungen ausländischer Museen und Wissenschaftler. Von den japanischen Behörden (1932 besetzte Japan Nordost-China und gründete hier den Staat „Mandschuko") kaufte Walerij auch Jagdlizenzen für die wildreichen Reviere nördlich der koreanischen Grenze, wo bewaffnete Gruppen des koreanischen Widerstandes operierten. Der zuständige japanische Polizeichef zeigte ihm eines Tages ein Foto des gesuchten Anführers der Rebellen mit dem Angebot, „diesen Tiger" gegen eine Belohnung von 10000 Yen zu erlegen (Yankovsky 2001: 114-115). Walerij sympathisierte aber mit den Koreanern und lehnte ab …

Im Auftrage des Vaters reiste Walerij des Öfteren in die Mandschurei, zu Beginn der 1940er Jahre machte er sich hier selbstständig: Boden wurde gepachtet, ein großes Gutshaus, Wirtschafts- und Wohngebäude wurden gebaut, Personal wurde angestellt; die neue Siedlung erhielt den Namen Tigrowyj (etwa: Tigerdorf) und 1944 heiratetet Walerij. Auch hier begann man zoologisches Material zu sammeln und an die Adressen der Nowina-Kunden zu versenden. Die Arbeit unterbrach jedoch bald der Einmarsch der Roten Armee im Sommer 1945. Walerij war darauf vorbereitet, seit längerer Zeit hörte er die an die „weißrussischen" Emigranten gerichteten, sowjetischen patriotisch-versöhnlichen Radiosendungen; zunächst haben sich seine Erwartungen auch erfüllt: Der Stab der 25. Roten Armee engagierte ihn als Dolmetscher (er beherrschte fließend russisch, japanisch und koreanisch, z.T. auch chinesisch). Der neue Dienst war anstrengend und zeitraubend, es herrschte aber eine brüderliche Atmosphäre mit den sowjetischen Offizieren und Soldaten; Walerij war glücklich, wieder seiner Heimat dienen zu dürfen. In seinem neuesten Buch (Yankovsky 2001: 113-114) erinnert er sich an

*Abb. 92.
Walerij J. Jankowski als Großwildjäger in den Bergen der südöstlichen Mandschurei (1943).*

eine große Kundgebung im Sportstadion von Pjöngjang im Oktober 1945, wo er als Dolmetscher zwischen zwei sowjetischen Generälen saß: Vor der versammelten Menschenmenge erschien der koreanische Nationalheld des antijapanischen Widerstandes, Kim Ir-Sen (auch Kim Il-Sung genannt)! Der gleiche, dessen Foto der japanische Polizeioffizier fünf Jahre zuvor Walerij gezeigt hatte … Er wurde von den Menschenmassen mit Jubel gefeiert!

Eines Tages passierte jedoch etwas Ungewöhnliches: Ein befreundeter, aber betrunkener sowjetischer Abwehroffizier riet Walerij zur Flucht in die amerikanische Besatzungszone Koreas … Dieser hielt dies für eine Provokation, was sich bald als Irrtum erweisen sollte: Ende Januar 1946 wurde Walerij verhaftet! Ein militärisches Schnellgericht verurteilte ihn zu sechs Jahren Lagerhaft wegen „Unterstützung der internationalen Bourgeoisie" (so wörtlich ein Paragraph des sowjetischen Strafdekrets)! Er hielt das Urteil für ungerecht und legte Berufung ein, worauf das Strafmaß auf zehn Jahre korrigiert wurde … Der Häftling war nun unterwegs zu einem Straflager: „Man hat uns nicht wie Vieh, sondern wie Raubtiere hinter Gittern transportiert" – erinnerte sich Walerij nach Jahren. Dennoch gelang es ihm, auf dem Wege nach Wladiwostok, zu fliehen. In der ihm vertrauten, heimischen Gegend hoffte er sich gut verstecken zu können; er wurde jedoch gefaßt. In einem streng bewachten Etappenlager begegnete er damals seinem Vater! Später beschrieb er (Jankowski 1990) dieses Treffen so: „Unsere letzte Begegnung fand in einem Lager am ersten Flusse des Wladiwostok-Gebiets im Mai des Jahres 1947 statt. Wir konnten uns nicht umarmen. Ich saß in der ZUR-Zone des verschärften Regimes, und wir schafften es gerade durch die Maschen des Drahtzaunes unsere Hände zu drücken."

Kurz danach wurde Walerij erneut vor ein Schnellgericht gestellt, sein zweites Urteil wurde wegen des Fluchtversuchs auf 25 Jahre Schwerstarbeit in den Bergwerken bei Pewek auf Tschukotka in der arktischen Tundra erhöht. Seine Flucht, Haft und Rückkehr zum „normalen" Leben hat er später in einem Tatsachenroman beschrieben (Jankowski 1991), nach dessen Lektüre man nicht begreift, wie er überleben konnte! Nicht der Tod, den er so oft beschreibt, war das Schlimmste; das Grausamste bestand darin, dass nur wenige den Tod wollten und das Leben bis dahin unerträglich war. Nicht nur das Wachpersonal und die Lagerleitung drangsalierten die Häftlinge; auch in der Häftlingspopulation entstanden Dominanzstrukturen, an deren Spitze Banditen standen. Nur ein Beispiel: Man konnte im Lager Machorka, d.h. groben russischen Tabak kaufen; der Preis für ein Gramm Machorka betrug ein Gramm Gold (Jack-London-Klondike-Preis – sagte man im Lagerjargon). Machorka stammte aus den offiziellen Lagerbeständen oder vom Wachpersonal, Gold – aus den Zähnen der Häftlinge. Die „Währung" wurde wie folgt gewonnen: „In der ZUR ging die Jagd auf goldene Zähne. Die 'Diener'-Gauner schauten unauffällig in die Münder, und falls sie eine goldene Krone bemerkten, meldeten sie es ihren Chefs. Jetzt folgte der Befehl sie herauszuholen. In der großen Zone war es noch möglich, durch den Wechsel von Baracken sich irgendwie zu schützen, aber in der ZUR stand nur eine einzige Baracke, der Verurteilte konnte nirgendwohin entkommen. Nachts drückte man den unglücklichen Besitzer der goldenen Kronen oder Brücken in eine dunkle Ecke, würgte oder schlug ihn bewusstlos und ließ ihn erst dann frei, wenn sich das ganze Gold – samt den Zähnen – in den Händen der Henker befand."

Auch Walerij hatte goldene Zähne: Eine Krone und zwei Brücken aus rotem Gold. Er wartete nicht, bis andere den Schatz bergen würden; zusammen mit drei Freunden, mit denen er alles, was es zum Essen gab, teilte, beschloss er, das eigene Gold selbst zu „verkaufen". Auch darüber berichtet er: „Wir trafen mit dem allmächtigen Oberkoch eine Vereinbarung: für mein Gold würde er unserer Gruppe täglich, bis zum Tage unserer Freilassung, ein Eimerchen der ganz dicken, aus dem Boden [des Kessels] stammenden Balanda [Lagersuppe] geben." Vielleicht hat ihm dieser Handel das Leben gerettet?

Im Jahre 1955, nach Stalins Tod, durfte Walerij vorzeitig die Arktis verlassen und zog als „freier Bürger" nach Magadan. Bald fand er heraus, dass seine Frau mit dem 1946 geborenen Sohn Sergej zuerst in den Süden Koreas (amerikanische Zone) geflohen und von dort nach Kanada ausgewandert war; nachziehen konnte er nicht, sogar Magadan durfte er nicht verlassen. Auch erfuhr er, dass sein Vater Jurij noch lebte, und zwar in einem Lager in der sibirischen Taiga. Die beiden durften nun miteinander korrespondieren. Da die Haftfrist des Vaters sich dem Ende näherte, plante man, ihn nach Magadan zu holen. Zu der ersehnten Freilassung fehlten nur noch ein paar Wochen, vielleicht nur einige Tage. Walerij glaubte, ihn persönlich abholen zu dürfen. Ein Telegramm mit der Todesnachricht des 77-jährigen Häftlings zerstreute aber auch diese Hoffnung. In einem 1990 veröffentlichten Artikel klagt Walerij: „Es war mir nicht gegönnt, sich vor seinem Grabe zu verbeugen. Die Lagerfriedhöfe sind schon längst, wie es die Vorschriften besagen, eingeebnet."

So musste das Leben wieder neu beginnen: 1957 wurde Walerij gerichtlich rehabilitiert, nahm die Stelle eines Försters in Magadan an und heiratete erneut (seine Frau Irina Piotrowska, die seinerzeit als Gymnasiastin zu 13 Jahren Lagerhaft verurteilt wurde, ist die Enkelin eines ebenfalls aus

Abb. 93. Walerij J. Jankowski (rechts) und der Friedensnobelpreisträger Prof. Andrej D. Sacharow (links) während der Gründungskonferenz des Vereins „Memorial" in Moskau (Dezember 1988).

Polen verbannten Aufständischen des Jahre 1863!). 1959 kam Sohn Arsenij zur Welt. Nach Walerijs Emeritierung im Jahre 1966 zog die Familie nach Wladiwostok, der Junge konnte jedoch das fernöstliche Klima nicht vertragen; so wechselte man 1968 nach Wladimir, in das europäische Russland. Die Bedingungen der Sowjetunion erlaubten ihm nicht mehr, die Explorerarbeit fortzusetzen. Er wurde Schriftsteller, publizierte als erstes die Lebensgeschichte seines Großvaters (Jankowski 1979) und später zahlreiche Erzählungen und noch einige weitere Bücher. In Wladimir züchtete er aber in seinem Garten auch die medizinisch begehrte Ginseng-Pflanze, die bereits auf den Plantagen in Sidemi gezüchtet worden war und guten Absatz fand. Im Jahre 1986, unter Gorbatschow, wurde ihm erlaubt, seinen Sohn und seine erste Frau in Kanada sowie seine Schwester in Kalifornien zu besuchen (eine amerikanische Zeitung publizierte Artikel über ihn). Zwei Jahre später nahm er in Moskau, zusammen mit Andrej D. Sacharow, an der Gründungskonferenz des Vereins „Memorial" teil (demokratische Bewegung zur Vertiefung des Wissens über die Repressionen der Stalin-Periode; Abb. 93). Im Jahre 1991 erlebte er das größte Familien-Happyend: Am 15. September wurde im Dorfe Beswerchowo/Sidemi auf der Jankowski-Halbinsel (so heißt heute die heimatliche Küstenregion südwestlich von Wladiwostok) ein großes Bronzedenkmal zu Ehren seines verdienten Großvaters, Michail Iwanowitsch Jankowski, enthüllt (Abb. 94)!

Abb. 94. Denkmal für Michail I. Jankowski, enthüllt am 15.9.1991 in der Siedlung Sidemi/ Beswerchowo, nahe Wladiwostok.

In den letzten Jahren konnte ich den Briefaustausch mit Walerij Jankowski um Telefonate ausweiten (Russland hat sich auch in dieser Hinsicht geöffnet). Die kräftige, lebhafte Stimme des nun mehr als 90jährigen Schriftstellers überrascht mich jedes Mal; und falls er nicht zu Hause ist, heißt es: „Er ist gerade auf der Jagd." Kürzlich bot sich auch mir die Gelegenheit, die Jankowski-Halbinsel aufzusuchen: Das prächtige Haus/Kastell, das Michał Jankowski vor mehr als einem Jahrhundert erbaut hatte, existiert leider nicht mehr. In der Nähe seines neuen Bronzedenkmals ist jedoch die Gruft der Familie Brünner (die mit Michałs Nachfahren verwandt war) erhalten. Für die neue Historikergeneration Wladiwistoks stellen die Familien Jankowski, Brünner und Heck leuchtende Beispiele der Pionierarbeit, die während der Erschließung des russischen Fernen Ostens geleistet wurde, dar.

Zurück jedoch zu unserem Interessengebiet: Eine vierte Generation naturkundlicher Jankowski-Explorer wird es leider nicht geben, da Walerijs Söhne in Russland und in Kanada andere Berufe ergriffen haben.

Abb. 95. Walerij J. Jankowski in seiner Wohnung in Wladimir (1999).

* * *

Ornithologische Explorer lieferten die Grundlagen zur Erforschung der paläarktischen Vogelfauna, genau so wichtig waren jedoch auch die analytischen Bearbeiter des gesammelten Materials. Zu dieser Gruppe gehörte **Dr. Charles Vaurie (1906 - 1975)** aus dem Amerikanischen Museum für

Naturkunde in New York (Etchecopar 1975, Short 1976, Witherby 1976). Dass sich ein Amerikaner mit der Fauna der Alten Welt befasste, erscheint ungewöhnlich, hat jedoch seine guten Gründe: Eine der größten Vogelsammlungen aus der Paläarktis befand sich in dem privaten Museum des Barons Walter von Rothschild in Tring bei London (Dr. Ernst Hartert war hier Direktor und schrieb zu Beginn des 20. Jahrhunderts sein Werk „Die Vögel der palaearktischen Fauna"); als aber v. Rothschild in finanzielle Schwierigkeiten geriet und die britische Finanzbehörde keine Rücksicht auf seine Situation nehmen wollte, ließ er die 280000 Bälge in 185 Kisten verpacken und verkaufte sie 1932 nach New York. Amerikaner, die zahlreiche Expeditionen auch nach Asien schickten, haben die Kollektion noch vergrößert. So ist heute eine globale Analyse der Fauna der Alten Welt ohne Einbeziehung des in den USA lagernden Materials nicht denkbar.

Dr. Vaurie, den ich 1957 im Museum für Naturkunde in Berlin kennen gelernt habe, war ein außergewöhnlicher Mann: Ein unermüdlicher und besessener Arbeiter in der Balgsammlung, aber auch ein kontaktfreudiger, hilfsbereiter Mensch und lebensfroher Erzähler. Damals hatte er bereits damit begonnen, die Synthese seiner Arbeit über die Systematik paläarktischer Vögel niederzuschreiben („Birds of the Palearctic Fauna", 1959 und 1965). Neben dem in den USA vorhandenen Material musste er natürlich auch die europäischen und z.T. asiatischen Sammlungen durchforsten und kam deshalb oft in die Alte Welt. Das machte er auch gerne, denn er war gebürtiger Franzose (seine Eltern wanderten vor dem Ersten Weltkrieg in die USA aus). Zur Ornithologie kam er sehr spät und auf ungewöhnliche Weise: Studiert hatte er Dentalmedizin und führte bis 1956 eine chirurgische Zahnarztpraxis in New York! Er hatte profunde vogelkundliche Kenntnisse und war künstlerisch begabt; James P. Chapin aus dem New Yorker Museum wurde auf seine Vogelbilder aufmerksam. Vaurie fing an, als Volontär im Museum zu arbeiten und publizierte Abhandlungen über die Systematik diverser Vogelgruppen, u.a. zusammen mit Ernst Mayr. Schon damals erkannte Stresemann seine Begabungen, 1950 schrieb er an seinen Freund Mayr, dass er Vaurie für den „weitaus besten unter den orn[ithologischen] Nachwuchs-Systematikern" halte (Haffer 1997: 649). So erhielt der konvertierte Zahnarzt 1956 eine feste Stelle im Amerikanischen Museum und konnte sich mit Eifer ausschließlich der Systematik der Vögel widmen. 1961 wurde er von der Deutschen Ornithologen-Gesellschaft geehrt, indem er zum korrespondierenden Mitglied gewählt wurde, in der Französischen Ornithologischen Gesellschaft war er Ehrenmitglied seit 1965.

Stresemann teilte Vauries Ansichten über die Systematik der Vögel, sie beide waren gegen die zu weit gehende „Splitterung“ von Gattungen und Arten (eine Strömung, die in Publikationen einiger europäischer Systematiker seit den 1940er Jahren zum Ausdruck kam). Er förderte Vauries Arbeit und half ihm, Kontakte zu den paläarktischen Ornithologen, auch über die Grenzen des Eisernen Vorhangs hinweg, aufzunehmen. In Berlin traf Vaurie 1957 u.a. Prof. L. A. Portenko aus dem Zoologischen Institut in Leningrad, wo sich die größte russische Vogelsammlung befindet, und Prof. Tso-hsin Cheng aus dem Zoologischen Institut der Academia Sinica in Peking; Kontakte zu Prof. Dementjew in Moskau wurden aufgenommen. Vaurie wollte sein Werk über die paläarktischen Vögel in Kooperation mit den „einheimischen“ Ornithologen bearbeiten. Cheng arbeitete gerade an dem zweiten Band seiner Vogelliste Chinas, aber die Zusammenarbeit eines Amerikaners mit einem „Rotchinesen“ war damals aus politischen Gründen nicht denkbar. Portenko neigte zunächst zur Mitarbeit (die Sowjetunion lockerte in dieser Zeit ihre Einstellung zum Westen), zog sich dann jedoch auch zurück; später erzählte er mir, dass ihn die „zu oberflächliche Arbeitsweise“ Vauries gestörte habe (was gewiss nicht der Fall war). Eher hat Vaurie Distanz gewahrt, als er merkte, dass Portenko den „Splitterern“ zuzurechnen war; aber auch politische Gründe, die der Eiserne Vorhang noch immer diktierte, könnten hier eine Rolle gespielt haben.

Vaurie war aber hartnäckig. Er besorgte sich mehrmals ein sowjetisches Visum, besuchte einige Institute der UdSSR (auch in Polen weilte er auf meine Einladung) und untersuchte die dortigen Vogelsammlungen persönlich. Ein französischstämmiger Amerikaner in der Sowjetunion – das ergab natürlich Material zu vielen Erzählungen. Ich traf ihn erneut 1965, während einer Tagung in Alma-Ata (Kasachstan), wo er mit Humor eine Begebenheit erzählte, die sich am Vortage in der Zentrale der Staatsbank abgespielt hatte: Er wollte Dollar in Rubel wechseln, aber nach einer Prüfung zeigte sich, dass die Unterschriften auf seinen Noten mit denen in einem Prüfbuch der Bank nicht übereinstimmten; er bekam die Rubel nicht! In Anschluss daran erzählte er mit Empörung, wie er einige Jahre zuvor mit einem gültigen Visum in Aschchabad (Turkmenische Sowjetrepublik) weilte, wo sich eine umfangreiche ornithologische Sammlung befindet, jedoch

Abb. 96.
Dr. Charles Vaurie aus New York – „der Erzähler" (1958).

bereits kurz nach seiner Ankunft durch die örtlichen KGB-Organe wegen Spionageverdachts aus der Sowjetunion ausgewiesen wurde (dies geschah wohl kurz nach dem Abschuss des amerikanischen U-2 Spionageflugzeugs im Mai 1960). Es war Ausdruck der damaligen antiamerikanischen Hysterie, die das Sowjet-Land beherrschte.

An dieser Stelle ist erneut die Frage berechtigt, wie viel Wahrheit all die Filme und Romane beinhalten, die Ornithologen (und Angler) immer wieder als Spione präsentieren? Ich glaube nicht, dass Vaurie zu dieser Gruppe zu zählen ist. Aber die Geschichte der Ornithologie liefert einige Fallbeispiele zu dieser Frage, die nicht so glimpflich wie bei Dr. Makatsch (vgl. S. 235-248) ausgegangen sind …

* * *

Ein tragisches Beispiel aus der fernen Vergangenheit stellt der Lebensweg von **Walter Beick (1883 - 1933)** dar. Er war ein mutiger und erfolgreicher naturkundlicher Explorer Zentralasiens, wo er Wirbeltiere, Insekten und Pflanzen sammelte, die er an europäische Museen lieferte (Gebhardt 1964: 30).

Beick war ein deutschstämmiger Balte, Sohn eines Rechtsanwalts in Werro (heute Vöru in Estland, damals Provinz des Russischen Imperiums). In der Familie, wie in dieser Zeit üblich, wurde das Deutschtum gepflegt und Kontakte zu der alten Heimat wurden aufrechterhalten; so schickte

Abb. 97.
Walter Beick, als Abiturient in St. Petersburg (1900).

man den Sohn auf das deutsch-russische Gymnasium in St. Petersburg und danach zum Studium der Forstwissenschaften an die renommierte Akademie in Eberswalde und an die Universität München. Zurück in Russland begann Beick sein Berufsleben, das jedoch bald durch den überraschend ausgebrochenen Ersten Weltkrieg unterbrochen wurde: Als Offizier der russischen Armee musste er jetzt gegen die Deutschen kämpfen. Aus diesem Konflikt retteten ihn zwei Verwundungen; eine Operation und schwere Krankheit machten ihn auch amtlich kriegsuntauglich. Nun beschloss er, sich weit von den Kriegsschauplätzen anzusiedeln und reiste im Januar 1916 nach Russisch-Turkestan (heute Gebiet von fünf aus der Sowjetunion ausgeschiedenen zentralasiatischen Republiken). Hier konnte er seiner Jagdleidenschaft nachgehen, ging auf Expeditionen in die urigen Berge und sammelte Tierpräparate für das Museum in Werny (später Alma-Ata, heute Almaty in Kasachstan). Als aber eine Rebellion der Kirgisen ausbrach, musste er als Offizier eine Strafexpedition gegen die Aufständischen befehligen. Nach deren Niederwerfung 1917 beschloss er, sich der Wissenschaft zu widmen : „Die überwältigend schöne Natur der Gebirge [Ala-tau] hatte in mir einen tiefen Eindruck hinterlassen und in mir den Entschluß gekräftigt, mein weiteres Leben der Erforschung der Natur Zentral-Asiens zu widmen", schrieb Beick in einem Brief in die Heimat (nach Stresemann 1937). Er versuchte dies als Oberförster, als Direktor der Forstschule in Werny und danach als Leiter des Gebietsmuseums der Stadt. In dieser Zeit näherte sich die im europäischen Russland ausgebrochene bolschewistische Revolution Zentralasien, der Kontakt zum Elternhaus brach ab; Beicks Eltern im Baltikum erhielten eines Tages einen Brief des verschollenen Sohnes aus … Kansu in China (auch Chinesisch- oder Ost-Turkestan genannt), in dem er schrieb: „ich [musste] 1920 die Flucht ergreifen, da die Bolschewiken mir ans Leben gehen wollten und mich durch die Anführer eines mohammedanischen 'Strafcorps' verhaften ließen. Alles, was ich besaß und an Sammlungen mühevoll zusammengetragen hatte, mußte ich preisgeben." In Kansu (heute chinesische Provinz Xinjiang) wurde Beick zunächst Berufsjäger und Fischer. Nach einiger Zeit gelang es ihm, von seiner Familie und Freunden, die nun im unabhängigen Estland lebten, materielle Unterstützung zu bekommen. Einem Freund in der Heimat teilte er daraufhin mit: „Da setzte ich gleich meine Sammler- und Forschungstätigkeit fort und lieferte wissenschaftliches Material an die Museen in Berlin, Amsterdam und Kopenhagen."

Im Jahre 1925 erfuhr Stresemann von der Tätigkeit Beicks und schlug ihm eine Zusammenarbeit vor. Schon aus der ersten Antwort entnahm er, dass er es mit einem „Forschungsreisenden großen Formats und enthusiastischen Naturforscher" zu tun hatte. Eine sehr fruchtbare Kooperation begann: Aus China kamen Pakete mit Vogelbälgen und aus Berlin flossen fachliche Anweisungen, notwendige wissenschaftliche Literatur und Geld. Nun hatte Beick sein Ziel erreicht: Die erfolgreiche Zusammenarbeit mit einem renommierten Museum unter Anleitung eines hoch geschätzten Wissenschaftlers.

Doch die Situation im asiatischen Forschungsgebiet verschlechterte sich und hinderte Beick an seiner Explorer-Tätigkeit: Muslimische Stämme rebellierten jetzt auch in Chinesisch-Turkestan, lokale Aufstände brachen aus; die Wogen des chinesischen Bürgerkrieges näherten sich im Frühjahr 1928 der Provinz Kansu, wo er die Vogelfauna untersuchen wollte. Chinesische Zentralbehörden versuchten mit allen Mitteln den Widerstand zu brechen. Beick, ein bewaffneter Ausländer, der die Sprache der örtlichen Turkvölker gut beherrschte und hier einer ungewöhnlichen Tätigkeit nachging, geriet bald in Verdacht, mit den Rebellen zu sympathisieren oder deren Spion zu sein! Offiziell hatte er die ordnungsgemäßen Papiere und die Unterstützung der Behörden, sein Wesen war jedoch zu labil, um in dieser Konfliktsituation einen kühlen Kopf zu bewahren. Stresemann erhielt im Sommer 1928 einen Brief, wo u.a. steht: „Trotz der nicht sicheren Zustände verließ ich am 22.VI.1928 Sin-tien-pu. Meinen Weg nahm ich wieder über Lau-hu-kou, wo ich mich einige Tage aufhielt. Einen Tagesmarsch vor meinem Ziele, den Tetung-Bergen, wurde ich, wie schon so oft, von meinem chinesischen Begleiter verlassen. Es gelang mir aber, einen anderen Jüngling zu verpflichten. [...] Bei solchen Zuständen war eine Arbeit überhaupt nur dank meiner guten Beziehungen zu den Tibetern möglich. Diese guten Beziehungen wurden jedoch bald durch chinesische Flüchtlinge [aus den muslimischen Unruhegebieten], die in großen Scharen Zuflucht in den Bergen suchten, verdorben. Diese elenden Leute ... verdächtigten mich der Spionage für die Muselmänner. [...] Bald war beschlossen, mich aus der Welt zu schaffen. Nachdem mehrere Vergiftungsversuche, ein Versuch meiner durch Nachschleichen habhaft zu werden, ein Versuch mich in der Nacht zu überrumpeln, fehlgeschlagen waren, griff man zu offenem Morde in der Hütte, die ich bewohnte. Als ein Gelber (nicht Tibeter!) seinen Dolch zog, griff ich zu meinem Drilling. Wir standen längere Zeit einander gegenüber, bis der Mann sich allmählich dem Ausgang näherte. Ich benutzte einen günstigen Augenblick und sprang durch das Fensterloch [...]. Nach 6 Tagen und Nächten, die ich hungernd und in nassen Kleidern bei Regen und Schnee (in einer Nacht) in den Bergen zubrachte, gelangte ich am 7. Tag, kaum einem Menschen noch ähnlich, in die Missionsstation Sin-tien-pu am Be-tschuän-ho. Der allmächtige gütige Gott hat mich wieder dem Tode entrissen und mich nach harten Prüfungstagen dem Leben zugeführt. Dank der Bemühungen der Mission ist es gelungen, meine Sachen aus den Bergen zu retten. Es fehlten nur einige Kleinigkeiten. [...] Der Jüngling, der mich begleitete, steckte mit den Leuten unter einer Decke und hat mich mehrmals diesen in die Hände gespielt."

Auch in der nachfolgender Zeit besserte sich die Lage nicht; im Gegenteil, die Unruhen in der Provinz verstärkten sich und es sollte noch zu Schlimmerem kommen. Im März 1929 berichtete Beick darüber seinem Berliner Mentor: „Seit Anfang Januar habe ich Haitsuitse nicht mehr verlassen können und war gezwungen, mich mit dem zu begnügen, was hier an Vögeln in nächster Nähe zu finden war. Fast 3 Wochen waren wir ganz ans Haus gebunden. Es war in jener Zeit, als allein in dem etwa 30 km entfernten Dangar mehr als 2000 Chinesen von den aufständischen Dunganen abgeschlachtet wurden. Wie es uns hier zumute war, werden Sie sich denken können. Augenblicklich haben wir im Umkreis von 30-40 km wieder etwas Ruhe." (Am Rande: Auch heute noch brechen in der chinesischen Provinz Xinjiang immer wieder muslimische Rebellionen aus.)

Allen Widrigkeiten zum Trotz arbeitete Beick jedoch weiter. Begegnungen mit anderen wissenschaftlichen Expeditionen (u.a. traf er Mitarbeiter des schwedischen Forschers Sven Hedin) und Zuflucht in katholischen Missionarstationen gewährten ihm Hilfe und seelische Unterstützung. Als aber sein gesundheitlicher Zustand sich Ende 1931 zunehmend verschlechterte, beschloss er plötzlich, nach Europa zurückzukehren und den größten Teil seiner wissenschaftlichen Ausbeute persönlich nach Berlin zu bringen. Am 1. Januar 1933 schrieb er an Stresemann: „Ich habe die Absicht, über Deutschland nach Estland zu reisen ..." Zusammen mit seinem Mentor wollte er das Werk über die Vögel von Nordwest-Kansu bearbeiten und die restlichen Teile seiner Asien-Sammlung an die anderen Abteilungen des Museums übergeben. Im Sommer 1933 sollte er nun in Berlin ankommen.

Anstatt des hochverdienten Forschers traf jedoch um diese Zeit ein in Peking an Stresemann geschriebener Brief ein, in dem steht: „Hochverehrter Herr Professor! Ich habe die traurige Pflicht, Sie davon in Kenntnis zu setzen, daß Ihr treuer und begeisterter Mitarbeiter, Herr Oberförster Walter Beick, am 25. März 1933 in unserem Lager zu Wujan Tori am Edsin-Gol verstorben ist – daß er sich erschossen hat ..."

Grund zu dieser Tat waren die Spionageverdächtigungen. Aus späteren, glaubwürdigen Berichten geht aber hervor, dass Beick mit Spionage nichts zu tun hatte! Er litt an Depressionen, die aus den Verdächtigungen erwachsen waren. Er ist also ein trauriges Opfer der schwarzen Aura der Geheimdienste.

Ganz anders gestaltet sich das Problem in dem nachfolgenden Bericht ...

* * *

Die Geschichte der naturwissenschaftlichen Forschung aus der Mitte des 20. Jahrhunderts enthält Zeugnisse über einen namhaften Ornithologen, der ein echter Spion war: **Richard Meinertzhagen (1878 - 1967)**, Oberst der britischen Armee. Viele von ihm verfasste Publikationen belegen seinen Fleiß, zahlreiche Ehrungen und Ämter in diversen britischen wissenschaftlichen Vereinigungen zeugen von der Anerkennung, die er genoss (J.N.K.

& A.L.T. 1967). Erst viele Jahre nach seinem Tode erschien eine akribisch recherchierte Biografie Meinertzhagens, die den bemerkenswerten Untertitel „Soldat, Wissenschaftler und Spion" trägt (Cocker 1990).

Meinertzhagens langes und reichhaltiges Leben ist ein großes, meistenteils aber rätselhaftes Abenteuer! Er entstammte einer wohlhabenden britischen Familie, die ihm die Möglichkeit schuf, sich bereits in der Kindheit und Jugend mit der Naturkunde vertraut zu machen; schon als Schüler hatte er die Gelegenheit zu Begegnungen mit namhaften britischen Gelehrten, sogar mit Charles Darwin! Bereits damals besaß Meinertzhagen einige Vogelbälge, die er geschenkt bekommen hatte (einer der großzügigen Geber stand im Verdacht, sie aus der Sammlung des British Museum entwendet zu haben, wie sich Meinertzhagen später erinnerte). Er studierte nicht nur in England, einige Semester verbrachte er auch an der Universität Göttingen. Fast das ganze Leben führte Meinertzhagen penibel ein Tagebuch, was ihm in reifem Alter die Möglichkeit schuf, einige interessante Bücher zu schreiben; er war ein talentierter Forscher und Autor, der nicht nur Voluminöses über Kriege und Vögel, sondern auch Interessantes über berühmte Naturforscher schrieb (Meinertzhagen 1956). Er hinterließ dutzende von Bänden seiner Tagebuchaufzeichnungen.

Der junge Meinertzhagen, obwohl naturkundlich geprägt, wurde in den letzten Jahren des 19. Jahrhunderts Berufsoffizier. In der britischen Armee stieg er bis zum Rang eines Colonels (Oberst) auf, einer seiner Vorgesetzten schrieb jedoch, dass er nur deshalb nicht zum General befördert wurde, weil er zu den fähigsten und erfolgreichsten Gehirnen aller ihm bekannten Offiziere zählte. Seinen militärischen Dienst leistete Meinertzhagen als politischer Offizier in Indien, Burma, Kenia, Ost-Afrika, in Palästina, Syrien und zwischenzeitlich auch auf den Britischen Inseln und dem europäischen Kontinent; insbesondere während diverser Kampfeinsätze war er Chef der militärischen Aufklärung, war also u.a. auch für Spionage zuständig und erzielte auf diesem Gebiet erhebliche Erfolge (z.B. notierte der Feldmarschall Edmund Allenby, dass er den Sieg über die Türken in Palästina im Jahre 1917 Meinertzhagen zu verdanken habe). Eine seiner Tagebucheintragungen aus dem Jahre 1918 enthält die Schilderung Meinertzhagens soldatischer Arbeit in London, die sich möglicherweise dazu eignet, die Korrektur einer tragischen Episode der russischen Geschichte zu bewirken: Es geht um die Ereignisse aus den letzten Monaten im Leben der Familie des Zaren

Nikolaj II., die in der fraglichen Zeit von den Sowjets in Jekaterinenburg inhaftiert wurde. Zitat in wörtlicher Übersetzung (Cocker 1990: 200): „Während [meiner Arbeit] im Kriegsministerium hatte ich den König im Buckinghampalast einmal in der Woche aufzusuchen, um ihm von der Kampagne im Irak und in Ostdeutschland zu berichten. Einmal fand ich meinen Freund Hugh Trenchard dort vor. Teil meiner Arbeit im Kriegsministerium war es, einen Geheimdienst speziell für Ereignisse in Russland zu organisieren. König George eröffnete das Gespräch mit der Mitteilung, dass er dem Zaren (seinem Cousin) zutiefst zugeneigt sei und er fragte, ob es möglich sei, ihn und seine Familie auf dem Luftwege zu retten, denn er fürchte um ihr Leben. Hugh war voller Bedenken, da die Familie streng bewacht wurde und es keine Informationen über Landemöglichkeiten für Flugzeuge gab. Ich sagte, dass ich das herausfinden und eventuell auch einen Rettungstrupp aufstellen könne, um die königlichen Gefangenen zum Flugzeug zu bringen. Allerdings stelle das ein großes Risiko dar, denn ein Scheitern würde den Mord an der ganzen Familie nach sich ziehen. Hugh und ich besprachen das alles und nach ein paar Tagen startete ich einen Versuch und schaffte es, ein paar Kinder zu befreien, aber der Zar und seine Frau wurden zu streng bewacht. Am 1. Juli [1918] war alles vorbei und das Flugzeug hob ab. Es war kein Erfolg auf ganzer Linie und ich denke, es wäre zu gefährlich, Details preiszugeben. Eine Tochter des Zaren wurde in Jekaterinenburg buchstäblich in das Flugzeug geworfen und dann voller blauer Flecken nach Großbritannien gebracht, wo sie immer noch lebt. Aber ich bin sicher, dass sie, wäre ihre Identität bekannt, aufgespürt und als russische Thronfolgerin ermordet werden würde." Cockers Nachforschungen in Archiven konnten diesen Bericht nur wenig erhellen, er geht jedoch davon aus, dass die britische Flugzeug-Rettungsaktion tatsächlich stattgefunden hat! Es ist jedoch mehr als fraglich, ob die Briten eine Zarentochter gerettet haben, wahrscheinlicher ist es, dass die russischen Kontaktagenten eine „falsche Prinzessin" in das Flugzeug geworfen haben, um einen Erfolg zu vermelden. Neueren Presseberichten zu Folge fehlen jedoch unter den 1991 bei Jekaterinenburg entdeckten Gebeinen der Zarenfamilie die Skelette des Thronfolgers Alexej und der Tochter Marija …

In den Jahren 1918-1919 war Meinertzhagen militärischer Berater der britischen Delegation auf der Pariser Friedenskonferenz. Offiziell verließ er die Armee 1925, hielt jedoch auch später Kontakt zu den britischen

Militärbehörden, im Zweiten Weltkrieg wurde er sogar für einige Zeit mobilisiert (u.a. Verwundung bei Dünkirchen). Das Schmerzlichste, was ihm die Kriege zufügten, war der Tod seines 19-jährigen Sohnes Anfang Oktober 1944 bei Arnhem (der Vater verfasste ein Buch über ihn).

Meinertzhagens Dienst in der Armee konnte jedoch die bereits in seiner Jugend begonnene Naturforscher-Karriere nicht unterbrechen. Sogar in Pausen zwischen Kampfhandlungen nutzte er jede Gelegenheit, um sich mit der Vogelkunde zu befassen! Er nutzte z.B. die damals modernste Militärtechnik zur Untersuchung des Vogelfluges und -zuges. Und die vielen Friedensjahre verhalfen ihm zur Erstellung einer privaten Vogelsammlung (die zuletzt 20 000 Bälge umfasste) und zur Publikation der Ergebnisse seiner Forschungen. Meinertzhagen war auch ein passionierter Jäger (die meisten Vögel für seine Sammlung erlegte er selbst), besondere Freude bereiteten ihm jedoch Großwild-Safaris.

Nach der Pensionierung wurde Meinertzhagen zum privaten, aber sehr aktiven Wissenschaftler. Seine zweite Frau, Annie Jackson (die erste Ehe wurde geschieden), war ebenfalls Ornithologin, das Domizil der Familie in London, ein viktorianisches, dreistöckiges Haus in der Nähe des Kensington Parks, glich einem Forschungsinstitut. Die wichtigsten Arbeitsgebiete stell-

*Abb. 98.
Richard Meinertzhagen
mit seiner Frau Annie C. Jackson
(um 1922).*

ten die vogelkundliche Faunistik diverser Regionen, die Systematik und der Vogelzug dar; ein zweites Arbeitsfeld bildeten die Federlinge *(Mallophaga)*, Meinertzhagen besaß eine Sammlung von etwa 600000 Präparaten dieser Insekten, wahrscheinlich die größte Kollektion dieser Art in der Welt. Nur am Rande sei noch erwähnt, dass er auch botanisch interessiert war und ein Herbarium besaß. Enorm ist die Anzahl seiner ornithologischen Publikationen: Seit 1912 veröffentlichte er in diversen wissenschaftlichen Zeitschriften, insbesondere im englischen „Ibis", einige Dutzend wichtiger Arbeiten über die Vogelfauna verschiedener Regionen Asiens, Afrikas und Europas; von fundamentaler Bedeutung sind seine Bücher über die Vögel Ägyptens und Arabiens. Meinertzhagen errechnete selbst, dass er insgesamt dreiviertel Millionen Kilometer als reisender Naturforscher zurückgelegt hat.

An dieser Stelle soll jedoch auch über das weniger Bekannte aus Meinertzhagens Leben berichtet werden, denn vieles spricht dafür, dass er sich 1925 lediglich als Soldat von der Armee verabschiedet hatte, nicht aber als „intelligence officer". Die gründlich bearbeitete und spannend geschriebene Biografie Meinertzhagens, die Cocker (1990) veröffentlichte, enthüllt nämlich, dass dieser auch nach der offiziellen Pensionierung ein prominenter Spion in Diensten der britischen Krone war! Cocker studierte alle Bände von Meinertzhagens Tagebüchern und stellte fest (Seite 191), dass sie lediglich „eine flickenhafte Quelle für Informationen dieses Bereiches darstellen"; er weiß aber auch zu berichten, dass „viele seiner Freunde und natürlich auch jene, die ihn nur flüchtig kannten, […] von seiner 'anderen Arbeit', wie er sie zu nennen pflegte, und von der Tatsache, dass seine ornithologischen Reisen nur ein Vorwand für Nachforschungen ganz anderer Art waren" wussten. Der Buchautor meint auch, dass Meinertzhagen „der perfekte Charakter für Spionage war: diskret, zutiefst patriotisch, mutig, strapazierfähig, verschlagen, und, wenn nötig, von absoluter Rücksichtslosigkeit."

Nur einmal verlor der Tagebuchschreiber die Beherrschung und vertraute dem Papier ein ungewöhnliches Geständnis an. Dies geschah im Jahre 1930, in einer Zeit des seelischen Zusammenbruches nach dem tragischen Tod seiner Frau Annie (sie hatte sich, wie es heißt, in Meinertzhagens Anwesenheit mit seinem Revolver irrtümlich erschossen). Hier eine Übersetzung dieses seltsamen Vermerkes (S. 193): „Ich musste nach Spanien reisen, um zu versuchen, eine inakzeptable Situation zu beenden und ein für alle Mal einen Schlussstrich unter die Aktivitäten der russischen Revolutionäre in

Westeuropa zu ziehen, […] eine Angelegenheit von der ich selten spreche und die ich bisher niemals in meinem Tagebuch erwähnt habe. Es ist ein wohlgehütetes Geheimnis, von dem nur sehr wenige wissen, dass meine Hauptarbeit während der letzten sieben Jahre das Jagen von bolschewistischen Agenten in Westeuropa und die Beobachtung ihrer Aktivitäten war. Es ist aufregend genug gewesen, aber auch zutiefst interessant und nicht ohne Gefahr." Schon in den letzten Jahren seines aktiven Militärdienstes hat sich also Meinertzhagen der antikommunistischen Spionage zugewandt!

Cocker hat auch Einzelheiten über die spanische Reise Meinertzhagens von Anfang 1930 (also kurz vor der Proklamierung der Spanischen Republik und noch vor dem Bürgerkrieg) in den Tagebüchern entdeckt und analysiert. In dieser Zeit soll der niederländische Geheimdienst erfahren haben, dass eine Zelle sowjetischer Agenten aus Amsterdam nach Ronda im spanischen Andalusien versetzt wurde. Als die spanischen Dienste die Briten darüber informierten, bot sich Meinertzhagen an, die Verhaftung dieser Gruppe zu koordinieren und durchzuführen. Seine spanischen Freunde luden ihn daraufhin zu einer Entenjagd in die Marismas-Feuchtgebiete im Guadalquivor-Delta ein. Er kam dort am 23. Februar 1930 an und besprach die Lage mit Vertretern der spanischen Polizei. Zwei Tage später fuhr die ganze Gruppe die 130 km nach Ronda, wo eine genaue Planung der Aktion erfolgte; u.a. haben Meinertzhagen und seine spanischen Kollegen einen Tag lang die Frühlingsblumen und Vögel in der Nähe des Hauses, in dem die Sowjets residierten, beobachtet und bewundert. Ein spanischer Bediensteter der Sowjets, offensichtlich von der spanischen Polizei bezahlt, war in die Pläne involviert, so glaubte man die Verhaftung im Morgengrauen des 4. März problemlos durchführen zu können. Es geschah aber anders, die Sowjets waren wachsam und es kam zu einer Schießerei, die Meinertzhagen in seinem Tagebuch (laut Cocker 1990: 194-195) so beschrieben hat: „Als Erster kam Stegmann heraus [es konnte nicht geklärt werden, ob mit dem Ornithologen Boris Stegmann verwandt – E.N.], die Pistole in der Hand, ein schwarzbärtiger Gigant. Ich rief 'Hände hoch', aber es war bereits zu spät, er schoss auf mich. Ich erinnere mich an das schlagartig eintretende Gefühl der Genugtuung darüber, dass er zuerst gefeuert hatte, wodurch er uns freie Hand gab und sich und seine Bande ins Unrecht setzte. Ich feuerte sofort und er fiel mit einem grimmigen Knurren zu Boden, ohne seine Pistole wieder hervorzuziehen. Er lag wie ein wildes Tier am Boden, mit zurückgelegten

Ohren, gefletschten Zähnen und funkelnden Augen, obwohl er wusste, dass der Tod ihn bald überwältigen würde. Es war schrecklich mitanzusehen. Zwei meiner Männer lagen am Boden und waren offensichtlich tot. Nun begann ein Handgemenge. Türen schienen in alle Richtungen aufzugehen, Schüsse ertönten von überall und wütende Rufe erstickten alle Befehle, die ich gab. Ich rief meinen Männern zu, sie sollten zusammenbleiben, aber sie hörten nicht. Die Welt schien in den Zustand des Dschungels und seines Gesetzes zurückzufallen. Zivilisierte Männer wurden zu Bestien. Unsere niedersten Instinkte kamen zutage und ich sah Rot, als ich begriff, dass dies ein Kampf bis zum bitteren Ende werden sollte, also schoss ich in alle Richtungen und versenkte Kugel um Kugel in diese elenden Russen. Alle Hüllen der Zivilisation fielen schlagartig von uns ab und wurden durch die verstohlene, lauernde Gewandtheit einer Katze, durch den blitzartigen Sprung und die stählerne Klaue, die die Halsschlagader zerreißt, ersetzt. Bald war alles ein einziges Schlachtfeld und für einen Moment dachte ich, wir würden den Kürzeren ziehen, aber plötzlich verstummte alles, bis auf ein paar trotzige Flüche aus einem Raum. Wir waren in Fahrt und nahmen die Herausforderung sofort an, indem wir das, was von diesen Männern noch übrig war, in Jenseits beförderten. Ein anderer Mann ging hinunter, bevor wir noch ihren Widerstand gebrochen hatten, und dann warf jemand zwei kleine Bomben, die mit scheinbar harmlosem Ergebnis explodierten, aber schnell wurde deren Bestimmung offenbar. Ich hielt meinen Atem an, als ich ein verströmendes Gas roch. Ich machte nur einen Atemzug und bemerkte das Gift. Meinen Leuten rief ich zu, dass sie hier raus müssten, und wir stürzten mit sechs Toten und den Verwundeten hinaus."

Um 6.00 Uhr endete die Aktion mit Toten auf beiden Seiten, wobei fünf Sowjets nicht im Kampf starben, sondern exekutiert wurden. Die Toten (es ist unklar ob auch Verhaftete dabei waren), samt erbeuteten Dokumenten wurden in das 190 km entfernte Granada abtransportiert. Meinertzhagen selbst kehrte bereits um 7.00 Uhr in sein Hotel „Victoria" in Ronda zurück. Die „Entenjagd" war beendet …

Cocker ist zunächst skeptisch und macht folgende Anmerkung (S. 196): „Schenkt man Meinertzhagen Glauben, so macht es den Anschein, dass er noch mit zweiundfünfzig [Jahren] zu Großbritanniens erfahrensten Geheimdienstagenten gehörte und in der Lage war, Aufträge zu übernehmen, die einem normalerweise nur in den Büchern und Filmen von Ian Flemings gefeierten Figur – James Bond – begegnen. Das Problem ist nur: kann man ihm glauben?" Mit anderen Worten: Fantasiert dieser Ornithologe? Diese Zweifel kommentiert Cocker zusammenfassend so (S. 197): „Es existieren [im Tagebuch] keine Aufzeichnungen zu Treffen mit Geheimdienstangehörigen, weder auf der sozialen noch auf der offiziellen Ebene. Ganz im Gegenteil weisen die Tagebücher auf einen Mann im Ruhestand hin, der die Gesellschaft seiner Familie und seiner Freunde liebt und [...] völlig in seiner wahren Leidenschaft aufgeht: der Naturkunde." Der Autor führt aber auch gewichtige Gegenargumente an (S. 199): Dem Tagebuch sind Fotos beigefügt, die Meinertzhagens Aufenthalt in der fraglichen Zeit in den Marismas-Sümpfen belegen; Notizen über Vögel und Pflanzen, die er dort gesehen haben will, entsprechen dem tatsächlichen Artenbestand dieser Gegend. Und das Wichtigste: 1930 wurde Meinertzhagen mit dem spanischen Orden des Königs Karl III. ausgezeichnet. Es stimmt also doch! Die Beschreibung der Aktion ist keine Fiktion.

Cocker schreibt, dass in späteren Eintragungen der Ornithologe wieder diskret wurde, „fachfremde" Notizen fehlen, des Öfteren stellt sich aber die Frage, ob Meinertzhagen wirklich nur nach Vögeln, Blumen und Insekten Ausschau hielt. Sein Biograf äußert den Verdacht (S. 199), dass wir es mit einem Mann zu tun haben, dessen eigentliches Leben völlig unbekannt war.

Dies scheint tatsächlich der Fall zu sein, denn inzwischen ist eine neue Sensation aus dem wissenschaftlichen Bereich von Meinertzhagens Tätigkeit ans Tageslicht getreten: Er hat Vogelbälge aus wissenschaftlichen Sammlungen entwendet und diese in seine private Kollektion aufgenommen; u.a. stahl er den Balg des ausgestorbenen Blewittkautzes *(Athene blewitti)* aus dem British Museum in London und versah das kostbare Stück mit einem gefälschten Etikett (Rasmussen & Collar 1999)! Diese beiden Autoren nutzten zur Beweisführung u.a. Meinertzhagens Tagebücher, welche belegen, dass er zur fraglichen Zeit weder am Erlegungsort des Vogels war, noch einen solchen Balg erworben hatte. Eine unglaubliche Tat eines bis dahin hoch geschätzten Wissenschaftlers! In diesem Lichte gewinnen auch frühere „Verleumdungen" des Ornithologen an Glaubwürdigkeit; so z.B. schrieb Vaurie an einen britischen Fachkollegen im Dezember 1974: „Ich kann es beschwören, dass Meinertzhagens Sammlung Bälge enthält, die gestohlen wurden aus dem Leningrad-Museum [in der Nachkriegszeit weilte er als „Wissenschaftler" auch in der UdSSR – E.N.], Paris-Museum und aus

Abb. 99.
Oberst Richard Meinertzhagen aus England (um 1960).

dem Amerikanischen Naturkundemuseum sowie wahrscheinlich auch aus anderen Museen, aber die drei von mir [zuerst] genannten sind meinerseits verifiziert. Auch hatte er Etiketten entfernt und sie durch andere ersetzt, um sie seinen Ideen und Theorien anzupassen.“ (Cocker 1990: 274).

So der vorläufige Stand der Nachforschung der Biografie eines Spions und Ornithologen. Fazit: Meinertzhagens Ruf als Wissenschaftler wurde arg beschädigt; an seiner aktiven Spionagetätigkeit dürfen jedoch keine Zweifel mehr bestehen. Zwischen den beiden Tätigkeitsbereichen des Mannes glaube ich eine Verbindung entdeckt zu haben: Die Neigung vieler Spione, einen Erfolg „um jeden Preis“ zu erzielen, spiegelt sich auch in seinem Balg-Sammeltrieb wider …

Meinertzhagen vererbte seine Sammlungen, ein großes „Kuckucksei“ also, dem British Museum, was dem dortigen Kurator nun Probleme bereitete (siehe u.a. „Ibis“ 1993, Vol. 135: 320-325 und 1997, Vol. 139: 431). Auf die Frage, was man mit diesem Erbe machen solle, antwortete ein seriöser Wissenschaftler, „dass es verbrannt werden sollte“ (Cocker 1990: 274).

Zum Abschluss aber noch einige Worte zu den menschlichen Qualitäten Meinertzhagens: Kurz nach dem Kriege, im Frühjahr 1946, weilte er im verwüsteten Deutschland, u.a. besuchte er in den Ruinen Berlins seinen alten Freund Stresemann. Er bedauerte die gewaltigen Zerstörungen der Stadt und war bekümmert über die Situation seiner deutschen Freunde, mit denen er schon viele Jahre vor dem Kriege Kontakte pflegte. Wohl als Zeichen des moralischen Sieges über sich selbst sandte er am zweiten Jahrestag des Todes seines Sohnes Lebensmittelpakete an Stresemann, den er für „the most enlightened ornithologist in the world“ hielt (Pakete schickte er auch an General von Lettow-Vorbeck, seinen Kriegsgegner in Deutsch-Ost-Afrika in den Jahren 1914 - 1916). Während des 12. Internationalen Ornithologen-Kongresses in Helsinki 1958 sah ich ihn mit Stresemann freundschaftlich plaudern (was mich damals überraschte: Meinertzhagen war auch physisch ein Gigant, weit über zwei Meter groß!). Stresemann rief mich zu sich und stellte mich dem großen Ornithologen vor, es kam aber zu keinem Gespräch (ein sturer, viktorianischer Brite – notierte ich). Aber heute, nachdem ich so viel über sein Leben erfahren habe, fasziniert er mich. Nur eine Frage geht mir stets durch den Kopf: Warum hat er, völlig unnötig, so viel Unsinn in seinem langen Leben gemacht?

* * *

Logisch wäre es, noch einen Sprung in die vogelkundlich-geheimdienstliche Problematik der zweiten Hälfte des 20. Jahrhunderts zu wagen. Leider ist das nicht einfach, denn Dokumente aus dieser Periode werden (mit Ausnahme solcher des DDR-Geheimdienstes) streng unter Verschluss gehalten. Dennoch sind Berührungen mit Geheimagenten bzw. Anwerbungsversuche von Ornithologen bekannt.

So z.B. bekamen meine Kollegen und ich während der deutsch-sowjetischen Taimyr-Expedition im Sommer 1991 (am Ende dieses Kapitels wird darüber noch die Rede sein) Besuch von zwei KGB-Offizieren; ihnen lagen Meldungen vor, dass wir an der arktischen Küste Militärobjekte der Sowjetarmee fotografiert hätten. Dies war natürlich nicht der Fall, ich bat deshalb um eine Karte Taimyrs mit geheimen Objekten, damit wir sie künftig meiden könnten; dies lehnten die Offiziere jedoch ab und reisten weg. Es war die Phase des Zerfalls der UdSSR, der sowjetische Geheimdienst wurde milde.

Offensichtlich studierten östliche Geheimdienste auch sorgfältig Berichte von Ornithologen, die an Tagungen und Kongressen im Ausland teilnahmen. Von Warschau aus war ich in den 1960er- und 1970er Jahren öfter im Westen, an meinen Berichten muss der polnische Geheimdienst Gefallen gefunden haben, denn 1974 wurde mir ein „Kooperationsvorschlag“ unterbreitet; dies war aber für mich keine Überraschung, denn bereits einige Zeit zuvor wurde ich in ähnlicher Angelegenheit von einem DDR-„Diplomaten“ angesprochen …

Etwas mehr verwunderte mich eine damals vertrauliche Erzählung meines westdeutschen Freundes **Dr. Wilfried Przygodda (1916 - 1991)**, des Leiters der Vogelschutzwarte in Essen. Er stammte aus einem malerischen Dorf in Masuren, sein Vater war dort Pfarrer und er gehörte zu den wenigen westlichen Fachkollegen, die über den Eisernen Vorhang hinweg intensive Kontakte mit Ornithologen „im Osten" unterhielten. Dies hatte tiefere Gründe: Als Wehrmachtsarzt im Rang eines Hauptmanns lag er ein paar Monate in einem Dorf an der mittleren Weichsel, wo ihn die plötzliche Offensive der Roten Armee im Januar 1945 überrollte; während der Flucht geriet er auf einem verschneiten Stoppelfeld in Gefangenschaft. Die Panzersoldaten hatten jedoch keine Zeit, sich mit den Gefangenen aufzuhalten, im Nachbardorf „arbeitete" deshalb ein Erschießungskommando; unterwegs dorthin haben ihn polnische Bauern versteckt. Przygodda hat mich später, zusammen mit seiner Frau, ein paar Mal in Polen besucht. Wir fuhren u.a. in seinen Geburtsort Kurken (jetzt Kurki), wo uns eine alte Frau in ihrer guten Stube bewirtete, deren Wand ihre Konfirmationsurkunde mit der Unterschrift von Przygoddas Vater schmückte! Wir besuchten auch das Schicksalsdorf seines Lebens an der Weichsel, versuchten seinen Fluchtweg zu rekonstruieren und (leider ohne Erfolg) den rettenden Bauernhof zu finden. Einige Jahre später lud ich Przygodda zu einer winterlichen

Abb. 100.
Dr. Wilfried Przygodda und seine Frau Annemarie aus Essen (1987).

Wolfsjagd in Südostpolen ein (s. Jahrbuch des Naturhistorischen Museum Bern, 1966/1968: 90-105). Er reiste auch in die Sowjetunion: Während einer Tagung in Alma-Ata (Kasachstan) hat er Prof. Igor A. Dolguschin kennen gelernt, der während des Krieges Major der Roten Armee war, sie beide dienten zeitweise in Einheiten, die gegeneinander kämpften (ich war während der Tagung Dolmetscher der versöhnten Kriegsgegner); sie haben Freundschaft geschlossen. Przygodda lernte russisch, korrespondierte mit Dolguschin und auch mit anderen sowjetischen und osteuropäischen Ornithologen. Offensichtlich fanden auch seine Berichte spezifisches Interesse bei Geheimdienstleuten, denn eines Tages besuchte ihn in der Vogelschutzwarte ein netter, elegant gekleideter und gut deutsch sprechender Amerikaner, der sich als CIA-Mitarbeiter vorstellte und ihm eine „interessante Zusammenarbeit" vorschlug, die insbesondere auf meine Person abzielte. Przygoddas ablehnende Antwort wollte ich in einem Nachruf würdigen (Nowak 1992), aber die Schriftleitung des „Journals für Ornithologie" hat diesen Satz wegzensiert. Die Amerikaner entdeckten meine und Przygoddas Bekanntschaft gewiss mit freundlicher Unterstützung des Bundesverfassungsschutzes, denn als ich später aus Polen in die Bundesrepublik umsiedelte, eine Arbeitsstelle im Bereich des Naturschutzes erhielt (öffentlicher Dienst) und einer Sicherheitsüberprüfung unterlag, wussten die Prüfer sogar genau, mit welchen Vogelarten ich mich befasst hatte ...

* * *

Die Geheimdienste versuchten nicht nur Ornithologen zu vereinnahmen; einiges deutet darauf hin, dass sie auch an vogelkundlichen Forschungsthemen interessiert waren und möglicherweise wissenschaftliche Projekte dieses Bereiches finanzierten. Ein namhafter Ornithologe wurde in der Periode des Kalten Krieges verdächtigt, in ein solches Vorhaben verwickelt gewesen zu sein: **Dr. h.c. Salim Ali (1896 - 1987)** aus Indien.

Ali entstammte einer moslemischen Familie aus Bombay und sollte den Beruf eines Buchhalters und Kommerz-Juristen (Steuerberater würde man heute sagen) erlernen. Aus persönlichem Interesse besuchte er aber auch Zoologie-Vorlesungen, was ihn auf Abwege brachte: Er wurde Ornithologe!

Nach anfänglichem autodidaktischen Studium beschloss Ali Ende der 1920er Jahre, zu einem Studienaufenthalt nach Europa zu reisen. Ziel sollte natürlich das British Museum (Natural History) in London sein; in dieser Zeit waren jedoch die indisch-britischen Beziehungen sehr angespannt und er sandte deshalb einen Brief an Prof. Stresemann mit der Anfrage, ob er am Berliner Museum für Naturkunde studieren dürfe. Solche „exotischen" Anfragen begeisterten den Berliner Professor immer; über Stresemanns prompte Reaktion schrieb Ali später in seinen Memoiren (1985: 57): „Seine Antwort war so herzlich und willkommend, dass ich mich sofort entschlossen habe, nach Berlin zu gehen."

In den Jahren 1929-1930 wurde Ali, unter Stresemanns Anleitung, zu einem professionellen Ornithologen. In Berlin arbeitete er auch mit Bernhard Rensch, Ernst Mayr und Oskar Heinroth zusammen. Mit Stresemann fuhr er nach Helgoland, wo Rudolf Drost sein Interesse an der Vogelzugforschung weckte. Über seinen Studienaufenthalt in Deutschland schrieb er in seinen Erinnerungen (S. 58): „Zweifellos bedeutete Berlin für mich die glücklichste Wendung auf dem Entscheidungswege meiner ornithologischen Karriere."

In der Endphase des Zweiten Weltkrieges lernte Ali den damals noch jungen Amerikaner Sidney Dillon Ripley, Biologie-Absolvent der Universität Yale kennen. Ein Zufall führte sie zusammen (Ali 1985: 179-184): Ripley diente in dieser Zeit als Offizier des US-militärischen Geheimdienstes (sic!) auf Ceylon (heute Sri Lanka); 1944 war er dienstlich unterwegs zum Hauptquartier des vereinten Kommandos in Neu Delhi und da er sich für Vogelkunde interessierte, besuchte er den indischen Chefornithologen in Bombay. Diese Bekanntschaft entwickelte sich zu einer Freundschaft und fruchtbaren Zusammenarbeit fürs Leben (Ripley 1988). Insbesondere als Ripley nach seiner Demobilisierung Zoologieprofessor in Yale und später einflussreicher Mitarbeiter der Smithsonian Institution in Washington wurde, haben sie beide die 10 Bände der „Vögel Indiens und Pakistans" (1968-1974) verfasst, ein Werk, das bis heute die fundamentale Quelle zur Vogelfauna der orientalischen Region darstellt.

In Indien wirkte Ali während des gesamten beruflichen Lebens in der Gesellschaft für Naturkunde in Bombay, einer der führenden wissenschaftlichen Institutionen seines Landes (ausgestattet mit Fachlabors, Bibliothek und wissenschaftlichen Sammlungen). Von hier aus organisierte er Expeditionen in viele Regionen Indiens; in späteren Jahren widmete er sich auch stark der Natur- und Umweltschutzproblematik, war geschätzter Berater

Abb. 101. Dr. Salim Ali bei seiner Ankunft zum 10. Internationalen Ornithologen-Kongress in Uppsala; rechts von ihm Elizabeth und David Lack (1950).

von Behörden, auch der höchsten Regierungsstellen. Gerne reiste er ins Ausland, insbesondere zu wissenschaftlichen Kongressen. Über seinen ersten Nachkriegsbesuch in Europa 1950 wurde viel erzählt, da er zahlreiche alte Freunde in mehreren Ländern auf einem schweren Motorrad besuchte! Teilnehmer des 10. Internationalen Ornithologen-Kongresses im schwedischen Uppsala dachten, er komme auf der „Feuermaschine" direkt aus Indien (Abb. 101). Sein Fleiß und zahlreiche Publikationen bescherten ihm nicht nur Preise und Auszeichnungen, er wurde auch mit drei Ehrendoktoraten gewürdigt. In einem Nachruf auf ihn (Perrins 1988) steht: „Salim Ali und die indische Ornithologie waren beinahe gleichbedeutend."

Ich traf Salim Ali in Helsinki im Jahre 1958, er war sehr hilfsbereit und sandte mir ausführliches Material über die Türkentaube *(Streptopelia decaocto)*, deren Expansion ich damals untersuchte; in jene Zeit fiel der erste Höhepunkt der Ausbreitung dieses Vogels, der inzwischen ganz Europa und große Teile Zentralasiens besiedelt hat. Über Stresemann sagte Ali zu mir in huldigendem Ton: „Er ist mein wissenschaftlicher Guru."

Bei der anfangs erwähnten Berührung Salim Alis mit ornithologischen Forschungsthemen, die möglicherweise Geheimdienste interessierten, geht es um die Vogelzugforschung, die ihn seit seiner Helgoland-Visite 1929 brennend interessierte.

In den 1960er Jahren wurde ein groß angelegtes und dynamisch geführtes Projekt zur Klärung der Wanderwege der Zugvögel in Südodtasien durchgeführt. Die Initiative und das Geld stammten aus dem Medizinischen Forschungslabor der US-Armee in Bangkok, das der SEATO (Südatlantischer Sicherheitspakt) unterstand. Das Vorhaben trug die Bezeichnung MAPS (Migratory Animal Pathological Survey) und wurde von dem amerikanischen Ornithologen Dr. H. Elliott McClure geleitet. Viele Tausende Vögel wurden in Südostasien beringt; ein Nachteil des Vorhabens bestand natürlich darin, dass aus den Staaten hinter dem Bambusvorhang (kontinentales China, Nordkorea und Nordvietnam) keine Ringfundmeldungen eingesandt wurden. Dennoch waren die Ergebnisse interessant, McClure hat sie 1974 in einem Buch publiziert („Migration and survival of the birds of Asia." Bangkok. SEATO Med.-Res. Lab.). An dem MAPS-Vorhaben waren u.a. der Verein in Bombay und Salim Ali persönlich beteiligt, bis ein angeblicher Wissenschaftsjournalist in mehreren Tageszeitungen Artikel veröffentlichte, wonach die Forscher „auf diesem Wege insgeheim [zusammen] mit den Vereinigten Staaten die Möglichkeit der Verwendung der wandernden Vogelarten in der biologischen Kriegsführung, zur Übertragung und Verbreitung tödlicher Viren und Mikroben in feindlichen Ländern, erkunden." (Ali 1985: 146). Tatsächlich führen die Zugrouten vieler südostasiatischer Vogelarten u.a. nach China und in den asiatischen Teil der früheren UdSSR. Es war die Zeit, in der der Kalte Krieg wieder etwas angeheizt wurde, das neutrale Indien hatte nun eine ornithologisch-politische Nuss zu knacken! In parlamentarischen Kreisen in Delhi lösten die Zeitungsartikel ein Gewitter aus, mehrere Kommissionen untersuchten die Vorwürfe, was zur Unterbrechung der indischen Vogelzugforschung führte. Das Endergebnis war entlastend, auf die Finanzierung aus Bangkok wurde jedoch verzichtet, um allen Verdächtigungen den Boden zu entziehen. Die wieder aufgenommene Arbeit finanzierte nun die indische Regierung, allerdings aus Geldern, die ihr Amerikaner zur Verfügung stellten ...

Auch in der Sowjetunion wurden in den 1960er Jahren geheime vogelkundliche Forschungsvorhaben, wahrscheinlich im Auftrage der Armee, im Bereich des Orientierungs- und Navigationsvermögens der Vögel durchgeführt; insbesondere wollten die Auftragsgeber wissen, wie sich die Anomalien des Erdmagnetismus auf das Zugverhalten der Vögel auswirken. Dies vertraute mir damals mein inzwischen verstorbener Freund Belopolskij an (ich habe es niemandem verraten!), ohne die Frage beantworten zu können, was die Auftrageber mit dem Ergebnis anfangen wollten.

*Abb. 102.
Dr. Salim Ali aus Bombay
(um 1983).*

Falls die Initiatoren dieser beiden Projekte wirklich die biologische Kriegsführung im Sinn hatten (was lediglich eine vage Vermutung ist!), ist zu vermerken, dass die Sowjets damals viel weiter als die Amerikaner gewesen sein müssten! Während die Letzteren lediglich wissen wollten, welche Träger, also Vogelarten, zur Verfrachtung der tödlichen Waffen eingesetzt werden könnten, untersuchten die Russen Feinheiten einer bereits vorhandenen Strategie: Sie wollten erkunden, ob im Ernstfall ihre „scharfen" Transportvehikel auf eigenem Territorium aufgehalten werden könnten (z.B. durch Anomalien des Erdmagnetismus) und hier Schäden anrichten würden. Es ist zu hoffen, dass diese meine Spekulationen mit der Wirklichkeit nichts zu tun haben …

Es ist also ersichtlich, dass die Schreiber von Spionageromanen eine gewisse Begründung für ihre Thesen haben. Fazit: Das den Ornithologen zugeschriebene Image wäre leichter zu akzeptieren, wenn es von der Wirklichkeit keine Bestätigung erfahren würde …

* * *

Zum Abschluss nochmals kurz nach Russland zurück, wo ich eine Bekanntschaft, ja Freundschaft, mit **Dr. Boris Michailowitsch Pawlow (1933 - 1994)** erleben durfte, die leider aus persönlich-politischen Gründen tragisch endete.

Die Freundschaft mit Boris habe ich eigentlich Bundeskanzler Helmut Kohl zu verdanken, denn während seines Staatsbesuches bei Michail Gorbatschow im Oktober 1988 wurde in Moskau ein Umweltschutzvertrag zwischen den beiden Regierungen unterzeichnet (Umwelt- oder Naturschutz eignen sich immer gut dazu, politische Klippen zu überwinden). Dieser Vertrag hatte auch Folgen für die Vogelkunde: u.a. sollten Ornithologen schnell ein fundiertes, deutsch-sowjetisches Forschungsvorhaben auf die Beine stellen! So fand bereits im Sommer 1989 die erste gemeinsame Taimyr-Expedition statt, ihr folgten zwei weitere in den Jahren 1990 und 1991. Ich hatte es nicht mehr für möglich gehalten, dass sich im späten Alter mein Jugendtraum, an einer echten Expedition in Asien teilzunehmen, erfüllen würde! Ich musste lediglich eine zustimmende Bescheinigung eines Amtsarztes einholen, der von meinen Plänen so begeistert war, dass er das Papier nach einem anregenden Gespräch ausstellte. Es ging u.a. um die Erforschung der Brutbiologie der Gänsearten, die in Nordsibirien brüten und im deutschen Wattenmeer überwintern (s. „Corax" 1995, Vol. 16. Sonderheft).

Mich interessierten die Ursachen der Bestandsdepression der Ringelgans *(Branta bernicla)* in den 1930er bis 1950er Jahren; damals hatte man befürchtet, dass die Art gänzlich aussterben würde. Eine meiner Erklärungshypothesen ging davon aus, dass in der Brutzeit mehrerer nacheinander folgender Jahre kaltes Wetter in Nordsibirien geherrscht habe, was bekanntlich einen Brutausfall zur Folge hat. Diese Hypothese konsultierte ich mit Pawlow im Institut für Landwirtschaft des Hohen Nordens in Norilsk (Anmerkung zu Norilsk: Die Stadt und ein großes metallurgisches Kombinat wurden von mehr als einer Million Häftlingen des „Norlag" erbaut). Boris Michailowitsch war Wildbiologe, leitete eine Abteilung des Instituts, die sich mit der Erforschung und Planung der Nutzung jagdbarer Arten der ganzen Halbinsel Taimyr (350 000 qkm!) befasste. Vornehmlich war er Ornithologe, schrieb eine ausgezeichnete Dissertation über die sibirischen Schneehühner *(Lagopus lagopus* und *Lagopus mutus)* und sammelte Material für eine Avifauna der Halbinsel.

*Abb. 103.
Dr. Boris M. Pawlow aus Norilsk
(um 1990).*

Neben wissenschaftlichen Qualitäten verfügte er über ein organisatorisches Talent, war bescheiden aber uneingeschränkt hilfsbereit. Boris gab mir den Rat, zu der Polarstation Sterligowa an der arktischen Küste (Zentrum des Brutareals) zu fliegen, die bereits Anfang der 1930er Jahre gegründet wurde und über entsprechende Wetterdaten verfügen müsste. In Sterligowa angekommen, durfte ich die Gastfreundschaft russischer Polarforscher genießen, die Antwort auf meine fachliche Frage überraschte mich aber: Ein deutsches U-Boot habe die Station 1944 in Brand gesetzt, vorher seien jedoch die Wetterdokumentation entwendet und einige Mitarbeiter der Station verschleppt worden.

Boris half mir bei der Überprüfung weiterer Hypothesen und wir konnten die früher geltenden Ansichten über die „Beinaheausrottung" der Ringelgans korrigieren: Der Schwund des Seegrases (*Zoostera* spp.) und die Bejagung in Nordwesteuropa waren lediglich Nebenfaktoren; den massiven Populationsrückgang verursachte eindeutig die schonungslose Bejagung der Bestände im Brutgebiet, insbesondere der Massenfang der flugunfähigen Vögel mit Netzen in der Mauserperiode. Beteiligt haben sich daran nicht nur Berufsjäger, eine große Rolle spielten auch Fangbrigaden der hier zahlreichen Straflager (Nahrung für die Häftlinge); auch die Wachmannschaften der GULAGs nutzten die Gelegenheit zur Jagd als

Abwechslung in ihrer „monotonen Arbeit“ (Müller & Nowak 1992). Als ich die Ergebnisse niederschrieb, sagte ich zu Boris, dass die Auskunft in Sterligowa wohl auf einer Mischung aus slawischer Fantasie, Wodka und den Resten kommunistischer Propaganda beruhte …

Aus diesen Plaudereien entwickelte sich eine dauerhafte Fraundschaft mit Boris. Bei einer Geburtstagsfeier in seiner Wohnung habe ich auch Tatjana, seine Lebensgefährtin, kennen gelernt, sie beide lebten schon seit etwa 20 Jahren in der hohen Arktis. Es hat mich immer fasziniert, wie Menschen in diese Klimazone gelangen (die Schneedecke liegt hier 9 bis 11 Monate, die Polarnacht dauert bis zu 70 Tagen) und sich entschließen, hier dauerhaft zu leben. Er war begeistert von diesem Land, schilderte mir malerisch die Reize Taimyrs; nach einer Weile meinte er aber, dass man hier nicht sterben möchte. Er selbst, und später seine Kollegen, erzählten mir über seinen Weg in die Arktis.

Boris Michailowitsch kam in einem Kolchosendorf im Gebiet Wladimir, im europäischen Russland, zur Welt. Frühzeitig starben seine Eltern, er schaffte aber das Abitur und studierte Wildbiologie, zuerst in Moskau, später in Irkutsk (bei Prof. Skalon). Von 1957 bis 1963 war er als Wildbiologe in der Region Tjumen in Westsibirien tätig. Hier hat er geheiratet, eine Tochter kam zur Welt. 1963 wurde ihm eine Wildbiologenstelle im Institut in Norilsk angeboten, ein Probeaufenthalt im Norden begeisterte ihn und er nahm die Stelle an. Die Familie zog nach, seiner Frau gefiel jedoch die Arktis nicht. Nach einiger Zeit zog sie in die Litauische Sowjetrepublik, wo sie als Geburtshelferin in Klaipeda (Memel) eine gute Arbeitsstelle bekam. Eine Wohnung wurde ihr zugewiesen. Man trennte sich friedlich, beide Seiten integrierten sich in die jeweilige neue Heimat.

Boris' Arbeitsergebnisse festigten seine Position im Institut; er wurde hier zum Lehrer einer Generation „ornithologisch infizierter“ Wildbiologen und übernahm mit der Zeit immer mehr Verantwortung. Die Moskauer Behörden zeichneten ihn mit dem Preis des Ministerrates der UdSSR aus. Seine Mitarbeiter priesen ihn als gerechten und verständnisvollen Vorgesetzten und als das Herz des Kollektivs. Wir haben ihn und zwei seiner Mitarbeiter auch nach Deutschland eingeladen, wo wir gemeinsam die Ergebnisse der Taimyr-Expeditionen bearbeiteten; er war gerne bei uns, wir hatten viel Spaß an seinem stillen Humor, er empfand aber Sehnsucht nach der weiten, nordsibirischen Landschaft. Zu meiner Überraschung wurden mir jetzt die Nummern der U-Boote mitgeteilt, die angeblich die Sterligowa-Station überfallen hatten (U-957, U-711, U-739). Ich sandte eine Anfrage an das deutsche Bundesarchiv-Militärarchiv in Freiburg und zwei Wochen später erhielt ich – kaum zu glauben – eine Kopie des Kriegstagebuches der U-957, in dem Kapitän Schaar, der Kommandant der drei U-Boote (Gruppe „Greif") Folgendes notierte (Abb. 104):

„25.9.[19]44. Vor Sterligowa.
02.00 [Uhrzeit]: Taghell. – Verabredetes Zeichen: grüner Stern = Sterligowa genommen! Herumgelaufen. Wegen der Helligkeit keine Wiedereinschiffung. Boote ziehen sich zurück. Landetrupp verhält sich befehlsgemäß!
04.35: getaucht […]
15.15: Aufgetaucht. – Verständigungsverkehr mit Signalstelle. Wegen zu starken Seegangs ist an Einschiffung nicht zu denken. Abwarten! […]
17.10: Getaucht. Boot legt sich auf Grund.
20.00 - 23.35: Getaucht. Boot rumpelt auf 20 Meter. Aufgetaucht.

26.9.[19]44
00.00: An Land sind noch viele Soldaten. Schornsteine rauchen, Hundeschlitten jagen herum. Signalverkehr. Deutschlands nordöstlichster Stützpunkt. Doch leider nur kurze Zeit!
04.00: Einschiffung noch nicht möglich.
05.21: Getaucht. […]
11.45: Aufgetaucht. […]
16.00: Laufe an geschützte Stelle. Beginn Umschiffung. […]
17.45: Alle Mann plus 3 Hunde, plus Beute an Bord. […] Funkstelle Sterligowa geht in Flammen auf. Zur Tarnung mit Artillerie reingeschossen. […]
18.28: Rückruf Gruppe Greif.
18.53: Hagel, Nebel – abgelaufen. […] Iswestij-Zick angesteuert.
20.38: Abgabe von Funksprüchen auf Ulli und 500 m zur Feindtäuschung.
23.35: Prüfungstauchen.

27.9.[19]44
00.00: Marsch nach Jeswestij-Zick, dort Treffen Lange [U-711] u. Mangold [U-739] vorgesehen."

- 25 -

Tag Uhrzeit	Ort Wetter	Vorkommnisse
26.9.44	Vor Sterligowa	
08.00	XA 7493	
11.45		Aufgetaucht.
12.00	XA 7493	Etmal: über Wasser 16.- sm unter Wasser 2.- sm Gesamt 18.- sm 2 500 sm
16.00	XA 7493 N 2, Seeg. 1, leichte Dünung, bedeckt, Sicht 7 sm.	
	Laufe an geschützte Stelle. Beginn Umschiffung. (Siehe Bericht)	
17.45		Alle Mann plus 3 Hunde plus Beute an Bord (Gkdos-Unterlagen). Funkstelle Sterligowa geht in Flammen auf. Zur Tarnung mit Artillerie reingeschossen.
18.28		FT.-Eingang 1109/26/715 Rückruf Gruppe "Greif".

Abb. 104. Originaleintragungen Kapitän Schaars auf Seite 25 des U-Boots 957-Tagebuchs (Unternehmung „Greif").

In einem späteren Kurzbericht („Geheim! Kommandosache!") befinden sich noch Ergänzungen zu dem zweitägigen Aufenthalt des Landetrupps in Sterligowa: „25.9.[1944] – Nach gelungener Überrumpelung [...] Funkbetrieb wird durch Russen unter Aufsicht von 2 Leuten der B-Gruppe aufrechterhalten" und „26.9.[1944], 18.30 Uhr Sterligowa in Brand gesetzt von Landungstrupp 'Schaar'. Petroleumtanks und restliche Gebäude zerschossen." Unterwegs zum „Heimathafen" im norwegischen Hammerfest funkte Kapitän Schaar am 29.9.1944 an den F.d.U. (Führer der U-Boote): „Sterligowa geglückt. Gefangen: zwo Funker, zwo Signalisten, Wetterfrosch (Langj. Unterlagen)" ...

Am 1. Oktober 1944 notierte Kapitän Schaar im Tagebuch: „Daß 'Sterligowa' nicht nur zerschossen, sondern ausgehoben wurde, darf nicht an die Öffentlichkeit."

Dem folgte ein erneutes Telegramm an den F.d.U.: „Erbitte unbedingt Sicherstellung Geheimhaltung Unternehmen Sterligowa. In Hammerfest keine Beute von Bord geben." Nach der Rückkehr wurde Kapitänleutnant Gerhard Schaar für die Untaten der ihm unterstellten U-Boote mit dem Ritterkreuz ausgezeichnet! Begründung: „Wieder vorzügliche Unternehmung des ausgezeichneten Kmdt. [Kommandanten]."

Nun fragte ich im Militärarchiv nach den langjährigen Wetterunterlagen und dem Schicksal des „Wetterfrosches“, leider mit negativem Ergebnis. Boris’ Institut besorgte aber für mich Wetterdaten aus einer anderen Polarstation, die den negativen Beweis für meine Wetterhypothese lieferten. Er wusste auch den Inhalt des deutschen Kriegstagebuches zu ergänzen: Nicht alle Mann der Station waren an Bord, wie Kapitän Schaar notierte. Einer, der Betreuer der Meute der Polarhunde (er hieß Grigorij W. Buchtiarow), jagte nicht „herum“, sondern konnte fliehen; er erreichte nach vielen Tagen die Hafenstadt Dikson! Sein Glück verwandelte sich jedoch in ein wahres Unglück: Er wurde angeklagt, mit den Deutschen zusammengearbeitet zu haben, verbrachte 10 Jahre in einem Straflager und starb ein paar Jahre nach der Entlassung.

Wir freuten uns aber, dass wir der schlimmen Vergangenheit zum Trotz so gut zusammenarbeiten durften. Eine Kopie des U-Boot-Kriegstagebuches wurde in einem Museum in Dikson ausgestellt – Boris meinte, vielleicht helfe diese Offenheit auch anderen, die Vergangenheit zu bewältigen.

Während der Expeditionsarbeiten auf Taimyr hatte ich im Juli 1990 auch Gelegenheit, die Ruinen eines „stillgelegten“ GULAGs in der Tundra der hohen Arktis zu besichtigen: Der Kapitän einer befreundeten Hubschrauberbesatzung (seine Eltern wurden im Winter 1939/40 aus dem von der Roten Armee besetzten Ostpolen nach Sibirien ausgesiedelt) machte auf

Abb. 105. Polarstation Sterligowa am Arktischen Meer in Nordsibirien (Bild von 1991).

dem Flug von Tscheluskin einen Abstecher und landete auf dem Appellplatz der Ruinen des Straflagers „Rybak“ im Tal des Flusses Leningradskaja (76. Breitengrad!). Etwa 20 Baracken standen hier, Platz für 1000 Häftlinge! Auf der anderen Seite des Flusses waren z.T. noch gut erhaltene Blockhäuser der Kommandantur mit Resten starker Umzäunung sichtbar; das Lager selbst war lediglich mit wenigen Stacheldraht-Fäden und Wachtürmen an den Ecken umzäunt (verkehrte Welt: Die Bewacher haben sich auf diese Weise vor einer befürchteten Meuterei der Häftlinge geschützt). Über die Lagergrenze hätte man unter günstigen Umständen fliehen können, keiner tat es jedoch, da bis zur Waldregion 700 km und bis zu einem „normalen“ Dorf wahrscheinlich 1500 km zu bewältigen waren. Der Hubschrauber-Kapitän gab uns eine halbe Stunde Zeit, um eine Art „archäologische“ Forschung zu betreiben: Spaten, Karren, kaputte Maschinen, Stacheldrahtrollen, zerrissene Anziehsachen, leere Konservendosen lagen herum; ich fand auch einen selbstgenähten Handschuh aus Rentierleder (sehr klein – war es ein Frauenlager?). In einer Baracke lag eine Kiste mit Machorka-Päckchen, die man noch rauchen konnte (die Arktis ist ein großer Kühlschrank, in dem die Zersetzungsprozesse nur sehr langsam voranschreiten).

Beim Abflug waren aus der Luft Stellen sichtbar, wo Erdmassen bewegt wurden. Angeblich haben die Häftlinge hier nach Uran gesucht.

Zurück in Norilsk erzählte ich auch Boris von der Lagerbesichtigung. Er wusste meinen Bericht noch zu ergänzen: „In der Tundra gab es noch mehr Lager. In ‘Rybak’ war ich bereits vor mehreren Jahren, damals lagen dort noch Holzfässer voller Schweineschmalz, in denen Wurst konserviert war – Verpflegung für die Lagerleitung; wir konnten es noch essen!“ Der Platz würde hier nicht ausreichen, um all das Grausame wiederzugeben, was mir in Norilsk erzählt wurde.

Unsere Arbeit auf Taimyr endete im Juli 1991. Wir waren die ersten Ausländer, die in diese „verbotene Zone des Sowjetreiches“ fahren durften und beendeten die Arbeit, bevor das Chaos und die Armut dort begannen. Auch die Korrespondenz funktionierte nicht mehr richtig. Erst ein paar Jahre später, während eines Symposiums in Moskau, habe ich erfahren, dass mein Freund Boris sich das Leben genommen hatte! In Norilsk.

Was war geschehen?

Als Litauen 1990 seine Unabhängigkeit erklärte, hatte Boris’ in Klaipeda lebende Frau mit wachsenden Schwierigkeiten zu kämpfen und als sie später ihre Wohnung dort verlor, flog sie 1994 zu ihrem Mann nach Norilsk zurück. Die familiären Probleme, die schwierige soziale Lage nach dem Zusammenbruch der Sowjetunion, der rasche Zerfall seines großen Instituts stießen Boris in Depressionen. Ein Mensch seines Charakters war nicht in der Lage, dies alles zu verkraften. Leider haben wir darüber nichts gewusst und konnten ihm nicht helfen. Am 5. Oktober 1994 verließ er seine Wohnung und kehrte nicht mehr zurück. Erst nach einem Jahr, als der kurze arktische Sommer Eis und Schnee schmelzen ließ, wurde seine Leiche gefunden und beigesetzt. Tatjana erhielt das Honorar für seine in Deutschland gedruckten Publikationen. Mir wurde geschrieben, dass sie dafür das Grab nach russischer Sitte gestalten ließ: mit einem Metallzaun und einer Gedenktafel in der Mitte.

Boris! War dieser Tod nötig? Haben alle Freunde versagt? „Wir haben nichts gewusst" – ist das eine Ausrede oder ein stilles Eingestehen der Schuld?

* * *

7. Professor Ernst Schäfer (1910 - 1992) – zwei Lebensläufe, eine Schau und ein Feuilleton

Ein gedruckter Rückblick auf das Leben des Tibet-Forschers Schäfer gab den eigentlichen Anstoß zu den biografischen Studien dieses Buches (s. Einleitung). Ich kannte ihn nicht persönlich, Anfang Januar 1989 begegnete ich ihm jedoch im Fernsehen, als er über seine Erlebnisse in Tibet erzählte. Ich las auch Schäfers Bücher mit faszinierenden Berichten über seine Expeditionen; das gesprochene Wort des nun weißhaarigen Professors war noch spannender als seine gedruckten Schilderungen. „Er sagt nicht alles ..." – kommentierte damals ein älterer Bekannter Schäfers TV-Bericht.

Anstatt seine Biografie zu schreiben, habe ich es vorgezogen, nachstehend vier bereits früher publizierte Texte abzudrucken, die insgesamt ein Bild von Schäfers wahrem Leben und Wirken vermitteln.

* * *

Zunächst ein von Schäfer persönlich verfasster tabellarischer Lebenslauf (die Titelzeile stammt von mir), der im ersten Band seines letzten Buches („Die Vogelwelt Venezuelas und ihre ökologischen Bedingungen." – Berglen Württ. 1996, Seiten 5-6) veröffentlicht wurde. Die Wiedergabe erfolgt mit freundlicher Genehmigung des Wirtemberg Verlags B. Lang-Jeutter & K. H. Jeutter.

„Mein Lebenslauf"

Ernst Schäfer wurde am 14. März 1910 in Köln geboren und wuchs im thüringischen Waltershausen auf. Schon in der Jugend war sein Interesse an Natur und Tierwelt ausgeprägt. Und so betätigte er sich schon früh als Hilfsassistent an Vogelwarten in Dänemark und auf Helgoland.

Von 1928 an studierte er Zoologie, Botanik, Chemie, Physik, Geologie, Mineralogie, Völkerkunde an der Universität Göttingen.

1929 wechselte er an die Tierärztliche Hochschule Hannover, um zusätzlich Anatomie zu studieren.

Abb. 106.
Dr. Ernst Schäfer (1936).

Nun folgten nacheinander drei Tibetexpeditionen:

1931 - 1932 Erste Dolan-Expedition nach Tibet, Life member of the Academy of Philadelphia

1932 - 1933 Zoologische Studien am British Museum London, South Kensington

1934 Studium in Göttingen

1934 - 1936 Zweite Dolan-Expedition nach Tibet

1936 Rückkehr nach Deutschland; Studium an der Humboldt-Universität Berlin, Promotion bei Prof. Erwin Stresemann

1938 - 1939 Dritte Tibetexpedition nach Lhasa („Deutsche Tibetexpedition Ernst Schäfer"), die er ohne staatliche Hilfe und Finanzierung organisierte. Sie wurde zu einem großen Erfolg, führte ihn als ersten Deutschen überhaupt in die Hauptstadt Lhasa und erbrachte riesige zoologische, botanische, ethnologische und erdmagnetisch-geophysikalische Sammlungen und Ergebnisse, darunter einen großartigen Dokumentarfilm über Tibet.

1938 Member of the British Central Asian Society

1939 - 1942 Habilitation an der Universität München und Venia legendi, Dozent an der Universität München

1942 gründete er das Sven-Hedin-Institut in München bzw. Salzburg

1943 Tibetschau Salzburg

1949 erhielt er einen Ruf nach Venezuela. Seit dieser Zeit baute er die Biologische Station (Estación biológica de Rancho Grande) auf und erforschte neben seiner Professur an der Universität Caracas fünf Jahre lang die venezolanische Vogelwelt und deren Lebensraum.

1950 Mitglied der UNESCO für die semiariden Gebiete

1955 - 1959 Mit dem Besuch des belgischen Exkönigs Leopold III. in Rancho Grande und dem Angebot, für den König zu arbeiten, wird die Rückkehr nach Europa eingeleitet. Es folgen fünf Jahre in Belgien als wissenschaftlicher Berater des Königs. In diesem Zusammenhang entsteht im damals noch Belgischen Kongo der Film „Herrscher des Urwalds" – ein bleibendes Dokument von Landschaft, Tier und Mensch.

1956 Mitglied der IRSAK (Institut pour la recherche scientifique en Afrique Central)

1956 - 1970 Niedersächsisches Landesmuseum Hannover

1964 Reise nach Indien, Forschung (Tiger, Gaur, Sambar), Besuch beim Dalai Lama

1974 Alaska: Jagd und Forschung im Lande der Weißen Schafe, Lachse, Bären und Elche

1975 Reise nach Tansania, Kenia, Uganda

1979 Namibia

1980 Harare, Mocambique, Victoria Falls

1981 Südafrika, Namibia

1984 Venezuela

* * *

Auch der Text des „umstrittenen" Nachrufes, publiziert im „Journal für Ornithologie" 1993, Vol. 134, Seiten 368 - 369, der den wissenschaftlichen Werdegang des Professors nochmals skizziert, wird nachfolgend mit freundlicher Genehmigung des Autors und des Herausgebers des „Journals" abgedruckt.

Ernst Schäfer (1910 - 1992)

Am 21. Juli 1992 verstarb in seinem 83. Lebensjahr Dr. phil. Ernst Schäfer in Medingen [Bad Bevensen, Niedersachsen]. Er trat 1930 in die Deutsche Ornithologen-Gesellschaft ein und wurde 1939 ihr Ehrenmitglied.

Ernst Schäfer wurde am 14.3.1910 in Köln geboren und beschäftigte sich schon als junger Schüler mit Ornithologie und Ökologie. Nach dem Abitur (1928 in Mannheim) war er kurzzeitig als Hilfsassistent an Vogelwarten in Dänemark und Helgoland tätig. Er studierte an den Universitäten Göttingen, Hannover (Anatomie) und Berlin die Fächer Chemie, Physik, Geologie, Mineralogie, Botanik, Zoologie und Völkerkunde. 1937 promovierte er (ein Versuch 1934 unter Alfred Kühn scheiterte). Von 1939 - 1942 erfolgte an der Universität München die Habilitation und die Verleihung der „venia legendi" (Lehrbefugnis an Hochschulen), die mit der Stelle eines Dozenten verbunden war. 1949 erhielt Schäfer einen Ruf nach Venezuela, wo er eine Universitätsprofessur annahm und die „Estación Biológica de Rancho Grande" gründete. Von 1956 - 1970 war er Oberkustos am Niedersächsischen Landesmuseum in Hannover.

Abb. 107. Dr. Ernst Schäfer, Leiter der SS-Tibetexpedition (Mitte) mit Expeditionsteilnehmern und tibetanischen Würdenträgern bei einem Gastmahl in Lhasa (1939).

Schon während seines Studiums zieht es Ernst Schäfer geradezu magisch in die Ferne. Er wird Teilnehmer der beiden ersten amerikanischen „Brooke-Tibet-Expeditionen“ (1931-1932 und 1934-1936), zu denen ihn sicherlich auch seine beachtliche, früher bei Ornithologen häufiger zu beobachtende Jagdleidenschaft führt. Diese Leidenschaft begleitet ihn den Großteil seines Lebens. 1938 - 1939 unternahm er eine dritte „Deutsche Tibetexpedition Ernst Schäfer“, die er selbst plante und die im Auftrag von Himmler durchgeführt wird. Nur SS-Mitglieder waren deshalb als Teilnehmer zugelassen. Schäfer betont in der Öffentlichkeit daher auch stets, daß es sich um ein SS-Unternehmen handelte. Er war der Auffassung, daß „wir als Männer der Schutzstaffel mit offenem Visier viel weiter kämen und für das mangelnde Verständnis für das neue Deutschland weit mehr leisten könnten, als wenn wir, die wir ja ein reines Gewissen haben, unter dem Deckmantel einer obskuren, wenn auch neutralen wissenschaftlichen Akademie reisten“ (die DFG/RFR unterstützte das Vorhaben mit 30000 RM). Und so verfolgte er mit der Expedition neben wissenschaftlichen auch eindeutig politische Ziele, was nicht zuletzt auch zu Schwierigkeiten mit den britischen Behörden in Indien führt (s. Ute Deichmann, Biologen unter Hitler; Frankfurt 1992).

Drei Wochen vor Beginn des Zweiten Weltkrieges gelangt Schäfer nach Deutschland zurück und bringt eine riesige zoologische, botanische, ethnologische und erdmagnetisch-geophysikalische Sammlung mit (vgl. auch J. Orn. 86, 1938, Sonderband). Berühmt ist auch sein damals entstandener Dokumentarfilm über Tibet. Sowohl der Film „Geheimnis Tibet“ als auch sein gleichnamiges Buch zeichneten sich aber leider auch dadurch aus, daß „in spöttischer Form die einheimischen Staaten und Völker gekennzeichnet ... werden“ (Himmler im Februar 1943 in einem Brief an Schäfer) und deshalb selbst für den Reichsführer-SS aus politischem Kalkül nicht akzeptabel war („Meine Bedenken, die ich gegen die öffentliche Aufführung des Filmes hatte, rechtfertigen sich also doch“; Zitat nach U. Deichmann, s. oben).

1942 gründet Schäfer das Reichsinstitut „Sven Hedin-Institut“ (München/Salzburg), dessen rund 30 Wissenschaftler er bis zum Zusammenbruch des Dritten Reiches leitet. Drei Jahre (1945-1948) verbringt er anschließend wegen seiner Tätigkeit im Nazi-Deutschland in Internierung. Er verläßt dann Deutschland, um in Venezuela rund fünf Jahre lang intensiv die dortige Vogelwelt zu studieren. Der belgische Exkönig Leopold III. lädt ihn dann ein, als Berater nach Belgien zu kommen. Von dort aus führt er eine Reihe von Reisen vor allem in den belgischen Kongo durch. Zusammen mit Heinz Sielmann entsteht daraus wieder ein Film: „Herrscher des Urwalds". Wegen seiner Vergangenheit im Dritten Reich entläßt ihn König Leopold und Schäfer kommt ans Landesmuseum nach Niedersachsen. Er unternimmt noch viele Reisen u.a. nach Indien, Ostafrika und Alaska. Seinen Lebensabend widmet er voll der Jagd und seinem Revier, der Sichtung seines umfangreichen Datenmaterials aus Venezuela sowie der Niederschrift seiner Memoiren.

Ernst Schäfer war zweifellos ein bedeutender, aber wegen seiner engen Verflechtung mit den rassistischen Forschungsplänen der Nazis auch stark kritikwürdiger Tibetforscher. Er hatte die Gabe, Erkenntnisse, Erlebnisse und Beobachtungen in zahlreichen Büchern fesselnd zu schildern. Unter ihnen sind zu nennen: Berge, Buddhas und Bären (1933), Unbekanntes Tibet (1937), Dach der Erde (1938), Tibet ruft (1942), Geheimnisvolles Tibet (1942), Fest der weißen Schleier (1949/1988), Über den Himalaya ins Land der Götter (1952/1989), Unter Räubern in Tibet (1952/1989), Auf einsamen Wegen und Wechseln (1960), Weltjagd heute (1961), Das Buch der Jagd (1963). Daneben hat er wissenschaftliche ornithologische Beiträge geschrieben (vgl. z.B. Generalindex J. Orn. 1934-1963, 82-104 für die Arbeiten im Journal).

Erwin Stresemann war der Doktorvater und Mentor von Ernst Schäfer, der aus seinen Exkursionen reiches (nicht nur ornithologisches) Material dem Zoologischen Museum der Humboldt Universität in Berlin schenkte. Nicht zuletzt auch deswegen wurde er am 7.12.1939 von Stresemann am Tage seiner Hochzeit telegraphisch zum Ehrenmitglied der DO-G ernannt.

R. Prinzinger

* * *

Die Tibet-Schau und Sven Hedin

Nach Schäfers Rückkehr aus Tibet Anfang August 1939 wurde er auf dem Flughafen in München vom Reichsführer der SS, Heinrich Himmler, persönlich begrüßt (Abb. 108; s. auch Greve 1997), jegliche Unterstützung für weitere Arbeit war ihm also sicher. Bis zum Kriegsende schaffte er es jedoch

Abb. 108. Begrüßung der Teilnehmer der SS-Tibetexpedition auf dem Flugplatz München-Riem: Schäfer (Mitte in Zivil), links von ihm SS-Reichsführer Heinrich Himmler und der Chef seines persönlichen Stabes, SS-Gruppenführer Karl Wolf; hinter Himmler – Expeditionsteilnehmer Bruno Beger von der SS-Forschungsgemeinschaft „Ahnenerbe" (4.8.1939).

nicht, seine Ausbeute wissenschaftlich auszuwerten und zu publizieren (lediglich zwei umfangreiche, jedoch populärwissenschaftliche Berichte sind damals erschienen). Es ist ihm aber gelungen, einen Teil des nach Deutschland gebrachten Materials in Form einer großen, für die damalige Zeit modern gestalteten Ausstellung der Öffentlichkeit in Salzburg zu präsentieren. Der Lauf der Geschichte wurde zum unüberbrückbaren Hindernis für die Ausarbeitung und Veröffentlichung des wissenschaftlichen Gesamtberichts (seine nach dem Kriege erschienenen Bücher tragen erneut den Charakter populärer Reiseberichte). Auch sein „Sven-Hedin-Institut für Innerasien und Expeditionen" ist untergegangen.

Über den Namensgeber des Instituts ist in diversen Enzyklopädien zu lesen, dass er ein geadelter, erfolgreicher und berühmter schwedischer Asienforscher war, der letzte große Landreisende des Zeitalters der Entdeckungen (seine Reise- und Forschungsergebnisse wurden in mehr als 50 Bänden veröffentlicht!). Er studierte u.a. in Berlin und verehrte Deutschland. Von frühester Jugend an hatte Hedin einem heroisierenden Menschenbild angehangen, die Demokratie lehnte er ab. Das Internet enthält mehr Informationen: Bereits 1935 traf sich Hedin mit Adolf Hitler, den er ebenso wie den Nationalsozialismus bewunderte, 1936 hielt er während der Olympischen Spiele in Berlin eine Rede über den „Sport als Erzieher", nach Beginn des Zweiten Weltkrieges traf er mehrmals mit Hitler und anderen NS-Größen zusammen, 1942 erschien in Berlin unter seinem Namen die Schrift „Amerika im Kampf der Kontinente", am 16. Januar 1943 nahm er an der festlichen Einweihung des nach ihm benannten Instituts teil und die Universität München verlieh ihm die Ehrendoktorwürde. Die Benennung eines der SS untergeordneten Instituts nach einem adligen Ausländer war also kein Zufall (mehr dazu – s. Kater 1997: 211-218).

Mich interessierten die wissenschaftlichen Ergebnisse der „Deutschen Tibetexpedition Ernst Schäfer", die das Sven-Hedin-Institut 1943 unter der Bezeichnung „Tibetschau" präsentierte, deshalb schrieb ich an das Archiv der Magistratsdirektion in Salzburg mit der Bitte um nähere Informationen. Leider wurde dort nichts Konkretes gefunden, lediglich die Kopie eines Artikels aus der „Salzburger Zeitung" vom 19. Januar 1943 wurde mir zugesandt. Kaum ein anderer Text kann die Atmosphäre, die den Tibetforscher Schäfer im Dritten Reich umgab, so gut wiedergeben, wie dieser Zeitungsbericht. Nachstehend wird die erste Hälfte des Artikels wiedergegeben:

Dr. Sven Hedin Gast des Gauleiters

„Der Geist des Führers allüberall im deutschen Volke lebendig"

Wir berichteten bereits, daß der große und berühmte schwedische Tibetforscher Dr. Sven Hedin im Anschluß an seinen Münchner Aufenthalt Salzburg aus Anlaß der Eröffnung der Tibet-Schau der SS-Expedition Dr. Schäfers besuchte. Gauleiter Dr. Scheel gab im Anschluß an die Eröffnung der Tibet-Schau im „Haus der Natur" Sonntag abends zu Ehren des schwedischen Forschers Dr. Sven Hedin einen Empfang im Kavalierhaus von Schloß Kleßheim. An dem Empfang nahmen außer Dr. Sven Hedin, seiner Schwester Alma Hedin, verschiedenen schwedischen Wissenschaftlern und Mitarbeitern von Dr. Hedin u.a. teil die Mitglieder der SS-Tibet-Expedition, an ihrer Spitze Dr. Ernst Schäfer, Ministerialdirektor SS-Brigadeführer Professor Dr. Mentzel vom Reichsministerium für Wissenschaft, Erziehung und Volksbildung, Ministerialrat Professor Dr. Ziegler vom Reichsministerium für Volksaufklärung und Propaganda, weitere auswärtige Gäste, die mit der wissenschaftlichen Arbeit Dr. Hedins und auch Dr. Schäfers eng verbunden sind, und die Spitzen der Dienststellen von Wehrmacht, Staat und Partei in Salzburg, u.a. der Kommandierende General Schaller-Kalide, Regierungspräsident Dr. Reitter und der Leiter des Reichspropagandaamtes Dr. Wolff.

Im Rahmen dieses festlichen Empfanges richtete Gauleiter und Reichsstatthalter Dr. Scheel an seinen Gast Dr. Sven Hedin herzliche Worte der Begrüßung. Er würdigte dabei das große Lebenswerk des Forschers, der in ganz Deutschland bekannt sei und vom ganzen deutschen Volke verehrt werde. Besonders überbrachte Gauleiter Dr. Scheel auch die Grüße des deutschen Studententums an Dr. Sven Hedin, das mit der wissenschaftlichen Pionier- und Forschungsarbeit von Dr. Sven Hedin verbunden sei. Gauleiter Dr. Scheel begrüßte seinen Gast im Namen aller Salzburger Männer und Frauen und betonte, der Reichsgau Salzburg schätzte sich glücklich, Dr. Sven Hedin als seinen Gast begrüßen zu dürfen.

In einer längeren Antwortrede dankte Dr. Sven Hedin für den herzlichen und schönen Empfang in Salzburg. Einige besondere Worte widmete Dr. Sven Hedin der Arbeit des Gauleiters Dr. Scheel als Reichsstudentenführer und damit dem deutschen Studententum überhaupt. In diesem Zusammenhang erinnerte Dr. Sven Hedin an seine eigene Studienzeit in Deutschland und seinen unvergeßlichen Lehrer Professor Frh. von Richthofen in Berlin. Einige Worte der Bewunderung widmete Dr. Hedin dem Deutschland von heute, das sich im Kriege befinde, das in diesem Kriege von einer klaren Entschlossenheit beseelt sei, das aber doch imstande sei, auch das Leben in der Heimat und auch das wissenschaftliche und Forschungsleben im vollen Umfange aufrecht zu erhalten. Mit besonders herzlichen Worten gedachte er des Führers Adolf Hitler, dessen Geist gerade im Schloß Kleßheim zu spüren sei. Es sei für ihn symbolisch, daß er an diesem Empfang in Schloß Kleßheim teilnehmen könne, wo der Geist des Führers unmittelbar lebendig sei. Dies sei für ihn deshalb symbolisch, weil er wisse, daß der Geist des Führers im Krieg und im Frieden allüberall im deutschen Volke lebendig und verankert sei.

Dr. Hedin ging dann auf verschiedene wichtige Fragen seiner eigenen jahrzehntelangen Forschungsarbeit ein. Dabei würdigte er auch die Verdienste des jungen deutschen Tibetforschers Dr. Ernst Schäfer, von dem er hoffe, wisse und erwarte, daß bei ihm die Tibetforschung in guten Händen sei. Besonders beeindruckt zeigte sich Dr. Hedin von der Tibet-Schau im Salzburger „Haus der Natur". In der längeren, überzeugend klaren Rede von Dr. Hedin kam für alle Zuhörer zum Ausdruck, wie gerade die großen Schaubilder der Tibet-Schau im „Haus der Natur" seine eigenen Erinnerungen wieder lebendig gemacht haben. Dr. Hedin betonte, daß er eigentlich von den großen Schaubildern im „Haus der Natur" noch stärkeren Eindruck habe als von dem Film „Geheimnis Tibet", dessen Uraufführung er eben in München beigewohnt habe. Die Schaubilder machten Tibet, seine Landschaft und seine Menschen noch klarer und gäben ein noch umfassenderes Bild.

*

Zur gleichen Zeit hatte Oberbürgermeister Giger die anderen Gäste von auswärts, die mit Dr. Sven Hedin zur Eröffnung der Tibet-Schau nach Salzburg gekommen waren, und die Lehr- und Forschungsgemeinschaft „Das Ahnerbe", das Reichsministerium für Wissenschaft, Erziehung, Volksbildung und das Reichsministerium für Volksaufklärung und Propaganda vertraten, ebenfalls zu einem Empfang geladen. Oberbürgermeister Giger betonte bei diesem Empfang, Salzburg sei glücklich, daß in seinen Mauern einer der ersten Vorträge des Tibet-Forschers Dr. Schäfer stattgefunden habe und daß nun ein Teil der reichen und großen Forschungsergebnisse Dr. Schäfers in Salzburg im „Haus der Natur" für immer beheimatet seien.

* * *

Die anfangs erwähnte Fernsehsendung wurde vom Zweiten Deutschen Fernsehen (ZDF) in der Reihe „Terra X" unter dem Titel „Dämone auf dem Dach der Welt. Filmreise durch den Ost-Tibet" am 8. Januar 1989 um 20.15 Uhr ausgestrahlt. Eine Feuilletonistin der Wochenzeitung „Die Zeit" schrieb in der Ausgabe vom 20. Januar 1989 (Nr. 4, Seite 50) hierzu einen Kommentar, der nicht nur die Richtigstellung einiger der Aussagen Schäfers im Fernsehen enthält, sondern ein weiteres Stück Wahrheit über sein Tun publik macht. Dieses Feuilleton wird hier mit freundlicher Genehmigung der Autorin und der „Zeit"-Redaktion wiedergegeben.

Wissenschaft im Dienst der Nazis: Professor Ernst Schäfer

Neues vom Nichtwissen

Aus Anlaß der Fernsehsendung „Terra X"/Von Monika Köhler

„Er ist in Volltrance. Er hat einen goldenen Helm auf dem Kopf, der 60 Pfund gewogen hat ..., dann rast er durch die Stadt zum Festplatz, um die bösen Geister zu bannen." Wer da erzählt, mit weitausholenden Gesten, ein weißhaariger alter Herr im Schaukelstuhl, hinter sich Geweihe, Tiertrophäen und ein Leopardenfell – wer da vom Bildschirm her das tibetische Staatsorakel ins Wohnzimmer zaubert: ein Mann namens Schäfer. Im ZDF läuft die letzte Folge der Serie „Terra-X", eine Reise durch Ost- und Zentraltibet und zeigt *den* Experten: Tibetforscher Professor Ernst Schäfer mit seinem Film „Lhasa Lo", 1939 gedreht.

„Plötzlich begann er zu zittern, verfärbte sich, gelblich, blutrot, in frenetischem Tanz wurde er hinausgetragen, alles verneigte sich vor ihm, dann brach er in sich zusammen und lag wie ein epileptisch zuckendes Häuflein Fleisch auf der Erde." Später habe er, Schäfer, „wieder mit ihm Verbindung genommen". Bei vollem Tagesbewußtsein habe der Orakel-Priester ihm geweissagt: „Die fliegenden Menschen werden kommen, es wird eine Vernichtung geben, der elektrische Funke wird kommen nach Lhasa. Damit wird unsere Religion vernichtet werden." Und daß etwas „Furchtbares" geschehen werde in England und Deutschland.

„Ich war ja völlig abgeschlossen von der ganzen Welt." Ernst Schäfer preßt beide Hände auf seine Brust, als müsse er da etwas zurückhalten, und spricht: „Ich war ja diese vielen Monate lang abgeschlossen von der Tagespolitik Europas, Deutschlands, Englands, Amerikas, Japans – nichts. Und deshalb war es für mich natürlich ein Schock, ein tiefer, tiefer Schock, der nun leider sich bewahrheitete."

Er wußte nichts, im Jahre 39, gar nichts. Und er schrieb Bücher über seine Reisen nach Tibet, z.B. dieses: „Geheimnis Tibet – Erster Bericht der Deutschen Tibet-Expedition Ernst Schäfer, 1938/39 – Schirmherr Reichsführer SS", gedruckt 1943. Im Vorwort weist der Verfasser auf „etwas völlig Neuartiges" hin, daß einige Expeditionsmitglieder in der Heimat blieben, von dort sein zurückgesandtes Material prüften und ihm „immer neue Anregungen und vor allem auch schärfste Kritiken nach draußen in die Wildnis" schickten. Ein Mitarbeiter blieb in der

Basisstation Kalkutta, so daß, schrieb Schäfer, „eine unlösbare Kette der geistigen Verbindungen trotz der Unwegsamkeit des tibetischen Hochlandes hergestellt werden konnte". Doch es gab auch Informationsquellen ganz anderer Art. Etwas, das er als Geschenk dem Regenten überreichte – einen Kurzwellen-Empfänger.

Völlig abgeschlossen von der ganzen Welt war er, sagt Forscher Schäfer heute im ZDF. Doch zur Expedition in Tibet gehörten noch seine Kameraden Karl Wienert, der Geophysiker und Erdmagnetiker, Ernst Krause, der Entomologe, Film- und Kameramann, Edmund Geer, der technische Leiter, vor allem aber Bruno Beger, der Ethnologe und Anthropologe. Ein Ziel der Reise war, „einmal in freier Wildnis zu beweisen und dem Ausland zu zeigen, daß es fruchtbar ist, unserer Weltanschauung gemäß zu forschen". Die Forschungen bestanden nicht zuletzt im Untersuchen und Vermessen von Menschengruppen, in Kopf-, Hand- und Fußabformungen, Gesichtsmasken, daktyloskopischen und Blutgruppen-Untersuchungen.

Völlig abgeschlossen. Sie hatten endlich die Einladung der tibetischen Regierung nach Lhasa in Händen. Noch im Dezember waren sie von Sikkim nach Tibet aufgebrochen. „Es läßt sich so einrichten, daß wir die Sonnwendfeier am 21. Dezember 1938 nur wenige Meilen von der tibetischen Grenze entfernt, an einem 4000 Meter hohen, idyllisch gelegenen Bergsee begehen können. Das ist ein großer Tag für uns, da wir im stillen Kreise um unseren kleinen Radioapparat sitzen, um den Worten des Reichsführers SS, H. Himmler, der unser Schirmherr ist, zu lauschen." Völlig abgeschlossen von der ganzen Welt ... „Da ergreifen wir schweigend die Fackeln und begeben uns, gefolgt von unserer treuen Eingeborenen-Mannschaft, hinunter zum Seeufer, wo wir uns im Widerscheine des lodernden Feuers geloben, weiterhin auf Gedeih und Verderb zusammenzuhalten und unsere schöne große Aufgabe zu lösen ..."

Eine ergreifende Szene, beschrieben 1943. Umgeschrieben 1950. Unter dem neuen Titel „Über den Himalaya ins Land der Götter" fehlt nicht die Szene, aber der Radioapparat und der Reichsführer. Den Leser entschädigen Naturschilderungen.

Zurück zum Bildschirm. Was ein Sprecher sagt, heute: „So wie diese Prophezeiung des Zweiten Weltkrieges grausame Wirklichkeit wurde, so bewahrheitete sich – historisch verbürgt – manche andere Vision, die das Orakel in Trance hatte."

Abb. 109. Dr. Ernst Schäfer, Direktor des Sven-Hedin-Instituts für Innerasienforschung und Expeditionen in seinem Kabinett auf Schloss Mittersill in der „Ostmark" (um 1943).

Vision, Prophetie? Nein, Geheime Reichssache 1939; „Unternehmen Tibet. Geplant ist, den SS-Hauptsturmführer Dr. Schäfer, der bereits dreimal in Tibet war und erst im Juli d. Js. von seiner letzten Forschungsreise zurückgekommen ist, mit einer kleinen Truppe von etwa 30 Mann und einer Waffenausrüstung für 1000 bis 2000 Mann nach Tibet zu entsenden." 1964 gesteht Schäfer-Begleiter Beger dem Historiker Michael H. Kater („Das 'Ahnenerbe' der SS", 1974), daß dieser Schäfer-Stoßtrupp mit Geschenken versuchen sollte, „die tibetische Armee gegen die britischen Truppen aufzuwiegeln. Es sollte den Tibetern Freiheit von den englischen Ausbeutern versprochen werden."

Obwohl die Schäfertruppe während einer zweimonatigen Spezialausbildung „sowohl am mittleren und schweren Granatwerfer als auch am schweren M.G. ausgebildet" werden sollte, wurde aus dem Plan wegen der Zwistigkeiten zwischen Himmler und Rosenberg nichts.

Immerhin, Himmler hat den einsamen Forscher, den er wegen seiner früheren Expeditionserfolge schon 1936 zum SS-Untersturmführer im Persönlichen Stab ernannt hatte, gleich nach seiner Rückkehr aus Tibet im August 1939 mit dem SS-Totenkopfring und dem Ehrendegen ausgezeichnet. Der Tibetforscher gehörte dem „Ahnenerbe", der pseudowissenschaftlichen Einrichtung der SS, an und dem Freundeskreis Himmler. Dort führte er auch seinen Tibet-Film vor und machte damit eine Vortragsreise, die

SS-Gliederungen zu Schulungszwecken dienen sollte. 1943 schaffte er es, seine Ahnenerbe-Abteilung in ein Reichsinstitut zu verwandeln, in das Sven-Hedin-Institut für Innerasien und Expeditionen, mit Sitz in München. Später zog er in das Schloß Mittersill in der „Ostmark". Und er stellte seine alten Tibet-Kameraden ein: Beger, Geer, Wienert und Krause.

Wieder wurde eine Expedition geplant, diesmal in den Kaukasus. Schäfer sollte das Unternehmen leiten. [Im Apil 1942, laut Dokumenten des Bundesarchivs, wurde er zum SS-Sturmbannführer beföhrdert und kurze Zeit später in die Waffen-SS übernommen – E.N.] Sein Tibet-Freund Beger war für die Aufgabe vorgesehen, Bergjuden zu vermessen, Bergjuden, die ein Handbuch der SS als „Fremdkörper" im kaukasischen Raum bezeichnete. Dazu brauchte man Material, schwerbewaffnete Pioniere der Waffen-SS und, wie Schäfer für Beger und die anderen Anthropologen anforderte, „zwanzig Skalpelle verschiedener Größen, sechs starke Skalpelle, fünf große Fleischmaschinen", worunter Entfleischungsmaschinen zu verstehen sind.

Aber auch aus dieser Reise wurde nichts – die Rote Armee war schneller. Der Anthropologe Beger fuhr statt dessen im Juni 1943 nach Auschwitz, da dort gerade „besonders geeignetes Material" eingetroffen war. Er bewunderte die blühenden Pappelalleen – an die er sich noch 1970 in seinem Prozeß erinnerte: drei glimpfliche Jahre Freiheitsstrafe – und suchte interessante Typen aus zum Vermessen: 79 Juden und 30 Jüdinnen, zwei Polen, zwei Usbeken, einen usbekisch-tadschikischen Mischling und einen Tschuwaschen aus der Gegend um Kasan. „Der Usbeke, ein großer gesunder Naturbursche, hätte ein Tibeter sein können. Seine Sprechweise, seine Bewegungen und seine Art, sich zu geben, waren einfach entzückend, mit einem Wort: innerasiatisch", schrieb er begeistert an Ernst Schäfer, „über meine Auschwitzer Eindrücke muß ich Dir noch mündlich im Einzelnen berichten ..."

Die vermessenen Häftlinge wurden – in sauberem Drillichzeug – zum KZ Natzweiler im Elsaß transportiert, dort hat man sie sorgfältig vergast. Ihre Leichen kamen dann in die Straßburger Anatomie für die Sammlung von Professor August Hirt. Die Skelettierungsarbeiten verzögerten sich. Doch im Jahre 1944 befanden sich auf Schloß Mittersill menschliche Totenköpfe. [Hierzu lesenswert: H.-J. Lang. Die Namen der Nummern. Hamburg 2004.]

Der Anthropologe Dr. Rudolf Trojan schrieb Beger einen Brief: „Was soll eigentlich mit den Totenschädeln geschehen? Wir haben sie herumstehen und verlieren nur Platz dadurch. Was war ursprünglich damit geplant? Ich halte es für das Vernünftigste, sie so wie sie sind nach Straßburg zu schicken, sie sollen dann sehen, wie sie damit fertig werden können."

Terra X, ein Film über ein unbekanntes Land; ein deutscher Professor, der abgeschlossen war von der ganzen Welt; Totenköpfe, die herumstanden irgendwo, die herumstehen.

Abb. 110. Prof. Ernst Schäfer in Venezuela (um 1950).

* * *

Quellen

Publikationen

(Titel von Veröffentlichungen in wenig bekannten Sprachen wurden in deutscher Übersetzung und in Klammern angeführt).

Abbott, A. (2000): German science starts facing up to its historical amnesia. - Nature 403 (Nr. 6768): 474-475.

Ali, S. (1985): The Fall of a Sparrow. - Delhi.

Amberg, M. (1977): Konrad Lorenz. Verhaltensforscher, Philosoph, Naturschützer. - Greven.

Anonymus (1972): (Leben im Namen der Wissenschaft/Georgij Petrowitsch Dementjew, 1898-1969.) - Ornitologija 10: 3-5 (auf Russisch).

— (1987): Professor Bernhard Grzimek †. - Tier Nr. 4 (April): Einlage 4 pp.

— (1989): (Dem Andenken an Jurij Andrejewitsch Isakow, 1912-1988.) - Iswestja AN SSSR, serja geografitscheskaja, Nr. 1/1989: 141-142 (auf Russisch).

Archibald, G. (1998): A Tribute to China's Great Ornithologist. - ICF Bugle 24 (4): 8.

Atemasowa, T.A. & I.A. Kriwizkij (Hrsg.; 1999): (Alexander Bogdanowitsch Kistiakowskij.) - In: Ornitologi Ukrainy. - Charkiw. Vol. 1: 116-120 (auf Russisch).

Austin, O.L. (1948): The Birds of Korea. - Cambridge, MA.

Autrum, H. (1996): Mein Leben. - Berlin.

Bauer, K.M. & U.N. Glutz v. Blotzheim (1966, 1968, 1969): Handbuch der Vögel Mitteleuropas. Band 1, 2, u. 3. - Frankfurt/M.

Bellert, J. (1977): (Arbeit der polnischen Ärzte und Krankenschwestern im Lagerkrankenhaus des Polnischen Roten Kreuzes in Oswięcim nach der Befreiung des Lagers.) - In: Okupacja i Medycyna. - Warszawa: 263-271 (auf Polnisch).

Bereszyński, A. & M. Wrońska (2002): (Jan Bogumił Sokołowski – Leben und Werk.) - Poznań (auf Polnisch).

Berg, R.L. (1990): In Defense of N.V. Timoféeff-Ressovsky. - Quart. Review of Biology 65: 457-479.

— (1993): (Nikolaj Wladimirowitsch Tomofeew-Resowskij.) - In: Woronzow (s.u.): 226-239 (auf Russisch).

Berger, J. (1965): Unsere ornithologischen Aufgaben im neuen Jahr. - Falke 12: 30.

Bergman, S. (1938): In Korean Wilds and Villages. - London.

— (1944): Durch Korea. Streifzüge im Lande der Morgenstille. - Zürich.

Berlin, W. (1997): (Schutzgebiete benötigen hervorragende Menschen. Über das Leben und Wirken von O. I. Semenow-Tjan-Schanskij.) - In: Sammelband „Ljudi sapowednogo dela." - Bachilowa Poljana: 1-15 (auf Russisch).

— (1998): (Oleg Semenow-Tjan-Schanskij. Tagebücher aus Petrowka 1917-1929.) - Schiwaja Arktika Nr. 2/11: 14-31 (auf Russisch).

Boettger, C.R. (1967): Ferdinand Pax † 1885-1964. - Verh. Dt. zool. Ges. 1966: 613-616.

Boew, Z. (1991): The centenary of the birth of Pavel Patev – the founder of contemporary bulgarian ornithology. - Historia naturalis bulgarica 3: 111-116 (auf Bulgarisch mit engl. Zusammenfassung).

— (1997): 75 years of the birth of Nikolay Boev – the founder of the modern nature conservation of Bulgaria. - Historia naturalis bulgarica 8: 23-34 (auf Bulgarisch mit engl. Zusammenfassung).

Böhme, H. (1990): Gedanken nach dem Tode von Hans Stubbe. - Biol. Zentralbl. 109: 1-6 (auch in: Kulturpflanze 38: 31-36).

Brügge, P. (1988): Von der Gans aufs Ganze. - Der Spiegel 45: 244-263.

Brzęk, G. (1994): (Das Dzieduszycki-Museum in Lwów und seine Schöpfer.) - Lublin (auf Polnisch).

— (1995): Prof. dr hab. Stanisław Feliksiak (1906-1992). - Przegl. zool. 39: 13-17 (auf Polnisch).

Burkhardt, R.W. (2001): Konrad Zaharias Lorenz (1903-1989). - In: Jahn, I. & M. Schmitt (Hrsg.): Darwin & Co. Eine Geschichte der Biologie in Portraits. - München: 422-441 u. 551-553.

Cocker, M. (1990): Richard Meinertzhagen: Soldier, Scientist and Spy. - London.

v. Cranach, A. (2001): Mein Vater der Graugänse. - In: Kotrschal et al. (s.u.): 61-71.

Dathe, H. (1990): Erinnerungen an Hans Stubbe. - Kulturpflanze 38: 28-30.

— (1991): Worte des Dankes. - Milu 7: 211-216.

— (2002): Lebenserinnerungen eines leidenschaftlichen Tiergärtners (2. Auflage). - München, Berlin.

Deichmann, U. (1992): Biologen unter Hitler – Vertreibung, Karrieren, Forschung. - Frankfurt/M., New York.

— (1995): Biologen unter Hitler – Porträt einer Wissenschaft im NS-Staat. - Frankfurt/M. (Überarbeitete und erweiterte Ausgabe des Buches von 1992).

Delacour, J. (1941): The End of Clères. - Avicult. Mag. 6: 81-84.

— (1966): The living Air. The Memoirs of an Ornithologist. - London.

— (1968): Foreword. - In: Ph. Wildash, Birds of South Vietnam. - Rutland und Tokyo: 7-8.

Dementjew, G.P. (1960): (Erwin Stresemann zum 70. Geburtstag.) - Ornitologija 3: 479-481 (auf Russisch).

Dittrich, L. (1991a): Zum Tod von Professor Heinrich Dathe. - Der Zoofreund Nr. 79: 2.

— (1991b): Zum Gedenken an Heinrich Dathe. - Zool. Garten N.F. 61: 145-148.

Dorst, J. (1986): Jean Delacour (1890-1985). - L'Oiseau et R.F.O. 56: 214-218.

Drosdow, N.N. (1977): (Dem Gedenken an Nikolaj Alexandrowitsch Gladkow.) - Ornitologija 13: 229-131 (auf Russisch).

Dudinzew, W. (1990): Weiße Gewänder. - Berlin.

Dunajewa, T.N., A.A. Nasimowitsch & W.E. Flint (1983): (Jurij Andrejewitsch Isakow; zum siebzigsten Geburtstag.) - Bjull. mosk. o. isp. prir., otd. biol. 88 (3): 100-105 (auf Russisch).

Eichler, W. (1982): Zum Gedenken an N.W. Timoféeff-Ressovsky (1900-1981). - Dt. Entom. Z. (NF): 287-291.

Endo, K. (1984): (Die blauen Vögel von Ariran.) - Tokio (auf Japanisch).

Etchécopar, R.-D. (1975): Charles Vaurie (1906-1975). - Bull. Soc. Orn. de France: I-III. In: L'Oiseau et RFO 45: 375ff.

Feliksiak, S. (Hrsg.; 1976): Biographies of Paweł Dzieduszycki (1881-1951) and Włodzimierz

Dzieduszycki (1885-1971) against the background of their museum and editorial activity. - Przegl. zool. 20: 7-30 (auf Polnisch mit engl. Zusammenfassung).

— (1987): (Biografisches Lexikon polnischer Biologen.) - Warszawa (auf Polnisch).

Festetics, A. (2000): Zum Sehen geboren. Das Jahrhundertwerk des Konrad Lorenz. - Wien.

Fiedler, W. (2001): Tagung „100 Jahre Vogelzugforschung auf der Kurischen Nehrung" in Rybatschij (früher Rossitten). - Vogelwarte 41: 90-91.

Flint, W.E. & O.L. Rossolimo (Hrsg.; 1999): (Moskauer Ornithologen.) - Moskau (auf Russisch).

Föger, B. & K. Taschwer (2001): Die andere Seite des Spiegels. - Wien.

Formosow, A.A. (1980): Alexander Nikolajewitsch Formosow, 1899-1973. - Moskau (auf Russisch).

Formosow, N.A. (1997): (Über meinen Vater, Alexander Nikolajewitsch Formosow.) - In: Ochotnitschi prostory, Jg. 1997, Buch 2: 29-34 (auf Russisch).

— (1998): (Ein russischer Naturkundler im Bürgerkrieg. Neues aus der Biografie A.N. Formosows.) - In: Ochotnitschi prostory, Jg. 1998, Buch 1: 202-226 (auf Russisch).

Frei, N. et al. [Institut für Zeitgeschichte] (Hrsg.; 2000): Standort- und Kommandanturbefehle des Konzentrationslagers Auschwitz 1940-1945. - München.

Gagina, T.N. (1973): (Gedruckte Arbeiten von Professor W.N. Skalon.) - Irkutsk (auf Russisch).

Garson, P.J. (1998): Tributes to Prof. Cheng. - WPA News Nr. 57:5.

Gautschi, A. (1999): Der Reichsjägermeister. Fakten und Legenden um Hermann Göring. - Suderburg.

Gebhardt, L. (1964, 1970, 1974, 1980): Die Ornithologen Mitteleuropas. Ein Nachschlagewerk [Band 1]. - Gießen; Band 2. - J. Ornithol. 111, Sonderheft; Band 3. - J. Ornithol. 115, Sonderheft; Band 4. - J. Ornithol. 121, Sonderheft.

Gerschenson, S.M. (1993): (Notizen über N.W. Timofejew-Ressowskij.) - In: Woronzow (s.u.): 369-370 (auf Russisch).

Gladkow, N.A. (1959): (Georgij Petrowitsch Dementiew zum sechzigsten Geburtstag.) - Ornitologija 2: 289-294 (auf Russisch).

Golemanski, W. & D. Boschkow (1997): (Verdiente bulgarische Zoologen.) - Sofia (auf Bulgarisch).

Gontscharow, W.A. & W.W. Nechotin (2000): (Unbekanntes von Bekanntem.) - Westnik RAN 70 (3): 249-257 (auf Russisch).

Goodwin, D. (1988): A Memory of Jean Delacour. - Avicult. Mag. 94: 65.

Granin, D. (1988): Sie nannten ihn Ur [DDR-Ausgabe]; Der Genetiker. Das Leben des Nikolai Timofejew-Ressowski, genannt Ur [westdeutsche Ausgabe]. - Berlin bzw. Köln.

Grau, M. (2003): Werner Klemm – ein Förderer junger Naturschützer. - Naturwiss. Forschungen über Siebenbürgen 7 (Jubiläumsband): 287-303.

Greve, R. (1997): Das Tibet-Bild der Nationalsozialisten. - In: Kunst- und Ausstellungshalle der B. R. Deutschland sowie T. Dodin & H. Röther (Hrsg.): Mythos Tibet. - Köln: 194-213.

Grzimek, B. (1974): Auf den Mensch gekommen. - München.

Gutt, D. (1970): G.P. Dementiew †. - Deutscher Falkenorden/Jahrbuch 1969: 110.

Gwinner, E. (1989): In Erinnerung an Konrad Lorenz – 1903-1989. - Vogelwarte 35: 156.

Haffer, J. (1997): Ornithologen-Briefe des 20. Jahrhunderts. - Ludwigsburg (Ökologie der Vögel/Ecology of Birds, Vol. 19).

— (2001): Die „Stresemann-Revolution“ in der Ornithologie des frühen 20. Jahrhunderts. - J. Ornithol. 142: 381-389.

— & E. Rutschke u. K. Wunderlich (2000): Erwin Stresemann (1889-1972) – Leben und Werk eines Pioniers der wissenschaftlichen Ornithologie. - Halle (Acta historica Leopoldina Nr. 34).

Hagemann, R. (1999): GfG-Portrait: Hans Stubbe – Genetiker, Forscher, Wissenschaftsorganisator, Mensch. - BIOspectrum 5: 306-309.

Harmata, W. (1989): Roman J. Wojtusiak. - Folia Biologica 37: 114.

Hassenstein, B. (1989): Nachruf auf Konrad Lorenz. - Biologie heute; Mitt. d. Verbandes Deutscher Biologen, Nr. 363: 1698-1701.

Heim, S. (2002): „Die reine Luft der wissenschaftlichen Forschung“. Zum Selbstverständnis der Wissenschaftler der Kaiser-Wilhelm-Gesellschaft. – Ergebnisse. Vorabdrucke aus dem Forschungsprogramm „Geschichte der Kaiser-Wilhelm-Gesellschaft im Nationalsozialismus“. - Berlin. Teil 7: 1-47.

Heinroth, K. (1979): Mit Faltern begann's. Mein Leben mit Tieren in Breslau, München und Berlin. - München.

Helbok, M.L. (1987): Bernhard Grzimek 1909-1987. - Animal Kingdom, Heft Juli/August: 6.

Heltmann, H. (1991): Nachruf auf Werner Klemm (1909-1990). - Naturwiss. Forschungen über Siebenbürgen 4: 415-429.

Hinkelmann, C. (2000): Friedrich Tischler (1881-1945) – Autor der hervorragenden Übersicht über die Vögel Ostpreußens. - Bl. Naumann-Mus. 19: 44-58.

Hippius, R. & J.G. Feldmann, K. Jelinek, K. Leider (1943): Volkstum, Gesinnung und Charakter. Bericht über psychologische Untersuchungen an Posener deutsch-polnischen Mischlingen und Polen. - Stuttgart, Prag.

Hoess/Höß, R. (1956/1958): (Erinnerungen von Rudolf Hoess, dem Kommandanten des Lagers Oświęcim). - Warszawa (auf Polnisch)/Kommandant in Auschwitz, Autobiographische Aufzeichnungen. - Stuttgart.

Hoffmann, L. (Hrsg.; 1966): Proceedings of the Meeting on International Co-operation in Wildfowl Research. - Tour du Valat.

Holm, K. (1991): Glanz und Elend des Prof. Dathe. - Berlin.

— (1994): Leben und Erbe Prof. Dathes. - Berlin.

Hoßfeld, U. (2001): Im „unsichtbaren Visier“: Die Geheimdienstakten des Genetikers Nikolaj V. Timoféeff-Ressovsky. - Med. hist. J. 36: 335-367.

Howman, K. (1998): Professor Cheng Tso-hsin 1906-1998. - WPA News Nr. 57:3.

Höxtermann, E. (1997): Zur Profilierung der Biologie an den Universitäten der DDR bis 1968. - MPI für Wissenschaftsgeschichte. Preprint 72. - Berlin.

Huxley, J. (1963): Lorenzian Ethology. - Ztschr. f. Tierpsychol. 20: 402-409.

Ilitschew, W.D. (1977): Georgij Petrowitsch Dementjew. - Moskau (auf Russisch).

Im, Jun-Hyoku (1997): (Die zeitgenössischen [koreanischen] Wissenschaftler.) - Tokio (auf Japanisch).

Immelmann, K. (1974): Günther Niethammer (28.9.1908-14.1.1974). - J. Ornithol. 115: 213-222.

Jahn, I. (2001): „Minerva verhüllt ihr Gesicht und schickt ihre Eulen aus, um Mäuse zu fangen“. Ein kleines Kapitel Lyssenkoismus in der DDR. - Naturwiss. Rundsch. 54: 297-302.

Jankowski, W.J. (1979): (Der vieräugige Nenuni.) - Jaroslawl (auf Russisch).

— (1990): (Mein Vater Jurij Jankowski.) - Ochota i ochotn. Chosjaistwo 4: 34-35 (auf Russisch).

— (1991): (Die lange Heimkehr. Autobiographischer Roman.) - Jaroslawl (auf Russisch).

— (2000): (Vom Grabe des Herren bis zum GULAG-Grab.) - Kowrow (auf Russisch); englische Übersetzung - s. unter Yankovsky.

J.N.K. & A.L.T. (1967): Colonel Richard Meinertzhagen C.B.E., D.S.O., 1878-1967. - Ibis 109: 617-620.

Käding, E. (1999): Engagement und Verantwortung – Hans Stubbe, Genetiker und Züchtungsforscher. - Münchenberg (ZALF-Bericht Nr. 36).

Kalbe, L. (1999a): Erich Rutschke (1926-1999). - J. Ornithol. 140: 388-389.

— (1999b): Zur Erinnerung an Erich Rutschke (1926-1999). - Studienarchiv Umweltgeschichte Nr. 5/99: 31-32.

Kalikow, T. (1980): Die ethologische Theorie von Konrad Lorenz: Erklärung und Ideologie, 1938 bis 1943. - In: Mehrtens, H. & S. Richter (Hrsg.): Naturwissenschaft, Technik und NS-Ideologie. - Frankfurt/M.: 189-214.

Kannapin, N. (1980, 1981): Die deutsche Feldpostübersicht 1939-1945. Band 1 u. 2. - Osnabrück.

Karasewa, E.W. (1999): (Alexander Nikolajewitsch Formosow in meinem Leben.) - In: Karasewa et al. (Hrsg.): Mlekopitajuschtschije Moskwy. - Moskau: 233-242 (auf Russisch).

Karolczak, K. (2001): (Die Dzieduszyckis. Stammesgeschichte.) - Kraków (auf Polnisch).

Kater, M.H. (1997): Das Ahnenerbe der SS 1935-1945. - München.

Kear, J. (1986): Jean Delacour. - Ibis 128: 141.

Kennan, G. (1975): ... und der Zar ist weit; Sibirien 1885. - Berlin.

Kinel, J. (1957): After three years work in the Zoological Museum of the University of Wrocław. - Przegl. zool. 1: 305-312 (auf Polnisch mit engl. Zusammenfassung).

Klaus, S. (1991): In memory of Oleg Ismailivoch Semenov-Tjan-Shanskij. - Grouse News Nr. 1/91: 13-14.

— & H.-H. Bergmann (1991): Oleg Ismailovitch Semenov-Tjan-Schanskij. - J. Ornithol. 132: 344-345.

Klemm, M. (1975): Professor A.N. Formosow (1899-1973). - Z. angew. Zool. 62: 5-8.

Klös, H.-G. (1991): Festansprache. - Milu 7: 198-202.

— U. & H.-G. (1988): Bernhard Grzimek zum Gedenken. - Bongo 14: 119-122.

Korn, W. (1999): Ferdinand, Zar von Bulgarien, und die Naturkunde. - Jahrb. Cob. Ld. Stiftung (Coburg) 44: 171-186.

Kotrschal, K., G. Müller & H. Winkler (Hrsg.; 2001): Konrad Lorenz und seine verhaltensbiologischen Konzepte aus heutiger Sicht. - Fürth.

Kuhk, R. (1981): Wladyslaw Rydzewski †. - Vogelwarte 31: 182.

Kumari, E. (1976): Boris Karlowitsch Stegmann 1898-1975. - J. Ornithol. 117: 395-396.

Kumerloeve, H. (1974): Günther Niethammer, dem Freunde und Kollegen, zum Gedächtnis. - Bonn. zool. Beitr. 25: 17-22.

Kummerlöwe, H. (1939): Geschichte und Aufgaben des Staatlichen Museums für Tierkunde in Dresden. - Abh. u. Ber. Staatl. Mus. f. Tierkunde 20: 1-15.

— (1940): Zur Neugestaltung der Wiener wissenschaftlichen Staatsmuseen. - Annalen naturhist. Mus. Wien 50: XXIV-XXXIX.

Langbein, H. (1972): Menschen in Auschwitz. - Wien.

Lobačev, V.S. (1989): A.G. Bannikov (1915-1985). - In: Erforsch. Biol. Ress. MVR. - Halle (Saale) 6: 123- 124.

Löppenthin, B. (1974): Hans Christian Johansen; 2. december 1897 - 18. december 1973. - Dansk. orn. Foren. Tidsskr. 68: 71-76 (auf Dänisch).

Lorenz, K. (1940a): Nochmals: Systematik und Entwicklungsgedanke im Unterricht. - Der Biologe 9: 24-36.

— (1940b): Durch Domestikation verursachte Störungen arteigenen Verhaltens. - Z. angew. Psychol. u. Charakterkd. 59: 2-81.

— (1943): Die angeborenen Formen möglicher Erfahrung. - Ztschr. f. Tierpsychol. 5: 235-409.

— (1983): Der Abbau des Menschlichen. - München.

— (2003): Eigentlich wollte ich Wildgans werden. - München, Zürich.

— & (aufgezeichnet von) K. Mündl (1991): Rettet die Hoffnung! - Wien, München.

Malenkov, A.G. & V.I. Ivanov (1989): Heroes and villains. - Nature 338 (Nr. 6217): 612.

Malenkow, A.G. (1993): (Über N. W. Timofejew-Ressowskij.) - In: Woronzow (s.u.): 281-282 (auf Russisch).

Mareda, L. (1992): (Erinnerungen an Veleslav Wahl.) - Zspávy ČSO 34: 71-73 (auf Tschechisch).

Mateja, J. & A. Siwek (2000): (Władysław Siwek - Später mal werde ich es malen ...) - Oświęcim (auf Polnisch).

Matjuschkin, E.N. (1999): (Formosow als Biogeograf.) - Bjull. mosk. o. isp. prir., otd. biol. 104 (5): 3-12 (auf Russisch).

Mayr, E. (1986): In Memoriam: Jean (Theodore) Delacour. - Auk 103: 603-605.

— (1993): Timofejew-Ressowskij. - In: Woronzow (s.u.): 178-179 (auf Russisch).

Medwedjew, S.A. (1971): Der Fall Lyssenko. Eine Wissenschaft kapituliert. - Hamburg.

Meinertzhagen, R. (1956): Nineteenth Century Recollections. - Ibis 101:46-52.

Melnitschuk, W.A. (1994): (Alexander Bogdanowitsch Kistiakowskij 1904-1983. Zum 80. Geburtstag.) - Berkut 3: 71-72 (auf Russisch).

Mettin, D. (1990): Würdigung des Werkes von Hans Stubbe. - Kulturpflanze 38: 19-27.

Mikulska, I. (1989): Kazimierz Sembrat (1902 -1988). - Przegl. zool. 33: 7-16 (auf Polnisch).

Müller, H.H. & E. Nowak (1992): Glasnost für Ringelgänse. - Die Zeit Nr. 29: 30.

Müller-Hill, B. (1984): Tödliche Wissenschaft. - Reinbek b. Hamburg.

— (1988): Heroes and villains. Review of Daniil Granin: „Der Genetiker. Das Leben des Nikolai Timofejew-Ressowski, genannt Ur". - Nature 336 (Nr. 6201): 721-722.

Münster-Swendsen, M. (1997): (Lösö-Laboratorium der Kopenhagener Universität.) - Dansk Naturhist. Forening, Arsskrift Nr. 8: 52-88 (auf Dänisch).

Naacke, J. (1998/99): Erich Rutschke. - Bucephala 3: 69-80.

Nankinov, D. (1987): Nikolaj Boev verstorben. - Falke 21: 21.

Naumann, C.M. (1997): Zum Gedenken an Hans Kumerloeve. - Bonn. zool. Beitr. 47: 189-190.

Neufeld, I.A. & K.A. Judin (1981): (Über den wissenschaftlichen Beitrag der Leningrader Ornithologen E.W. Koslowa, L.A. Portenko und B.K. Stegmann.) - In: O.A. Skarlato (Hrsg.): Phylogeny and Systematics of Birds. - Proc. Zool. Inst. 102: 3-33 (auf Russisch).

Neumann, J. & W. Thiede (2003): Ornithologen, die ich kannte .../Eugeniusz Nowak zur Vollendung des 6. Lebensjahrzehnts. - Bl. Naumann-Mus. 22: 126-129.

Niethammer, G. (1942): Handbuch der Deutschen Vogelkunde. Band 3. - Leipzig.

— (1956): Otto Natorp zum Gedächtnis. - J. Ornithol. 97: 438-440.

— (1974): Maria Koepke geb. Mikulicz-Radecki †. - J. Ornithol. 115: 91-102.

Nöhring, R. (1973): Erwin Stresemann (22.11.1889 - 20.11.1971). - J. Ornithol. 114: 455-471.

Nowak, E. (1969): (Biologische Station des Zoologischen Institutes der Akademie der Wissenschaften der UdSSR in Rybatschij.) - Przegl. zool. 13: 289-291 (auf Polnisch).

— (1984): Władysław Siwek (1907-1983). - Przegl. zool. 28: 7-16 (auf Polnisch).

— (1985): (Friedrich Tischler und seine ornithologische Bibliografie Ostpreußens für die Jahre 1940-1944.) - Przegl. zool. 29: 415-423 (auf Polnisch).

— (1987): Aus der Geschichte der Vogelkunde in Nordost-Polen. - Komunikaty Mazursko-Warmińskie Nr. 1/175: 33-76 (auf Polnisch mit dt. Zusammenfassung).

— (1988): (Drei Generationen der Familie Jankowski - Erforscher der Natur Asiens. - Wszechświat 89: 228-233 (auf Polnisch).

— (1991): Lew Osipowitsch Belopolskij – 1907-1990. - Vogelwarte 36: 166-167.

— (1992): Wilfried Przygodda (1916-1991). - J. Ornithol. 133: 233.

— (1998): Erinnerungen an Ornithologen, die ich kannte [1. Teil]. - J. Ornithol. 139: 325-348.

— (2000): Erinnerungen an Ornithologen, die ich kannte (2. Teil). - J. Ornithol. 141: 461-500.

— (2001a): Erinnerungen an Ornithologen, die ich kannte (Teil 6). - Berkut 10: 234-242 (auf Russisch und Deutsch).

— (2001b): (Über Dr. h.c. Friedrich Tischler, einen hervorragenden Ornithologen.) - Chrońmy Przyr. ojcz. 57: 81-85 (auf Polnisch).

— (2002a): Erinnerungen an Ornithologen, die ich kannte (3. Teil). - Mitt. Ver. Sächs. Ornithol. 9: 1-46.

— (2002b): Erinnerungen an Ornithologen, die ich kannte (4. Teil). - Ornithol. Beob. 99: 49-70.

— (2002c): (Erinnerungen an Ornithologen, die ich kannte [5. Teil]. Włodzimierz Graf Dzieduszycki; 1885-1971.) - Przegl. zool. 46: 45-57 (auf Polnisch mit engl. Zusammenfassung).

— (2002d): Erinnerungen an Ornithologen, die ich kannte (Teil 7). Der Fall Makatsch. - Anz. Ver. Thüring. Ornithol. 4: 267-304.

— (2003a): Zum Beitrag „Erinnerungen an Ornithologen, die ich kannte (4. Teil)" - Ornithol. Beob. 100: 179-180.

— 2004: (Erinnerungen an Ornithologen, die ich kannte [8. Teil]. Über Kazimierz Antoni von Granów Wodzicki, 1900-1987 und Maria, geb. Dunin-Borkowska, Wodzicka, 1901-1968). - Przegl. zool. 48: Heft 3-4 (auf Polnisch, mit engl. Zusammenfassung).

— (im Druck/2005): Erinnerungen an Ornithologen, die ich kannte (9. Teil). Über Leben und Werk von Professor Heinrich Dathe. - Mitt. Ver. Sächs. Ornithol. 10: 1-18.

— mit Vorwort von H. Sielmann (2003b): Professor Erwin Stresemann (1889-1972) – ein Sachse, der die Vogelkunde in den Rang eine biologischen Wissenschaft erhoben hat. [Erinnerungen an Ornithologen, die ich kannte. Schlussbeitrag.] - Hohenstein-Ernstthal (Mitt. Ver. Sächs. Ornithol. 9, Sonderheft 2).

Oliger, I.M. (1999): (Mit A.N. Formosow in der Natur.) - Bjull. mosk. o. isp. prir., otd. biol. 104 (5): 36-44 (auf Russisch).

Pajewski, W.A. (1992): (Dem Andenken an Lew Osipowitsch Belopolski.) - Trudy zool. Instituta 247: 3-6 (auf Russisch).

— (2001): (Vogelfänger der Wissenschaft. Erinnerungen eines Kurischen Ornithologen.) - St. Petersburg (auf Russisch).

Palmer, R.S. (1975): Obituaries [H. Ch. Johansen]. - Auk 92: 644-645.

Pax, F. (1949): Erinnerungen an die Wanderjahre eines Schlesiers. - Koleopter. Ztschr. 1: 53-66.

— (1952): Walther Arndt. Ein Leben für die Wissenschaft. - Hydrobiologia 4: 302-331.

— (1959): Eindrücke eines Zoologen auf einer Reise nach Breslau. - Orion 14: 833-837.

Peacock, A.D. (1960): Prof. K.W. Szarski. - Nature 186 (Nr. 4726): 679.

Perrins, Ch. (1988): Salim Moizuddin Abdul Ali (1896-1987). - Ibis 130: 305-306.

Präg, W. & W. Jacobmeyer (Hrsg.; 1975): Das Diensttagebuch des deutschen Generalgouverneurs in Polen 1939-1945. - Stuttgart.

Pruitt, W.O. (1999): Formozov-inspired concepts in snow ecology in North America. - Bjull. mosk. o. isp. prir., otd. biol. 104 (5): 13-22 (auf Russisch und Englisch).

Purchla, J. (1985): (Aus der Geschichte des Krakauer Bürgertums). - Znak 37: 109-125 (auf Polnisch).

Quinque, H. (1988): Jean Delacour, My Friend. - Avicult. Mag. 94: 9-21.

Rasmussen, P.C. & N.J. Collar (1999): Major specimen fraud in the Forest Owlet *Heteroglaux (Athene auct.) blewitti*. - Ibis 141: 11-21.

Rautenberg, W. (1977): Hans Schildmacher 1907-1976. - J. Ornithol. 118: 113.

Regelmann, J.-P. (1978): Die Geschichte des Lyssenkoismus. - Frankfurt/M.

Rensch, B. (1993): (Geschichtliche Entwicklung der gegenwärtigen neodarwinistischen Synthese in Deutschland.) - In: Woronzow (s. u.): 177-178 (auf Russisch).

Ripley, S.D. (1987): Jean Delacour †. - Zool. Garten NF 57: 52-53.

— (1988): In Memoriam: Salim Ali, 1896-1987. - Auk 105: 772.

Rokitjanskij, J.G., W.A. Gontscharow & W.W. Nechotin (2003): (Nicht mehr geheimer Wisent. Die Ermittlungsakte des N.W. Timofejew-Ressowskis.) - Moskau (auf Russisch).

Rutschke, E. (1998): Ornithologie in der DDR – ein Rückblick. - In: Auster, R. & H. Behrens (Hrsg.): Naturschutz in den neuen Bundesländern. - Marburg: 109-133.

Rydzewski, W. (1938): Die polnische Station für Vogelzugforschung. Vortrag b. 17. Lehrgang d. Vogelwarte Rossitten. - Vogelzug 9: 14-18.

Sakanjan, E.S. (2000): (Liebe und Entlastung.) - In: Timofejew-Resowskij (s.u.): 707-800 (auf Russisch).

v. Sanden-Guja, W. (1953): Dr. h.c. Friedrich Tischler. - Ostpreußenblatt Bd. 4, Folge 6 vom 25.2.1953: 10.

— (1985): Schicksal Ostpreußen. - Leer.

Satzinger, H. & A. Vogt (2001): Elena Alexandrovna Timoféeff-Ressovsky (1898-1973) und Nikolaj Vladimirovich Timoféeff-Ressovsky (1900-1981). - In: Jahn, I. & M. Schmitt (Hrsg.): Darwin & Co. Eine Geschichte der Biologie in Portraits. - München: 442-470 u. 553-560.

Schestakow, S. (1995): (Schwer, jedoch nicht ohne Hoffnung.) - Murmanskij Westnik vom 18.1.1995 (auf Russisch).

Schildmacher, H. (1963): Der Stand der ornithologischen Arbeit und die künftigen Aufgaben in der DDR. - Falke 10: 3-9.

Schilow, I.A. & S.A. Schilowa (1999): (A. N. Formosow als Leiter studentischer Winterpraktika.) - Bjull. mosk. o. isp. prir., otd. biol. 104 (5): 34-35 (auf Russisch).

Schulz, D. (1984/85): Michael Klemm †. - Sitzungsber. Ges. naturforsch. Freunde Berlin. N.F. 24/25: 221-226.

Schulze-Hagen, K. (1997): Otto Natorp und seine Vogelsammlung: Schicksal und Hintergründe. - Mauritiana (Altenburg) 2: 251-279.

Seifert, S. (1991): Prof. Dr. sc. Dr. h.c. Heinrich Dathe (7.11.1910-6.1.1991) zum Gedenken. - Panthera 1991: 4-6.

Sembrat, K. (1960): Kazimierz Witalis Szarski (9.1.1904-18.1.1960). - Przegl. zool. 4: 85-90 (auf Polnisch).

Seyfarth, E.-A. & H. Pierzchała (1992): Sonderaktion Krakau 1939. - Biologie in unserer Zeit 22: 218-225.

Short, L.L. (1976): In Memoriam: Charles Vaurie. - Auk 93: 620-625.

Siefke, A. (1977): In memoriam Hans Schildmacher. - Falke 24: 293.

Smirin, Yu. M. (1999): The art of animal painting as a method of zoological investigation. - Bjull. mosk. o. isp. prir., otd. biol. 104 (5): 50-60 (auf Russisch mit engl. Zusammenfassung).

Smogorschewskij, L.A. (1974): (Alexander Bogdanowitsch Kistiakowskij – zum 70. Geburtstag.) - Westnik Zool. Nr. 4: 89-90 (auf Russisch).

Sokolow, W.E. & L.M. Baskin (1992): (Konrad Lorenz in sowjetischer Gefangenschaft.) - Priroda Nr. 7 (923): 125-128 (auf Russisch).

Solschenizyn, A. (1974): Der Archipel GULAG. Erster Band und Folgeband. - Bern.

Stegmann, B.K. ([1951] 2004): (Im Schilfdickicht der Balchasch-Region. Leben und Abenteuer eines verbannten Naturkundlers 1941-1946.) - Moskau (auf Russisch).

Stephan, B. (1968): Wir gratulieren G.P. Dementiew zum 70. Geburtstag. - Falke 15: 237.

Stilmark, F.R. (1978): (Wasilij Nikolajewitsch Skalon.) – In: Sammelband „Problemy ekologii poswonotschnych schiwotnych Sibirii“. - Kemerowo: 187-191 (auf Russisch).

— (1996): (Und er, der Rebellische, sucht den Sturm ...) - Almanach „Ochotnitschi Prostory" 8/2: 220-236 (auf Russisch).

— (1999a): (Tagebücher aus Petrowka. Sommer des Jahres 1919.) - Schiwaja Arktika Nr. 1/15: 18-27 (auf Russisch).

— (1999b): (Alexander Nikolajewitsch Formosow und die Naturschutzarbeit.) - Bjull. mosk. o. isp. prir., otd. biol. 104 (5): 23-33 (auf Russisch).

Stresemann, E. (1936): König Ferdinand von Bulgarien zum 75. Geburtstage am 26. Februar 1936. - J. Ornith. 84: 1-2.

— (1937): Aves Beickianae. - J. Ornithol. 85: 375-389.

— (1948): Nachrichten/Verstorben [König Ferdinand]. - Ornithol. Ber. 1: 266.

— (1991): Die Odyssee einer Bibliothek [mit Vorbemerkungen und Anmerkungen von B. Stephan und I. Jahn]. - Mitt. Zool. Mus. Berlin 61, Supplement: Ann. Ornithol. 15: 161-184.

Stubbe, H. (1987): Erinnerungen an Nikolaj Ivanowič Vavilov. - Wissenschaft u. Fortschritt 37: 284-285.

— (1988): Erinnerungen an Nikolai Wladimirowitsch Timofejew-Ressowski. - In: Granin (s.o.): 381-384.

— (1997): Die Situation der Genetik und die Begegnung mit Lyssenko. - In: Höxtermann (s.o.): 80-89.

Stubbe, M. (2002): Hans Stubbe – im Frieden für Wahrheit und Fortschritt – Engagement für Bewahrung und Nutzung von Naturressourcen. - Beitr. Jagd- u. Wildforsch. 27: 79-124.

Szczepański, W. (1991): (Jarosław-Bezirk der Heimatarmee und seine Organisationsstruktur.) - In: Armia Krajowa. Obwód Jarosław Nr. 2/1991: 10-14 (auf Polnisch).

Szczepski, J.B. (1964): In remembrance of Andrzej Dunajewski (1908-1944). - Przegl. zool. 8: 9-16 (auf Polnisch mit engl. Zusammenfassung).

— (1974): Professor Jan Bogusław Sokołowski, Ph. D. (On his 75th anniversary). - Przegl. zool. 18: 206-212 (auf Polnisch mit engl. Zusammenfassung).

Taylor, M.L. (1956): The Tiger's Claw. The live-story of east Asian's mighty hunter. - London.

— (1958): In der Taiga. Jagden mit Georg Jankowski auf Tiger, Leoparden, Bären und Keiler in Sibirien, Korea und der Mandschurei. - Hamburg, Berlin.

Tessin, G. (1973, 1975, 1997): Verbände und Truppen der deutschen Wehrmacht und Waffen-SS im Zweiten Weltkrieg 1939-1945. Band 8, 11 u. 16 Teil 4. - Osnabrück.

Timofejew-Ressowskij, (2000): (Erinnerungen. Geschichten, von ihm selbst erzählt, sowie Briefe, Fotografien und Dokumente.) - Moskau (auf Russisch).

Tischer, H. (1994): Meine Freunde haben Flügel. - Königstein/Taunus.

Tischler, W. (1992): Ein Zeitbild vom Werden der Ökologie. - Stuttgart, Jena.

Tomiałojć, L. (1980): Prof. Dr. Władysław Rydzewski (1911-1980). - Ring 9: 113-115.

Tschornobaj, J.M., O.S. Klimischin & A.A. Bokotej (2000): (Wolodimir Dzieduszycki zum 175. Geburtstag.) - Nauk. Zapiski DPM 15: 171-173 (auf Ukrainisch).

Tyrowicz, M. (1948): Włodzimierz Dzieduszycki (1825-1899). - Polski Słownik Biograficzny 6: 123-126 (auf Polnisch).

Untersuchungsausschuß Freiheitlicher Juristen (Hrsg.; 1958-1965): Ehemalige Nationalsozislisten in Pankows Diensten. Fünf Auflagen. - Berlin (West).

Uspenski, S.M. (1972): Georgij Petrovitsch Dementiev. - Beitr. Vogelk. 18: 428-430.
— (1978): Hans Christian Johansen. - Comm. Baltic Commission Study Bird migr. 11: 169-171.
Veselovský, Z. (1991): To the excellent memory of Veleslav Wahl. - Sylvia 28: 135-137 (auf Tschechisch mit engl. Zusammenfassung).
v. Vietinghoff-Riesch, A. (1958): Letzter Herr auf Neschwitz. Ein Junker ohne Reue. - Limburg a.d. Lahn.
Wallschläger, D. (1999): Prof. Dr. Erich Rutschke (1926-1999). - Ornithol. Mitt. 51: 391-392.
Weinzierl, H. & B. Lötsch (1988): Konrad Lorenz. Eine Legende wird 85. - Natur Nr. 11: 28-35.
Wessel, H. (2002): Hans Stubbe im Kampf gegen stalinistische Doktrinen. - Beitr. Jagd- u. Wildforsch. 27: 125-129.
Wiktor, J. (1997): The Museum of Natural History, Wrocław University. - Wrocław (auf Polnisch mit engl. Zusammenfassung).
Winkler, R.-L. (2002): Student der Berliner Universität im Widerstand. - Humboldt (Die Zeitung der Alma Mater Berolinensis), Ausgabe 9 vom 11. Juli 2002: 5.
Witherby, A. (1976): Charles Vaurie. - Ibis 118: 426-427.
Wojtusiak, R.M. (1978): (Ein Beitrag zur Geschichte der sog. Sonderaktion Krakau.) - Przegl. Lekarski 35: 174-180 (auf Polnisch).
Wolff, T. (1981): Johansen, Hans Christian. - In: Dansk Bibliografisk Leksikon. Band 7: 423-424. - Kopenhagen (auf Dänisch).
Wolters, H.E. & J. Niethammer (1974): Prof. Dr. Günther Niethammer (28.9.1908-14.1.1974). - Bonn. zool Beitr. 25: 1-16.
Won, Pyong-Oh (1998): (Vögel Südkoreas.) Band 1 u. 2. - Seoul (auf Koreanisch).
— (2002): (Die Welt, in der Vögel leben, ist schön.) - Seoul (auf Koreanisch).
Woronow, A.G. (1967): Nikolaj Alexejewitsch Gladkow. - Ornitologija 8: 405-408 (auf Russisch).
Woronzow, N.N. (Hrsg.; 1993): (Nikolaj Wladimirowitsch Timofejew-Ressowskij. Skizzen, Erinnerungen und Materialien.) - Moskau (auf Russisch).
Wuketits, F.M. (1990): Konrad Lorenz. Leben und Werk eines großen Naturforschers. - München, Zürich.
Würdinger, I. (1991): Vögel als Kumpane – ein Nachruf auf Konrad Lorenz (1903-1989). - J. Ornithol. 132: 115-118.
Yang Qun-rong (1995): Cheng and the Golden Pheasant. - Reading & Fujian (chinesische Version des Buches erschien in Fujian 1993).
Yankovsky, V.G. (2001): From the Crusades to Gulag and beyond (translated from Russian by M. Hintze). - Sydney.
Zang Zeng-wang (1998): Professor Cheng … - WPA News Nr. 57: 5.
Zimdahl, W. (1982): Zum Gedenken an Prof. Dr. W. Rydzewski. - Falke 29: 283.
Złotorzycka, J., W. Eichler & A. Gucwiński (1988): Bernard Grzimek (1909-1987). - Przegl. zool. 32: 501-509 (auf Polnisch).

Archive und andere Institutionen

(sie sind an den entsprechenden Stellen des Buchtextes bzw. in früher vom Autor publizierten Biografien zitiert, hier in alphabetischer Reihenfolge aufgelistet).

Archiv der Berlin-Brandenburgischen Akademie der Wissenschaften, Berlin;
Archiv der Deutschen Akademie der Naturforscher Leopoldina, Halle;
Archiv der Deutschen Ornithologen-Gesellschaft, Bonn;
Archiv der Ernst-Moritz-Arndt-Universität Greifswald;
Archiv der Humboldt-Universität zu Berlin;
Archiv der Jagiellonen-Universität, Kraków, Polen;
Archiv der Jourdain Society, Grateley/Andover, England;
Archiv der Landwirtschaftlichen Universität (S.G.G.W.), Warschau;
Archiv der Mährischen Ornithologischen Station, Prerov, Tschechien;
Archiv der Magistratsdirektion Salzburg;
Archiv der Universität Freiburg i.Br.;
Archiv der Vogelwarte Radolfzell, Schloss Möggingen;
Archiv des „Handbuchs der Vögel Mitteleuropas" (Prof. U. Glutz v. Blotzheim), Schwyz, Schweiz;
Archiv des Harrison-Institute (Centre for Systematics and Biodiversity Research), Sevenoaks, England;
Archiv des Instituts für Landwirtschaft des Hohen Nordens in Norilsk, Russland;
Archiv des Museums für Naturkunde der Humboldt-Universität, Berlin;
Archiv des Museums für Völkerkunde, Berlin-Dahlem;
Archiv des Vereins Sächsischer Ornithologen, Limbach-Oberfrohna;
Archiv des Zoologischen Forschungsinstituts und Museums A. Koenig, Bonn;
Archiv des Zoologischen Instituts der Martin-Luther-Universität Halle-Wittenberg;
Archiv des Zoologischen Museums und Instituts der Akademie der Wissenschaften, Warschau;
Archiv für Brehmforschung (H.-D. Haemmerlein), Thiemendorf;
Archiv für Wissenschaftsgeschichte des Naturhistorischen Museums Wien;
Archiv und Bibliothek des Natural History Museum, Bird Group, Tring, England;
Archiv zur Geschichte der Max-Planck-Gesellschaft, Berlin-Dahlem;
Bibliothek der Deutschen Forschungsgemeinschaft, Bonn-Bad Godesberg;
Bibliothek des Zoologischen Instituts der Universität, Kopenhagen;
Bundesarchiv, Berlin und Koblenz;
Bundesarchiv/Militärarchiv, Freiburg i.Br.;
Der (bzw. die) Bundesbeauftragte für die Unterlagen des Staatssicherheitsdienstes der ehemaligen Deutschen Demokratischen Republik (sog. Gauck- bzw. Birthler-Behörde), Berlin;
Hauptkommission zur Untersuchung der Hitler'schen Verbrechen in Polen (neue Bezeichnung: Institut des Nationalen Gedenkens), Warschau;
Haus Schlesien, Königswinter-Heisterbacherrott;
Max-Planck-Institut für Wissenschaftsgeschichte, Berlin;
Museum für Naturkunde der Universität Wrocław/Breslau, Polen;

Museum in Jarosław, Polen;
Niedersächsisches Hauptstaatsarchiv, Hannover;
Niedersächsisches Staatsarchiv in Osnabrück;
Privatarchiv Prof. Wolfgang Tischler, Kiel;
Privatarchiv Michał Wodzicki, Warschau;
Regionalmuseum der Stadt Dikson (Taimyr), Russland;
Staatliches Russisches Kriegsarchiv, Moskau;
Staatliches Museum Oświęcim-Brzezinka [Auschwitz-Birkenau], Oświęcim, Polen;
Staatsarchiv in Przemyśl, Polen;
Staatsbibliothek zu Berlin/Preußischer Kulturbesitz;
Stadtarchiv Leipzig;
Stiftung Archiv der Parteien und Massenorganisationen der DDR im Bundesarchiv (SAPMO), Berlin;
Universitätsarchiv der Technischen Universität Dresden.

Zeitzeugen

(die fettgedruckten Initale verweisen auf Namen/Biografien in der Reihenfolge des Buchinhalts, zu denen die nachfolgend genannten Zeitzeugen befragt wurden).

Kapitel 1:

E.S.: Prof. Eberhard Curio, Bochum; Frau Martha Felix, Berlin; Frau Amélie Koehler, Freiburg i.Br.; Prof. Wilhelm Meise (†); Prof. Burkhard Stephan, Blankenfelde; Prof. Ernst Stresemann, Bad Salzuflen; Frau Vesta Stresemann, Freiburg i.Br.; Ing. Werner Stresemann, Berlin; Dr. Gerhard Technau (†).

Kapitel 2.

F.T.: Prof. Wolfgang Tischler, Kiel. **L.O.B.**: Frau Dr. Marija M. Belopolskaja (†); Dr. Wiktor R. Dolnik, Leningrad/St. Petersburg. **J.A.I.**: Prof. Wladimir E. Flint (†); Alexej J. Isakow, Frau Dr. Olga N. Sassanowa und Prof. Arkady A. Tischkow, alle Moskau. **A.D.**: Ing. Jan Szczepski (†). **G.N.**: Frau Ilse Natorp, Marquarstein und Dr. Andrzej Zaorski, Warschau. **H.K.**: Prof. Tadeusz Jaczewski (†) und Prof. Wilhelm Meise (†). **W. S.**: Antoni Siwek, Kraków/Krakau und Frau Janina Siwek, Warschau.

Kapaitel 3.

W.G.D.: Frau Maria Dzieduszycka und Frau Elżbieta Karska, beide Warschau. **F.P.**: Frau Gabriele Pax, Erlangen. **K.S.**: Prof. Andrzej Dyrcz, Wrocław/Breslau und Prof. Henryk Szarski (†). **W.K.**: Dr. Heinz Heltmann, St. Augustin; Werner Klemm junior, Detmold; Friedrich Philippi, Sibiu/Hermannstadt. **B.K.S.**: Dr. Leo S. Stepanjan (†). **N.A.G.**: Frau Dr. Tatjana D. Gladkowa, Moskau. **H.G.W.**: Prof. Jan Pinowski, Warschau und Prof. Won Pyong-Oh, Seoul. **P.O.W.**: Prof. Holmer Brochlos, Bernau/Seoul. **J.D.**: Dr. Wolfgang Grummt, Berlin und Dr. Pierre Pfeffer, Paris. **K.G.W.**: Michał Wodzicki, Warschau und Frau Marta Łozińska, Kraków/Krakau.

Kapitel 4.

N.W.T.-R.: Prof. Alexej W. Jablokow und Marijanna W. Wojewodzkaja, beide Moskau. **H.S.:** Prof. Erich Rutschke (†); Prof. Michael Stubbe, Halle. **K.L.:** Dr. Michael Martys, Innsbruck; Prof. Wladimir E. Sokolow (†). **J.S.:** Prof. Bogusław Fruziński, Poznań/Posen. **R.W.:** Prof. Janusz Wojtusiak, Kraków/Krakau. **B.G.:** Frau Erika Grzimek, Frankfurt/M. **H.Ch.J.:** Frau Dr. Gisela Eber (†); Dr. Jürgen Fög, Rönde, Dänemark; Prof. Torben Wolff, Kopenhagen. **W.N.S.:** Andrej W. Skalon und Frau Barbara W. Skalon, beide Moskau. **W.M.:** Dr. Siegfried Eck, Dresden; Hans-Dietrich Haemmerlein, Thiemendorf; Andreas Makatsch, Berlin; Dr. Gottfried Mauersberger (†); Hans Menzel, Lohsa; Rolf Schlenker, Möggingen; Hans Christoph Stamm, Düsseldorf; Dr. Walther Thiede, Köln. **T.-h.Ch.:** Dr. Xu Yan-gong, Peking.

Kapitel 5.

N.B.: Prof. Zlatozar Boew, Sofia. **O.I.S-T-S.:** Prof. Lew O. Belopolskij (†); Dr. Witalij W. Bianki, Kandalakscha, Russland; Dr. Siegfried Klaus, Jena. **A.B.K.:** Dr. Walentij J. Serebriakow, Kiew. **H.D.** (nur Auswahl): Dr. Wolfgang Grummt, Siegfried Hamsch, Prof. Hans Oehme und Dr. Wolfgang Baumgart, alle Berlin; Dr. Max Dornbusch, Steckby; Stephan Ernst, Klingenthal; Heinz Holupirek, Annaberg-Buchholz; Prof. Burkhard Stephan, Blankenfelde; Frau Annerose Uhlemann, Oederan. **E.R.:** Frau Regina Rutschke, Potsdam. **G.P.D.:** Dr. Leo S. Stepanjan (†); Frau Dr. Marija Wachramowa und Dr. Ardalion A. Winokurow, beide Moskau. **A.N.F.:** Dr. Nikolaj A. Formosow, Moskau.

Kapitel 6.

M.J., **A.M.J.** und **J.M.J.:** Walerij J. Jankowski, Wladimir, Russland. **W.J.J.:** Michael Hintze, South Cooge 2034, N.S.W., Australien. **B.M.P.:** Dr. Jakow I. Kokorew und Dr. Leonid A. Kolpaschtschikow, beide Norilsk.

Andere Informanten und Helfer

(die kleinere Sachinformationen bzw. zusätzliche Dokumente lieferten, Hilfe bei Recherchen leisteten, fremdsprachige Texte übersetzten, Teilabschnitte des Buchtextes begutachteten u.a.m.).

Liam Addis, Bonn; Dr. Ernst Bauernfeind, Wien; Zbigniew Brinko, Jarosław, Polen; Dr. Chen Ling, Peking (chinesische Übersetzungen); Dr. Andus Emde, Göreme, Türkei; Prof. Antal Festetics, Göttingen; Dieter Gogolin, Bonn (Internet-Recherchen); Dr. Jürgen Haffer, Essen; Prof. Bernd Haubitz, Hannover; Frau Brigitte Hermann, Berlin; Dr. Christoph Hinkelmann, Bardowick; Heinz Holupirek, Annaberg-Buchholz; Dr. Karel Hudec, Brno/Brünn; Dr. Rainer Hutterer, Bonn; Stephan Jany, Sulzbach/Taunus; General a.d. Paul Jordan (†) (militärische Konsultation); Frau Maya Jun, Köln (koreanische Übersetzungen); Dr. Michail W. Kaljakin, Moskau; Prof. Kazimierz Karolczak, Kraków/Krakau; Dr. Max Kasparek, Heidelberg; Hartmut Koschyk, MdB, Forchheim; Zenon Krzanowski, Brzeszcze, Polen; Dr. Wladimir M. Loskot, St. Petersburg; Prof.

Jochen Martens, Mainz; Dr. Alexej E. Lugowoj, Uschgorod, Ukraine; Frau Jadwiga Mateja, Oświęcim/Auschwitz; Joachim Neumann, Neubrandenburg; Dr. Franciszek Piper, Oświęcim/Auschwitz; Prof. Roland Prinzinger, Kleinkarben; Sergej Schestakow, Mentschogorsk bei Murmansk; Frau Rose-Marie von Schilling, Garmisch-Partenkirchen; Heiner Schmauder, Bonn-Bad Godesberg; Prof. Klaus Schmidt-Koenig, Tübingen; Dr. Karl Schulze-Hagen, Mönchengladbach; Frank Steinheimer, Nürnberg und Tring; Dr. Jürgen Stübs, Greifswald; Marian Szymkiewicz, Olsztyn/Allenstein; Klaus-Peter Zsivanovits, Bonn und einige weitere Personen.

Nachweis der Abbildungen

Die meisten der Abbildungen haben dankenswerterweise die nachfolgenden Personen zur Verfügung gestellt: Werner Stresemann (Abb. 2, 3), Ernst Stresemann (4), Amélie Koehler (7, 9), Heinz Sielmann (8), Vesta Stresemann (10), Wolfgang Tischler (11), Bernd Holfter (12), Wladimir A. Pajewski (13, 14), Alexej J. Isakow (16), Karel Hudec (17), Andrzej Dyrcz (18, 33), Maciej Luniak (19), Antoni Siwek (21), Maria Dzieduszycka (29, 31), Gabriele Pax (32), Heinz Heltmann (34), Wladimir M. Loskot (35, 36, 76), Pyong-Oh Won (39-42), Leo S. Stapanjan (45), Włodzimierz Puchalski (47), Wladimir W. Nechotin (49, 50), Andrej N. Timofejew-Ressowski (51, 52), Michael Stubbe (53, 54), Agnes v. Cranach (56, 57), Bogusław Fruziński (60), Janusz Wojtusiak (61, 62), Rüdiger Bless (64), Torben Wolff (65), Heinz Menzel (67), Xu Yan-gong (71, 72), Zlatozar Boew (73), Siegfried Klaus (75), Arnd Stiefel (79), Johannes Fiebig (81), Reimund Francke (83), Marija G. Wachramowa (84, 85), Nikolaj A. Formosow (86-88), Pierre Pfeffer (89), Walerij J. Jankowski (90-93, 95), Nikolaj W. Kasjanow (94) und Leonid A. Kolpaschtschikow (103).

Ein Teil der Abbildungen wurde seitens folgender Archive bzw. Institutionen zum Abdruck freigegeben: Museum für Naturkunde, Berlin (1, 5, 6, 30, 37, 38, 63, 70, 97, 98), Institut des Nationalen Gedenkens, Warschau (20, 22, 26), Archiv des Zoologischen Forschungsinstituts und Museums A. Koenig, Bonn (23), Archiv der Deutschen Ornithologen-Gesellschaft, Wilhelmshaven (24), Staatliches Museum Auschwitz-Birkenau, Oświęcim (27), Archiv der Landwirtschaftlichen Universität (S.G.G.W.), Warschau (46), Bibliothek und Archiv zur Geschichte der MPG, Berlin (48), Bundesbeautragte für Stasi-Unterlagen, Berlin (55, 68, 69, 82), Staatliches Russisches Kriegsarchiv, Moskau (58), Ullstein-Bild, Berlin (59, 80, 106-108), Vogelwarte Hiddensee, Kloster (74), Bundesarchiv Koblenz (77, 78), Bundesarchiv/Militärarchiv, Freiburg i. Br. (104), Archiv der Zoologischen Sammlung der Universität Halle-Wittenberg (109).

Einige der Abbildungen wurden mit Genehmigung der Verlage bzw. der Redaktion aus den nachfolgenden Publikationen reproduziert: „Ibis" 1969, Vol. 109 (99); S. Ali, The Fall of a Sparrow. Delhi 1985 (101, 102); E. Schäfer, Die Vogelwelt Venezuelas. Berglen 1996 (110). Zwei Abbildungen (43, 44) stammen aus J. Delacour, The living Air. The Memoirs ..., London 1966.

Die restlichen Abbildungen (15, 25, 28, 66, 96, 100, 105) stammen aus dem Privatarchiv des Autors.

* * *

Dank

Ohne Hilfe der zahlreichen, im Absatz Quellen genannten Personen, Archiven und Bibliotheken, wäre das Zusammentragen der Fülle von Informationen, Dokumenten und Abbildungen, die das Buch enthält, nicht denkbar gewesen; ihnen allen danke ich herzlich. Insbesondere gilt der Dank den Zeitzeugen und Mitarbeitern von Archiven, die neue, bisher unbekannte oder nicht dokumentierte Tatbestände mitteilten und dokumentarische Belege lieferten. Dankbar bin ich auch den vielen Lesern meiner früheren biografischen Teilveröffentlichungen für Ihre Zuschriften mit neuen Informationen, Anregungen und Kommentaren. Großen Dank schulde ich den Herren Dr. Uwe Hoßfeld (Jena), Dr. Wieland Berg (Halle) und Peter Hauff (Neu Wandrum), die den Buchtext gelesen haben und mit ihren kritischen Anmerkungen bedeutend zur Verbesserung der Endfassung beigetragen haben. Dem Verlag B. Lang-Jeutter & K.H. Jeutter, Herrn Prof. Roland Prinzinger, dem Herausgeber des „Journals für Ornithologie" sowie Frau Monika Köhler und der „Zeit"-Redaktion danke ich für die Erlaubnis zur Übernahme früher publizierter Texte. Mein Dank gilt auch allen, die den Abdruck der für das Buch ausgewählten Abbildungen, zumeist ohne Entgelt, erlaubten.

Zu danken habe ich dem Kollegen Peter Hauff für seine unermüdliche Vermittlerrolle zwischen mir und dem Verlag in Schwerin. Dem Verlags-Geschäftsführer Claus Dieter Wulf danke ich für die willige Annahme meines Druckangebots (sechs Verlage haben es zuvor abgelehnt). Herr Torsten Nitsche hat alle meine Wünsche bei der Drucklegung des Buches, insbesondere bei der Platzierung der so zahlreichen Abbildungen, mit Geduld erfüllt.

Ein besonderes Dankeschön richte ich an meine Frau Dr. Sibylle Nowak-Stalmann und Tochter Karolina für kritische Anmerkungen und umfangreiche redaktionelle Zusammenarbeit.

Hilfe leisteten auch mehrere weitere Personen, die hier namentlich nicht genannt wurden, denen jedoch ebenfalls für ihre vielfältige Unterstützung gedankt wird.

* * *

Personenregister